草图大师SketchUp
无图纸化建筑效果图抄改实战

卫涛 徐瑾 杜重远◎编著

清华大学出版社
北 京

内容简介

本书结合大量典型实例，循序渐进地介绍使用草图大师SketchUp参照效果图抄改设计方案，从而进行无图纸化设计的一般流程。本书按照设计院和设计公司的高要求介绍方案设计的整个过程，可以让读者更加深入地理解所学知识，从而更好地进行绘图操作并快速融入设计团队。作者专门为本书录制了大量的高品质教学视频，帮助读者更加高效、直观地学习。读者可以按照本书前言中的说明获取这些教学视频和其他配套教学资源，也可以直接使用手机扫描二维码在线观看教学视频。

本书共5章，重点介绍会所、吉普牧马人、江汉关大楼、大智门火车站、南京中央饭店和万科蓝山别墅几个项目的建模过程，展示SketchUp在方案设计尤其是建筑方案设计领域的一般流程。通过阅读本书，不但可以训练设计人员的建筑造型能力，而且可以加深他们对尺度、规范和结构等常见建筑知识的理解。

本书内容翔实，实例典型，讲解由浅入深，适合建筑设计、城乡规划设计、园林景观设计等行业的从业人员阅读，也可供房地产开发与策划、建筑效果图设计与动画制作等行业的从业人员阅读，还可作为相关院校及培训学校的教材。

图书在版编目(CIP)数据

草图大师SketchUp无图纸化建筑效果图抄改实战 / 卫涛，徐瑾，杜重远编著. —北京：清华大学出版社，2021.6

ISBN 978-7-302-58404-9

Ⅰ.①草… Ⅱ.①卫… ②徐… ③杜… Ⅲ.①建筑设计－计算机辅助设计－应用软件 Ⅳ.① TU201.4

中国版本图书馆CIP数据核字（2021）第103262号

责任编辑：秦　健
封面设计：欧振旭
责任校对：徐俊伟
责任印制：宋　林

出版发行：清华大学出版社
网　　址：http://www.tup.com.cn，http://www.wqbook.com
地　　址：北京清华大学学研大厦A座　　**邮　　编**：100084
社 总 机：010-62770175　　**邮　　购**：010-83470235
投稿与读者服务：010-62776969，c-service@tup.tsinghua.edu.cn
质 量 反 馈：010-62772015，zhiliang@tup.tsinghua.edu.cn
印 装 者：涿州汇美亿浓印刷有限公司
经　　销：全国新华书店
开　　本：185mm×260mm　　**印　　张**：17.75　　**字　　数**：424千字
版　　次：2021年7月第1版　　**印　　次**：2021年7月第1次印刷
定　　价：109.80元

产品编号：092021-01

前　言

Preface

2013年的一天，笔者接了一个规划项目——北京左左艺术中心。甲方代表下飞机后赶到笔者办公地点时已经过了17点。接风洗尘是中国的传统礼仪，我们边吃边聊，顺便谈谈项目的大体情况。其实整个项目就是一个以18层的小高层住宅为主的小区规划设计，但是有两个特色要求：一是要有一个四层的扩大画家工作室（类似于一个小型的艺术馆或美术馆）；二是整个小区要有艺术气息。经过与甲方的再三沟通，我们确定了整个小区建筑设计的基调——徽派建筑风格。

交图时间确定在第二天的午后。在不到24小时的时间里，连同设计加上画图，要出一套20页A3幅面的彩色图册是一件极具挑战的事。怎么办？看来只能靠“抄”了。

笔者马上召集了20名学生来帮忙。笔者先用大约90分钟的时间手绘出小区的总平面规划图，包括两栋住宅的一层和标准层平面图，以及画家工作室的一层和二层平面图。根据笔者的手绘方案和网上下载的徽派建筑效果图片，20名学生分工进行抄改方案建模。

时间虽然紧，但是笔者胸有成竹。一是因为人多，而且大家可以加班加点干活；二是因为笔者在SketchUp授课时一直都比较注重抄改方案的教学与实践，学生上手也快。经过十几小时的奋战，第二天下午两点左右，我们把打印好的图册交给了甲方代表。读者可以在本书的彩插中看到我们奋战的成果——左左艺术中心的鸟瞰图。

基于这样的独特经历，笔者联合两位同行编写了本书，将这些心得分享出来。在时间紧迫的情况下，各位设计人员也不妨用“抄”和“改”的方式快速进行方案设计。

本书特色

1. 配大量的高品质教学视频，提高学习效率

为了便于读者更加高效地学习本书内容，笔者专门为本书录制了大量的高品质教学视频（MP4格式）。这些视频和本书涉及的素材文件等资料一起收录于本书配套资源中。读者可以用微信扫描下面的二维码进入百度网盘或腾讯微云，然后在“本书MP4教学视频”文件夹下直接用手机端观看教学视频。读者也可以将视频下载到手机、平板电脑、计算机或智能电视中进行观看与学习。

手机端在线观看视频有两个优点：一是不用下载视频文件，在线就可以观看；二是可以边用手机看视频，边用计算机操作软件，不用来回切换视窗，可大大提高学习效率。手机端在线看视频也有缺点：一是视频不太清晰；二是声音比较小。

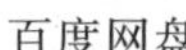

百度网盘

腾讯微云

2. 按高效率的工作模式讲解

对于高校建筑设计等专业的教学来说，快题设计（一般用 6 ~ 8 小时完成一个方案）往往比正题设计（一般用一个学期完成一个方案）更加切合学生毕业后的实际需求。因为在实际工作中，方案设计的时间很紧，可能就几天，甚至一天，不可能花费大量的时间精雕细琢，因此需要先借鉴别人的成熟方案进行设计，然后再进行修改，即所谓的“抄改”。本书介绍的几个抄改方案很好地展现了快题设计的方法和工作流程，对读者有很高的参考价值。

3. 选用经典案例进行教学

本书选用的教学案例均是从笔者十多年的 SketchUp 教学案例中精挑细选出来的，有比较简单的会所，有专门训练造型的吉普牧马人，有注重细节的民国风格建筑，还有简洁明快的万科蓝山别墅。通过这些案例，可以将抄改方法发挥到极致。本书的附录 C 给出了这些案例抄改用到的参照图。这些案例的具体章节分布情况见表 1。

表 1　本书教学案例

序　号	项目名称	类　型	对应章节	数　量
1	左左艺术中心	效果图	附录 C	1
2	某会所	效果图	第 1 章	2
3	吉普牧马人	效果图	第 2 章	1
4	江汉关大楼	实拍照片	3.1 节	1
5	大智门火车站	实拍照片	3.2 节	1
6	南京中央饭店	实拍照片	3.3 节	1
7	万科蓝山别墅	效果图	第 4 章	2

4. 提供完善的技术支持和售后服务

本书提供专门的技术支持 QQ 群（796463995 或 48469816），读者在阅读本书的过程中若有疑问，可以通过加群获得帮助。

5. 使用快捷键提高工作效率

本书完全按照专业建模的要求介绍相关操作步骤，不仅准确，而且高效，能用快捷键操作的步骤尽量用快捷键操作。本书的附录 A 介绍 SketchUp 常见快捷键的用法。

本书内容

第 1 章以一栋三层内廊式结构会所为例，介绍参照图片效果实现抄改方案的一般方法。通过本章内容，不仅可以训练设计人员的立体造型能力，而且还可以加深他们对尺度、规范和结构等常见建筑知识的理解。

第 2 章介绍如何参照吉普牧马人越野车的图片效果，并用 SketchUp 进行建模，从而让读者掌握一些异形体的绘制方法。建议读者适当地做一些工业设计，如汽车的建模，会对自身造型能力的提升有较大的帮助。

第 3 章介绍如何使用 SketchUp 并参照图片对江汉关大楼、大智门火车站和南京中央饭店三栋近代建筑进行建模。对近代建筑的建模训练可以有效地提高设计人员对建筑构件的把握能力，并快速提升他们在现代建筑设计中对尺度的控制能力，其效果远远好于用现代建筑训练建模。

第 4 章介绍如何参照万科蓝山别墅的图片进行建模，其中需要手绘出整个万科蓝山别墅的方案图，包括平面图、立面图、剖面图和三维透视图。万科蓝山别墅的结构很简单，建筑师基于美学原则在一个“盒子”的基础上对局部进行凹凸处理，就能得到很明显的立面效果。通过对本章内容的学习，读者可以进一步深入理解抄改方案，以及建筑设计中“少就是多”的理念。

第 5 章介绍彩色立面图的实现方法。首先在 SketchUp 中导出彩色立面图与玻璃通道图，然后在 Photoshop 中抠出主体建筑与玻璃，并绘制透明且反光的玻璃，最后增加相应的建筑配景，从而绘制出彩色立面图。

附录 A 介绍 SketchUp 中常用快捷键的用法。

附录 B 收录本书第 4 章中万科蓝山别墅建筑的手绘方案配套图纸。

附录 C 收录本书案例抄改时用到的参照图。

本书配套资源

为了方便读者高效学习，本书特意为读者提供了以下配套学习资源：

- 同步教学视频；
- 本书教学课件（教学 PPT）；
- 本书中的抄改方案要参考的图片文件；
- 本书中使用的材质文件和贴图文件；
- 本书中涉及的组件文件；
- 本书案例的 SKP 文件。

这些学习资料需要读者自行下载，请登录清华大学出版社网站 www.tup.com.cn，搜索到本书，然后在本书页面上的“资源下载”模块中即可下载。读者也可以扫描前文给出的二维码进行获取。

本书读者对象

- ❑ 建筑设计从业人员；
- ❑ 城乡规划设计从业人员；
- ❑ 园林景观设计从业人员；
- ❑ 房地产开发从业人员；
- ❑ 室内外效果图设计人员；
- ❑ 城乡规划、建筑学、环境艺术和风景园林等相关专业的学生；
- ❑ 相关培训机构的学员。

本书作者

本书由卫老师环艺教学实验室创始人卫涛，以及卫老师环艺教学实验室的徐瑾和杜重远编写。

本书的编写承蒙卫老师环艺教学实验室其他同仁的支持与关怀，在此表示感谢！另外还要感谢清华大学出版社的编辑在本书的策划、编写与统稿中所给予的帮助。

虽然我们对书中所讲内容都尽量核实，并多次进行文字校对，但因时间所限，书中可能还存在疏漏和不足之处，恳请读者批评、指正。

卫涛

于武汉光谷

2021 年 2 月

目 录

Contents

第1章 临摹实例——会所

按照原作仿制书法作品和绘画作品的过程叫作临摹。临，是照着原作写或画；摹，是用薄纸（绢）蒙在原作上面写或画。临和摹各有长处也各有不足，在书法上体现尤甚。古人说："临书易失古人位置，而多得古人笔意；摹书易得古人位置，而多失古人笔意。"意思是说，临，容易学到笔画，可是不容易学到间架结构；摹，容易学到间架结构，可是不易学到笔画。从难易程度来说，摹易，临难。不管是临还是摹，都要以与范字"相像"为目标，从"形似"逐渐过渡到"神似"。

在建筑设计中的临摹就是笔者所说的"抄"方案。不仅要抄方案，更要改方案。抄和改是学习建筑方案的一般过程，而使用计算机辅助软件进入无纸化的抄、改是实际工作中的一般过程。

1.1 从“抄”实例到改方案

在学习“建筑设计”课程中，老师十分注重学生所做的建筑造型，因为在实际工作中甲方非常注重这一点。好的建筑造型方案更容易中标。为了提升这方面的能力，要学习一系列的基础课，如美术、三大构成（平面、立体、色彩）、建筑造型等。但是这个漫长的学习过程未必就能让学生掌握建筑造型的设计能力。临摹一个造型美观的建筑，然后对其进行修改，可以很快地得到另一个完善的建筑造型方案。这个方法不仅是学习的捷径，而且也是设计工作的捷径。

1.1.1 无纸化设计

目前，在设计行业普遍应用的计算机辅助软件很多，大致有以下几种。

- 第 1 种是 AutoCAD 及在其基础上二次开发的软件，如天正建筑、理正建筑、清华斯维尔、浩辰建筑等。由于 AutoCAD 出现得较早，有大量的用户，为了照顾用户的工作习惯，很难对其进行彻底改造，只能进行“缝缝补补”的改进。因此，AutoCAD 固有的建模能力弱、坐标系统不灵活的问题，已成为设计师与计算机进行实时交互的瓶颈。设计师在方案构思阶段灵活操作的基本要求已无法满足。
- 第 2 种是 3ds Max、Maya、Softimage 等具备多种建模能力及渲染功能的软件，这种类型的软件虽然自身功能较完善，但目标是模拟真实场景，因此重点并不在于设计方面，自然无法适应建筑方案设计师的操作要求。
- 第 3 种是 VRay、Brazil、FinalRender、Artlantis、Lumion、Enscape 等纯粹渲染器。这类软件的重点是如何把其他软件建好的模型渲染得达到甲方的要求，也不属于设计类软件。
- 第 4 种是 Rhino 和 Modo 类软件。该类软件不具备渲染能力，主要用于建模，如创建复杂的模型。由于该类软件针对的是工业产品的造型设计，并不适合建筑方案设计师使用。
- 第 5 种是 Revit、ArchiCAD 和 Microstation 等 BIM（建筑信息化模型）软件，用于给建筑构件增加信息量，也不适合建筑方案设计师使用。

什么是设计过程呢？目前，多数设计师无法直接利用软件展现构思方案，只好以手绘草图与甲方交流，原因很简单：几乎所有软件的建模速度都跟不上设计师的思路。目前比较流行的工作模式是：设计师构思→勾画草图→向制作人员交代→建模人员建模→渲染人员渲染→设计师提出修改意见→修改→渲染→加配景→修改→最终出图。由于设计师直接控制的环节较少，必然会影响工作的准确性和效率。

在这种情况下，直接面向设计过程的软件 SketchUp 就出现了。它是一个看上去似乎极为简单的工具，实际上却蕴藏着强大的功能，利用这个软件可以快速、方便地对三维创意进行创建、观察与修改。传统手绘草图风格优雅，如图 1.1 所示；现代数字科技成图，如

图 1.2 所示，通过 SketchUp 使人工草图与科技制图得到了完美结合。

图 1.1　传统手绘草图风格

图 1.2　现代数字科技成图

手绘草图对设计过程的重要性是不言而喻的。然而擅长手绘图的设计师往往会对计算机辅助设计软件的操作与学习的繁杂而感到灰心，并因此往往停止对软件的学习。SketchUp 软件独特的优点使他们有一种柳暗花明的感觉；与需要学习大量复杂命令的其他计算机辅助设计软件相比，SketchUp 集成了简洁紧凑却功能强大的工具集，同时配备了智能的帮助系统，使得三维设计流程简洁而流畅。这样，就可以将主要精力放在重要的设计构思与设计过程中，快速、动态、实时地将自己的设计体现在模型上。

1.1.2 “抄”方案是初学者必须经历的阶段

在建筑方案的学习与设计中，“抄”方案是必经之路。

学习书法必由之路不就是临摹吗？王羲之、张旭、董其昌等名家都花了不少工夫临摹前人的作品，再从中逐渐形成自己的风格。

“抄”不是目的，先“抄”，再改，后“超”，不仅可以快速提高方案设计能力，而且是初学者的必经之路。如果设计师只知抄，不知改与“超”，则这种做法是不推荐的。

“建筑设计”课程分为两大类别：正题设计与快题设计。正题设计是一个学期做一至两个建筑方案；快题设计是在 3 ～ 8 小时内做一个建筑方案。与正题设计相比，快题设计更加切合实际。在建筑设计院、建筑设计公司、方案制作公司中，方案制作→修改→成形→汇报这个过程往往是在很短的时间内完成，这是甲方的要求。作为房地产开发公司、投资方或大型企业的甲方，往往是通过贷款取得的用地，还款利息一天甚至几十万，因此不可能让设计单位花太长时间去设计方案，一般会在短时间内确定方案，之后再进行初步设计、扩大初步设计、施工图设计等环节的工作。

在这么短的时间内完成建筑方案，完全独立思考进行设计的可操作性不高，或者说没有充足的时间让设计师完成一个合理的方案。借鉴成熟的建筑方案，然后对其进行修改，这个方法比较现实、有效。这就是笔者倡导的“抄”“改”方案的原因。

那么，用哪种方式“抄”方案呢？用手绘的方式是“抄”也慢，“改”也慢，改完了还需要用计算机辅助软件绘制、出图，这是向甲方汇报的需要。因此应使用计算机辅助设计软件来“抄”“改”方案，这样没有中间环节，直接切入主题。那么用什么软件呢？——推荐用 SketchUp，原因在前一节已重点阐述。使用 SketchUp 生成的建筑方案效果如图 1.3 所示。

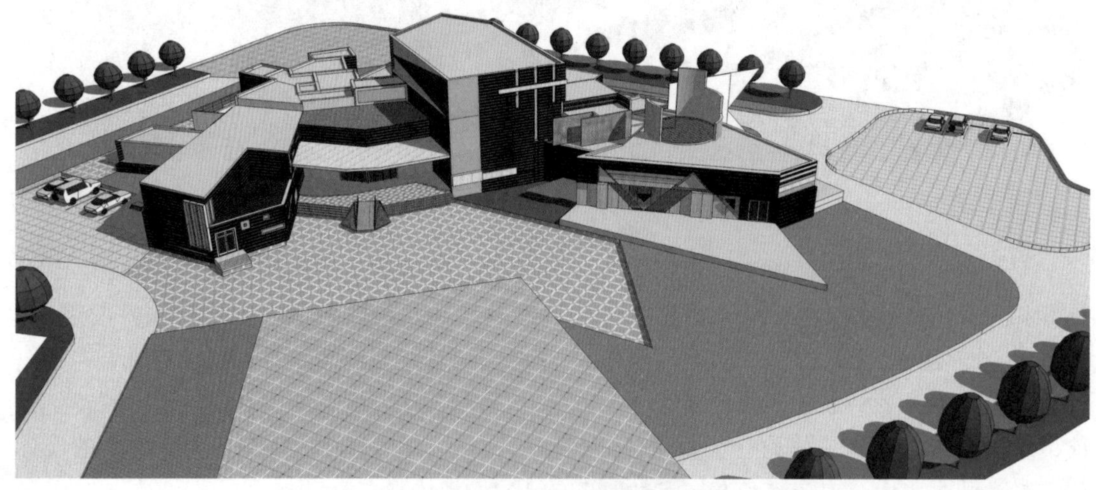

图 1.3　使用 SketchUp 制作的某高新技术体验中心建筑方案

使用 SketchUp “抄”“改” 方案，有下面几个优势：

- 可以参考照片、效果图、图书杂志上的图片进行快速建模；
- SketchUp 制作的模型是三维的，可以直观地进行修改、调整、增减从而生成所需的建筑方案；
- SketchUp 制作的方案模型可以直接进入渲染器（如 VRay、Artlantis、Lumion、Enscape 等）生成效果图。

1.2 会所的建筑方案设计

本节以一个小区中的会所为例，参照已有的会所的建筑效果图，使用 SketchUp 临摹出这栋建筑的模型。通过这种方式，不仅可以训练设计者的立体造型能力，还可以加深设计者对常见的建筑知识（如尺度、规范和结构等）的理解。

这种学习手法不仅仅停留在熟悉软件的阶段，更多的是要求结合软件，运用建筑专业知识，参考别人的成熟方案快速生成适合自己的项目要求的方案。与传统的花费大量精力和时间反复推敲设计过程相比，这种方法更具有实战效益。

1.2.1 拉出主体

拿到会所图片之后，设计师要根据自己的建筑专业知识，判断其长、宽、高的尺度。有一些误差并不影响绘图，只要总体尺度的比例协调就可以了。

（1）绘制主体轮廓。按 L 快捷键发出“直线”命令，绘制主体建筑的平面轮廓，具体尺寸如图 1.4 所示。这是一个 L 型的主体建筑，在建筑平面设计中经常用到。

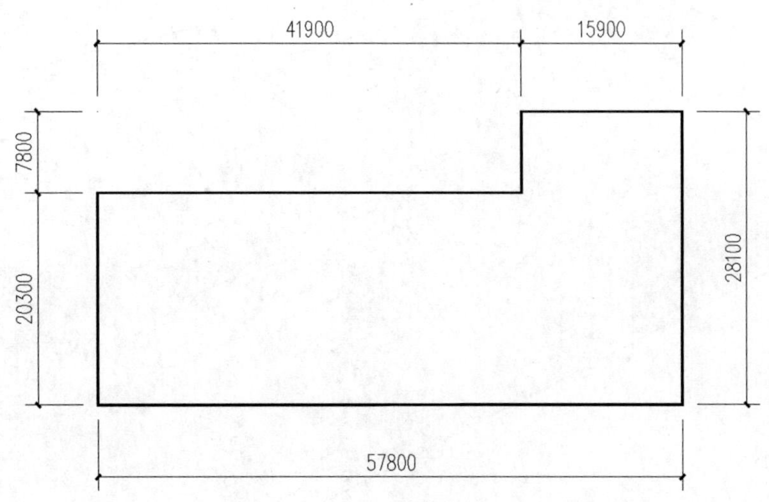

图 1.4 主体建筑轮廓的尺寸

（2）拉出建筑高度。按 P 快捷键发出“推 / 拉”命令，将平面轮廓向上拉出 13200mm 的高度，如图 1.5 所示。

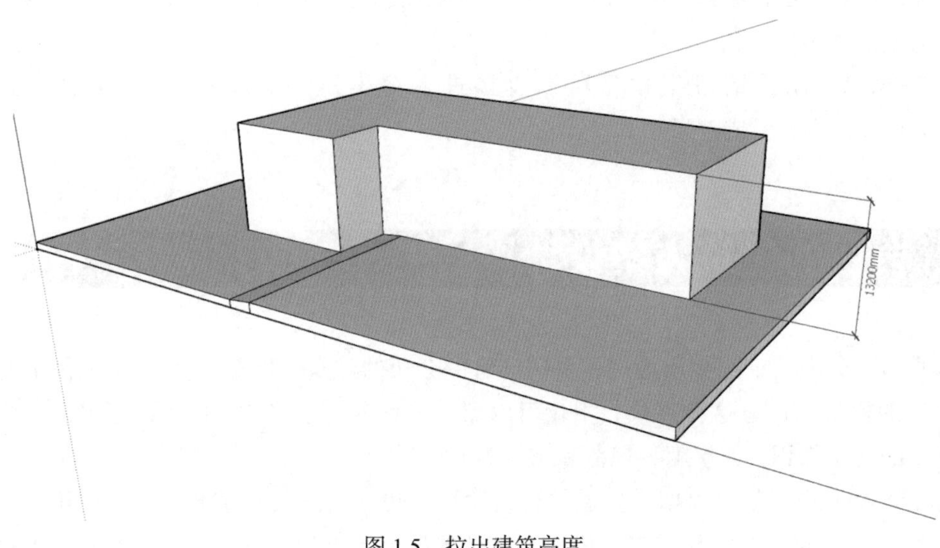

图 1.5　拉出建筑高度

（3）推拉细部。参照图片，使用“推 / 拉”工具推拉出更多的细部，如图 1.6 和图 1.7 所示。具体尺寸见表 1.1 所示。

注意：

这就是 SketchUp 推敲方案的方式。通过一个盒子，使用“推 / 拉”工具让建筑越来越细化。那些凸凹的位置就是后面开门、窗，设置阳台的区域。

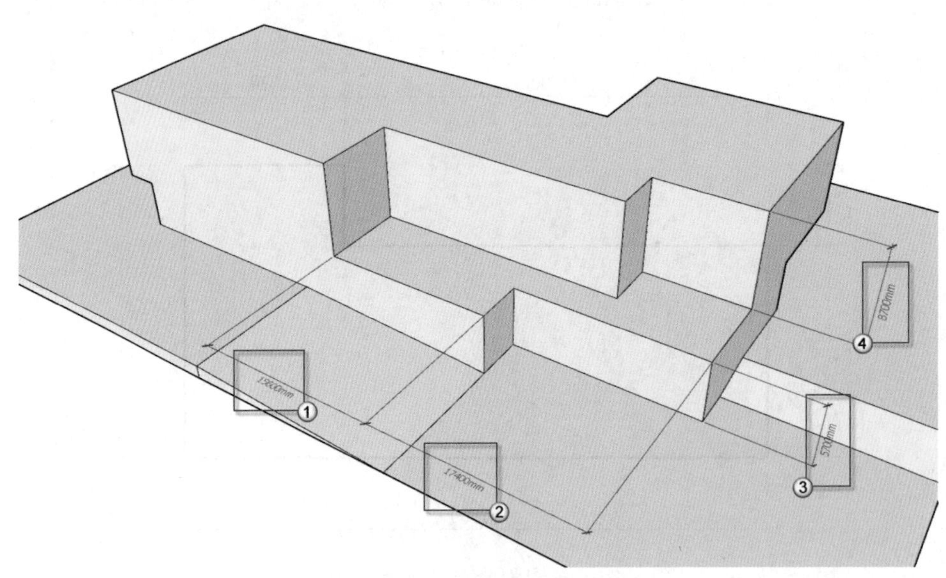

图 1.6　推拉细部 1

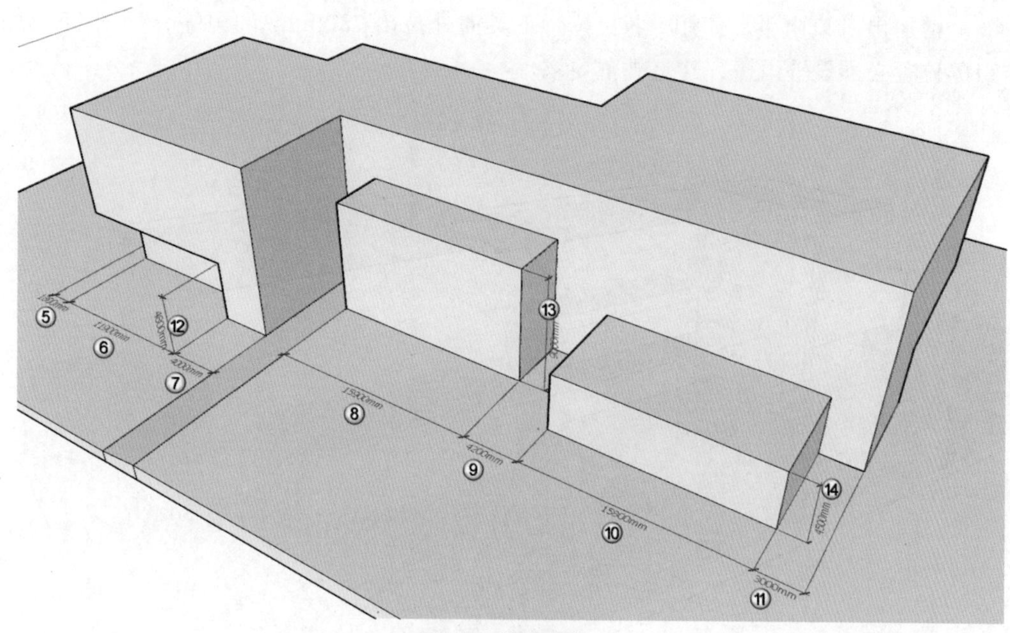

图 1.7　推拉细部 2

表 1.1　细部尺寸

单位：mm

编号	1	2	3	4	5	6	7	8	9	10	11	12	13	14
尺寸	15600	17400	5700	8700	1800	11900	4000	15900	4200	15800	3000	4800	900	4500

（4）增加女儿墙细节。继续使用“推 / 拉”工具拉出屋顶的女儿墙，如图 1.8 所示。女儿墙的宽度为 200mm，上人屋顶的女儿墙高为 1200mm，不上人屋顶的女儿墙高为 300 ～ 400mm。

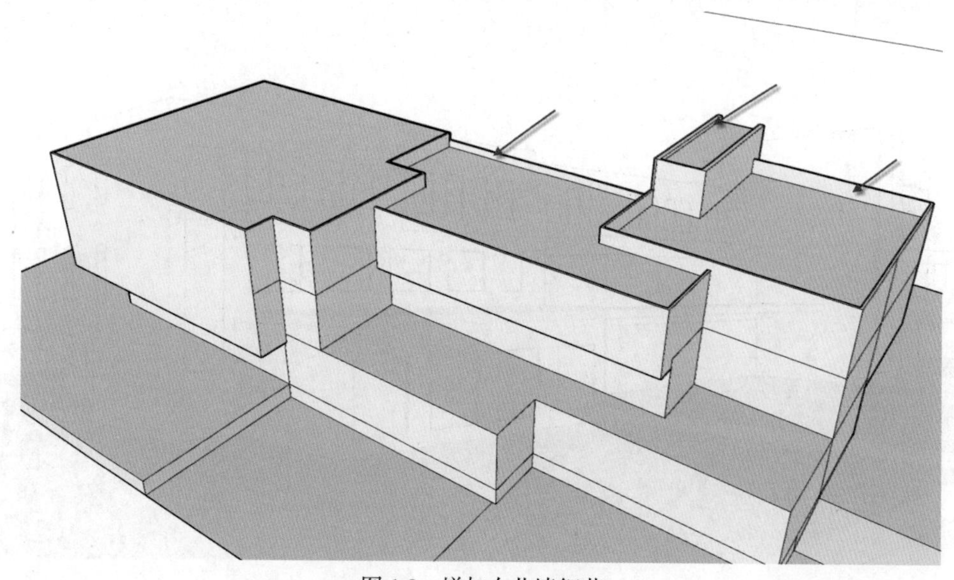
图 1.8　增加女儿墙细节

（5）增加出入口雨篷。使用“推 / 拉”工具向外拉出 7800mm 的雨篷，如图 1.9 所示。出入口的位置必须设置雨篷，这是规范要求。

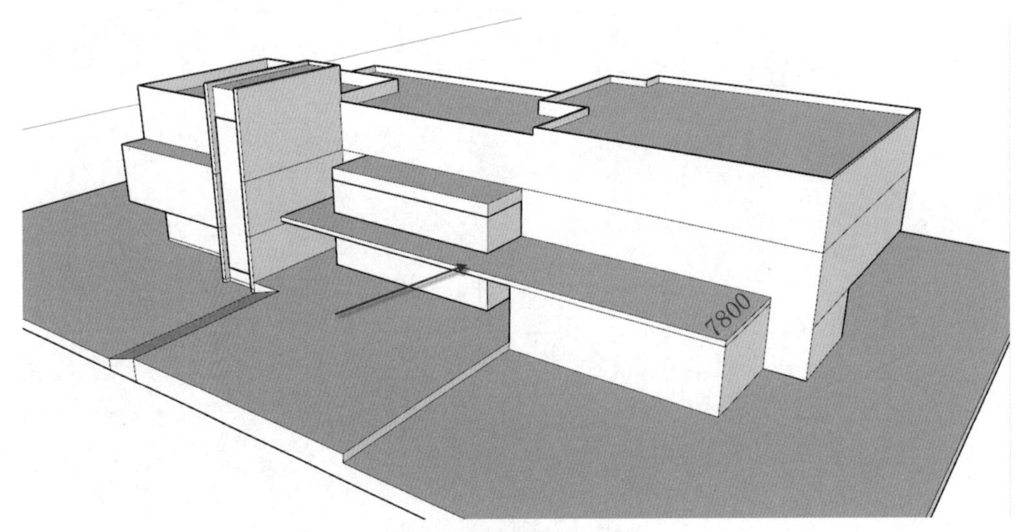

图 1.9　增加出入口雨篷

1.2.2　细化模型

在推拉出主体之后，下一步就是具体细化模型了。主要是生成外墙的门窗和栏杆等，最后还应该增加人物及树等背景，完成整体的模型制作。

（1）基本窗户分隔。使用“矩形”工具和“推 / 拉”工具，绘制出窗户的分隔，如图 1.10 和图 1.11 所示。窗宽尺寸分别为 1200mm（图中①处）和 2700mm（图中②处）；窗高尺寸见表 1.2 所示。向内推进的窗台厚度均为 100mm。

图 1.10　基本窗户分隔 1

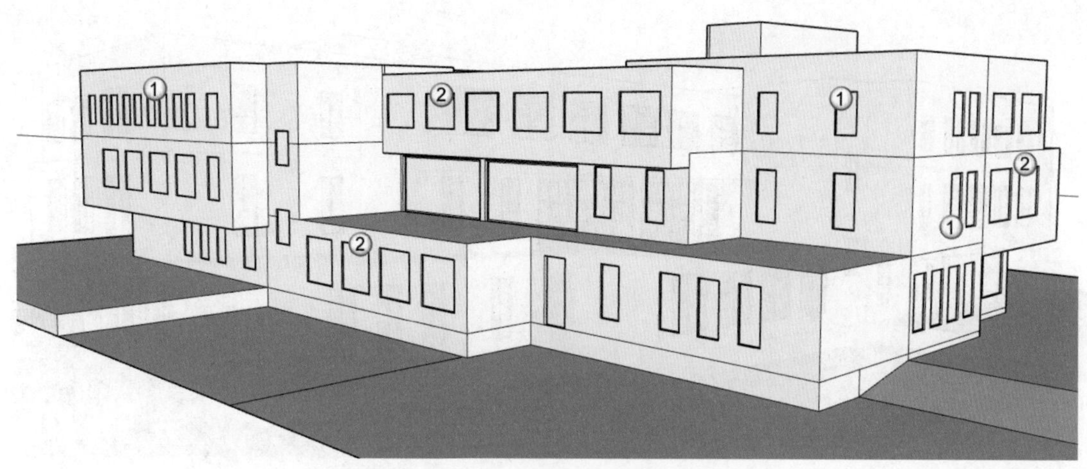

图 1.11　基本窗户分隔 2

表 1.2　窗高取值表

楼　　层	窗高（mm）
3	2100
2	2700
1	2700

（2）外墙门窗的细化。绘制出窗户的分隔部分，并分别设置玻璃和窗框的材质，如图 1.12 和图 1.13 所示。注意玻璃要设置为透明的材质。

图 1.12　外墙门窗的细化 1

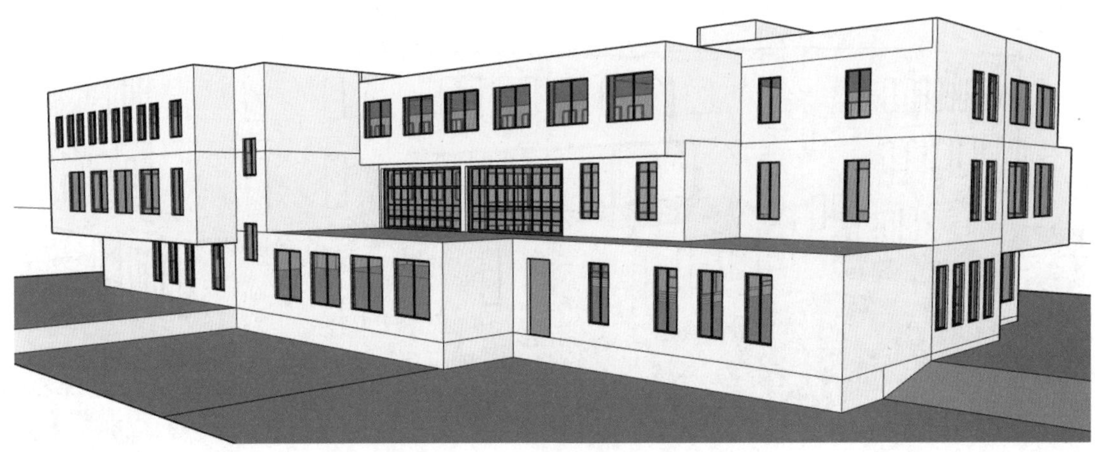

图 1.13　外墙门窗的细化 2

> **注意：**
> 在定义窗的尺寸时，不仅要考虑外观的协调性，还要考虑建筑模数关系，取值最好以 300mm 的整数倍为宜，如 900、1200、1500、1800 和 2100 等。

（3）绘制栏杆。二楼的一侧采用了退台式设计，有一个平台，为了安全性，在平台的边缘需要绘制栏杆，如图 1.14 所示。

图 1.14　绘制栏杆

（4）加入配景并打开光影效果。使用“组件”方式将人、树等加入场景中。然后在“阴影”面板中单击“显示/隐藏阴影”按钮，打开光影效果，如图1.15所示。最后的效果如图1.16和图1.17所示。

注意：

虽然是对建筑的单体设计，但是建筑是存在于一个环境之中的。因此，只有建筑与周围环境相互映衬，才能得到美观、协调、别致的效果。

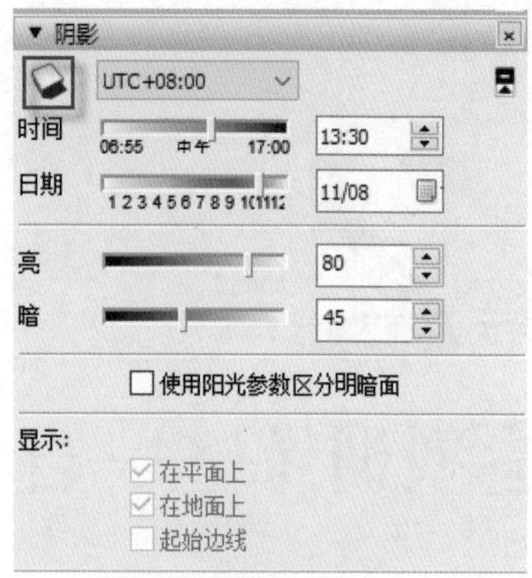

图1.15　打开光影效果

图1.16　最后的模型效果1

图1.17　最后的模型效果2

第2章

造型训练——吉普牧马人

虽然是以“抄改”建筑方案为主，但是适当地做一些工业设计（如汽车的建模），对自身设计能力的提升会有极大的帮助。本章将参照吉普牧马人越野车图片，使用 SketchUp 进行建模，从中学习一些异形体的制作方法。

以前的建筑教学中，建筑造型多以方块为主，而工业造型往往会用到一些曲面。随着发展，建筑设计中开始出现一些异形体，实际上就是向工业设计学习，将工业设计中的一些方式运用到建筑中。因此本章的训练与学习，将会为异形体的建筑设计打下基础。

2.1 车身模型的绘制

汽车车身的作用主要是保护驾驶人员以及构成良好的空气力学环境。好的车身不仅能带来更佳的性能体验，也能更好地保护驾驶人员的安全。汽车车身结构从形式上主要分为非承载式和承载式两种。吉普牧马人属于越野车车型，采用的是非承载式的车身。这种车身避震性比较好，但是油耗比较大。

2.1.1 绘制车身框架

本节制作车身的框架，也就是车身的主体结构。根据 SketchUp 绘图的特点，先创建一个盒子，然后对其推拉生成车身框架。具体操作如下：

（1）绘制矩形。按 R 快捷键发出“矩形”命令，在坐标轴原点处选择第一个点，输入矩形尺寸 4200mm 和 1900mm，如图 2.1 所示。

（2）创建组件。双击已完成的矩形，选中矩形面及相邻边线，再右击矩形，在弹出的快捷菜单中选择“创建组件”命令，弹出“创建组件”对话框。在“名称”栏中输入“车身”字样，取消“总是朝向相机”复选框的勾选，勾选“用组件替换选择内容”复选框，单击“创建”按钮完成组件的创建，如图 2.2 所示。

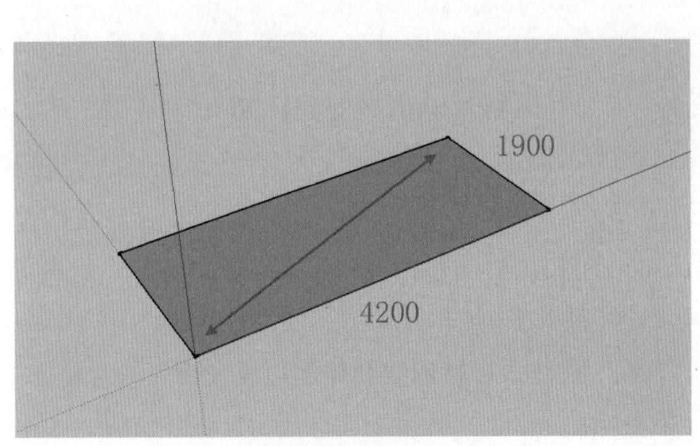

图 2.1 绘制矩形

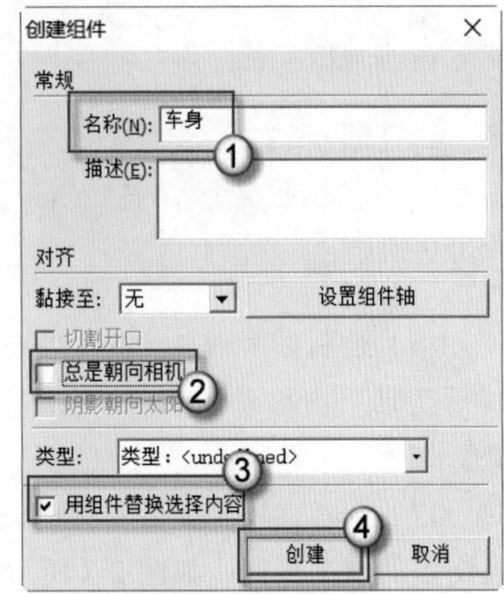

图 2.2 创建组件

（3）设置车身材质。按 B 快捷键发出“材质”命令，在“材料”面板中单击“创建材质”按钮，在弹出的“创建材质”对话框中输入材质名称为“车身材质”，设置颜色为 R=65、G=105、B=225，单击“确定”按钮，如图 2.3 所示。

（4）推拉体块。双击矩形进入组件编辑模式。按 P 快捷键发出“推 / 拉”命令。选中矩形面，沿蓝轴正向推拉 1000mm 高度，如图 2.4 所示。

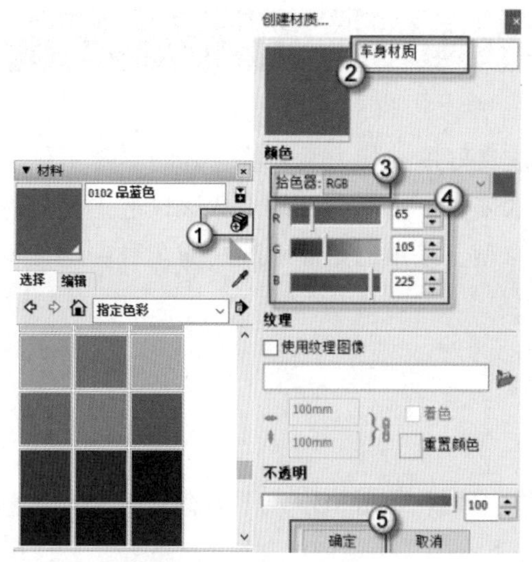

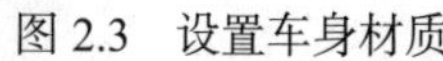
图 2.3　设置车身材质

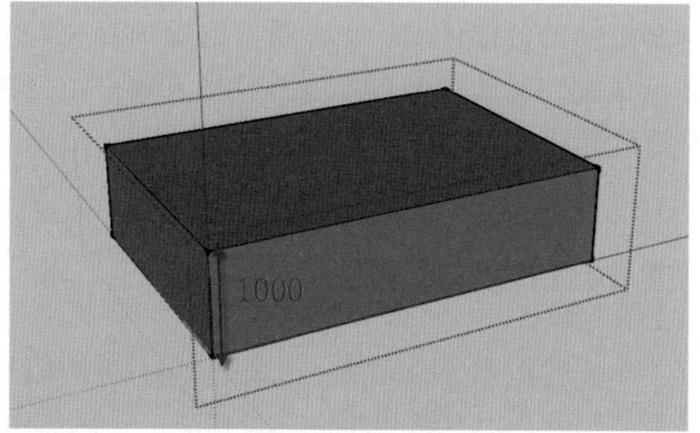

图 2.4　推拉体块

注意：

使用 SketchUp 建模时最核心的方法就是推拉。首先按照体量关系创建一个“盒子”，然后对其进行细分、推拉、移动，生成更多的细节。做建筑设计是这样，做工业设计也是这样。

（5）绘制参考线 1。选中①处线段，按 M 快捷键发出“移动”命令，并配合 Ctrl 键将线段沿蓝轴向上复制出一条与原直线距离为 200mm 的平行线，如图 2.5 所示。

注意：

配合 Ctrl 键是指按住 Ctrl 键不放。后文中的配合 Shift 键指按住 Shift 键不放，不再说明。

（6）绘制参考线 2。按 T 快捷键发出“卷尺工具”命令。选中体块顶面①处线段，将其沿蓝轴反向移动 200mm 至②处，再选中①处线段，将其沿红轴正向移动 1000mm 至③处，如图 2.6 所示。

（7）绘制直线。按 L 快捷键发出“直线”命令。以辅助线和体块边线交接处①为起点，向交点②绘制直线，如图 2.7 所示。

（8）推拉体块。选中三角形面，按 P 快捷键发出“推 / 拉”命令。将三角形面沿箭头方向推至边线处，当出现“在边线上”提示时单击即可，如图 2.8 所示。

（9）移动直线。选中①处直线，按 M 快捷键发出“移动”命令，将直线沿红轴正向移动 200mm。按同样的方法将②处直线沿红轴正向移动 200mm，如图 2.9 所示。

（10）绘制辅助线。按 T 快捷键发出“卷尺工具”命令，以线段①为起点，在点②处绘制与线段①平行的辅助线，如图 2.10 所示。

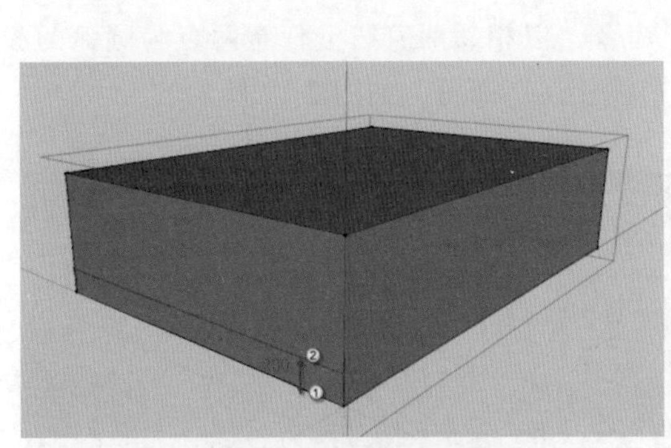
图 2.5 绘制参考线 1

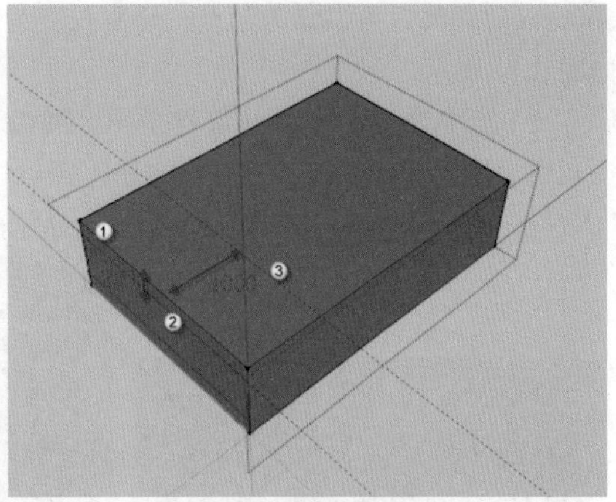
图 2.6 绘制参考线 2

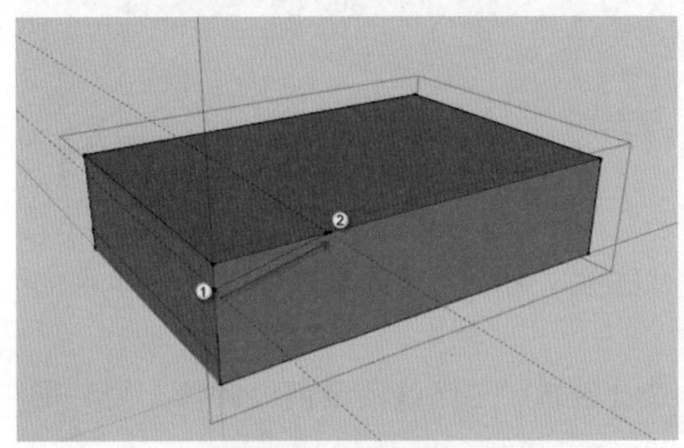
图 2.7 绘制直线

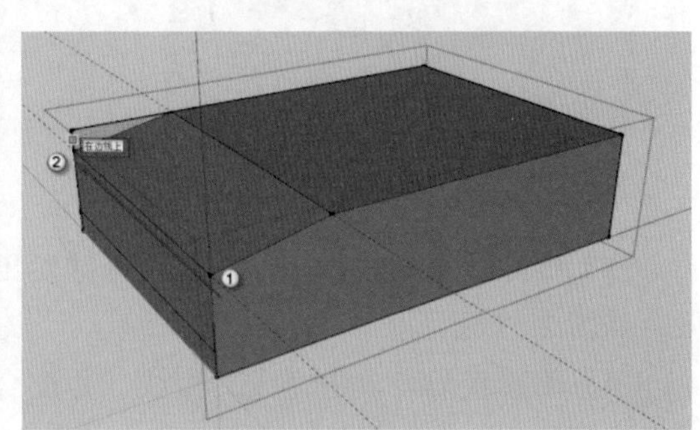
图 2.8 推拉体块

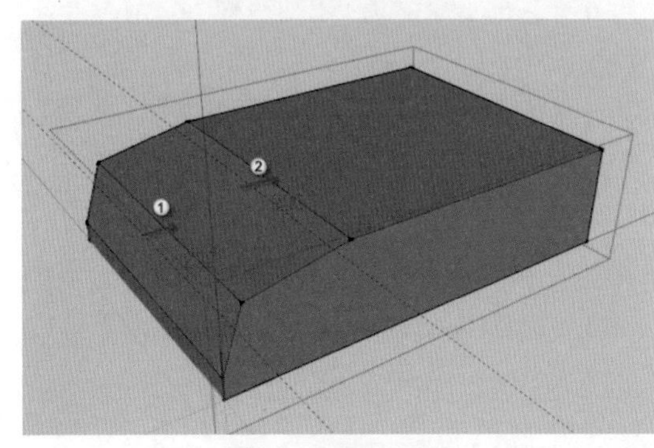
图 2.9 移动直线

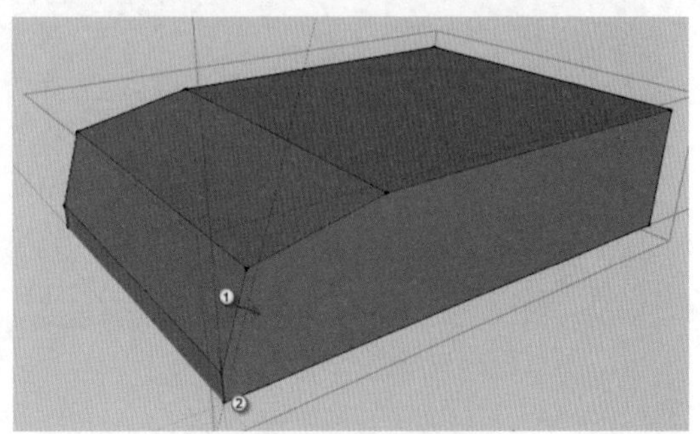
图 2.10 绘制辅助线

2.1.2 绘制挡泥板

挡泥板是安装在车轮外框架后面的板，通常为优质的橡胶材质制造，功能为行驶时阻挡上溅的泥沙。具体操作如下：

（1）绘制直线。按 L 快捷键发出“直线”命令。以①为起点，沿参考线绘制长度为

600mm 的直线。再以②为起点，绘制长度为 750mm 的直线，最后以③为起点，绘制直线，如图 2.11 所示。

（2）绘制圆弧。按 A 快捷键发出“圆弧”命令，以相邻两直线上任意两点为圆弧的起点和终点绘制圆弧，将圆弧凸起部分达到“与边线相切”即可，如图 2.12 所示。

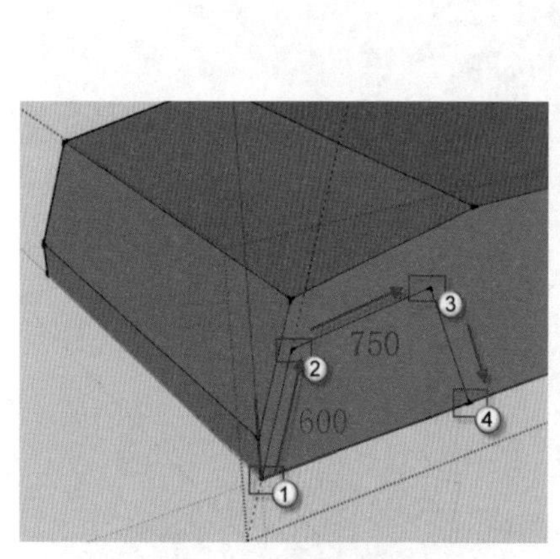

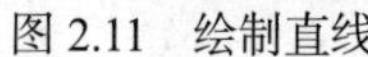
图 2.11　绘制直线

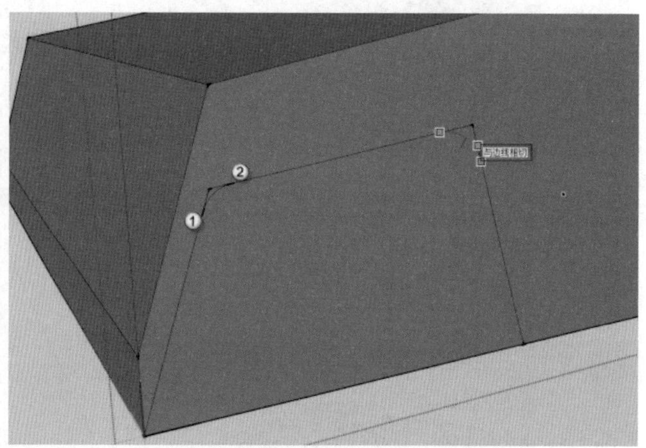
图 2.12　绘制圆弧

（3）擦除多余的线段 1。按 E 快捷键发出“擦除”命令，擦除圆弧①、②处多余的线段，如图 2.13 所示。

（4）偏移直线。单击完成的直线，并配合 Ctrl 键选中三条线段及两段圆弧。按 F 快捷键发出“偏移”命令，将选中的线段向内偏移 50mm，如图 2.14 所示。

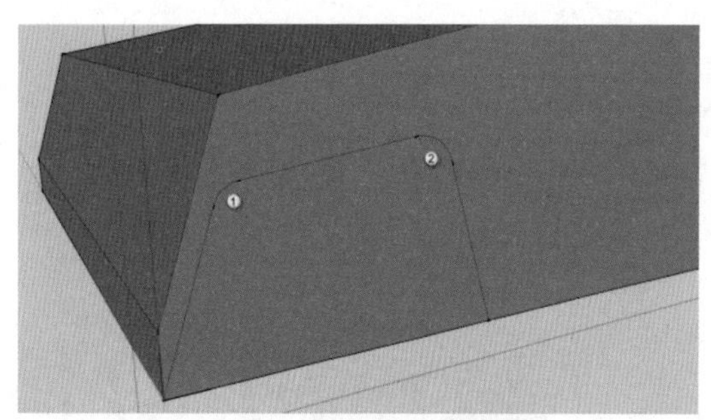
图 2.13　擦除多余的线段 1

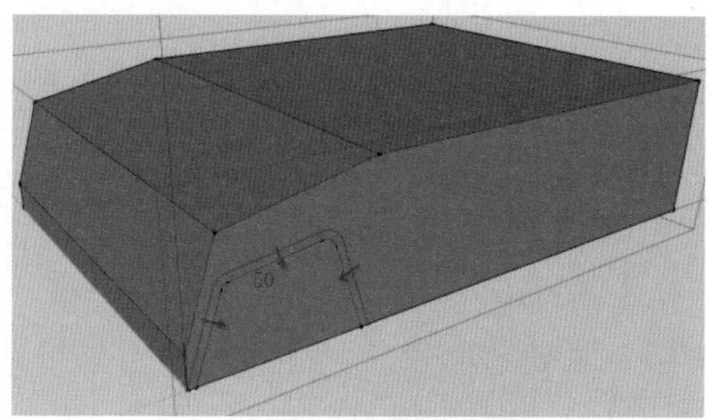

图 2.14　偏移线段

（5）擦除多余的线段 2。按 E 快捷键发出“擦除”命令，擦除①、②处多余的线段，如图 2.15 所示。

 **注意：**

使用 SketchUp 建模时需要时刻对模型进行清理，最关键的就是需要将绘制的辅助线或杂线、杂面进行删除。一两根细线无伤大雅，但若在大场景中，杂线过多会增加模型的占用空间，导致出现卡顿的情况。

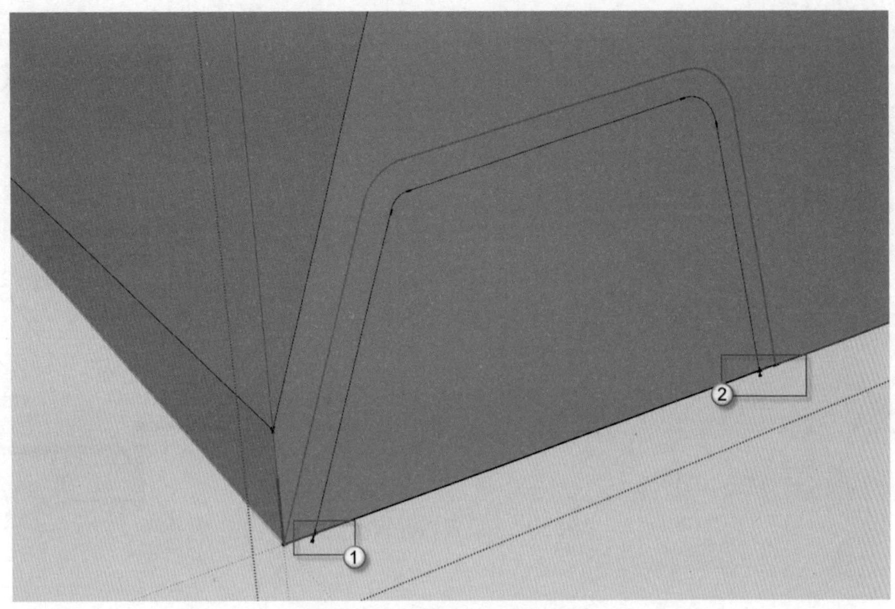

图 2.15 擦除多余的线段 2

（6）创建组件。选中红色方框内的蓝色区域，双击选中与面相邻的边线，再右击蓝色区域，在弹出的快捷菜单中选择“创建组件”命令，弹出“创建组件”对话框。在“名称”栏中输入“挡泥板”字样，取消“总是朝向相机”复选框的勾选，勾选“用组件替换选择内容”复选框，单击“创建”按钮完成组件的创建，如图 2.16 所示。

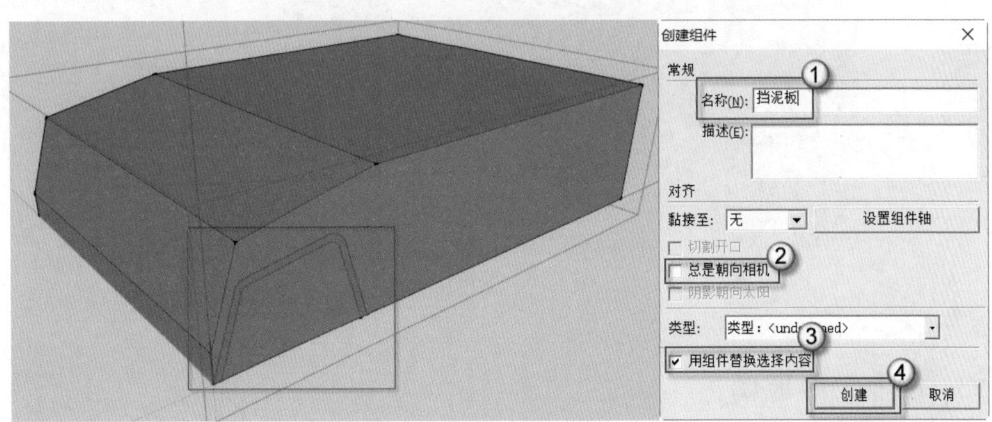

图 2.16 创建组件

（7）设置挡泥板材质。按 B 快捷键发出“材质”命令，在“材料”面板中单击“创建材质”按钮，在弹出的“创建材质”对话框中输入材质名称为“挡泥板材质”，设置颜色为 R=35、G=35、B=35，单击“确定”按钮，如图 2.17 所示。

（8）推拉体块。双击挡泥板进入组件编辑模式。按 P 快捷键发出“推 / 拉”命令，将挡泥板沿绿轴向外拉出 250mm，如图 2.18 所示。

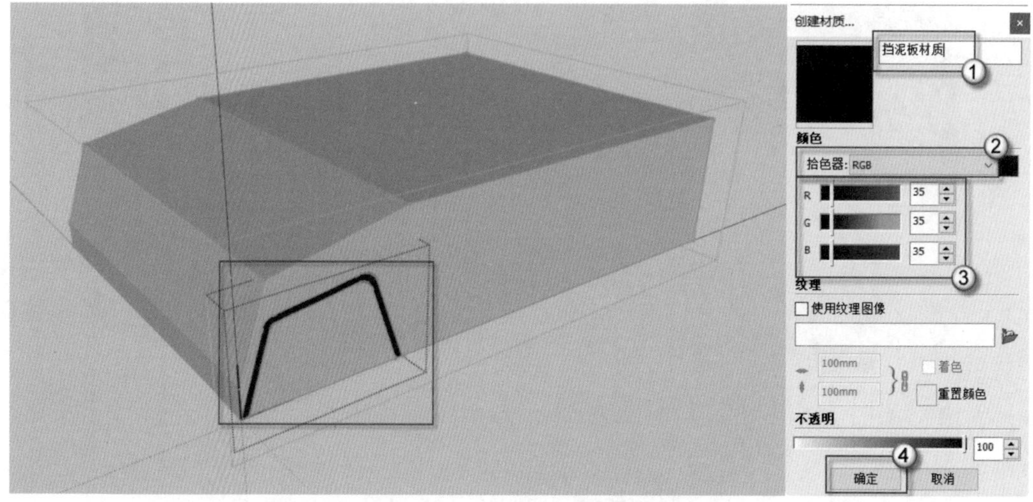

图 2.17　设置挡泥板材质

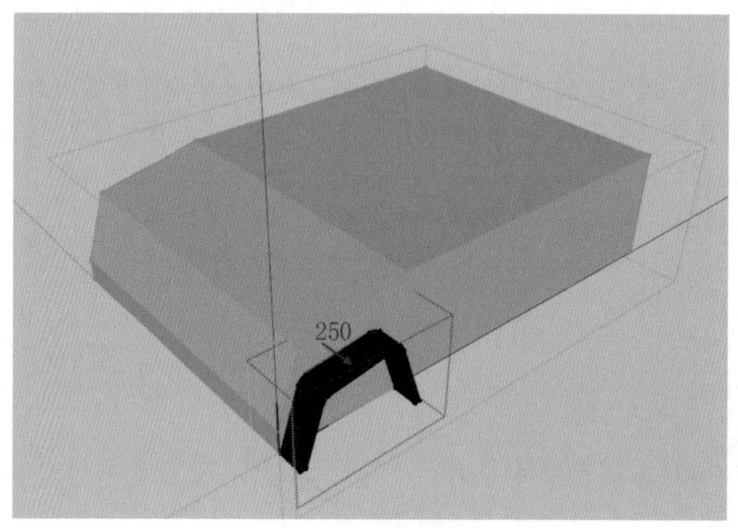

图 2.18　推拉体块

2.1.3　绘制挡风玻璃

20 世纪 20 年代，玻璃已广泛安装在美国福特汽车上，当时是用平板玻璃装在车厢的前端，使驾车者免除风吹雨打之苦。从这以后的几十年间，挡风玻璃逐步发展起来，创造了多种安全玻璃，如夹层玻璃、钢化（区域钢化）玻璃等，极大地改善了汽车玻璃的性能。

（1）偏移线段。选中体块顶面矩形，按 F 快捷键发出“偏移”命令，将矩形的四条边向内偏移 50mm，如图 2.19 所示。

（2）推拉体块。选中偏移后的矩形平面，按 F 快捷键发出“推 / 拉”命令，将所选平面沿蓝轴反向推进 950mm，如图 2.20 所示。

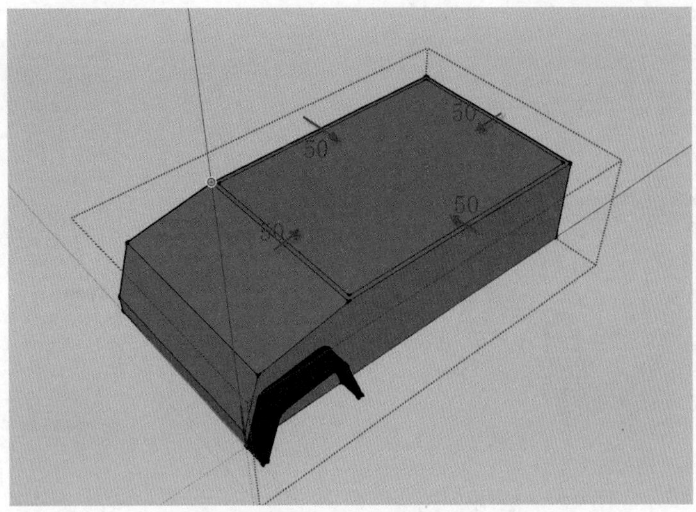

图 2.19　偏移线段

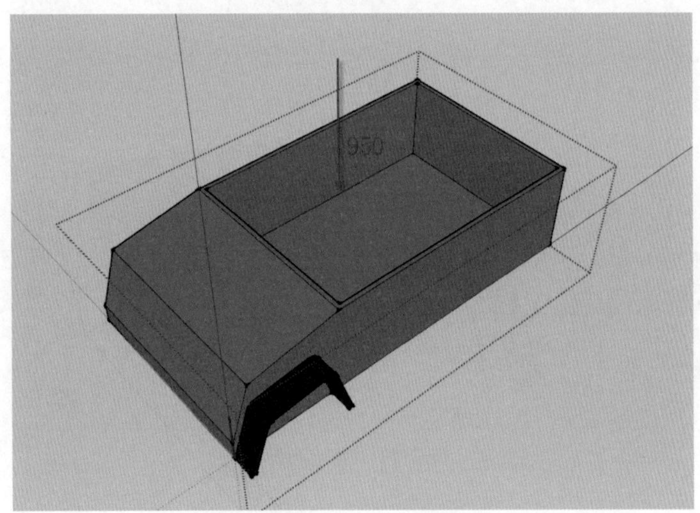

图 2.20　推拉体块

（3）绘制矩形。按 R 快捷键发出“矩形”命令，绘制尺寸为 1900mm × 750mm 的矩形，如图 2.21 所示。

（4）创建组件。选中矩形，双击与面相邻的边线，再右击蓝色区域，在弹出的快捷菜单中选择“创建组件”命令，弹出“创建组件”对话框。在“定义”栏中输入“挡风玻璃”字样，取消“总是朝向相机”复选框的勾选，勾选“用组件替换选择内容”复选框，单击“创建”按钮完成组件的创建，如图 2.22 所示。

（5）旋转图形。选中“挡风玻璃”组件，按 Q 快捷键发出“旋转命令”，当量角器变为绿色时，将组件顺时针旋转 15°，如图 2.23 所示。

（6）制作参考线。按 T 快捷键发出“卷尺工具”命令，将①、②、③处直线分别偏移 75mm，如图 2.24 所示。

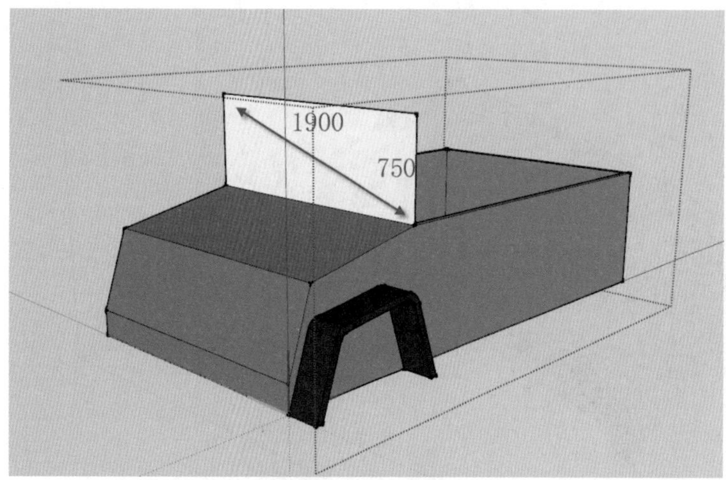

图 2.21　绘制矩形

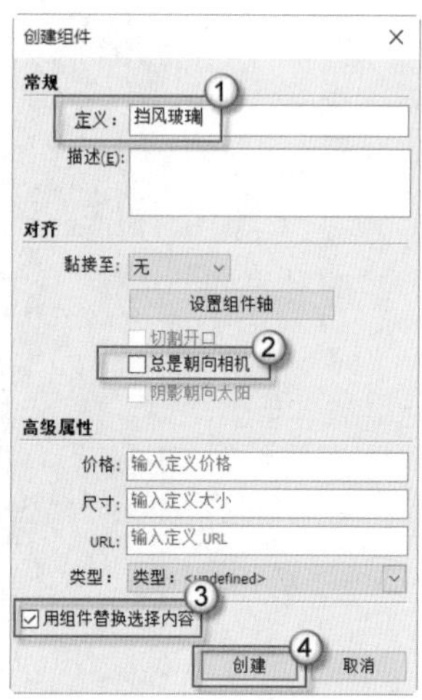

图 2.22　创建组件

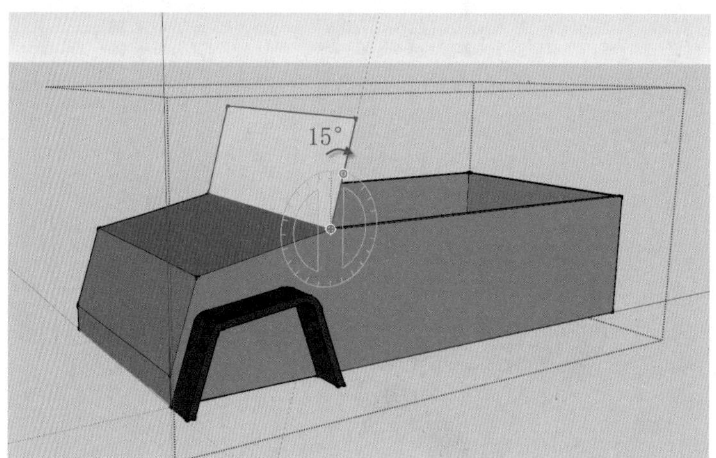

图 2.23　旋转图形

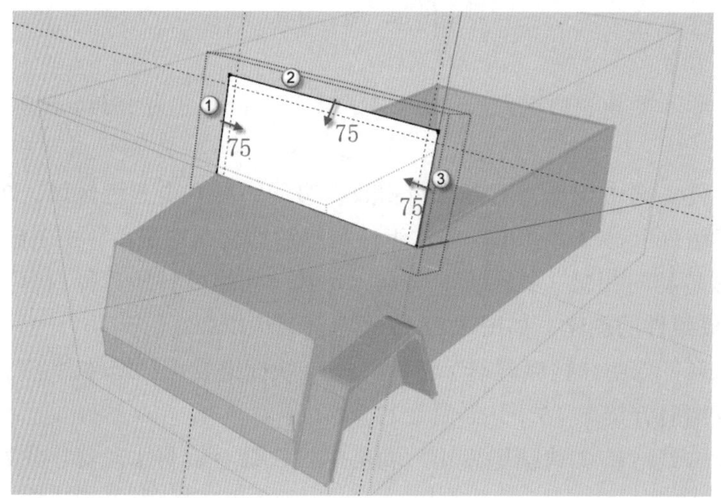

图 2.24　制作参考线

（7）绘制圆弧。按 A 快捷键发出“圆弧”命令，以直线与参考线相交的点为起止点拖曳圆弧，直至出现“与边线相切”字样即可，如图 2.25 所示。

图 2.25　绘制圆弧

（8）擦除多余的线段。按 E 快捷键发出“擦除”命令，擦除圆弧①、②处的多余线段，如图 2.26 所示。

图 2.26　擦除多余的线段

（9）绘制圆形。按 C 快捷键发出“圆”命令，在①处画出半径为 50mm 的圆形，如图 2.27 所示。

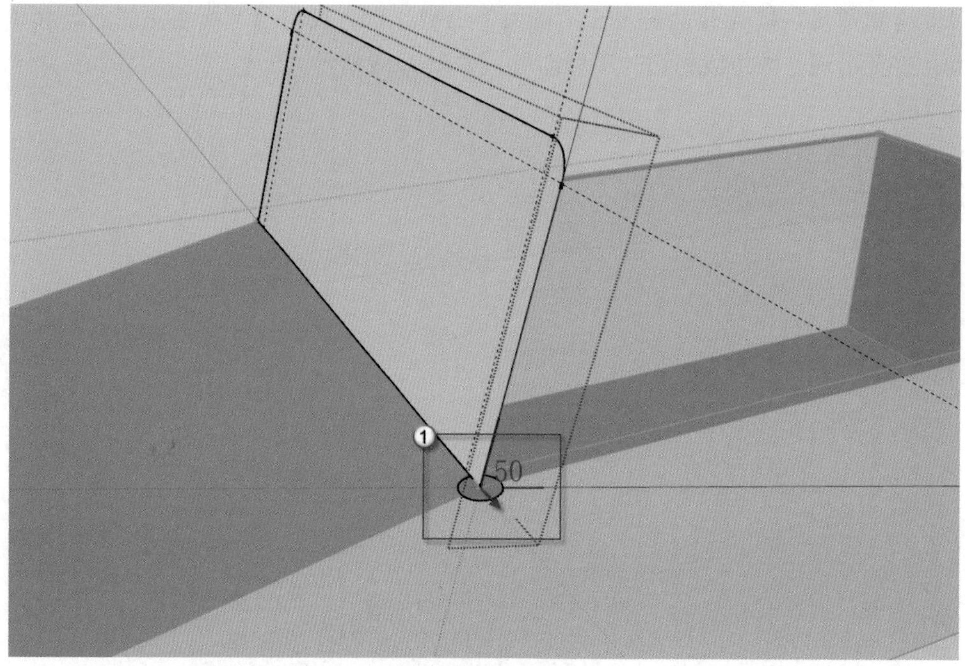

图 2.27　绘制圆形

（10）路径跟随。在“工具”菜单栏中选择“路径跟随”命令，单击已画好的圆形并沿挡风玻璃边线进行绘制，如图 2.28 所示。

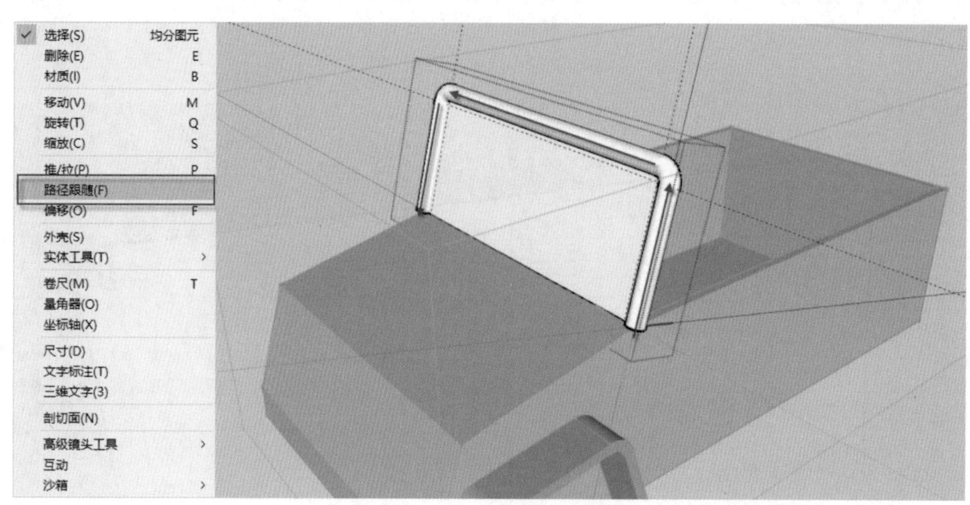

图 2.28　路径跟随

（11）设置护栏材质。按 B 快捷键发出“材质”命令，在“材料”面板中选择“选择”选项卡，在“在模型中的样式”下拉列表中选择“金属”选项，然后选择“波浪状亮面金属”材质，如图 2.29 所示。

（12）设置玻璃材质。按 B 快捷键发出“材质”命令，在“材料”面板中选择“选择”选项卡，在“在模型中的样式”下拉列表中选择“玻璃和镜子”选项，然后选择“半透明

安全玻璃”材质，如图 2.30 所示。

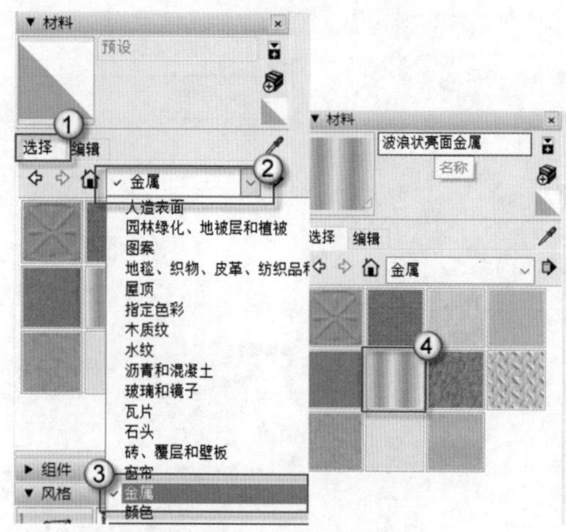

图 2.29 设置护栏材质

图 2.30 设置玻璃材质

（13）制作参考线。按 T 快捷键发出“卷尺工具”命令，选中①处线段，将其沿平面移动 80mm 至②处作出参考线，如图 2.31 所示。

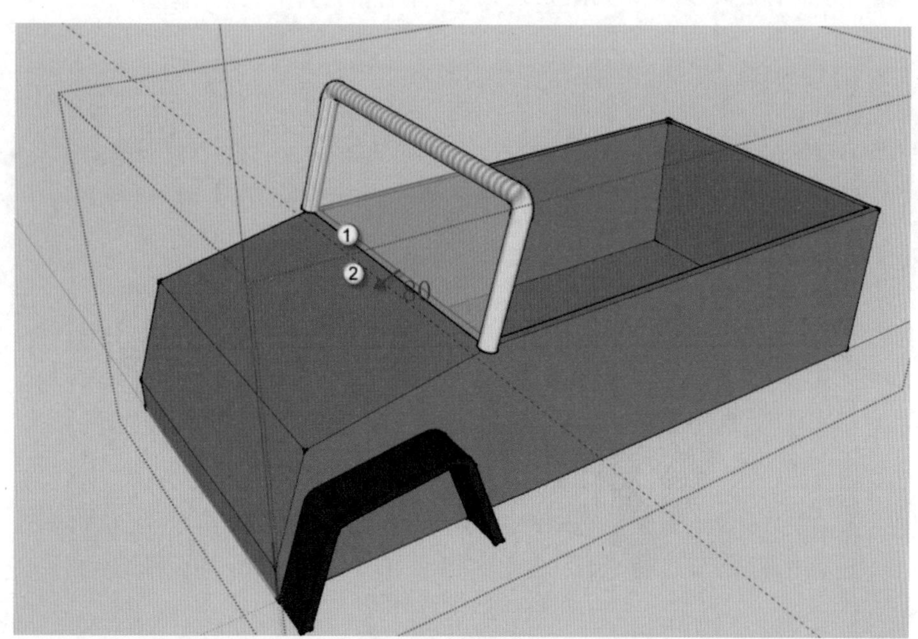

图 2.31 制作参考线

（14）绘制矩形。按 R 快捷键发出“矩形”命令，绘制尺寸为 1900mm × 750mm 的矩形，如图 2.32 所示。

（15）创建组件。选中矩形，双击与面相邻的边线，再右击蓝色区域，在弹出的快捷菜单中选择“创建组件”命令，弹出“创建组件”对话框。在“定义”栏中输入“护栏”字样，取消“总是朝向相机”复选框的勾选，勾选“用组件替换选择内容”复选框，单击“创建”

按钮完成组件的创建，如图 2.33 所示。

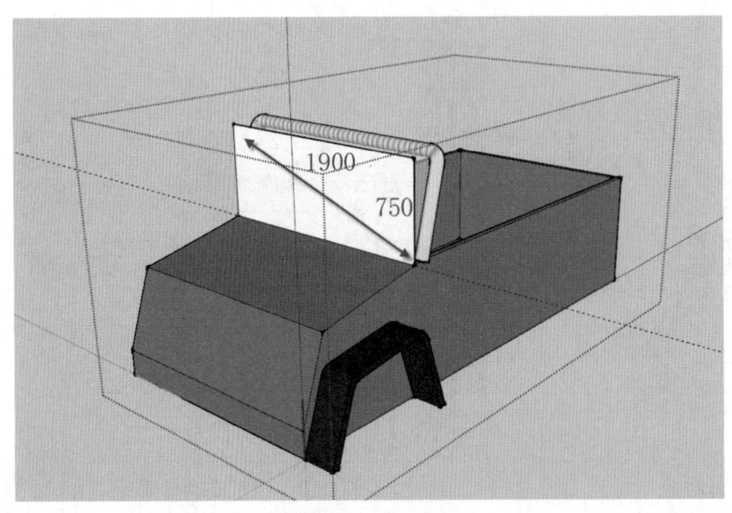

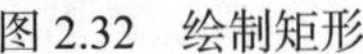
图 2.32　绘制矩形

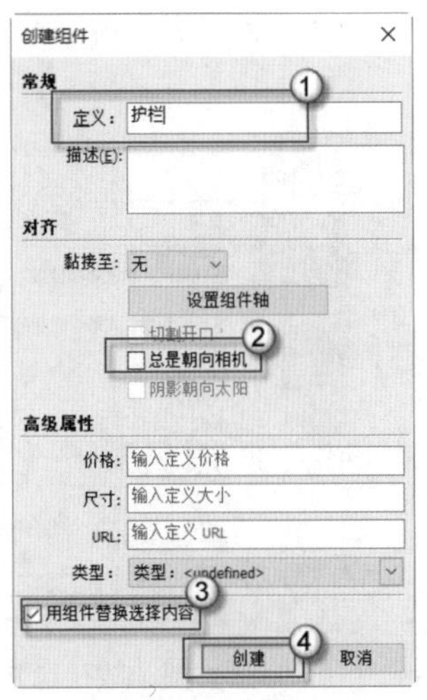

图 2.33　创建组件

（16）旋转图形。选中“护栏”组件，按 Q 快捷键发出“旋转命令”，当量角器变为绿色时，将组件顺时针旋转 15°，如图 2.34 所示。

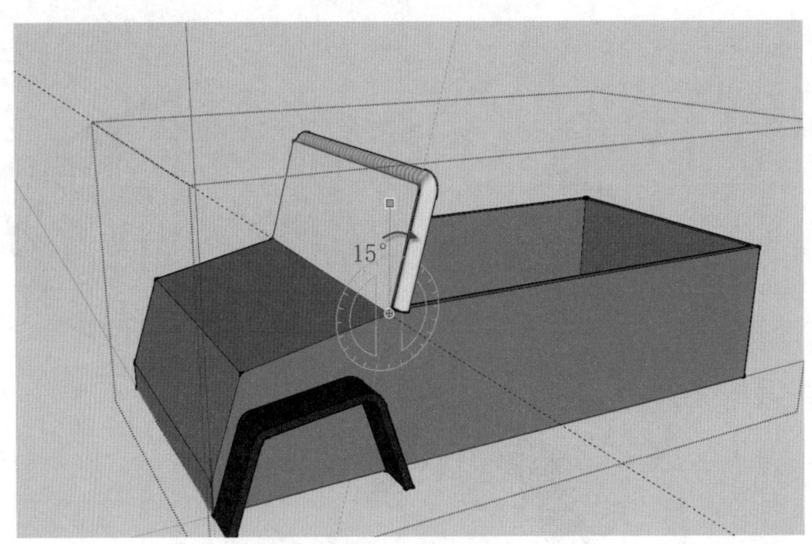

图 2.34　旋转图形

（17）制作参考线。按 T 快捷键发出“卷尺工具”命令，将①、②、③处的直线分别偏移 75mm，如图 2.35 所示。

（18）绘制圆弧。按 A 快捷键发出“圆弧”命令，以直线与参考线相交的点为起止点拖曳圆弧，直至出现“与边线相切”字样即可，如图 2.36 所示。

（19）擦除多余的线段。按 E 快捷键发出“擦除”命令。擦除圆弧①、②外多余线段，如图 2.37 所示。

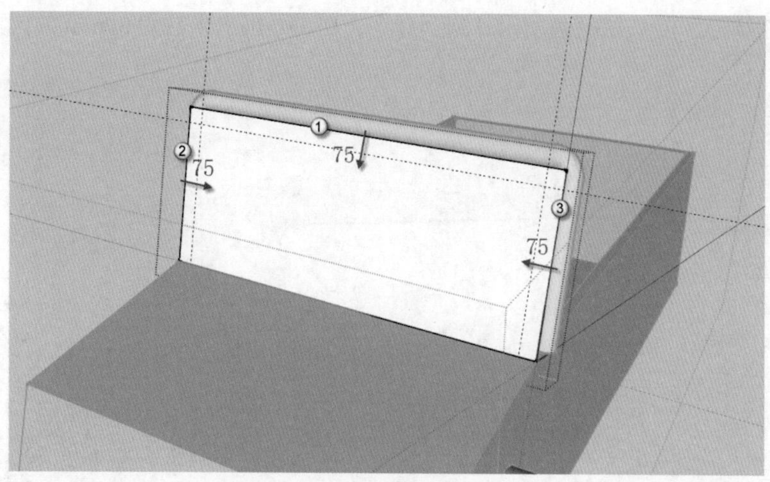

图 2.35　制作参考线

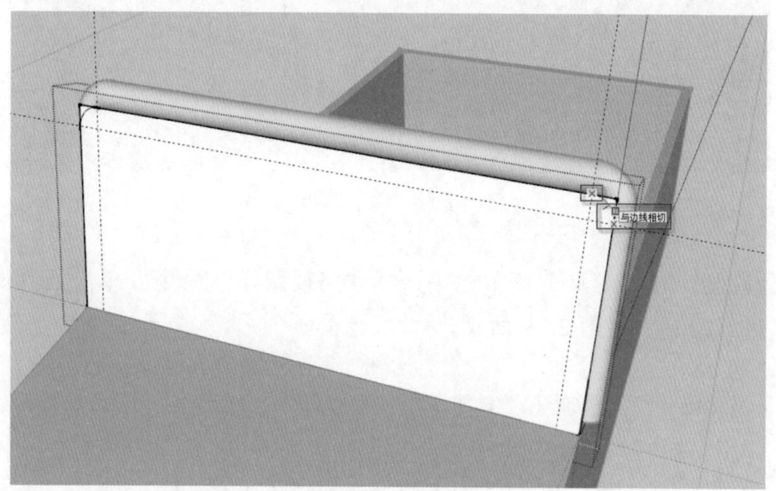

图 2.36　绘制圆弧

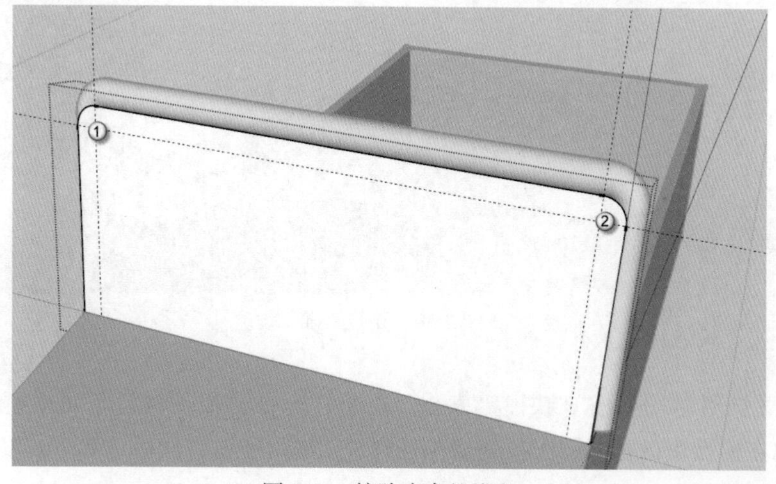

图 2.37　擦除多余的线段

（20）绘制圆形。按C快捷键发出“圆”命令，在①处画出半径为30mm的圆形，如图2.38所示。

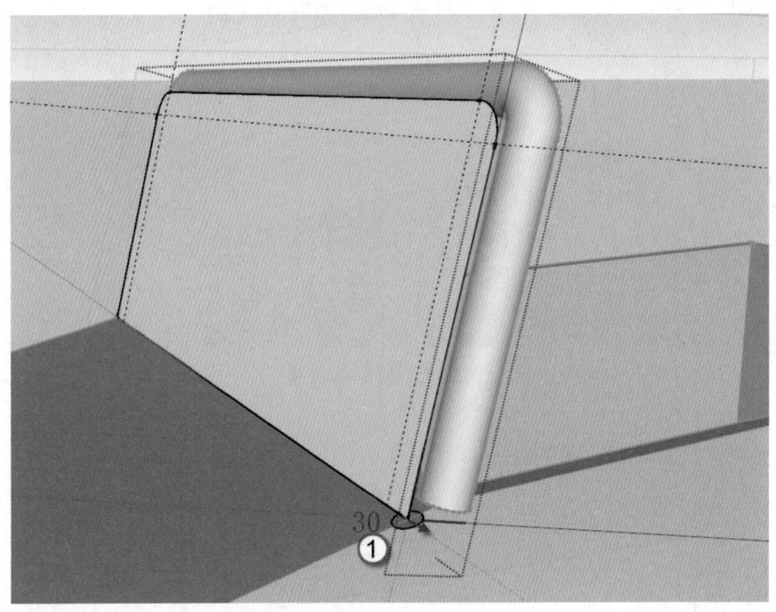

图2.38　绘制圆形

（21）路径跟随。在“工具”菜单栏中选择“路径跟随”命令，单击已画好的圆形并沿挡风玻璃边线进行绘制，如图2.39所示。

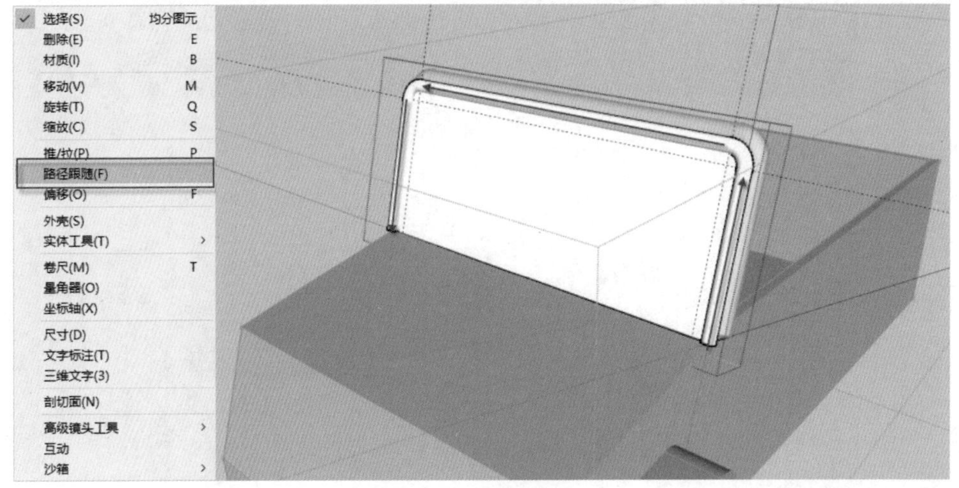

图2.39　路径跟随

（22）设置护栏材质。按B快捷键发出“材质”命令，在“材料”面板中选择“选择”选项卡，在“在模型中的样式”下拉列表中选择“金属”选项，然后选择“波浪状亮面金属”材质，如图2.40所示。

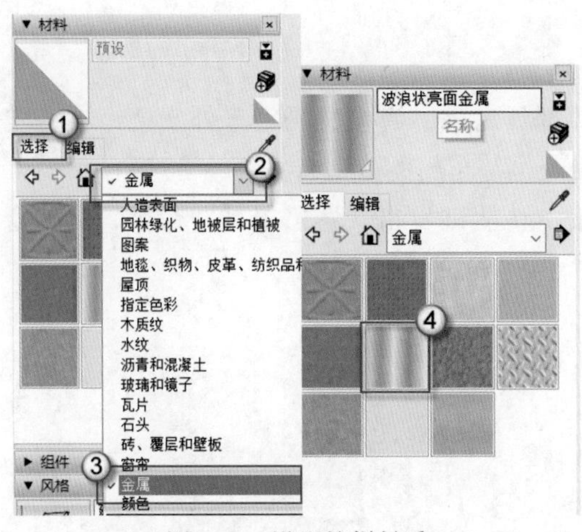

图 2.40 设置护栏材质

（23）删除平面。单击“护栏”组件中的平面，按 Delete 键将平面删除，如图 2.41 所示。

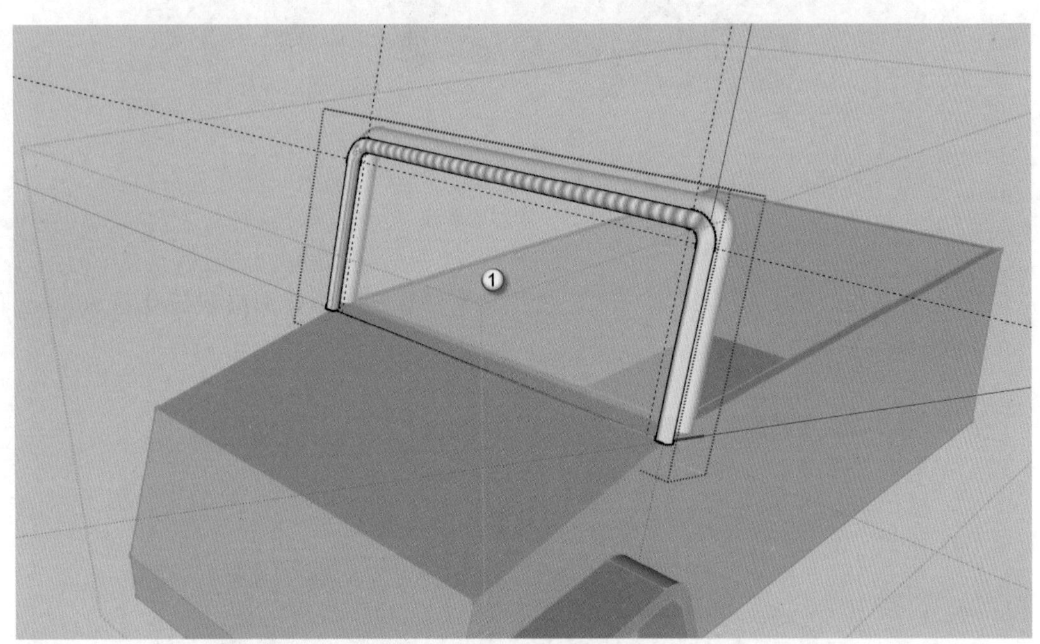

图 2.41 删除平面

注意：

使用 SketchUp 建模时，需要根据实际情况将绘制的模型进行“创建组件”处理。组件的功能体现在三个方面：复制同一个组件模型后，修改其中一个组件时，其余组件被联动修改；创建组件后，可以区分相交面或相交线，这样在执行移动、旋转等命令时模型不会产生共线或共面的情况，便于修改模型；创建过组件的模型，可以在“组件”面板中迅速找到并对其进行修改或复制。

2.1.4 绘制车门

车门是车身上的重要部件之一，为乘员隔绝车外干扰，在一定程度上可以减轻侧面撞击，保护乘员。汽车的美观也与车门的造型有关。

（1）绘制参考线。按 T 快捷键发出“卷尺工具”命令，沿车身底边和侧边绘制 5 条参考线，如图 2.42 所示。

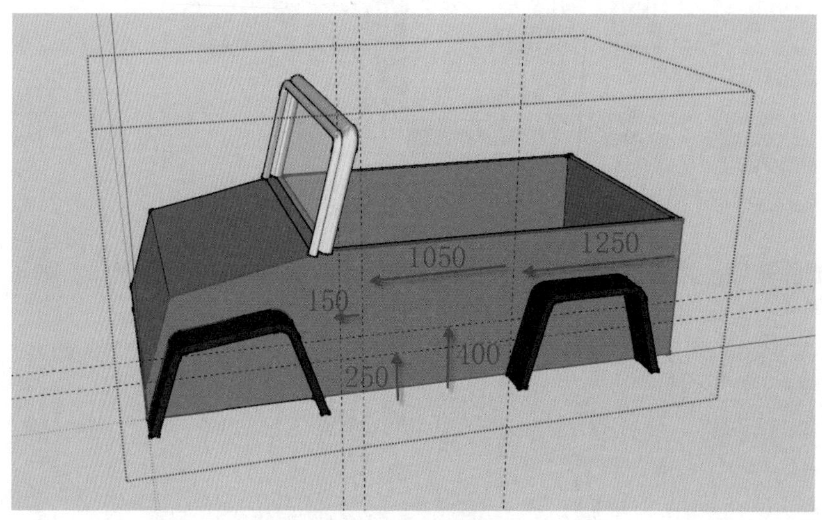

图 2.42 绘制参考线

（2）绘制直线。按 L 快捷键发出“直线”命令。沿参考线分别绘制长度为 600mm 和 950mm 的直线，如图 2.43 所示。

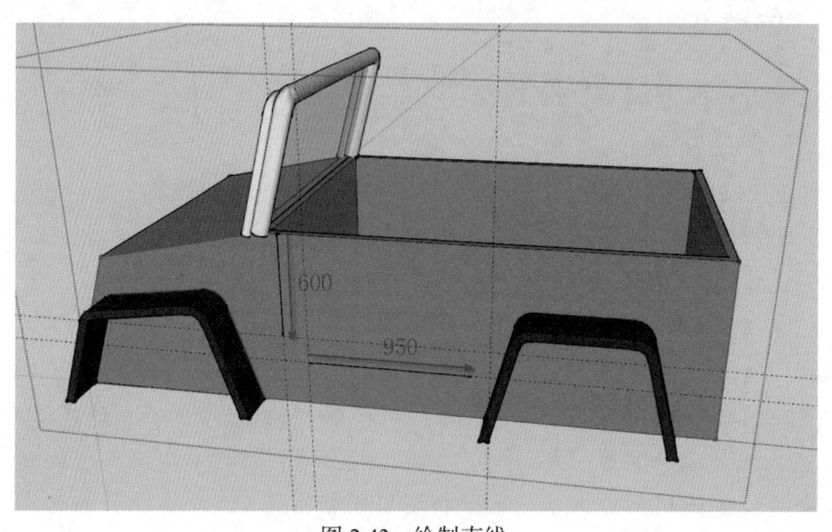

图 2.43 绘制直线

（3）绘制圆弧。按 A 快捷键发出“圆弧”命令，以直线的端点为起止点绘制圆弧，拖曳圆弧直至出现“顶点切线”字样即可，如图 2.44 所示。

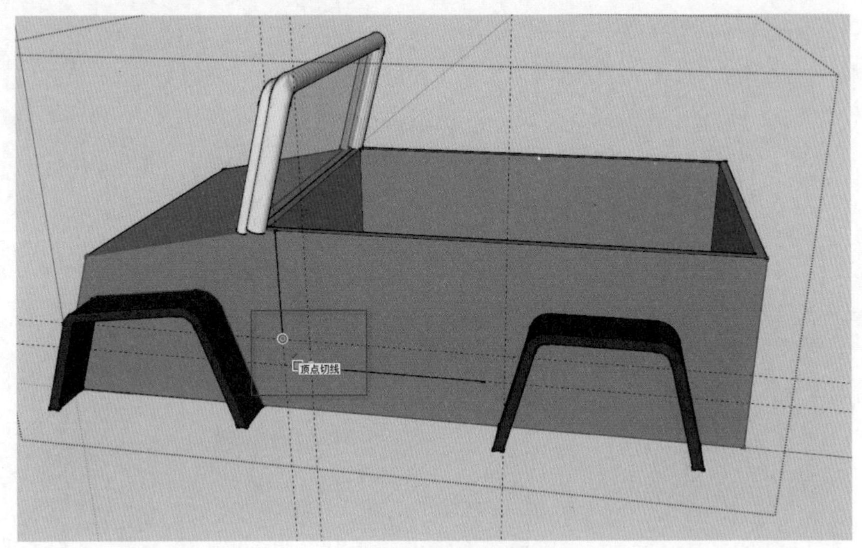

图 2.44　绘制圆弧

（4）绘制参考线。按 T 快捷键发出“卷尺工具”命令。沿车身侧边和挡泥板边线绘制两条参考线，如图 2.45 所示。

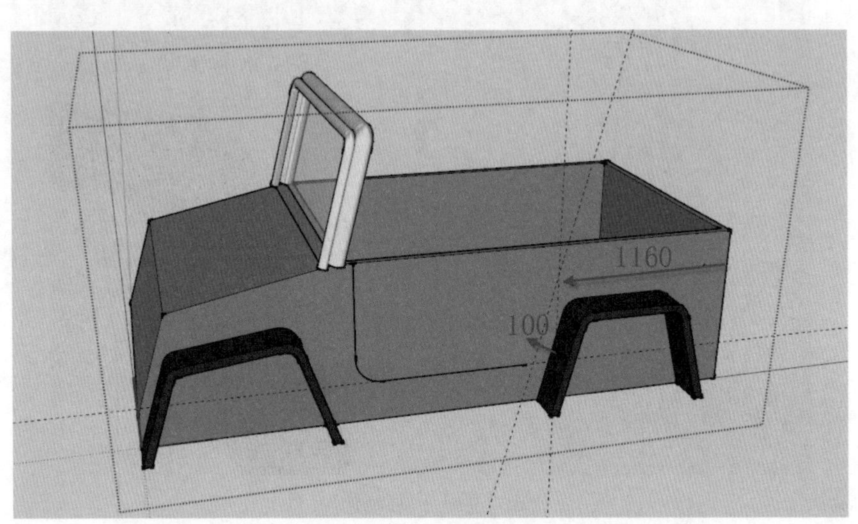

图 2.45　绘制参考线

（5）绘制直线。按 L 快捷键发出“直线”命令。从①处沿参考线向蓝色轴反方向绘制直线 187mm，从②处沿参考线方向绘制直线 583mm 至③处，如图 2.46 所示。

（6）绘制圆弧。按 A 快捷键发出“圆弧”命令，以①、②处为圆弧起点和终点绘制圆弧，拖曳圆弧直至出现“与边线相切”字样即可，如图 2.47 所示。

（7）擦除多余的线段。按 E 快捷键发出“擦除”命令，将①处多余的线段擦除，如

图 2.48 所示。

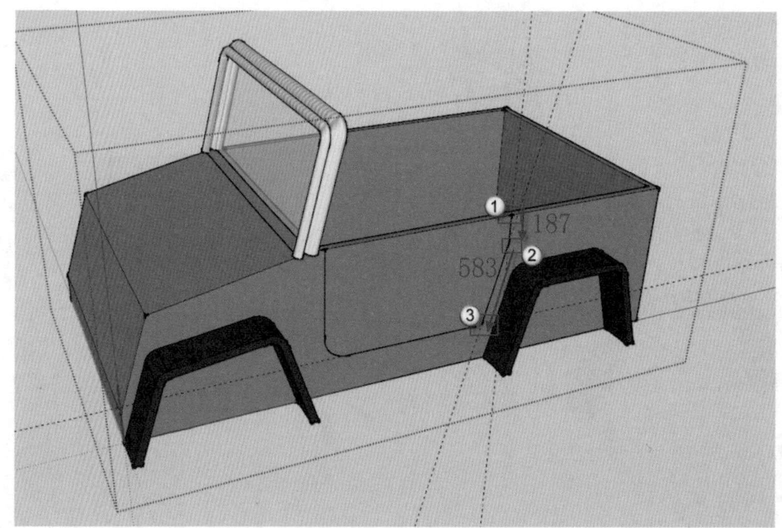

图 2.46　绘制直线

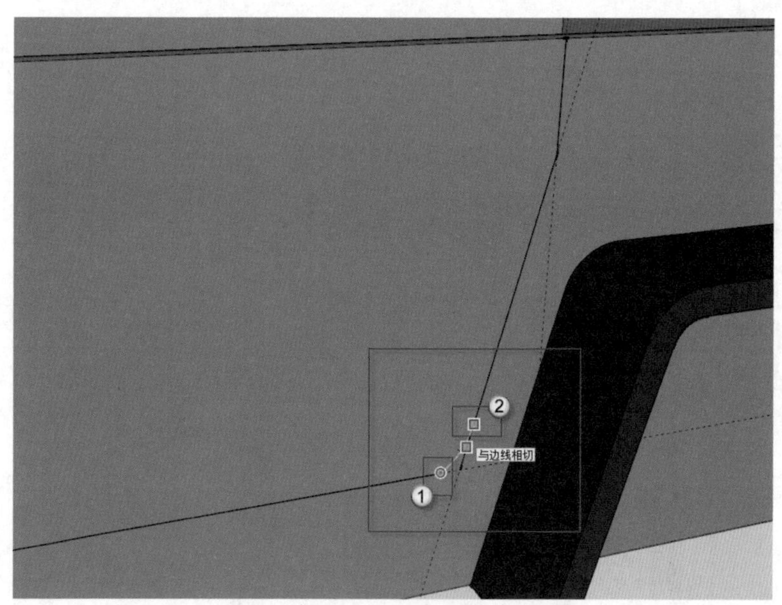

图 2.47　绘制圆弧

（8）创建组件。选中车门，双击与面相邻的边线，再右击蓝色区域，在弹出的快捷菜单中选择“创建组件”命令，弹出“创建组件”对话框。在“定义”栏中输入“车门”字样，勾选“用组件替换选择内容”复选框，单击“创建”按钮完成组件的创建，如图 2.49 所示。

（9）设置车门材质。按 B 快捷键发出“材质”命令，在“材料”面板中单击“创建材质”按钮，在弹出的“创建材质”对话框中输入材质名称为“车门材质”，设置颜色为 R=30、G=144、B=255，单击“确定”按钮，如图 2.50 所示。

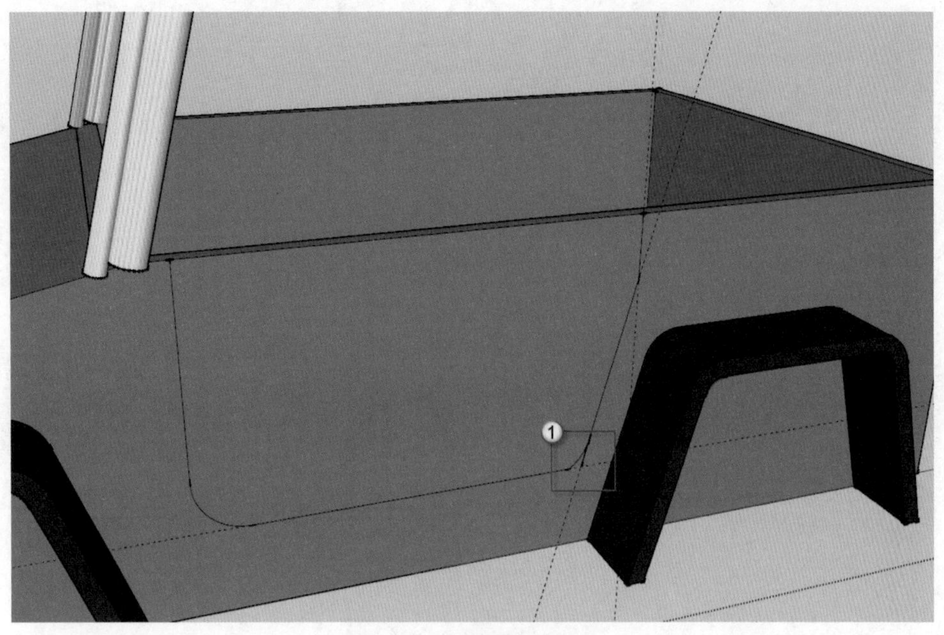

图 2.48　擦除多余的线段

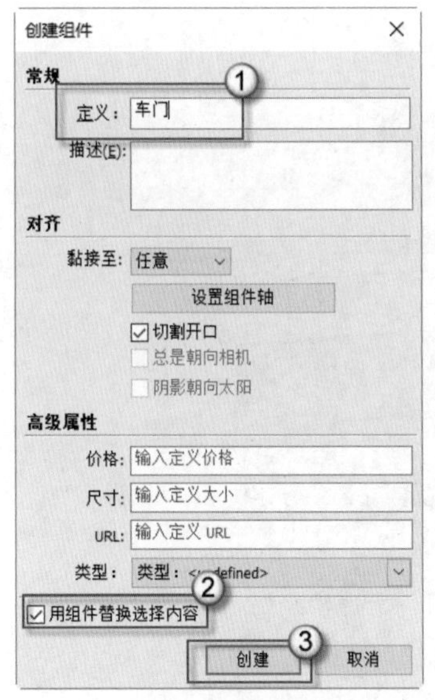

图 2.49　创建组件

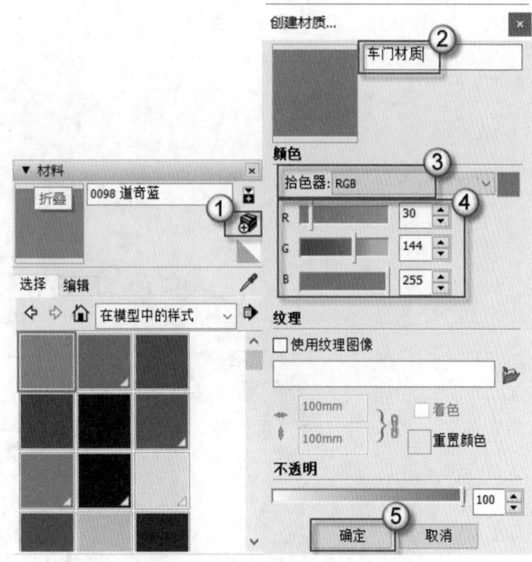

图 2.50　设置车门材质

2.1.5　绘制车架

车架是跨接在汽车前后车轿上的框架式结构，一般由纵梁和横梁组成，采用铆接法或者焊接法连接纵梁与横梁。具体操作如下：

（1）绘制参考线。按 T 快捷键发出“卷尺工具”命令，以线段①为起点，在点②处绘制与线段①平行的辅助线，如图 2.51 所示。

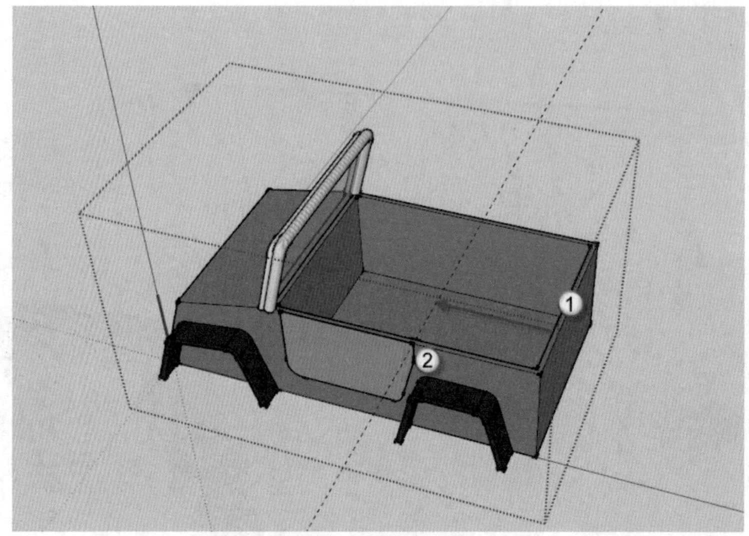

图 2.51　绘制参考线

（2）绘制直线 1。按 L 快捷键发出“直线”命令，以①处参考线与直线交点为起点，沿蓝轴正向绘制直线 750mm；再以②处为起点，分别向红轴正向绘制直线 1110mm、反向绘制直线 1170mm，如图 2.52 所示。

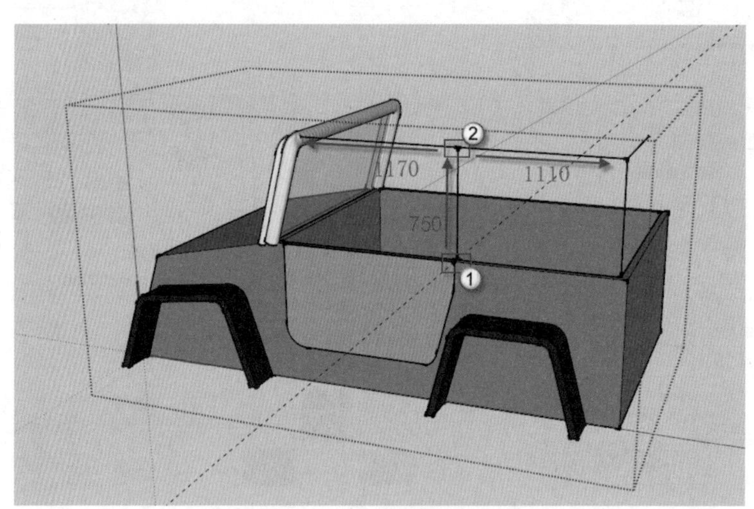

图 2.52　绘制直线 1

（3）绘制直线 2。按 L 快捷键发出“直线”命令。以①处端点为起点，分别沿绿轴绘制直线 900mm、沿蓝轴绘制直线 750mm。单击②处平面，按 Delete 键删除多余的面，如图 2.53 所示。

（4）创建组件。选中已画完的直线，配合 Ctrl 键，将 5 条直线全部选中。再右击蓝色区域，在弹出的快捷菜单中选择“创建组件”命令，弹出“创建组件”对话框。在“定义”栏中输入“车架”字样，取消“总是朝向相机”复选框的勾选，勾选“用组件替换选择内容”

复选框，单击“创建”按钮完成组件的创建，如图 2.54 所示。

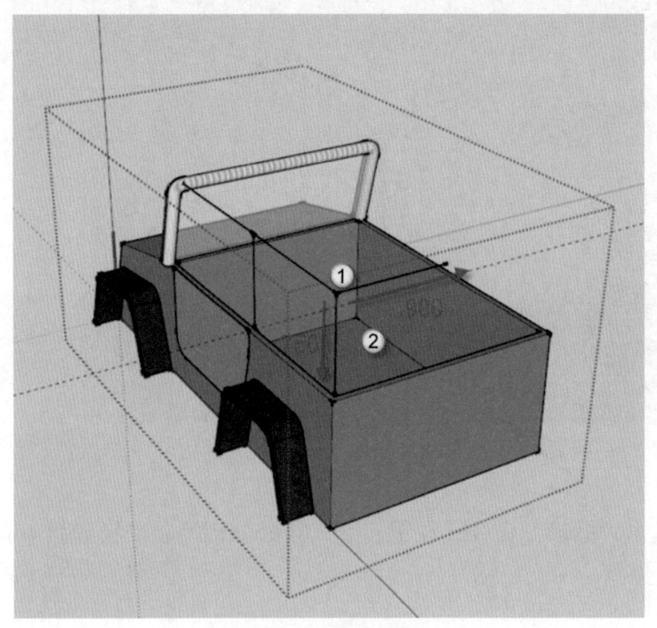

图 2.53　绘制直线 2

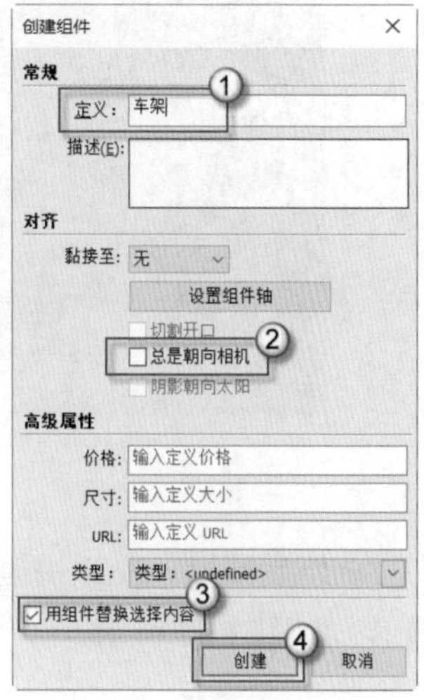

图 2.54　创建组件

（5）绘制圆弧。按 A 快捷键发出“圆弧”命令，以相邻的两条直线上的任意两点为圆弧的起点和终点绘制圆弧，圆弧的凸起部分至“与边线相切”即可，如图 2.55 所示。

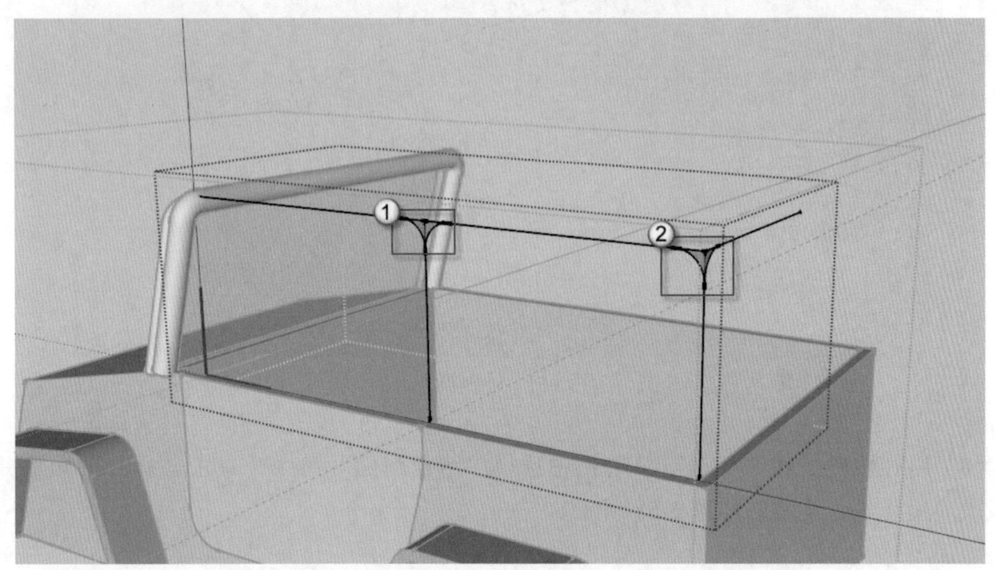

图 2.55　绘制圆弧

（6）删除多余的直线和平面。按 E 快捷键发出“擦除”命令，将①、②处的多余直线及平面擦除，如图 2.56 所示。

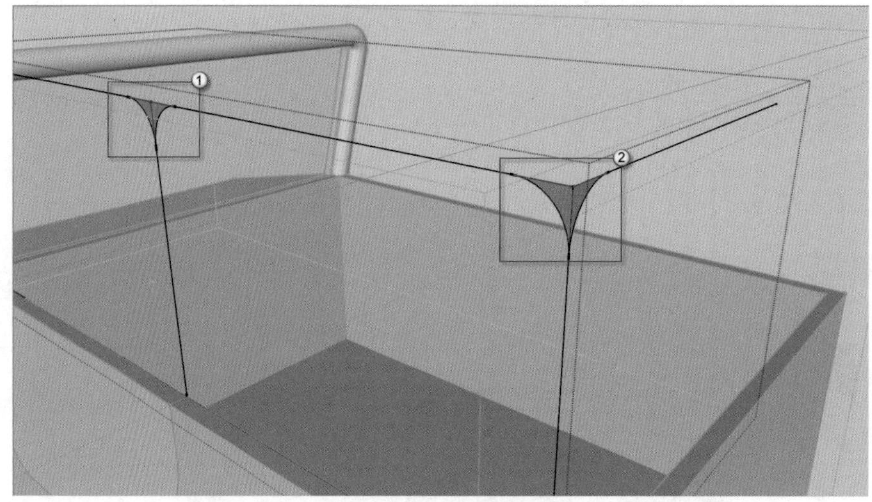

图 2.56　删除多余的直线和平面

（7）绘制圆形。按 C 快捷键发出“圆形”命令，在①、②、③处分别绘制半径皆为 40mm 的圆形，如图 2.57 所示。

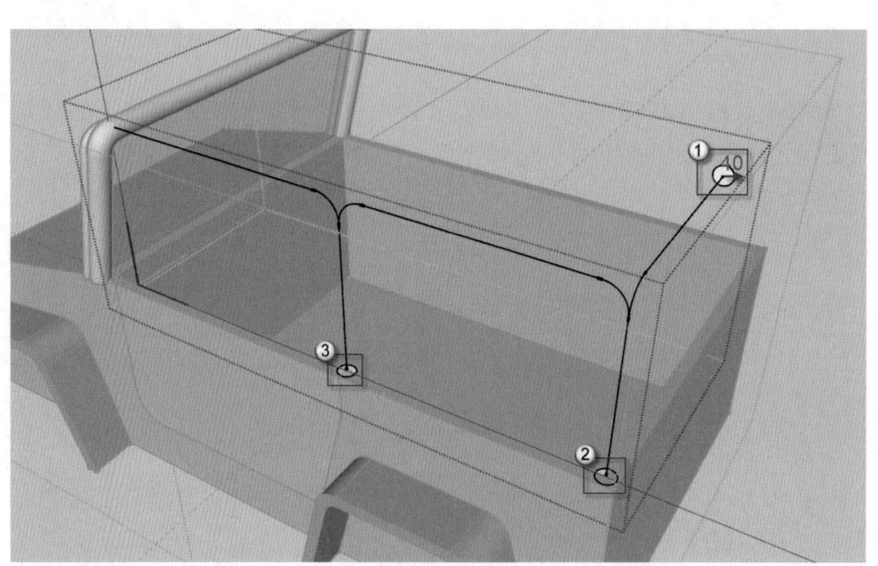

图 2.57　绘制圆形

（8）路径跟随。在“工具”菜单栏中选择“路径跟随”命令，单击已画好的圆形并沿挡风玻璃边线进行绘制，如图 2.58 所示。

注意：

在使用“路径跟随”命令时，路径跟随是由平面跟随线段进行类似“推 / 拉”的命令；需要进行路径跟随的直线与面必须位于同一组件内，否则无法跟随。

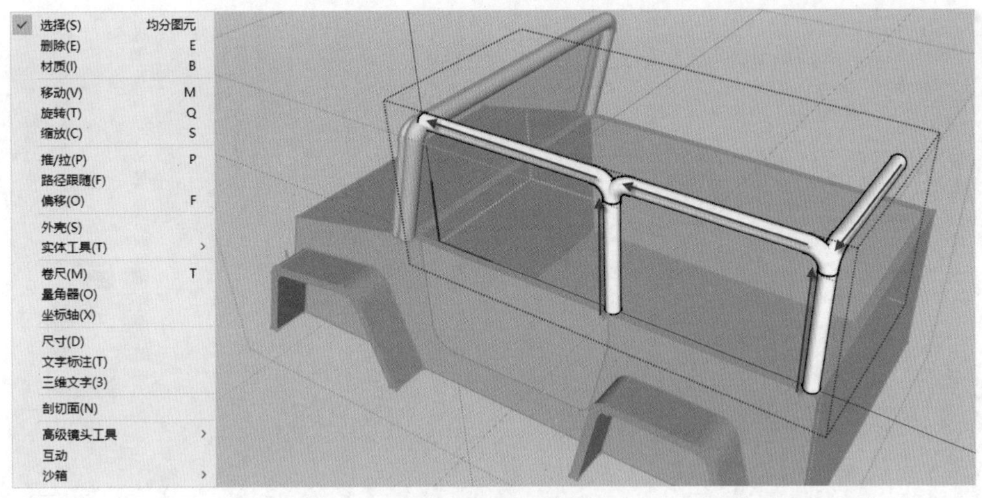

图 2.58　路径跟随

（9）绘制另一侧车架。选中车架的组件，按 Ctrl+C 快捷键复制对象，再按 Ctrl+V 快捷键粘贴对象，如图 2.59 所示。

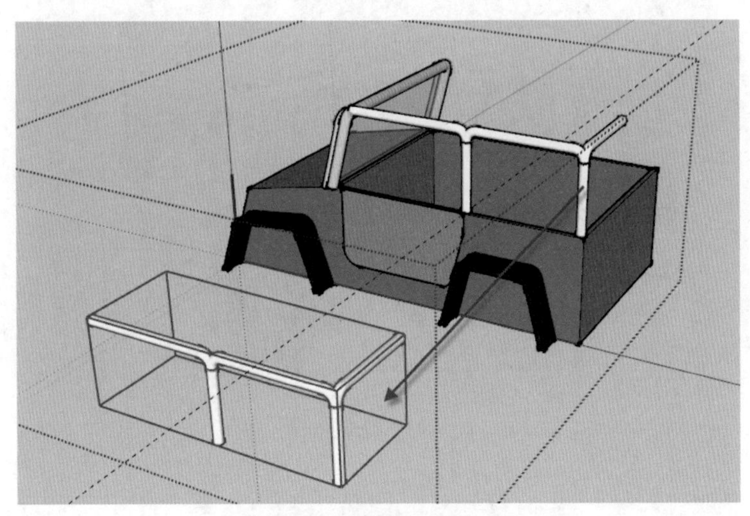

图 2.59　绘制另一侧车架

（10）镜像。按 S 快捷键发出“缩放”命令。当有提示“沿绿轴缩放比例”时，在③处输入数值 –1，如图 2.60 所示。

（11）移动组件。按 M 快捷键发出“移动”命令，将复制后的车架移动至①处，如图 2.61 所示。

（12）设置车架材质。按 B 快捷键发出“材质”命令，在“材料”卷展栏中选择“选择”选项卡，“在模型中的样式”下拉列表框中选择“金属”选项，然后选择“波浪状亮面金属”材质，单击“创建材质”按钮，在弹出的“创建材质”对话框中输入材质名称为“车架材料”，单击“确定”按钮，如图 2.62 所示。

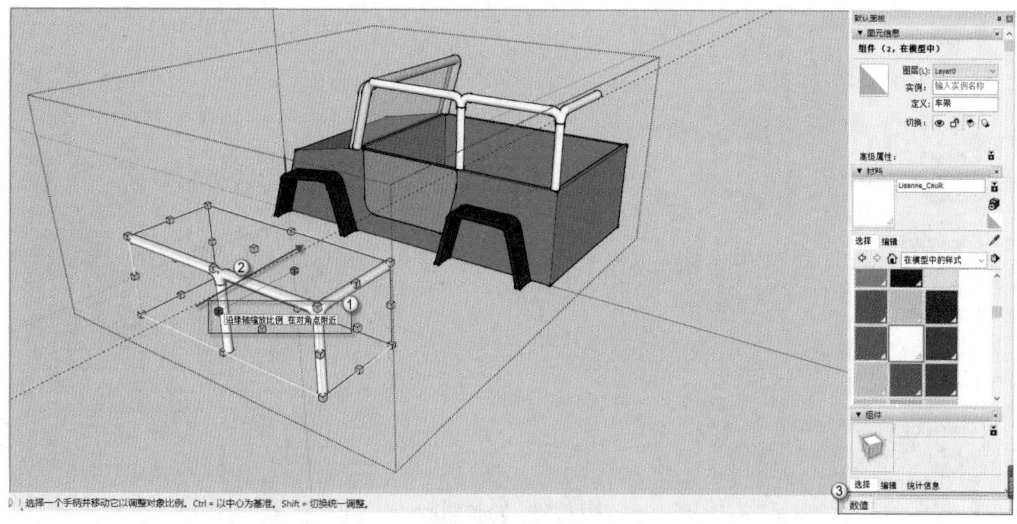

图 2.60　镜像

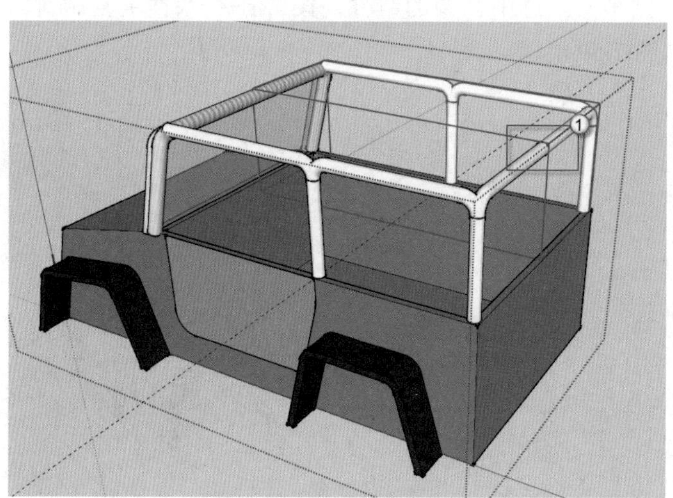

图 2.61　移动组件

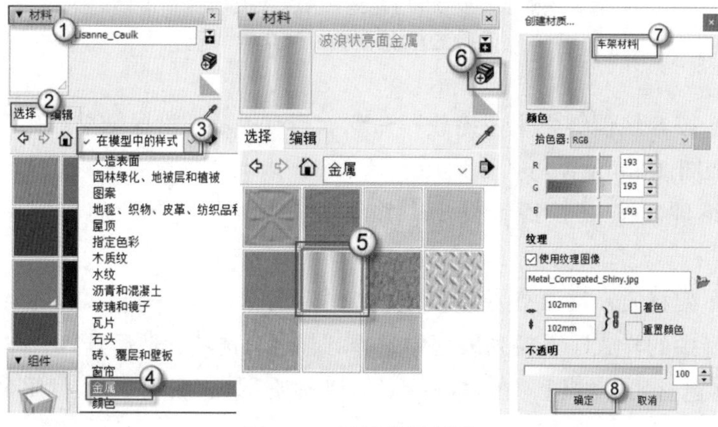

图 2.62　设置车架材质

2.2　细部构件的绘制

在制作完汽车主体之后，本节将介绍细部构件的建模方法，主要包括轮胎、车灯、保险杠等小构件。

2.2.1　绘制轮胎

轮胎直接与路面接触，和汽车悬架共同缓和汽车行驶时所受到的冲击，保证汽车有良好的乘坐舒适性和行驶平顺性，保证车轮和路面有良好的附着性。轮胎承受着汽车的重量，所起的作用越来越受到重视。

（1）绘制圆形。按C快捷键发出“圆”命令，绘制一个半径为370mm的圆形，如图2.63所示。

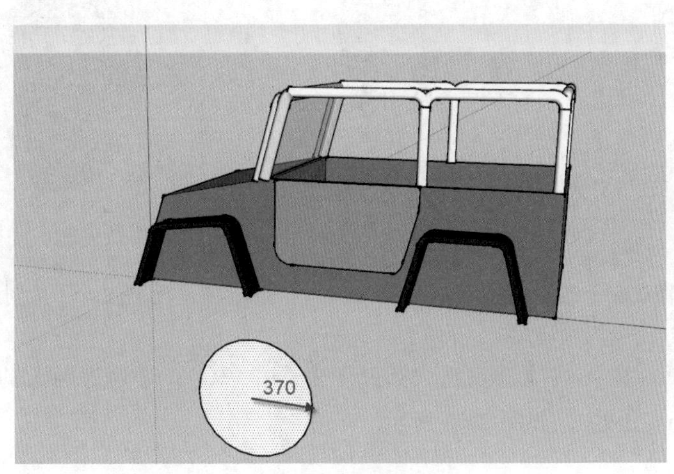

图2.63　绘制圆形

（2）创建组件。选中圆形，双击选中与面相邻的边线，再右击蓝色区域，在弹出的快捷菜单中选择“创建组件”命令，弹出“创建组件”对话框。在“定义”栏中输入“车轮”字样，取消“总是朝向相机”复选框的勾选，勾选“用组件替换选择内容”复选框，单击“创建”按钮完成组件的创建，如图2.64所示。

（3）设置车轮材质。按B快捷键发出“材质”命令，在“材料”面板中单击“创建材质”按钮，在弹出的“创建材质”对话框中输入材质名称为“车轮材料”，设置颜色为R=92、G=80、B=79，单击“确定”按钮，如图2.65所示。

（4）推拉体块。双击圆形进入组件编辑模式。按P快捷键发出“推/拉”命令，选中圆形面，沿绿轴正向推拉200mm厚度，如图2.66所示。

（5）绘制矩形。按R快捷键发出“矩形”命令，绘制一个200 mm×180mm的矩形，如图2.67所示。

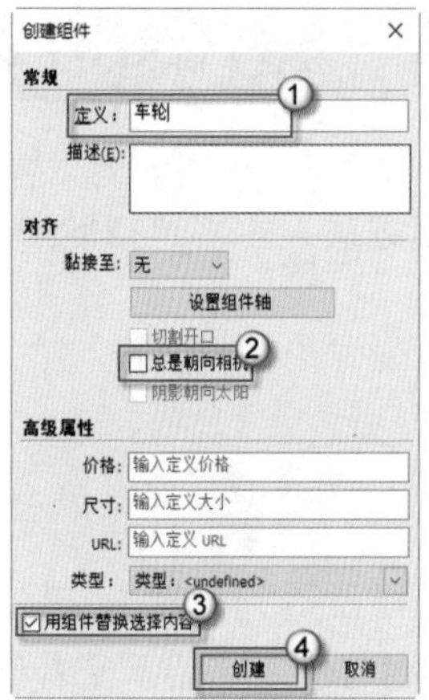

图 2.64　创建组件

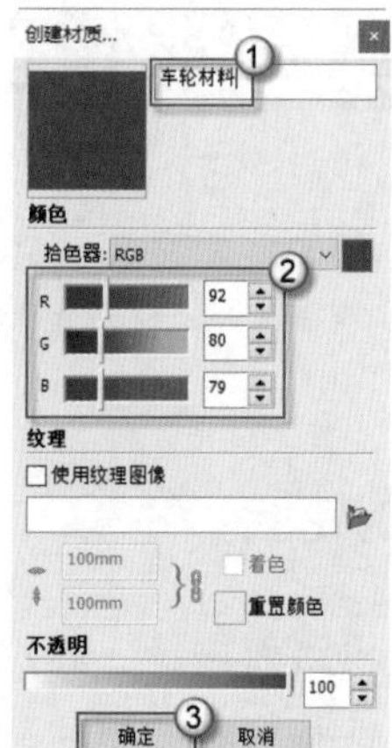

图 2.65　设置车轮材料

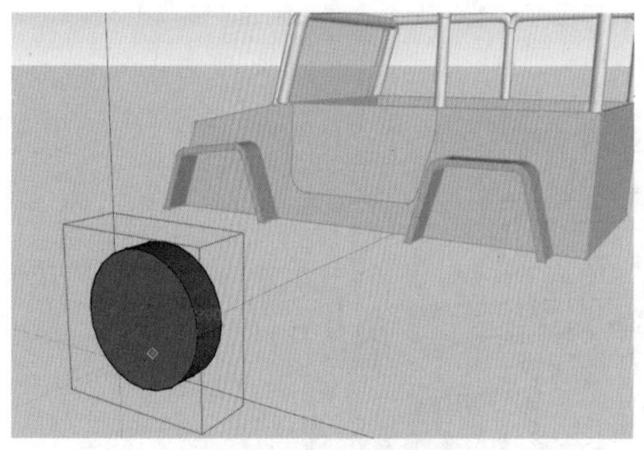

图 2.66　推拉体块

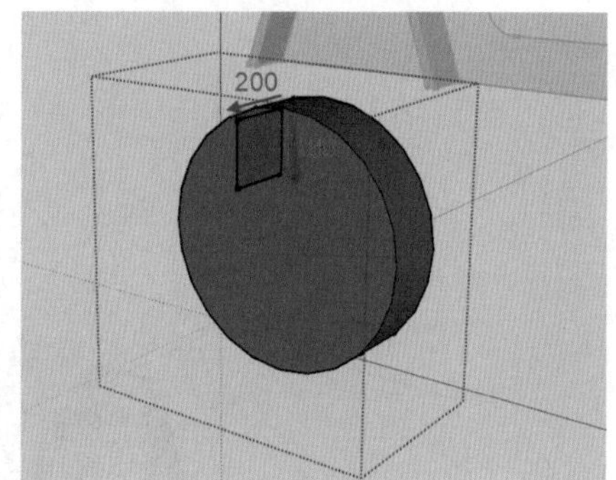

图 2.67　绘制矩形

（6）绘制圆弧。按 A 快捷键发出“圆弧”命令。以①、②处为圆弧的两个端点，并且设置弧高为 30mm（③处），如图 2.68 所示。

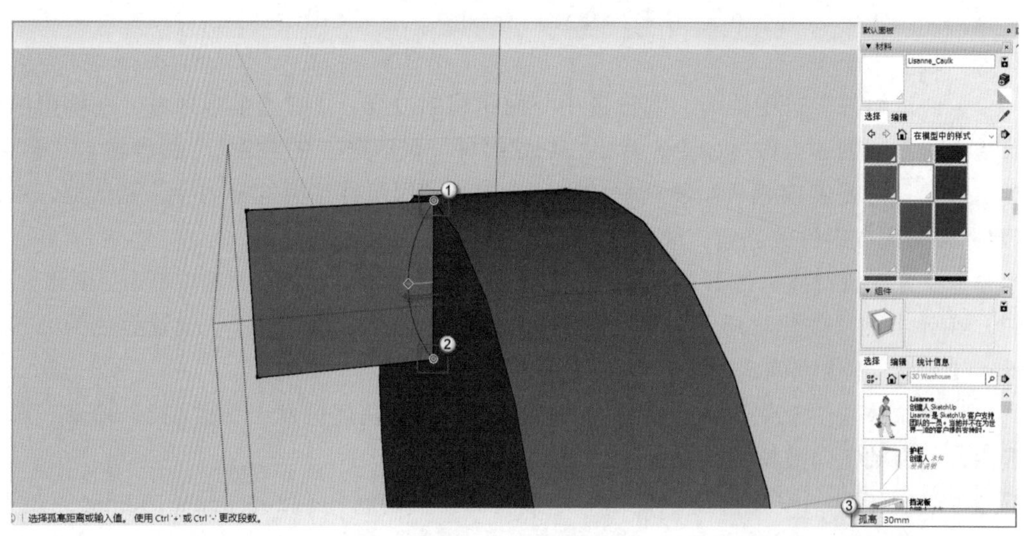

图 2.68　绘制圆弧

（7）路径跟随。在“工具”菜单栏中选择“路径跟随”命令，将圆弧沿轮胎外侧边线旋转一周，如图 2.69 所示。

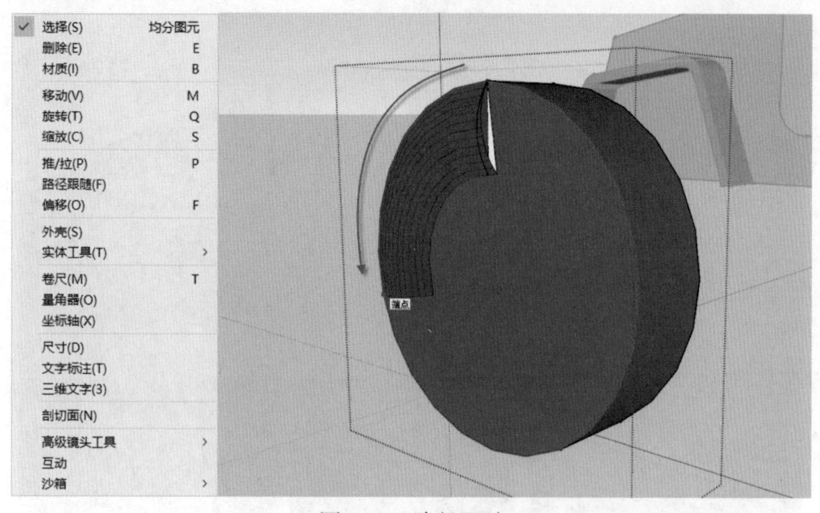

图 2.69　路径跟随

（8）绘制直线。调整相机角度至轮胎反面。按 L 快捷键发出“直线”命令，连接①处圆心和②、③处的中点，如图 2.70 所示。

（9）偏移直线。选中两根直线，按 F 快捷键发出“偏移”命令，将两根直线向内偏移 20mm，如图 2.71 所示。

（10）绘制梯形。延长①、②处的直线至适宜长度，然后在③、④处绘制两根直线，如图 2.72 所示。

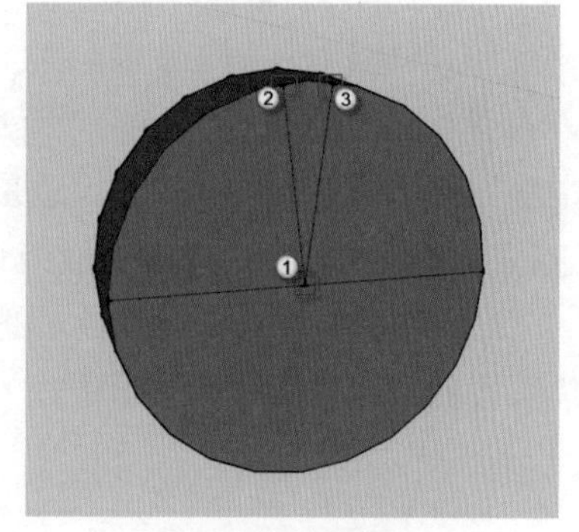

图 2.70　绘制直线

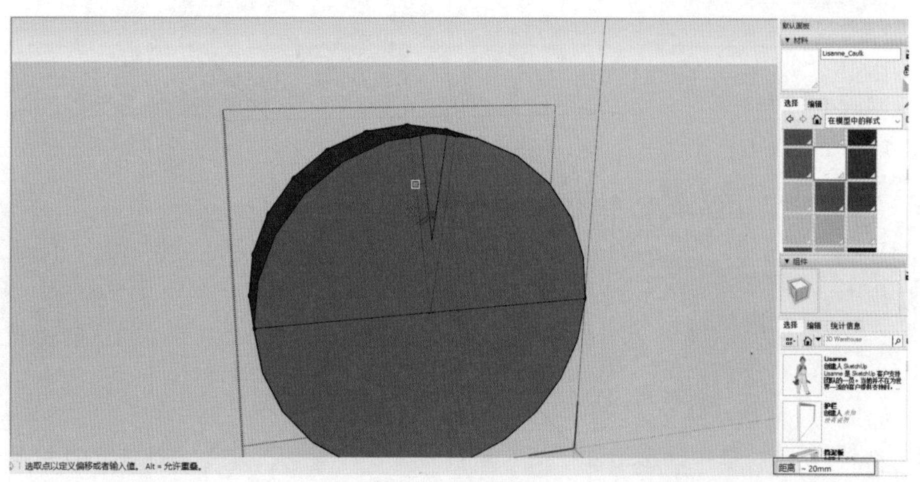

图 2.71　偏移直线

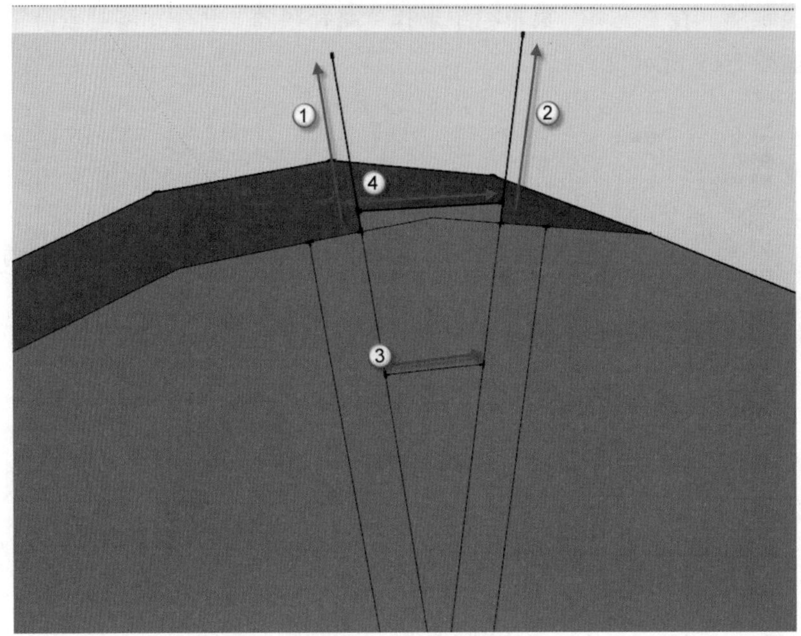

图 2.72　绘制梯形

（11）创建组件。删除多余的直线。选中梯形，双击与面相邻的边线，再右击蓝色区域，在弹出的快捷菜单中选择“创建组件”命令，弹出“创建组件”对话框。在“定义”栏中输入“梯形”字样，取消“总是朝向相机”复选框的勾选，勾选“用组件替换选择内容”复选框，单击“创建”按钮完成组件的创建，如图 2.73 所示。

（12）对梯形平面进行推拉。选中梯形面，按 P 快捷键发出“推 / 拉”命令，将梯形面沿箭头方向推出 210mm，如图 2.74 所示。

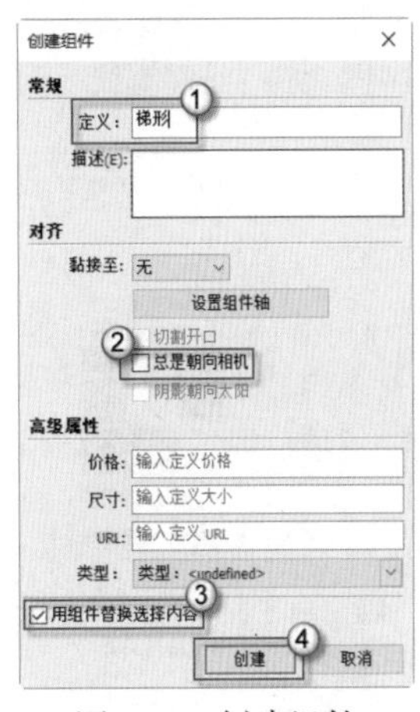

图 2.73　创建组件

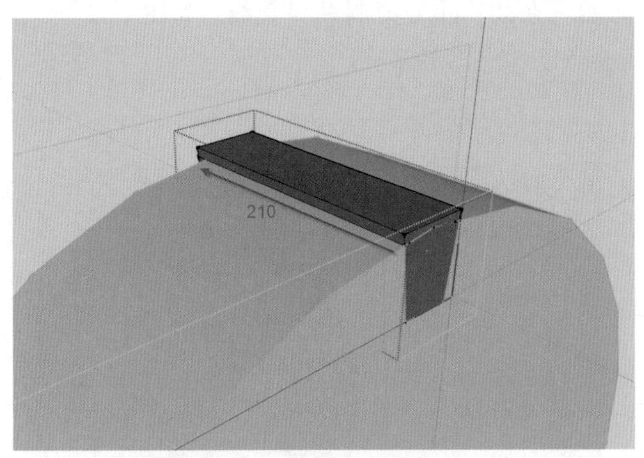

图 2.74　对梯形平面进行推拉

（13）旋转复制。选中梯形组件，按 R 快捷键发出“旋转”命令，按住 Ctrl 键不放，选中原有梯形以保留原有梯形。以圆形的圆心为旋转中心，旋转角度为 15°，将梯形组件进

行旋转、复制。完成单个对象的旋转和复制后，输入 *24，将梯形绕圆心旋转、复制一周，如图 2.75 所示。

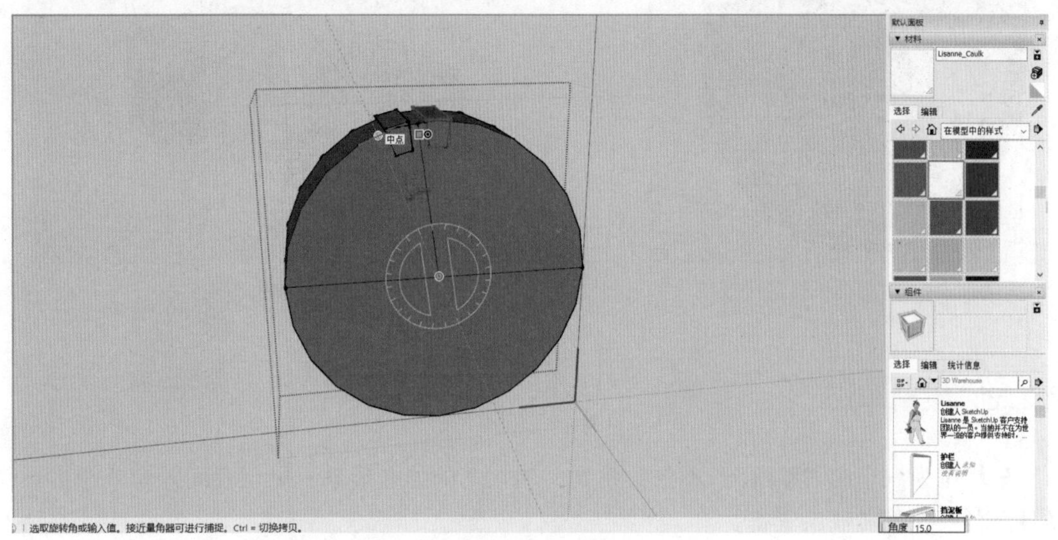

图 2.75　旋转复制

（14）绘制直线。按 L 快捷键发出“直线”命令，将轮毂平均分为 6 份，如图 2.76 所示。

（15）偏移平面。选中一个平面，按 F 快捷键发出“偏移”命令，将平面的边线向内偏移 20mm，并将其余 5 个面以同样步骤进行绘制，如图 2.77 所示。

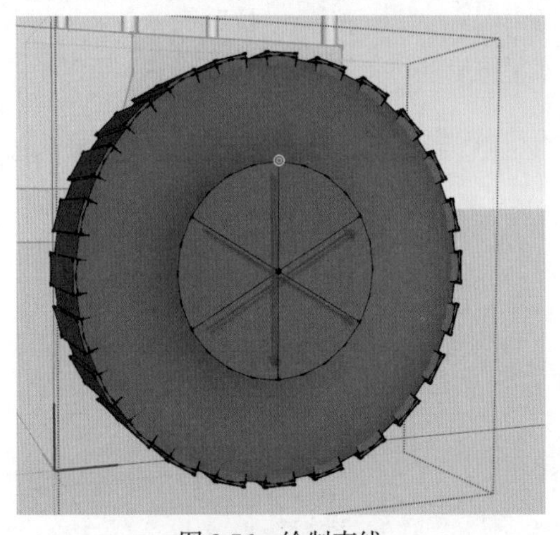

图 2.76　绘制直线

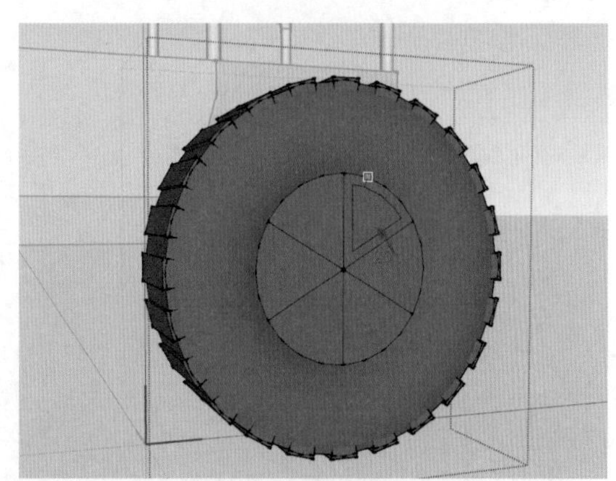

图 2.77　偏移平面

（16）对扇形平面进行推拉。按 P 快捷键发出“推 / 拉”命令，将平面向内推入 30mm，并以同样步骤绘制其余 5 个面，如图 2.78 所示。

（17）放置车轮。按 M 快捷键发出“移动”命令，将绘制的车轮移动至挡泥板下合适处，如图 2.79 所示。

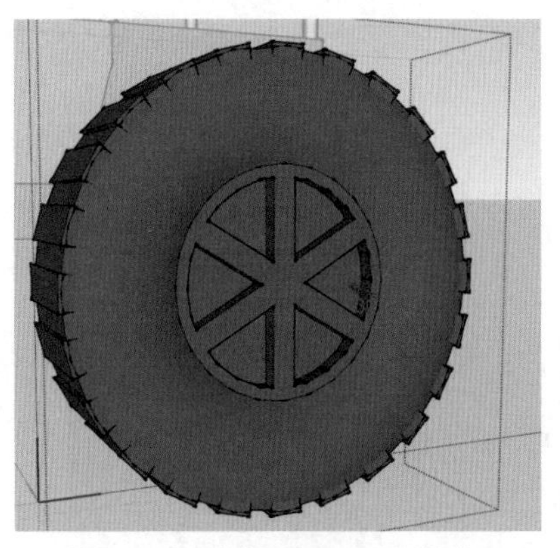
图 2.78　对扇形平面进行推拉

图 2.79　放置车轮

2.2.2　绘制车灯

车灯作为汽车的“眼睛”，不仅关系到一辆汽车的外在形象，更与夜间开车或恶劣天气条件下的安全驾驶联系紧密。

（1）画圆。按 C 快捷键发出“圆”命令，绘制一个半径为 86mm 的圆形，如图 2.80 所示。

（2）创建组件。选中圆形，双击选中与面相邻的边线，再右击蓝色区域，在弹出的快捷菜单中选择“创建组件”命令，弹出“创建组件”对话框。在“定义”栏中输入“大灯”字样，取消“总是朝向相机”复选框的勾选，勾选“用组件替换选择内容”复选框，单击“创建”按钮完成组件的创建，如图 2.81 所示。

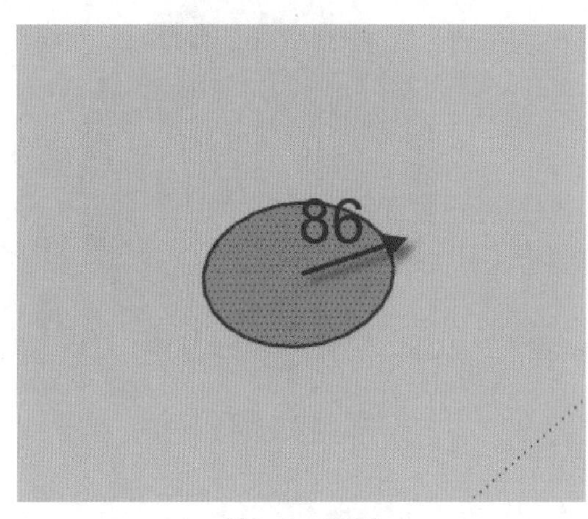

图 2.80　画圆

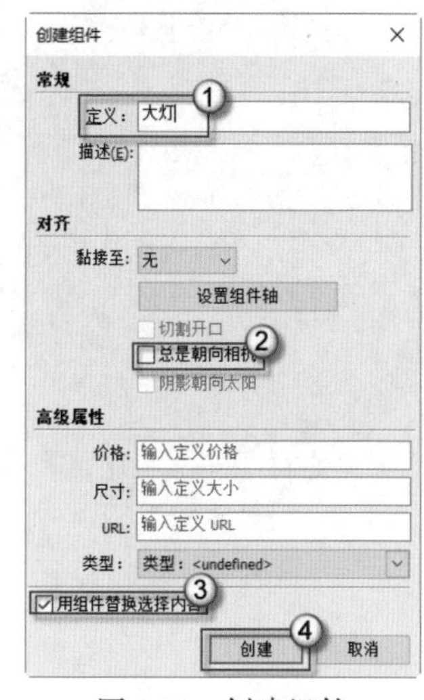

图 2.81　创建组件

（3）对圆形平面进行推拉。双击圆形进入组件编辑模式。按 P 快捷键发出“推 / 拉”命令。选中圆形面，沿蓝轴正向推拉 20mm 厚度，如图 2.82 所示。

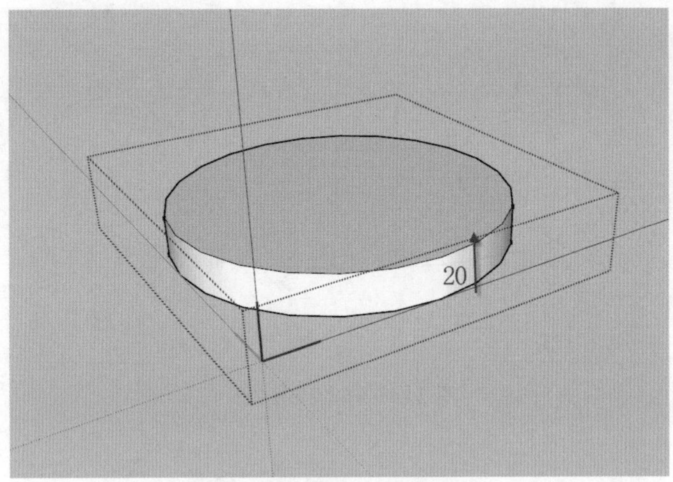

图 2.82　对圆形平面进行推拉

（4）偏移圆形平面。按 F 快捷键发出“偏移”命令，将完成的圆柱体顶面边线向内偏移 8mm，如图 2.83 所示。

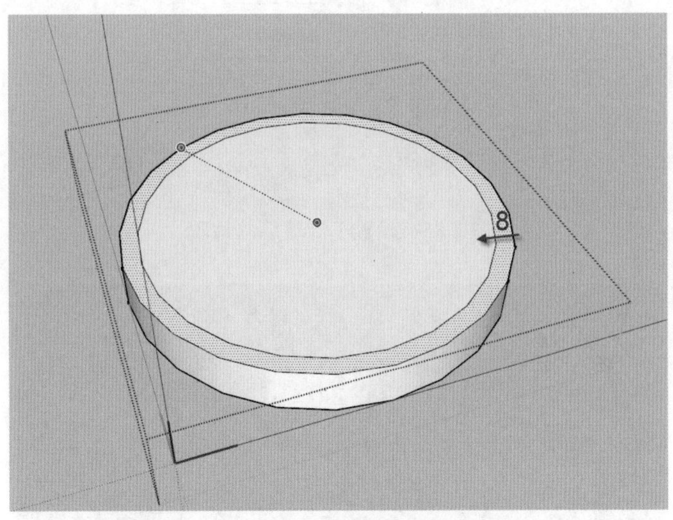

图 2.83　偏移圆形平面

（5）移动圆形平面。按 M 快捷键发出“移动”命令。选中偏移后的小圆，将其沿蓝轴正向移动 6mm 形成圆台，如图 2.84 所示。

（6）设置车灯玻璃的材质。按 B 快捷键发出“材质”命令，在“材料”卷展栏中选择“玻璃和镜子”选项，选择“半透明安全玻璃”（②处）材质，单击“创建材质”按钮。在弹出的“创建材质”对话框中输入材质名称为“车灯玻璃”，设置颜色为 R=204、G=235、B=244，滑动“不透明”滑块至 50，单击“确定”按钮，如图 2.85 所示。

（7）绘制圆形。按 T 快捷键发出“卷尺工具”命令，绘制①、②处参考线。按 C 快捷键发出“圆”命令，以参考线交点为圆心，绘制半径为 86 的圆形，如图 2.86 所示。

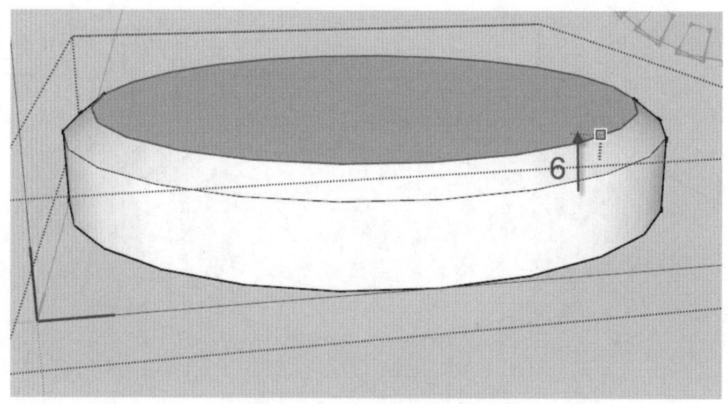

图 2.84 移动圆形平面

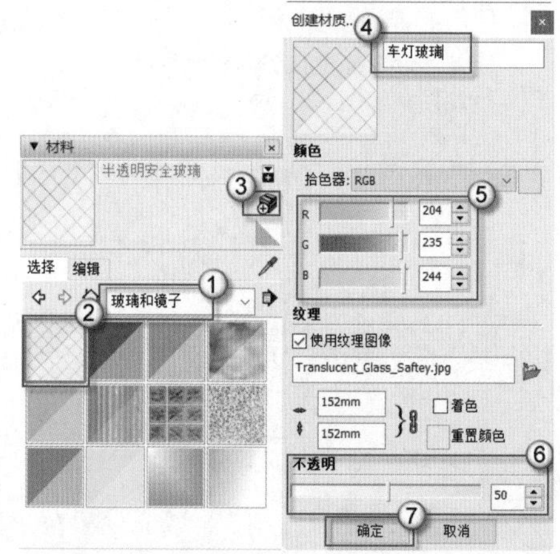

图 2.85 设置车灯玻璃的材质

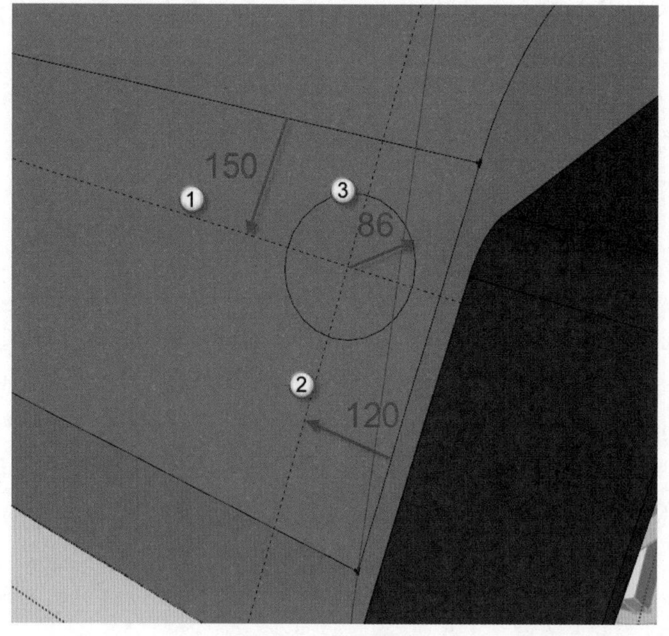

图 2.86 绘制圆形

（8）对圆形平面进行推拉。按 P 快捷键发出“推 / 拉”命令，将绘制的圆形向内推入 45mm，如图 2.87 所示。

（9）放置车灯。按 M 快捷键发出“移动”命令，将绘制的车灯放置于①处，如图 2.88 所示。然后在对称的另一侧相应位置放置另一个车灯。

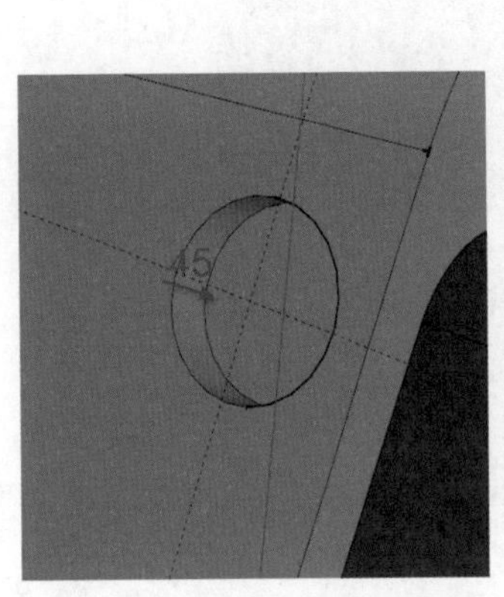

图 2.87　对圆形平面进行推拉

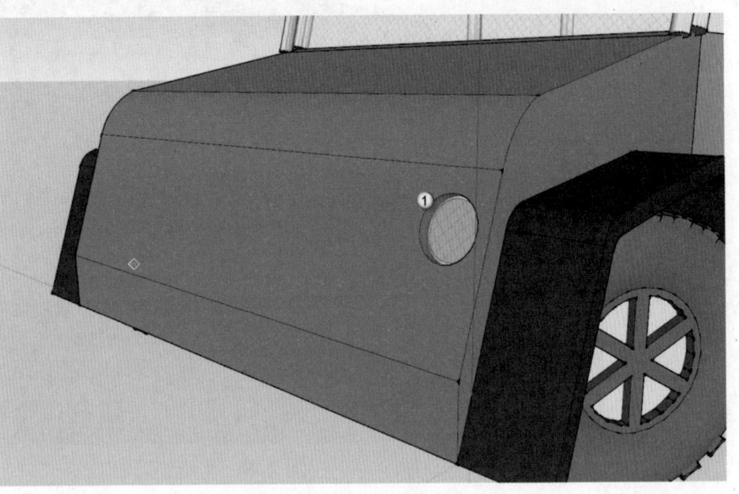

图 2.88　放置车灯

2.2.3　绘制保险杠

汽车的前后端均装有保险杠，其不仅有装饰功能，更重要的是可以吸收和减缓外界的冲击力，起到防护车身，保护乘车人员的安全的作用。由于前后保险杠的绘制方法基本一致，本节只介绍前保险杠的绘制方法。

（1）绘制参考线。按 T 快捷键发出“卷尺工具”命令，沿边线分别绘制参考线，如图 2.89 所示。

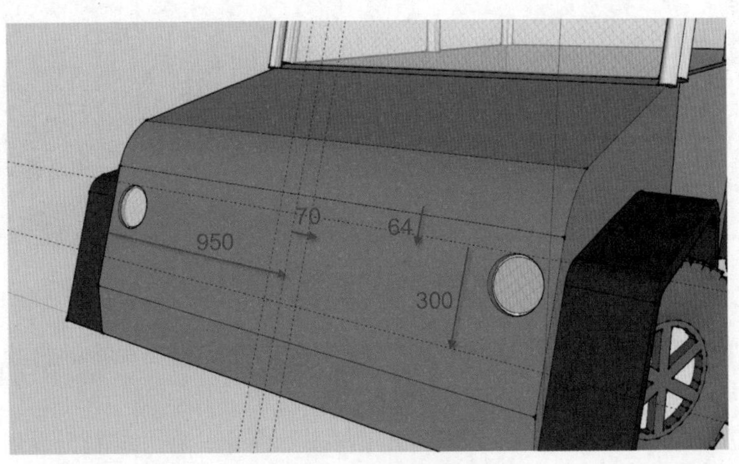

图 2.89　绘制参考线

（2）绘制进风口。按 A 快捷键发出“圆弧”命令，绘制①到②处的圆弧。按 L 快捷键发出“直线”命令，绘制③到④处的直线，如图 2.90 所示。

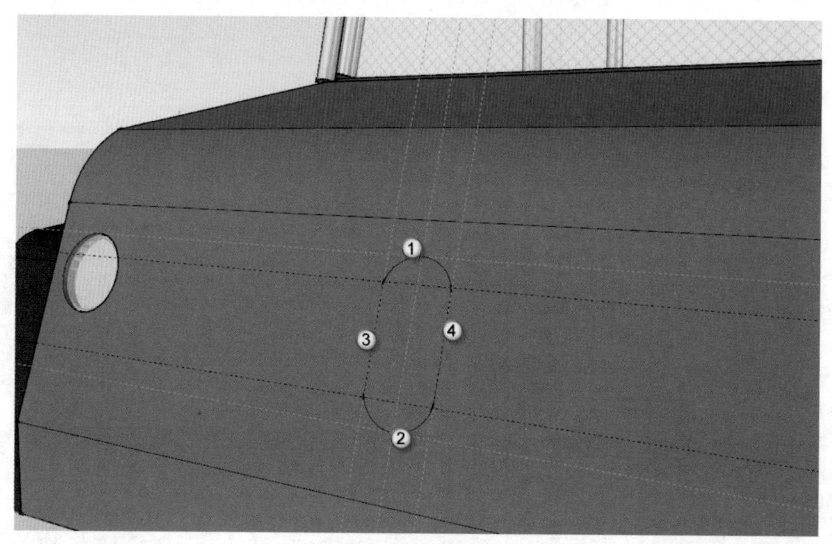

图 2.90　绘制进风口

（3）复制圆角矩形平面。双击绘制的图形，选中面及其边线。按 M 快捷键发出“移动”命令，并配合 Ctrl 键将图形沿箭头方向复制 630mm，然后输入 /3（/ 表示以间距等分）绘制 4 个进气口。按同样的方法绘制左侧剩余的进气口，如图 2.91 所示。

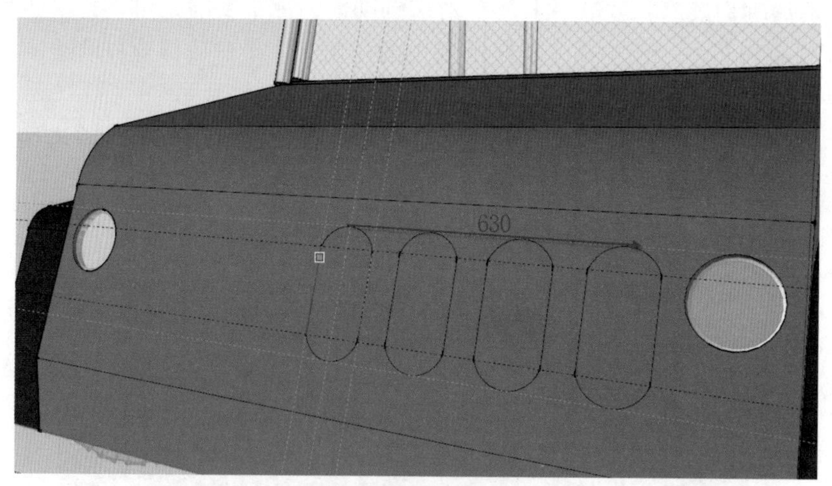

图 2.91　复制圆角矩形平面

（4）对圆角矩形平面进行推拉。按 P 快捷键发出“推 / 拉”命令。将绘制的进气口沿箭头方向依次向内推入 40mm，如图 2.92 所示。

（5）设置进气口材质。按 B 快捷键发出“材质”命令，在“材料”卷展栏中选择“金属”选项，然后选择“波浪状亮面金属”（图中②处）材质，单击“创建材质”按钮，在弹

出的“创建材质”对话框中输入材质名称为“进气口材料”，设置颜色为 R=193、G=193、B=193，滑动“不透明”滑块至 100，单击“确定”按钮，如图 2.93 所示。

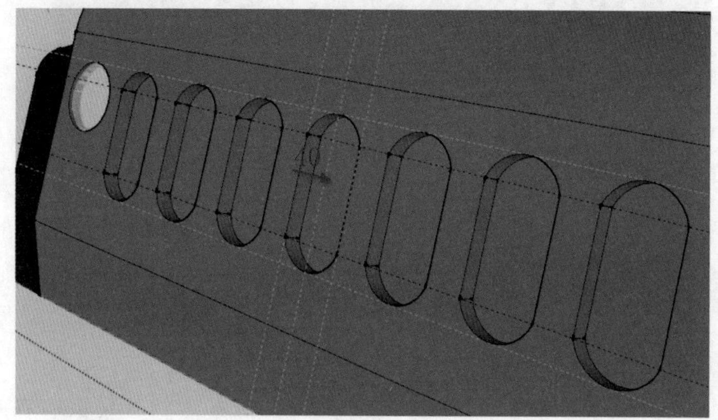

图 2.92 对圆角矩形平面进行推拉

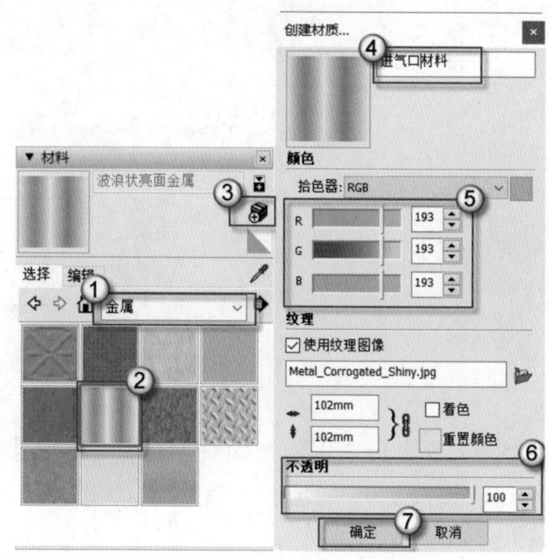

图 2.93 设置进气口材质

（6）绘制矩形。按 R 快捷键发出“矩形”命令，沿箭头方向绘制尺寸为 150×950mm 的矩形，如图 2.94 所示。

（7）创建组件。选中已画完的矩形，再右击蓝色区域，在弹出的快捷菜单中选择“创建组件”命令，弹出“创建组件”对话框。在“定义”栏中输入“保险杠”字样，取消“总是朝向相机”复选框的勾选，勾选“用组件替换选择内容”复选框，单击“创建”按钮完成组件的创建，如图 2.95 所示。

（8）设置保险杠材质。按 B 快捷键发出“材质”命令，在“材料”面板中单击“创建材质”按钮，在弹出的“创建材质”对话框中输入材质名称为“保险杠材质”，设置颜色为 R=118、G=119、B=115，滑动“不透明”滑块至 100，单击“确定”按钮，如图 2.96 所示。

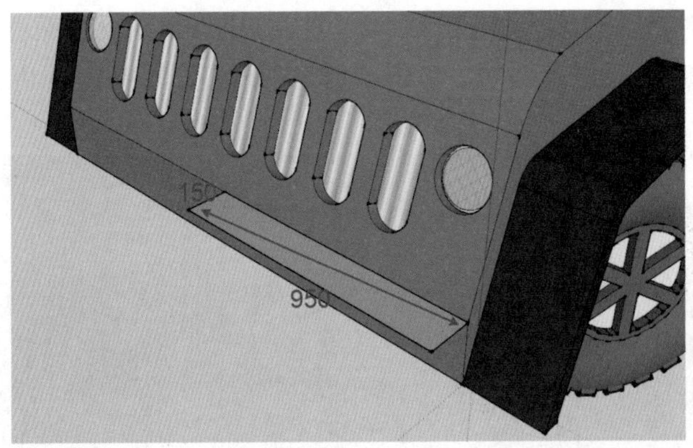

图 2.94　绘制矩形

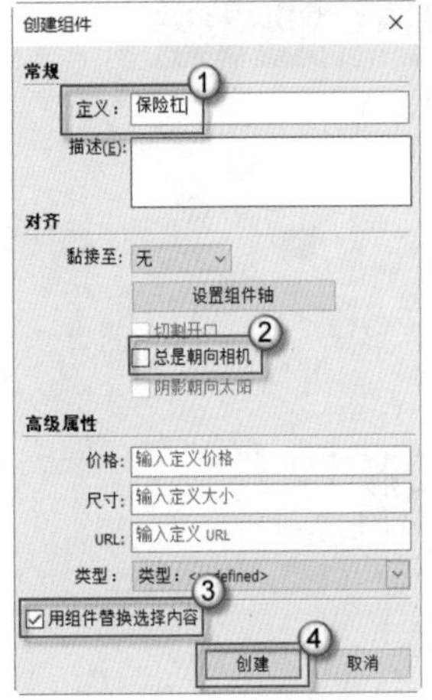

图 2.95　创建组件

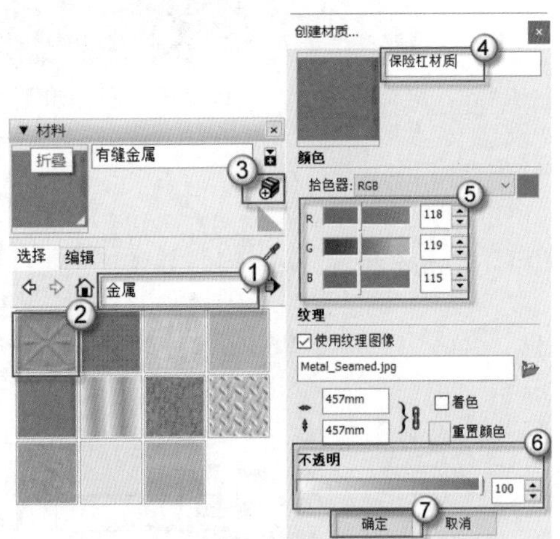

图 2.96　设置保险杠材质

（9）对矩形平面进行推拉。双击进入保险杠组件。按 P 快捷键发出“推 / 拉”命令，将矩形沿箭头方向推出 100mm，如图 2.97 所示。

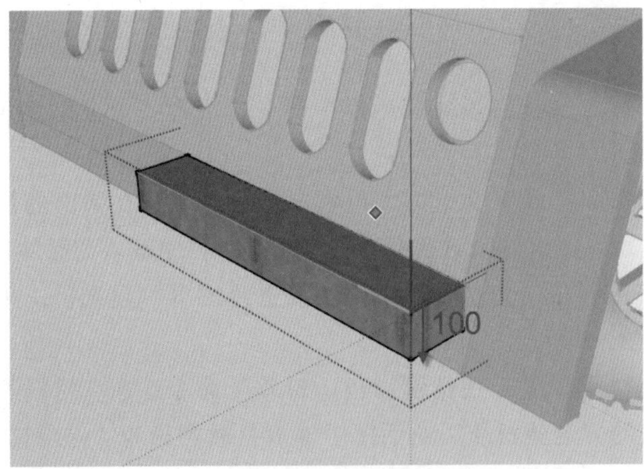

图 2.97　对矩形平面进行推拉

（10）绘制矩形。按 T 快捷键发出“卷尺工具”命令，沿箭头方向绘制如图 2.98 所示的参考线。按 R 快捷键发出“矩形”命令，以参考线交点为对角线绘制矩形。

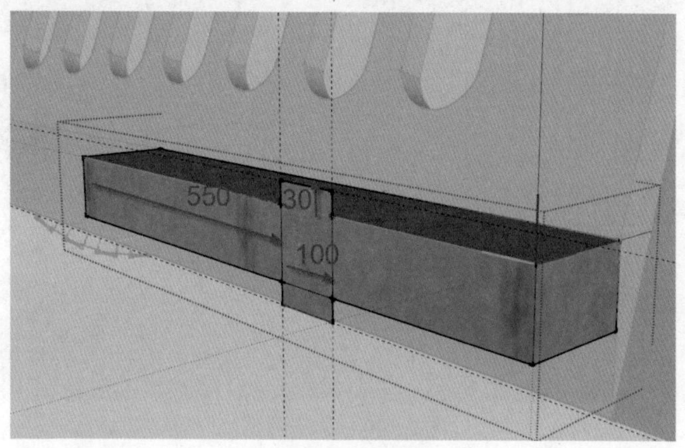

图 2.98　绘制矩形

（11）对矩形平面进行推拉。按 P 快捷键发出“推 / 拉”命令，将绘制的矩形沿箭头方向分别推拉 150mm 和 50mm，如图 2.99 所示。

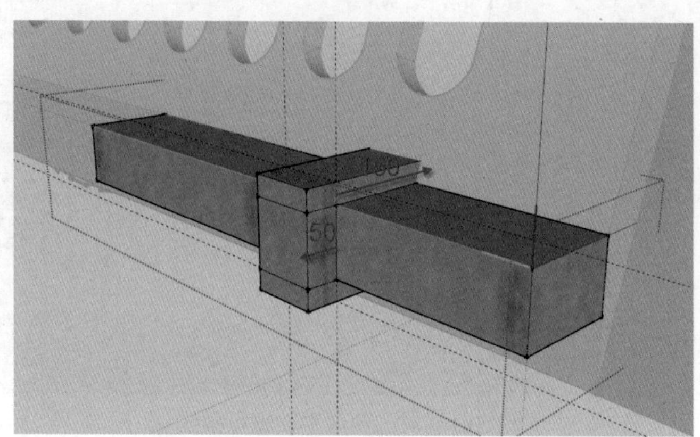

图 2.99　对矩形平面进行推拉

（12）绘制圆弧。按 A 快捷键发出“圆弧”命令，以①、②处两点为圆弧的两个端点拖曳圆弧，直至出现提示“与边线相切”字样即完成圆弧的绘制，如图 2.100 所示。

（13）对三角形平面进行推拉。按 P 快捷键发出“推 / 拉”命令，选中绘制的圆弧，将其沿箭头方向推入 100mm，如图 2.101 所示。

（14）绘制圆弧。按 T 快捷键发出“卷尺测量”命令，按箭头方向绘制距边线 150mm 的参考线。按 A 快捷键发出“圆弧”命令，以①、②为圆弧的端点，拖曳圆弧直至出现“与边线相切”字样即完成圆弧的绘制，如图 2.102 所示。

（15）对三角形平面进行推拉。按 P 快捷键发出“推 / 拉”命令，将绘制的圆弧沿箭头方向推出 100mm，如图 2.103 所示。

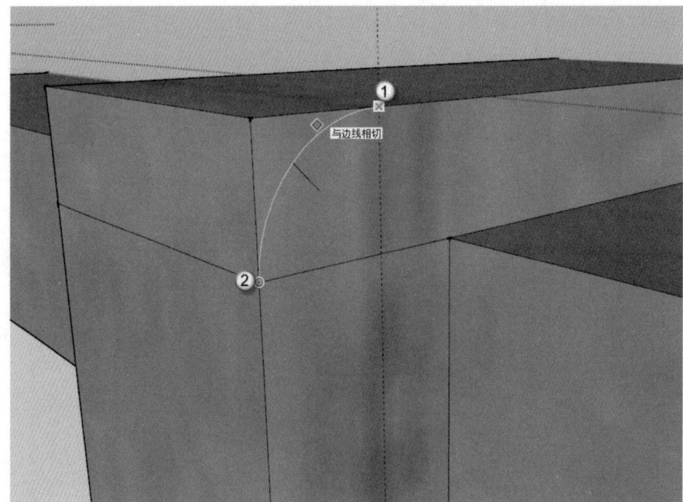

图 2.100　绘制圆弧

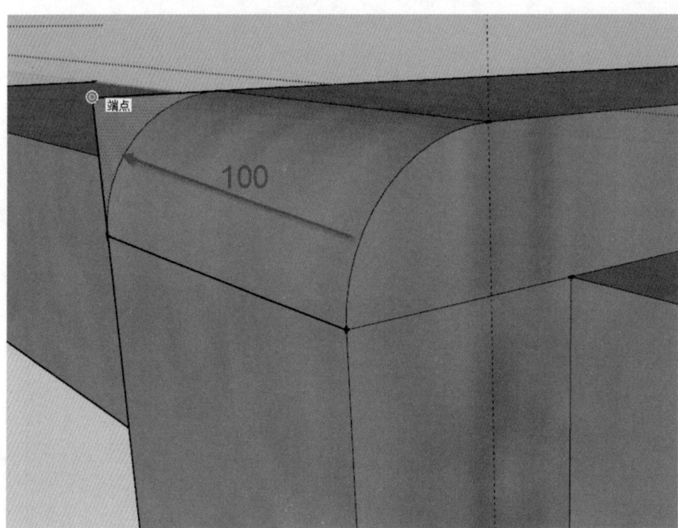

图 2.101　对三角形平面进行推拉

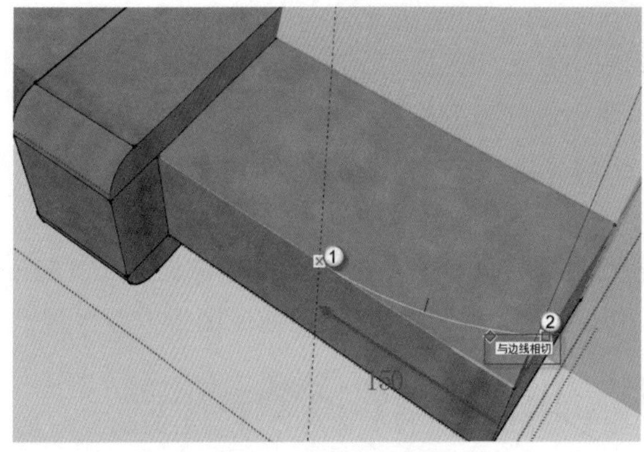

图 2.102　绘制圆弧

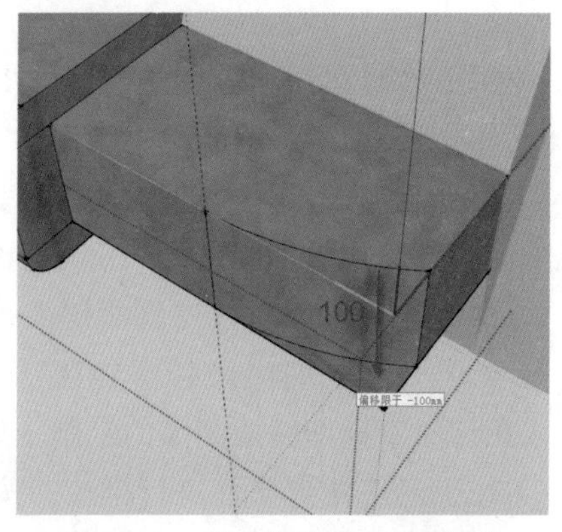

图 2.103　对三角形平面进行推拉

（16）绘制另一侧的保险杠。选中保险杠组件，按 Ctrl+C 快捷键复制对象，再按 Ctrl+V 快捷键粘贴对象，如图 2.104 所示。

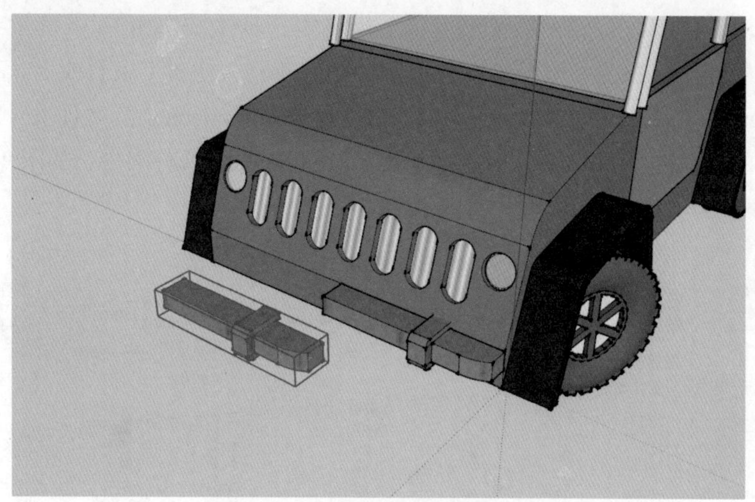

图 2.104　绘制另一侧的保险杠

（17）镜像保险杠。按 S 快捷键发出“缩放”命令。当提示“沿绿轴缩放比例”时，输入数值 –1，如图 2.105 所示。按 M 快捷键发出“移动”命令将镜像后的保险杠移动至适当位置。

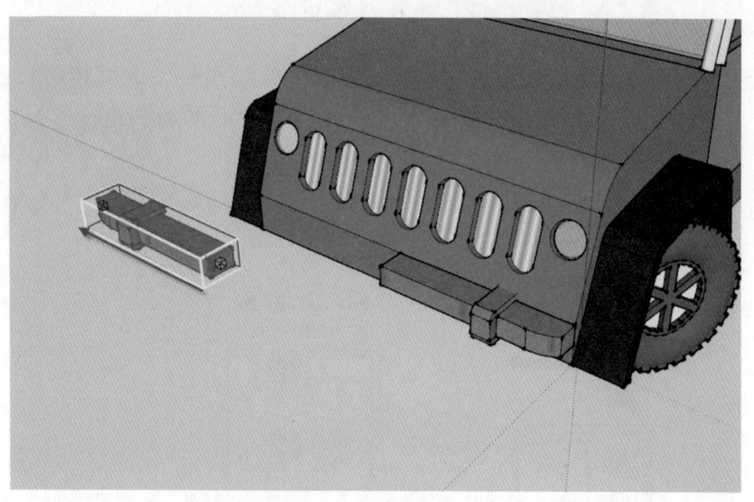

图 2.105　镜像保险杠

2.3　细节的调整

完成吉普牧马人越野车的绘制后，本节将介绍一些调整细节的方法，让汽车模型更逼真。

2.3.1 加入组件

本书提供的配套电子资源提供了本节使用的一些组件。本节将介绍如何调用这些组件，并将它们插入汽车的相应位置，让模型变得更为真实。具体操作如下：

（1）复制组件。打开图书中配套下载资源中的“牧马人组件”文件夹，再打开计算机中的“C:\ProgramData\SketchUp\SketchUp 2018\SketchUp\Components\”文件夹（这个就是存放SketchUp组件的位置）。将“牧马人组件”拖曳至Components文件夹中，如图2.106所示。

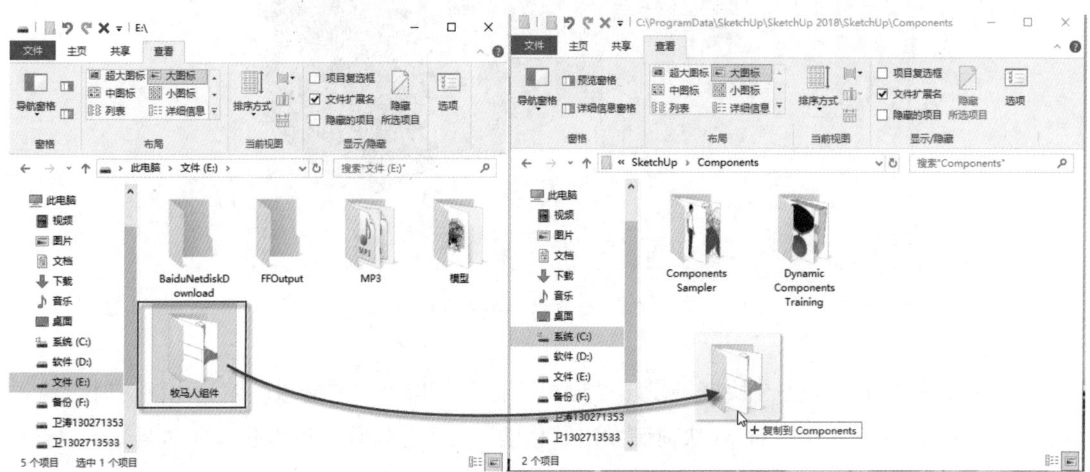

图2.106 复制组件

（2）查看组件。再次打开SketchUp，可以看到，在“组件”卷展栏中有“牧马人组件”文件夹了，双击“牧马人组件”文件夹，可以看到其中有一系列的组件，如图2.107所示。

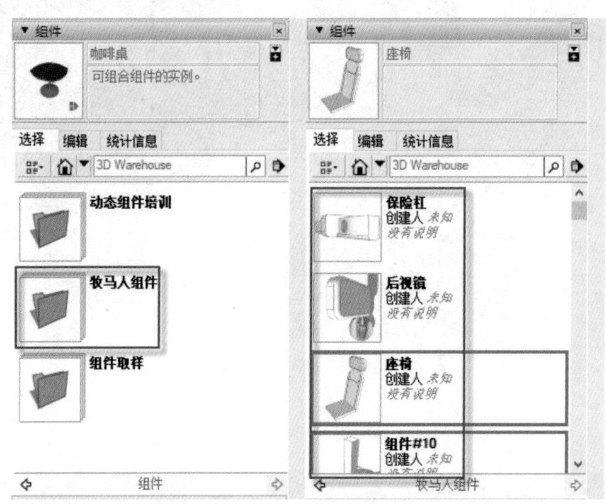

图2.107 查看组件

（3）放置零配件。选择相应的组件（即汽车的零配件），将其拖曳入场景中并放在相应的位置，如图2.108所示。

图 2.108　放置零配件

注意：

拖曳进场景中的组件可以使用“旋转”命令（快捷键：Q）或“移动”命令（快捷键：M）调整位置。

2.3.2　配景与阴影的调整

本节主要对汽车模型进行局部调整，并增加人物和环境配景，让生成的车模效果更逼真。

（1）检查细节。按住鼠标滚轮对已完成的模型进行检查，检查的重点有破碎的面、未放置好的组件，并删除多余的线、面，以减小模型占用的空间等。当发现面的缺失时（如①处），按 L 快捷键发出“直线”命令，在缺失处描绘其中一条边即可将面补全，如图 2.109 所示。

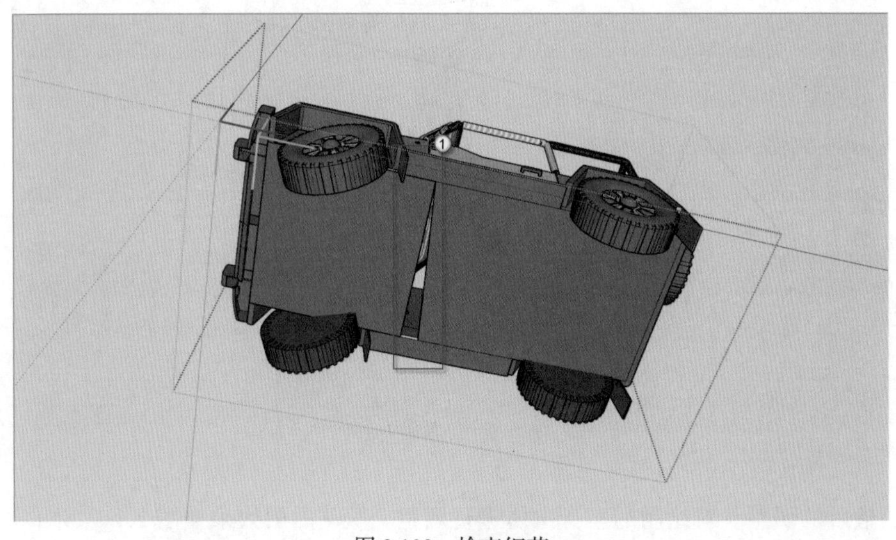

图 2.109　检查细节

（2）启用阴影功能。在“默认面板”中打开“阴影”卷展栏，在①处可对日照的时间和日期进行调整，单击“显示 / 隐藏阴影”按钮（②处）即可启用阴影功能，如图 2.110 所示。

图 2.110　启用阴影功能

（3）添加人物。将本书配套下载资源中的“人”组件复制到模型中，如图 2.111 所示。

图 2.111　添加人物

（4）最后的调整。对绘制的车身主体进行调整。微调后的效果如图 2.112 所示。

图 2.112　最后的调整

注意：

由于篇幅原因，书中所建的模型不够细致，因此需要后期进行细节方面的调整，在 SketchUp 建模阶段，模型的细节部分越多，模型就会越逼真，后期经过渲染后，效果会更好。

第3章

把握建筑细节——中国近代建筑的学习

中国近代建筑所指的时间范围是从1840年鸦片战争开始，到1949年中华人民共和国建立为止。这个时期中国的建筑处于承上启下、中西交汇、新旧接替的过渡阶段，这是中国建筑发展史上一个急剧变化的阶段。本节选用的是汉口、南京两地的租界建筑。

笔者在长期的教学实践中得出结论：通过对近代建筑的建模训练，可以有效地提高训练者对建筑构件的把握能力，并在现代建筑设计中快速提升尺度控制能力，而且效果远远大于用现代建筑训练。现代建筑的尺度感实际上大多延续了近代建筑的模式，因此，从近代建筑入手进行建模训练能够一举多得。反之，如果直接从现代建筑入手训练，则会发现很难训练出对构件与整体的尺度控制能力，这是经过大量教学实践后得出的结果，相信会对读者有借鉴意义。

3.1　江汉关大楼的绘制

江汉关大楼位于湖北省武汉市沿江大道与江汉路交汇处，占地 1499 平方米，建筑面积 4009 平方米，大楼采用了英国建筑的风格，主楼为四层，底层为半地下室，钟楼为四层，总高度为 46.3 米，是武汉当时最高的建筑，也是武汉市标志性建筑之一。

汉口（汉口为武汉三镇之一）开埠以后，清政府于 1862 年在汉口设立海关，名江汉关。现存的江汉关大楼落成于 1924 年。

江汉关大楼融合了欧洲文艺复兴时期的建筑风格和英国的钟楼建筑形式，具有重要的历史价值和建筑艺术价值，一度成为汉口的城市标志。

3.1.1　拉出主体并确定尺寸

建筑的体量需要自己去判断。首先要保证长、宽、高的协调性，其次是尺寸不能误差太大。步骤是先创建一个盒子，然后再增加细节。

（1）绘制矩形。按 R 快捷键发出“矩形”命令，在原点处选择第一个点，绘制 40000mm × 35000mm 的矩形框，如图 3.1 所示。

（2）创建组件。双击矩形，确保选中面与矩形的线，然后右击，在弹出的快捷菜单中选择“创建组件”命令，弹出“创建组件”对话框。在“定义”栏中输入“建筑主体”字样，取消“总是朝向相机”复选框的勾选，勾选“用组件替换选择内容”复选框，单击“创建”按钮完成组件的创建，如图 3.2 所示。

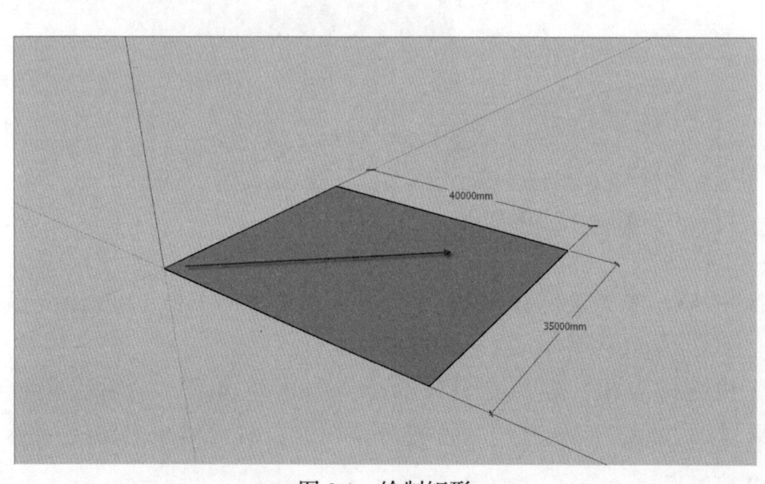

图 3.1　绘制矩形

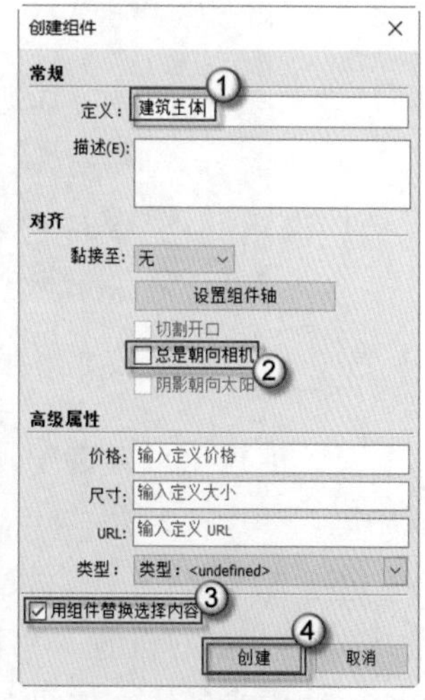

图 3.2　创建组件

（3）拉伸矩形。双击组件进入组件编辑模式，按 P 快捷键发出“推 / 拉”命令，单击矩形并向上拖曳，拉出高度为 17000mm 的长方体，如图 3.3 所示。

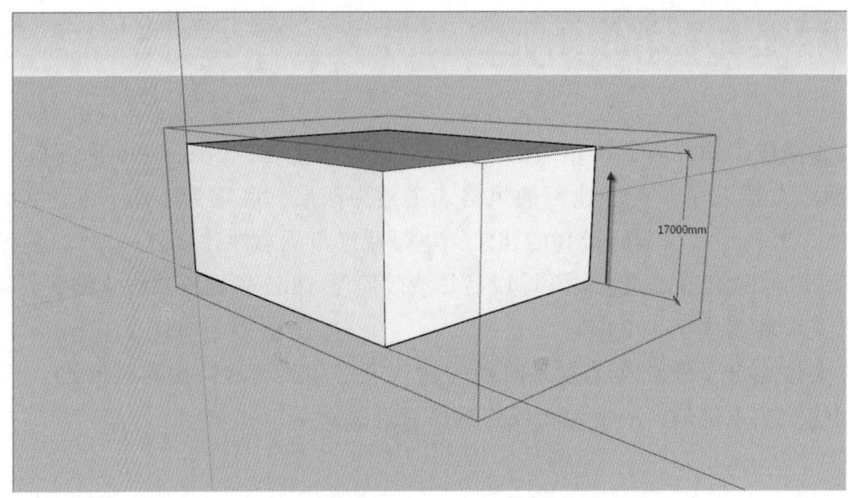

图 3.3　拉伸矩形

（4）偏移矩形。单击矩形顶面，按 F 快捷键发出“偏移”命令，在数值输入框中输入 9000，向内偏移出一个矩形，如图 3.4 所示。

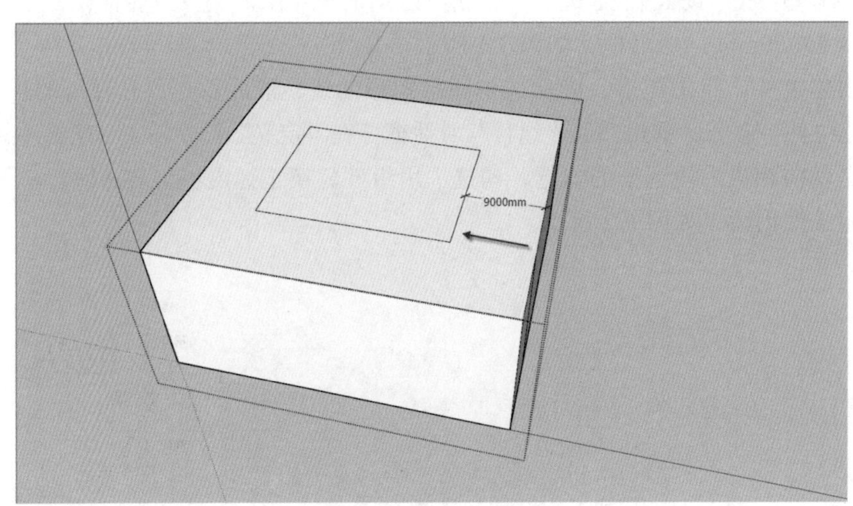

图 3.4　偏移矩形

（5）推拉矩形。选中顶部的面，按 P 快捷键发出“推 / 拉”命令，向下推 12000mm 形成中庭，如图 3.5 所示。

（6）绘制参考线。按 T 快捷键发出“卷尺工具”命令，单击左边线，向右引出参考线至中心点的位置，用同样的方法，从参考线的位置分别向左、右两侧引出距离中心 4000mm 的参考线，如图 3.6 所示。

（7）绘制钟楼主体。按 R 快捷键发出“矩形”命令，绘制出一个尺寸为 8000mm × 8000mm 的矩形，按 P 快捷键发出“推 / 拉”命令，将矩形向上拉伸，输入 12000，按 Enter 键，绘制出钟楼的主体，如图 3.7 所示。

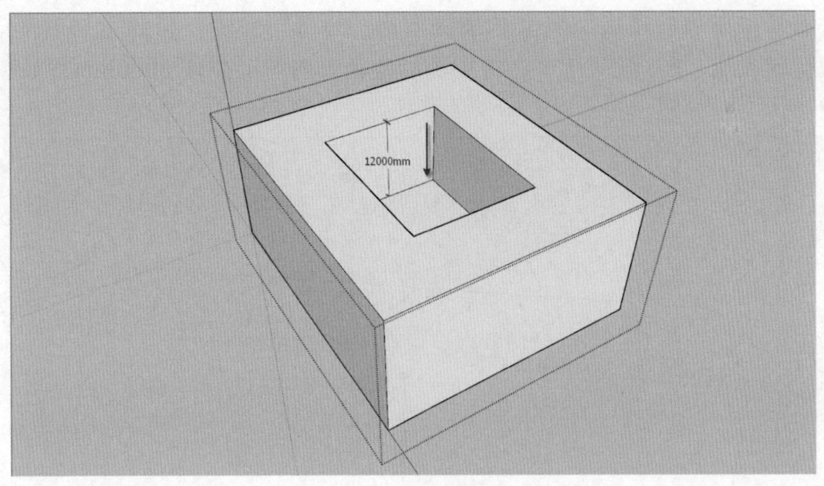

图 3.5 推拉矩形

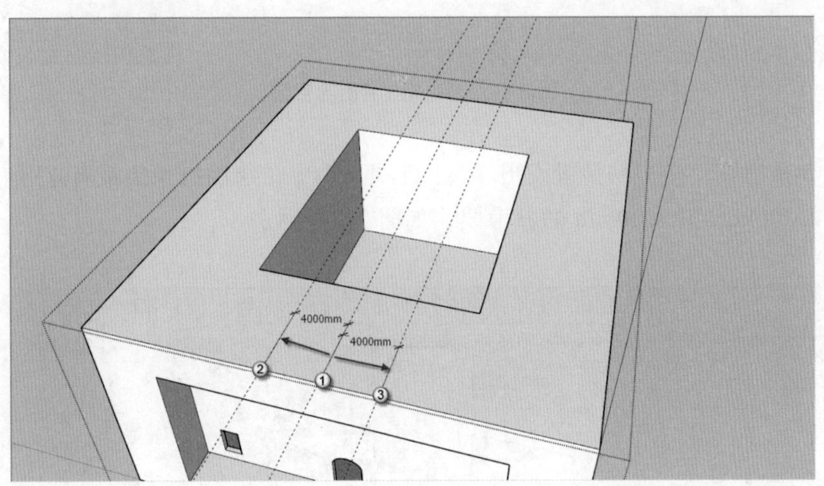

图 3.6 绘制参考线

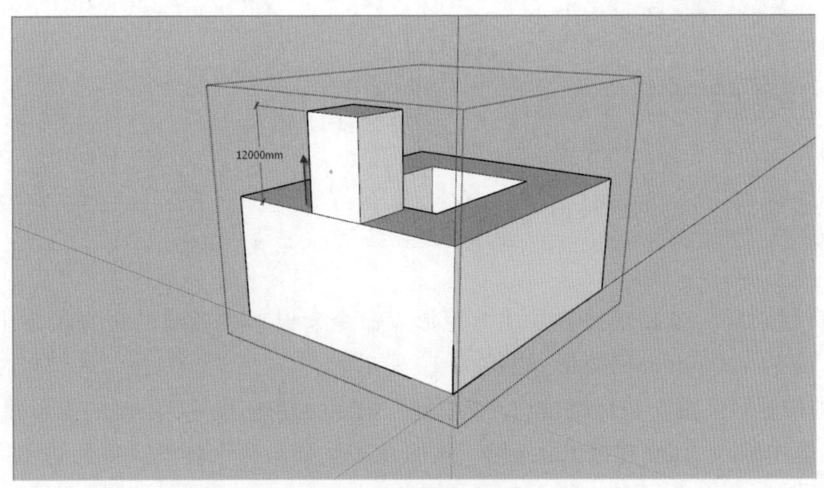

图 3.7 绘制钟楼主体

（8）绘制高出屋顶的楼层。按 L 快捷键发出“直线”命令，将建筑物后部的矩形补起来，按 P 快捷键发出“推 / 拉”命令，将矩形沿蓝轴方向向上拉伸 8000mm，如图 3.8 所示。

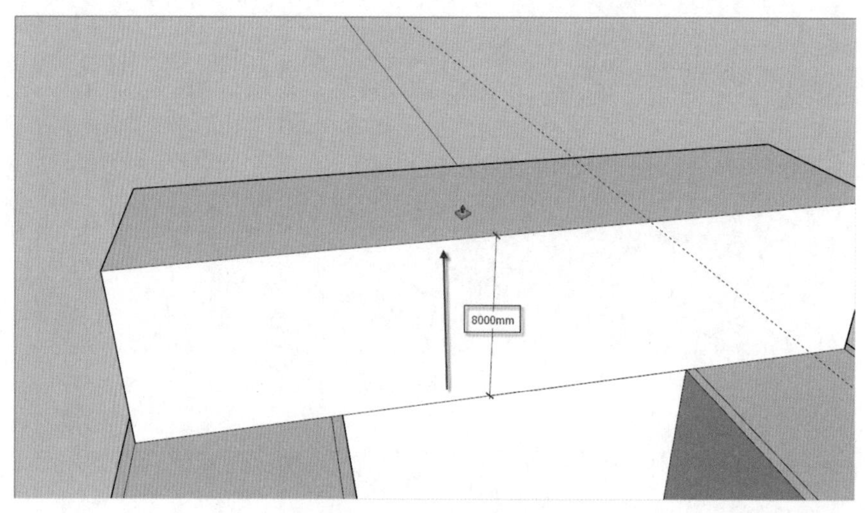

图 3.8　绘制高出屋顶的楼层

（9）绘制参考线。按 T 快捷键发出“卷尺工具”命令，绘制出 4 条距离分别为 5000mm、1650mm、12000mm 和 5000mm 的参考线，如图 3.9 所示。

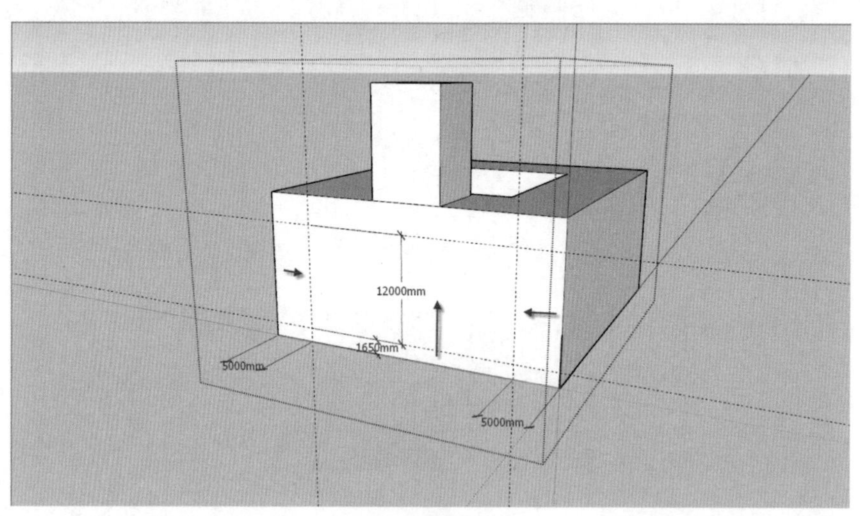

图 3.9　绘制参考线

（10）绘制矩形。按 R 快捷键发出“矩形”命令，根据参考线的位置绘制出一个长为 25000mm、宽为 12000mm 的矩形，如图 3.10 所示。

（11）内推矩形。按 P 快捷键发出“推 / 拉”命令，单击上一步绘制的矩形并向内部推，在数值输入框中输入 3000 并按 Enter 键。按照此方法画出两个侧面。得到的体块如图 3.11 所示。

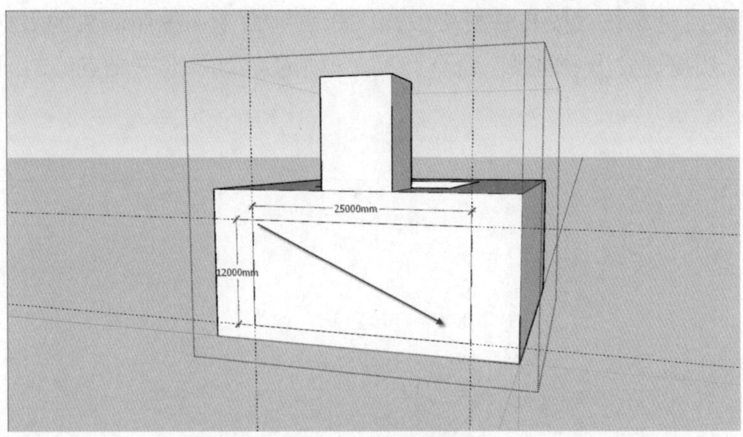

图 3.10　绘制矩形

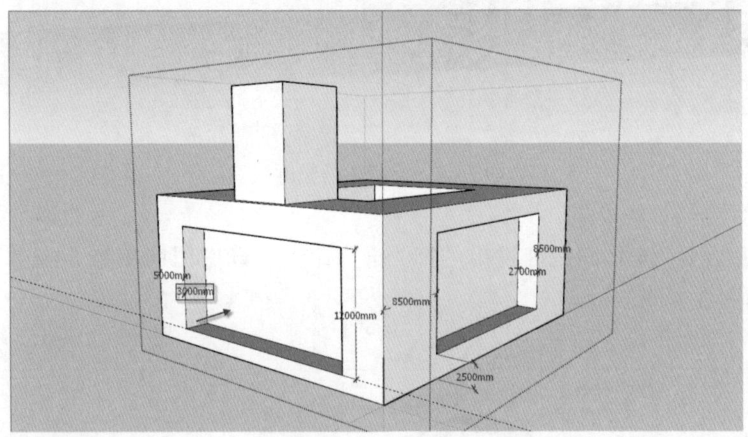

图 3.11　内推矩形

（12）绘制大门的参考线。按 T 快捷键发出“卷尺工具”命令，绘制出尺寸为 3800mm × 2400mm 的门的参考线，如图 3.12 所示。

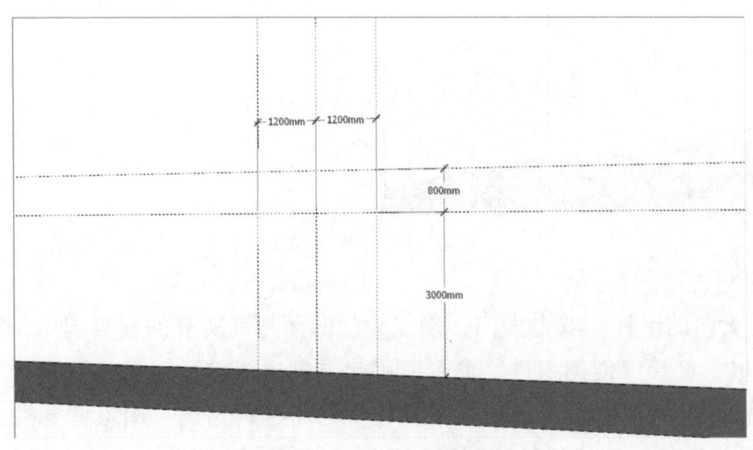

图 3.12　绘制大门的参考线

（13）绘制大门轮廓线。按R快捷键发出“矩形”命令，按照箭头的方向（①→④）绘制出矩形。按A快捷键发出“圆弧”命令，顺次单击①、②、③三个点绘制圆弧，如图3.13所示。

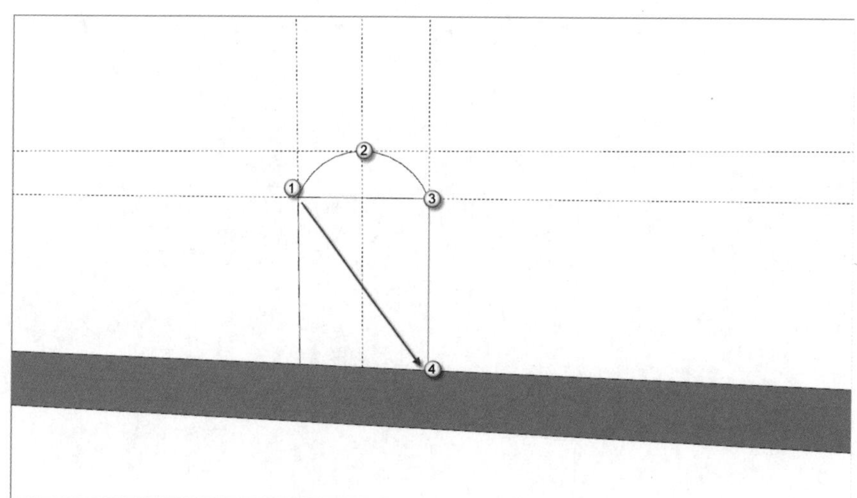

图3.13　绘制大门轮廓线

（14）绘制大门。按P快捷键发出“推 / 拉”命令，选中门向内推，在数值输入框中输入400mm，如图3.14所示。

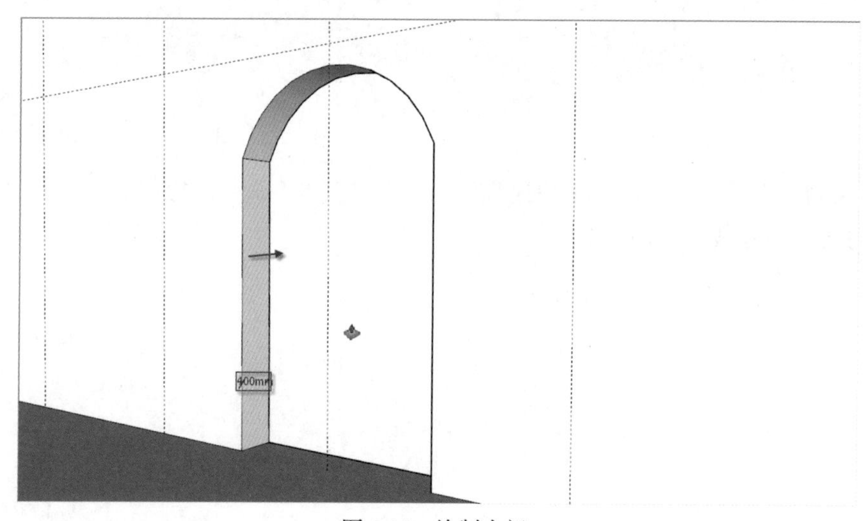

图3.14　绘制大门

（15）创建大门的组件。双击大门，确保大门的面与其所有的线被选中，然后右击，在弹出的快捷菜单中选择“创建组件”命令，弹出“创建组件”对话框。在“定义”栏中输入“大门”字样，取消“总是朝向相机”复选框的勾选，勾选“用组件替换选择内容”复选框，单击“创建”按钮完成组件的创建，如图3.15所示。

（16）填充材质。双击“大门”组件进入组件编辑模式，按 B 快捷键发出“材质”命令，在“材料”卷展栏中单击“创建材质”按钮，弹出“创建材质”对话框，给其命名为“大门”，将拾色器设定为 RGB 模式，再设定材质的颜色为 R=182、G=118、B=18，单击“确定”按钮，如图 3.16 所示。然后将材质赋予大门，如图 3.17 所示。

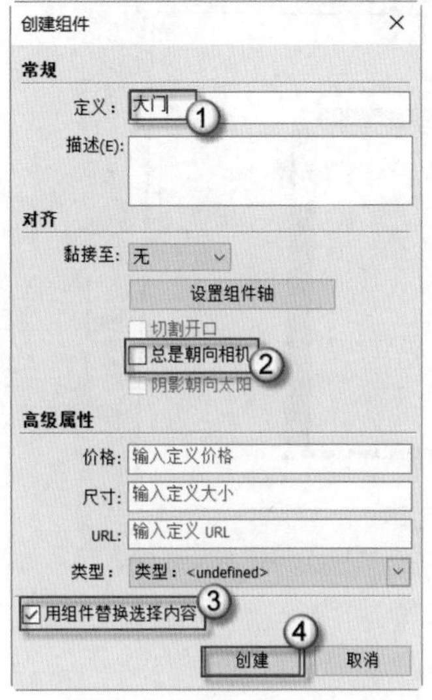

图 3.15 创建大门的组件

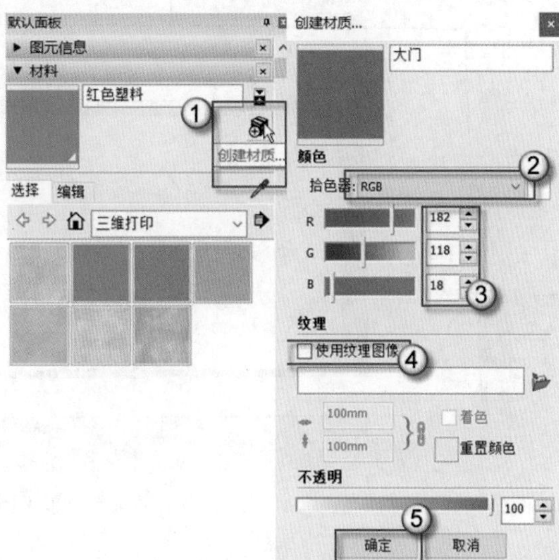

图 3.16 设置填充材质

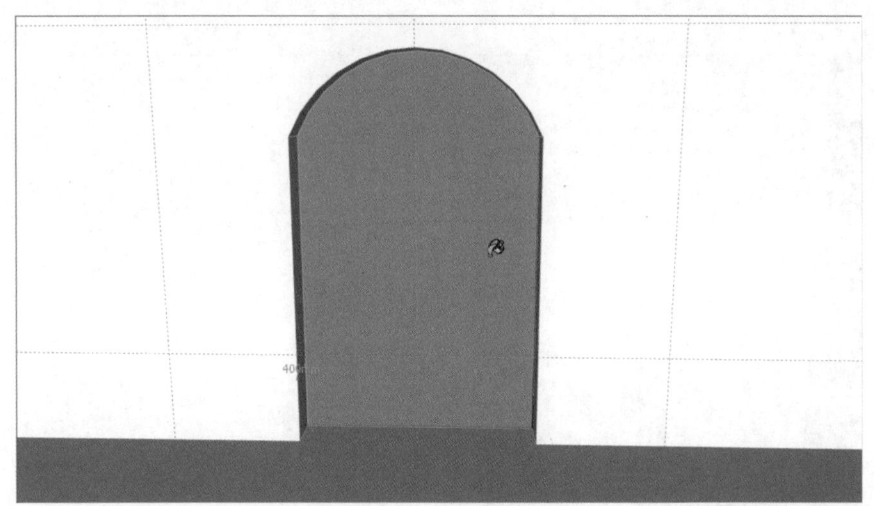

图 3.17 填充材质

注意：

在建模时应采用边建模边设置材质的方法，如果材质设置并不适合（但要用材质把不同构件区分开），可以在模型建完后根据环境再调整材质。如果不这样操作，整个模型建完后是无法赋予材质的。

（17）确定建筑正面的窗户位置。按 T 快捷键发出“卷尺工具”命令，分别在面的水平方向以 4000mm 为间距、在竖直方向以 2500mm 为间距，绘制出如图 3.18 所示的一系列参考线。

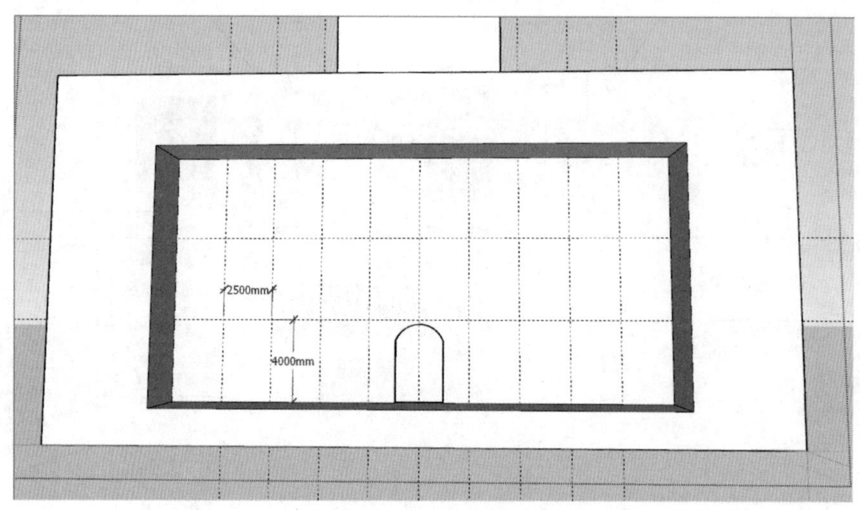

图 3.18　确定建筑正面的窗户位置

（18）绘制窗户的参考线。按 T 快捷键发出“卷尺工具”命令，绘制出尺寸为 1500mm × 2500mm 的参考线，如图 3.19 所示。

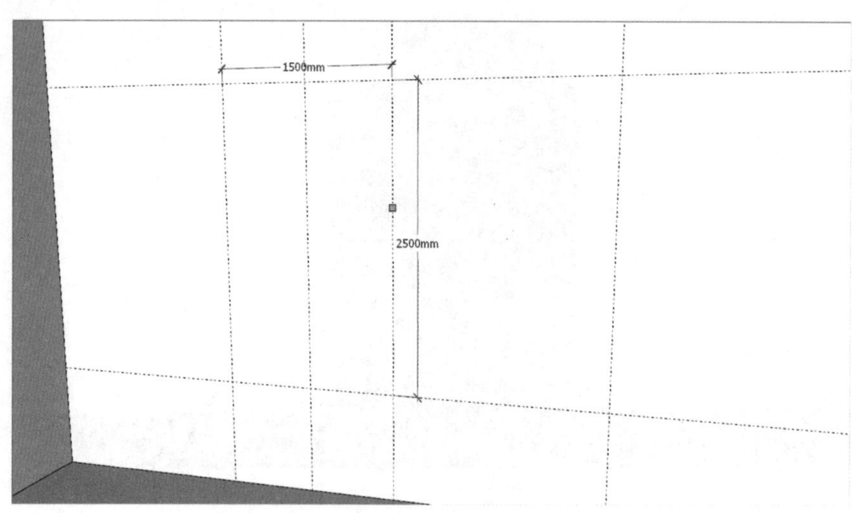

图 3.19　绘制窗户的参考线

（19）绘制窗户的外轮廓。按 R 快捷键发出“矩形”命令，以参考线为基准，绘制出尺寸为 1500mm × 2500mm 的窗户轮廓，如图 3.20 所示。

（20）绘制窗户。按 P 快捷键发出“推 / 拉”命令，单击窗户并向内推，在数值输入框中输入 400，如图 3.21 所示。

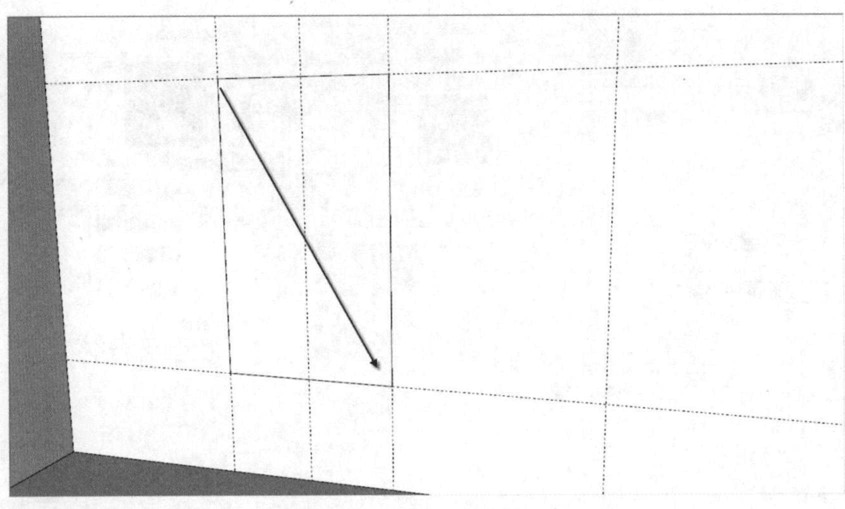

图 3.20　绘制窗户的外轮廓

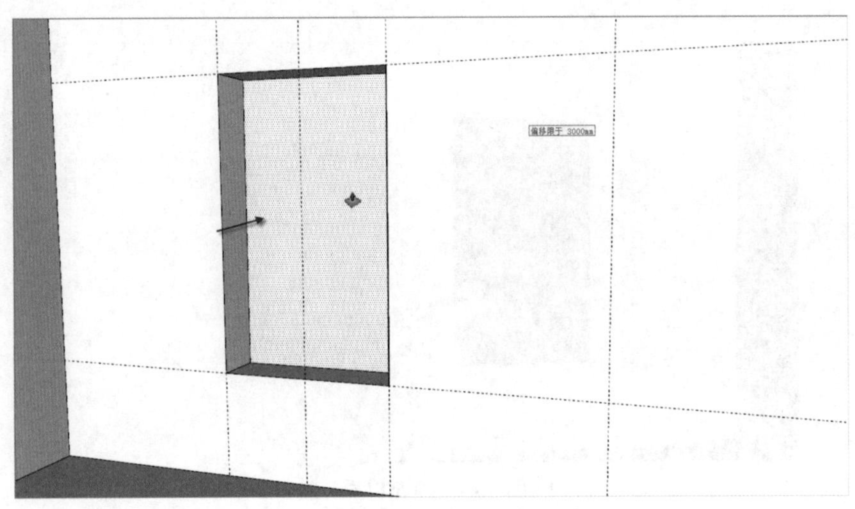

图 3.21　绘制窗户

（21）创建组件。右击窗户，在弹出的快捷菜单中选择“创建组件”命令，弹出“创建组件”对话框。在“定义”栏中输入“窗 1”字样，取消“总是朝向相机”复选框的勾选，勾选“用组件替换选择内容”复选框，单击“创建”按钮完成组件的创建，如图 3.22 所示。

（22）填充材质。双击“窗 1”进入组件编辑模式，按 B 快捷键发出“材质”命令，在“材料”卷展栏中单击“创建材质”按钮，弹出“创建材质”对话框，给其命名为“窗 1”，将拾色器设定为 RGB 模式，再设定材质的颜色为 R=79、G=139、B=48，取消“使用纹理图像”复选框的勾选，单击“确定”按钮，如图 3.23 所示。然后将材质赋予窗户，如图 3.24 所示。

（23）复制窗户。按 M 快捷键发出“移动”命令，单击窗户，配合键盘上的 Ctrl 键，将窗户复制到如图 3.25 所示的位置。

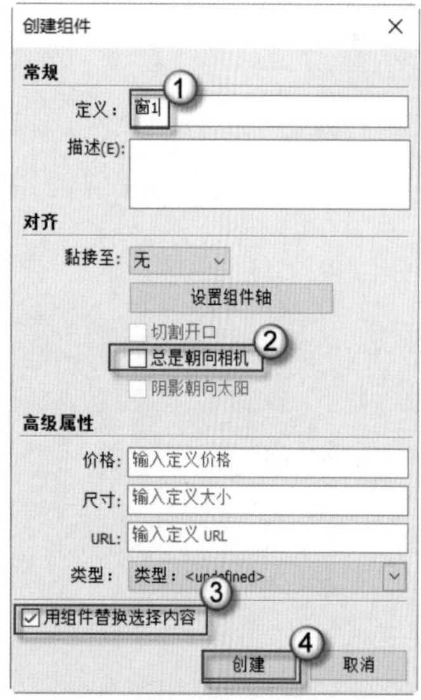

图 3.22　创建组件

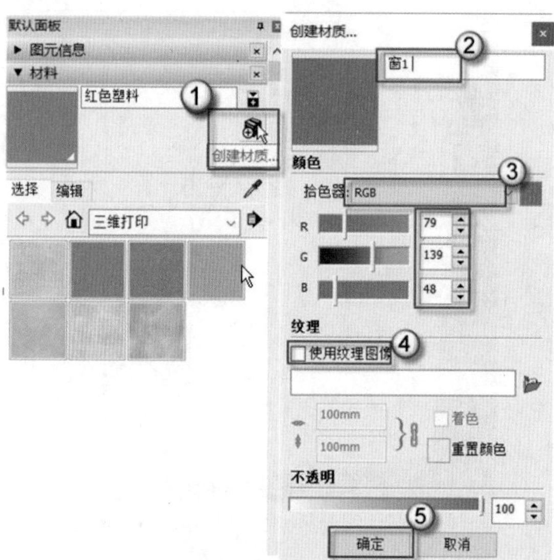

图 3.23　填充材质

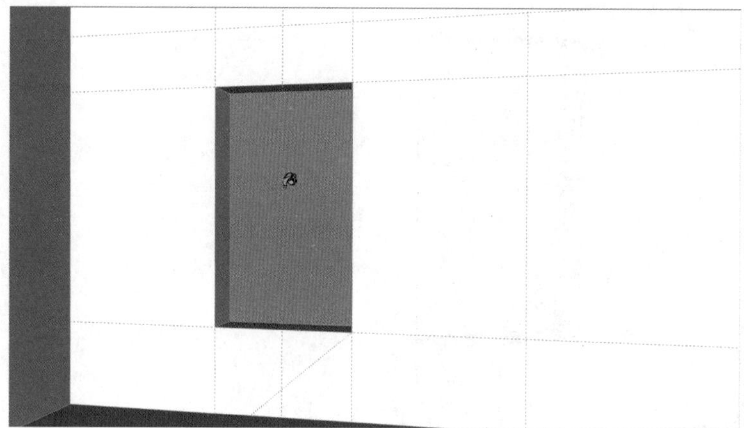

图 3.24　填充材质

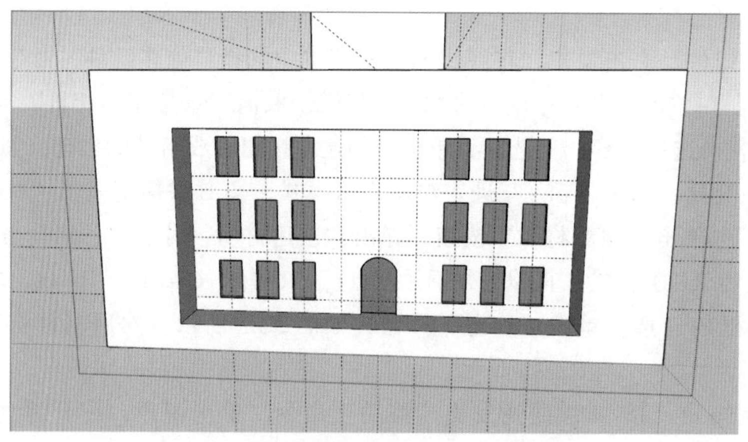

图 3.25　复制窗户

（24）绘制大窗的参考线。按 T 快捷键发出“卷尺工具”命令，绘制出一系列参考线，确定大窗的具体位置，如图 3.26 所示。

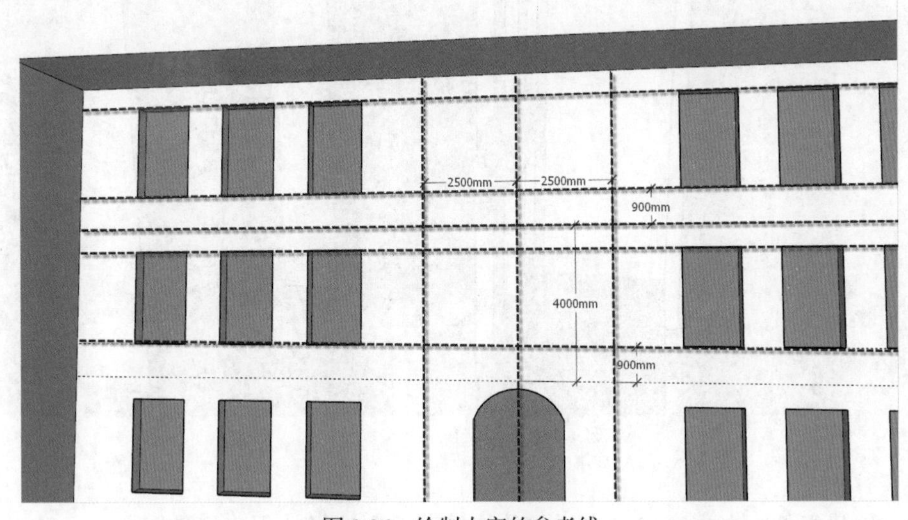

图 3.26　绘制大窗的参考线

（25）绘制大窗的轮廓。按 R 快捷键发出“矩形”命令，按照箭头的方向（①→②），绘制出尺寸为 5000mm × 2500mm 的矩形，如图 3.27 所示。

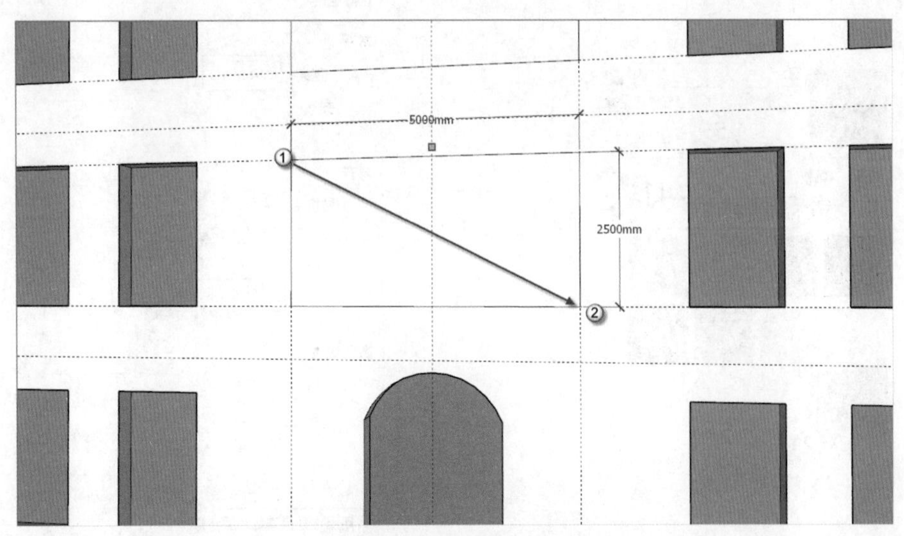

图 3.27　绘制大窗的轮廓

（26）推拉大窗。按 P 快捷键发出“推 / 拉”命令，单击矩形，按照箭头方向拉 400mm，如图 3.28 所示。

（27）填充材质。按 B 快捷键发出材质命令，在材料面板的下拉列表中选择“在模型中的样式”，在其中选择“窗 1”材质，将材质赋予矩形，如图 3.29 所示。

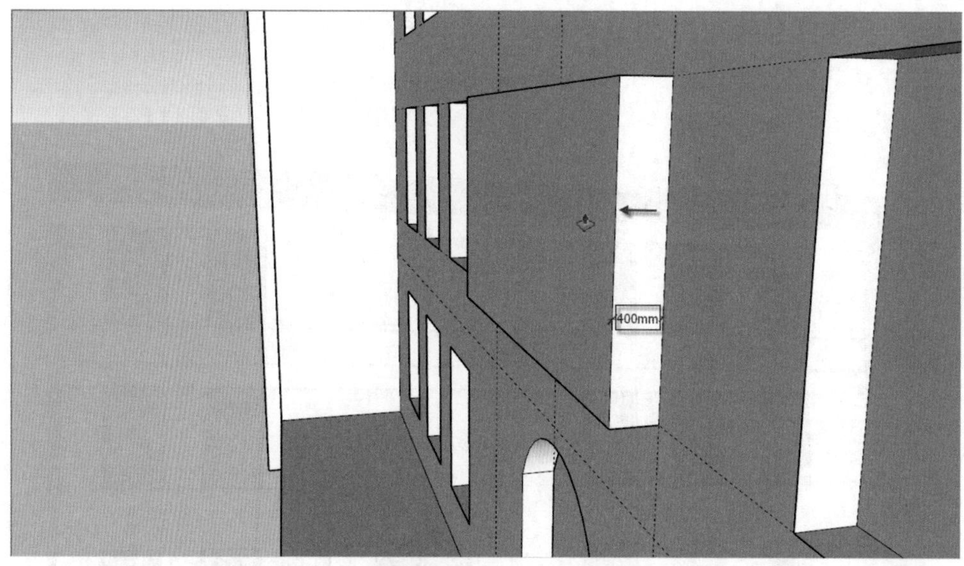

图 3.28 推拉大窗

（28）创建组件。右击窗户，在弹出的快捷菜单中选择“创建组件”命令，弹出“创建组件”对话框。在“定义”栏中输入“窗 2”字样，取消“总是朝向相机”复选框的勾选，勾选“用组件替换选择内容”复选框，单击“创建”按钮完成组件的创建，如图 3.30 所示。

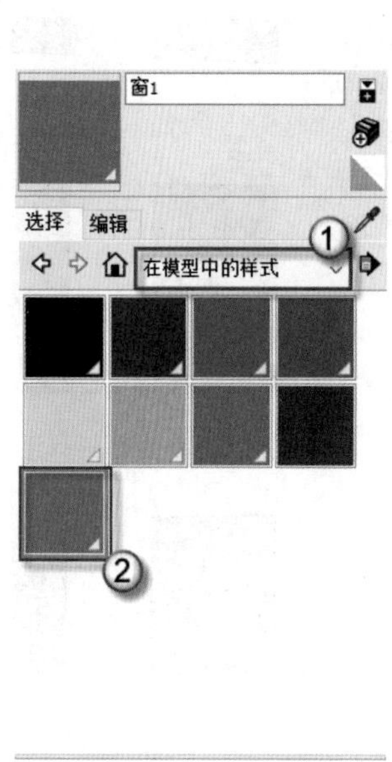

图 3.29 填充材质

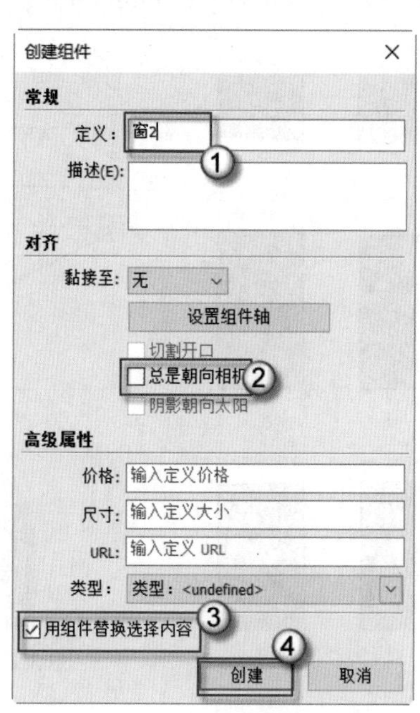

图 3.30 创建组件

（29）复制窗户。按 M 快捷键发出“移动”命令，单击窗户，配合 Ctrl 键，将窗户从①处复制到②处，如图 3.31 所示。

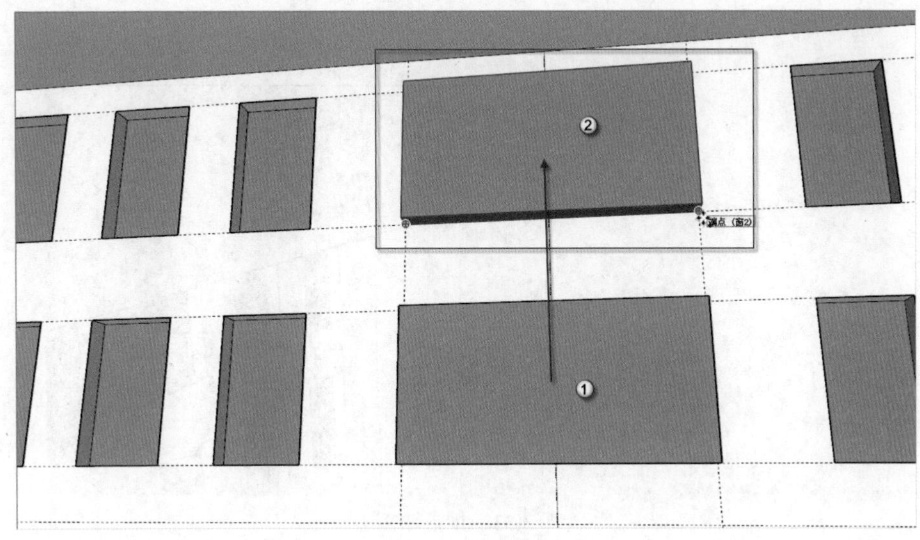

图 3.31　复制窗户

3.1.2　墙体的细化

江汉关大楼采用的是古典主义的建筑风格，立面上除了三段式布局之外，还拥有丰富的细节。本节主要介绍墙体细节的建模方法。

（1）复制直线。按 M 快捷键发出“移动”命令，配合 Ctrl 键，按照箭头的方向复制直线到相应位置，距离为 4000mm，如图 3.32 所示。

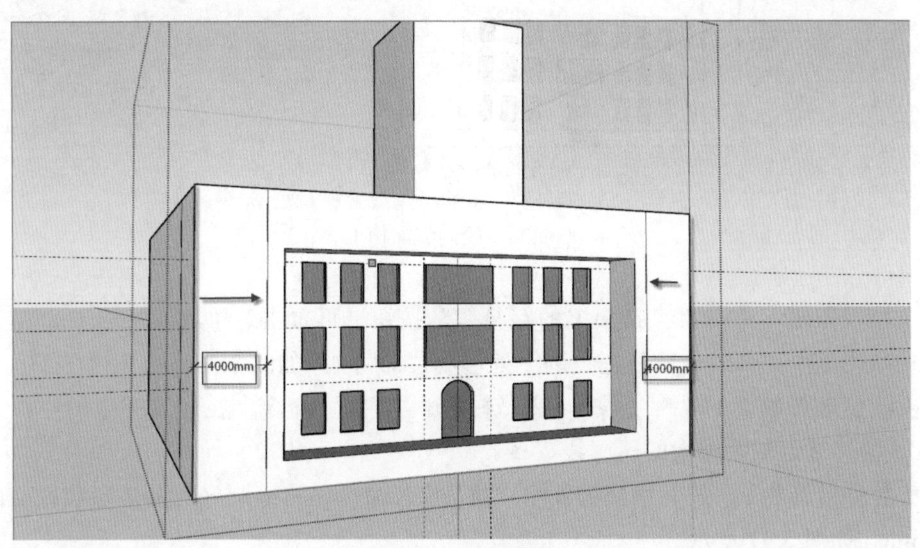

图 3.32　复制直线

（2）推拉墙面。按 P 快捷键发出“推 / 拉”命令，单击矩形，将两侧的墙面按照箭头的方向向外拉伸 400mm，如图 3.33 所示。

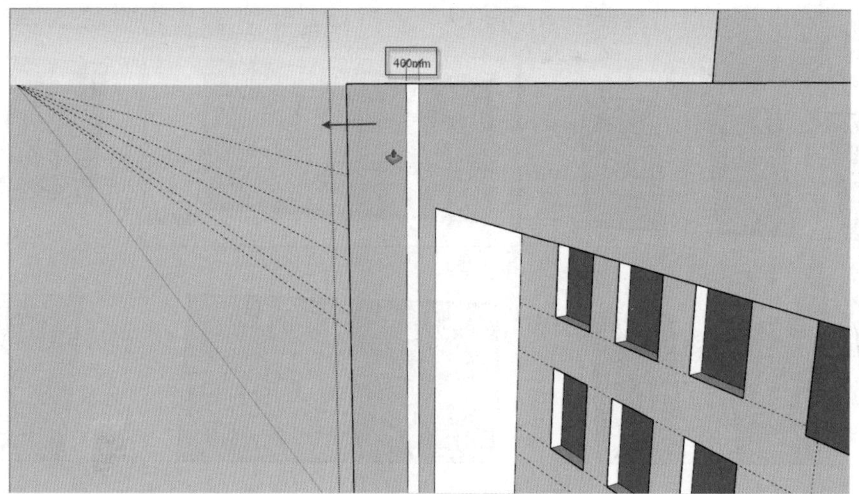

图 3.33　推拉墙面

（3）绘制装饰物 1。按 L 快捷键发出“直线”命令，在建筑主体正面的左上角绘制出装饰物的轮廓，尺寸如图 3.34 所示。

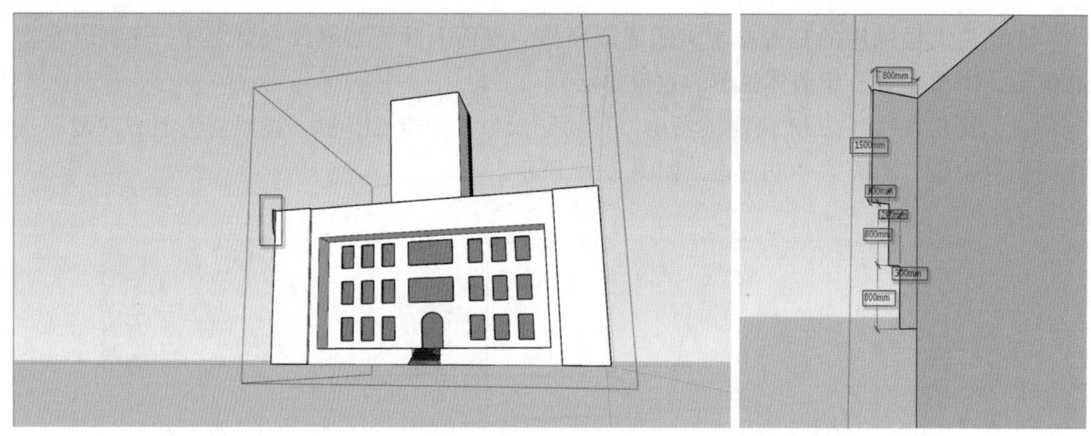

图 3.34　绘制装饰物 1

（4）路径跟随。单击大工具集上的路径跟随按钮，再单击装饰面，配合 Ctrl 键，按照箭头方向从①处沿顶部外轮廓线拖曳到②处形成装饰物 1，如图 3.35 所示。

（5）绘制装饰物 2 的轮廓。按 L 快捷键发出“直线”命令，在建筑旁边的空白处按照图 3.36 上的尺寸绘制装饰物的轮廓线。

（6）拉伸装饰物 2。按 P 快捷键发出“推 / 拉”命令，将绘制好的多边形装饰面向上拉伸 200mm，如图 3.37 所示。

（7）创建组件。右击装饰物 2，在弹出的快捷菜单中选择“创建组件”命令，弹出“创建组件”对话框。在“定义”栏中输入“装饰物 2”字样，取消“总是朝向相机”复选框的勾选，勾选“用组件替换选择内容”复选框，单击“创建”按钮完成组件的创建，如图 3.38 所示。

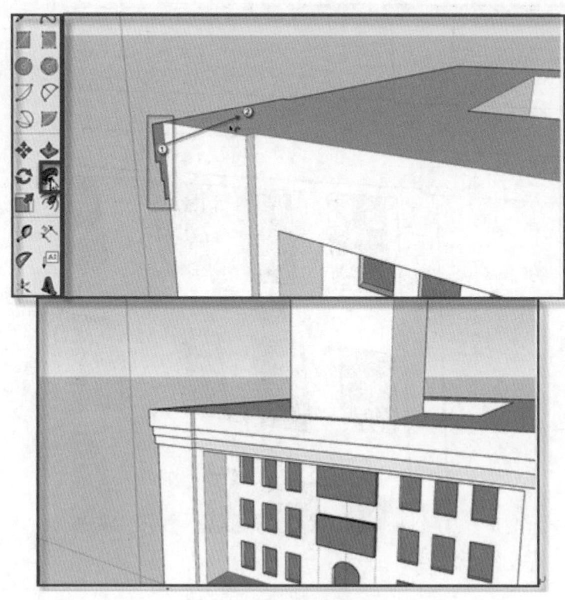

图 3.35　路径跟随

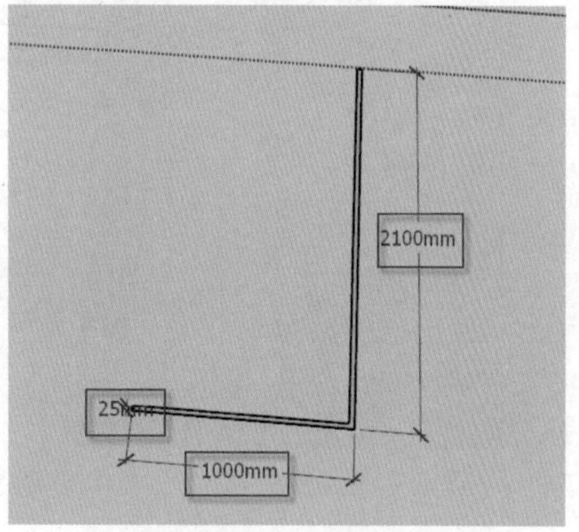

图 3.36　绘制装饰物 2 的轮廓

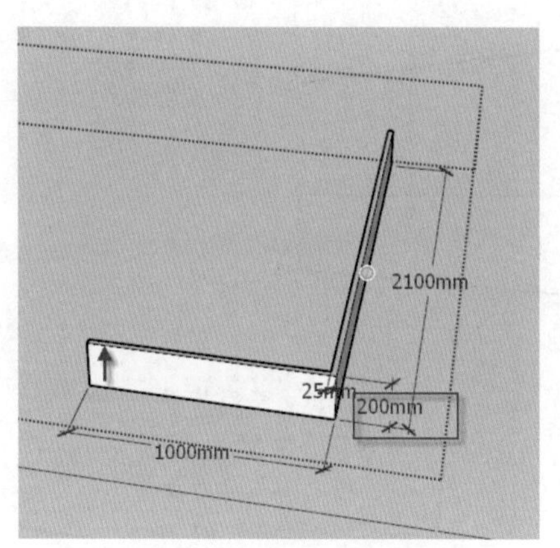

图 3.37　拉伸装饰物 2

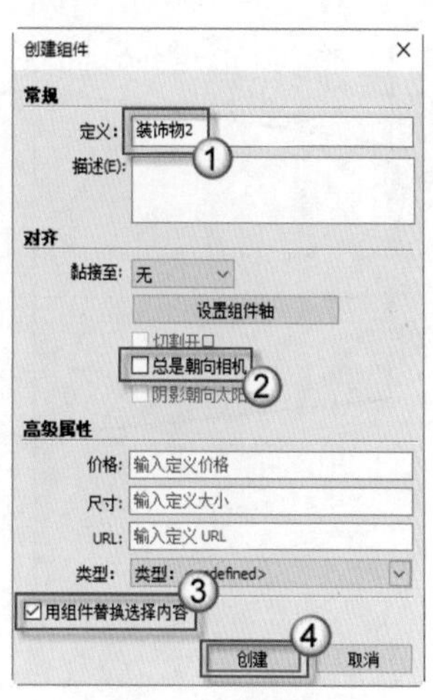

图 3.38　创建组件

（8）贴上装饰物。按 M 快捷键发出“移动”命令，将组件装饰物 2 移动到如图 3.39 所示的位置。

（9）向下复制多个装饰物 2。按 M 快捷键发出“移动”命令，配合 Ctrl 键，向下复制一个组件装饰物 2，在数值输入框中输入 500mm 的间距，然后再在数值输入框中输入“*25”，如图 3.40 所示。按 Enter 键，得到的装饰物效果如图 3.41 所示。

注意：

此处输入的“*25”表示以相同的间距再复制 25 个对象。

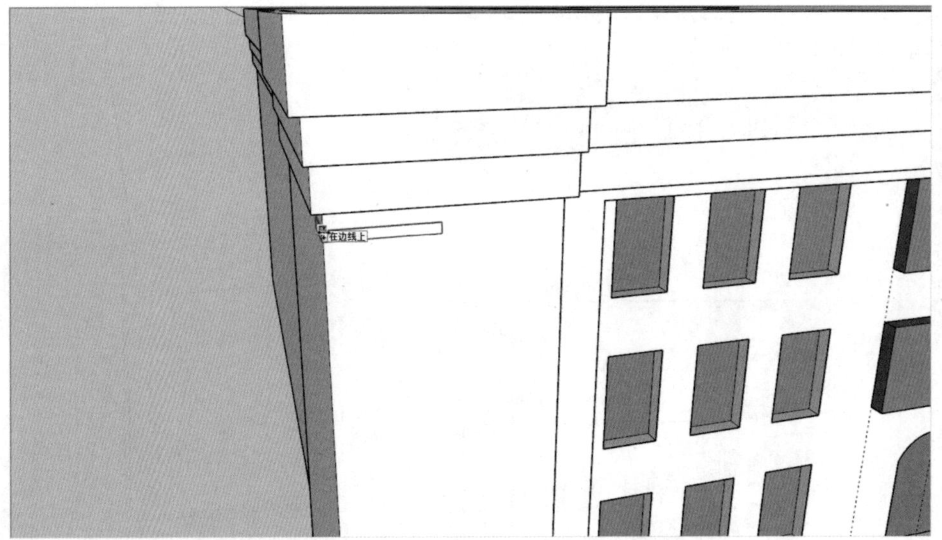

图 3.39　贴上装饰物

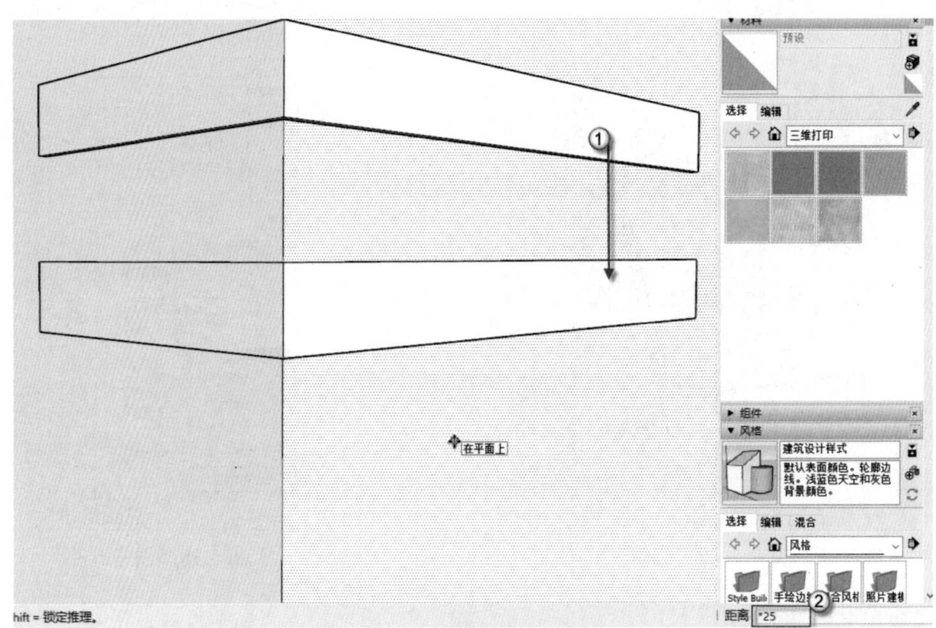

图 3.40　向下复制多个装饰物 2

（10）创建组件“装饰物 2 合集”。全选组件“装饰物 2”，选择“创建组件”命令，弹出“创建组件”对话框。在“定义”栏中输入“装饰物 2 合集”字样，取消“总是朝向相机”复选框的勾选，勾选“用组件替换选择内容”复选框，单击“创建”按钮完成组件的创建，如图 3.42 所示。

（11）复制组件。按 M 快捷键发出“移动”命令，选择组件“装饰物 2 合集”，配合 Ctrl 键，复制组件并移动到建筑的四角，如图 3.43 所示。

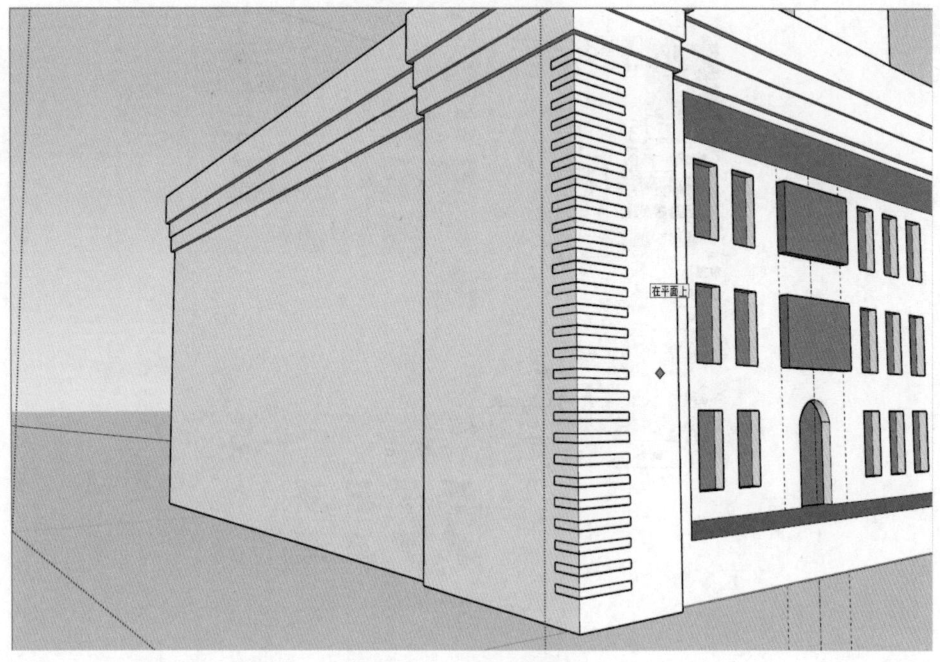

图 3.41　装饰物效果

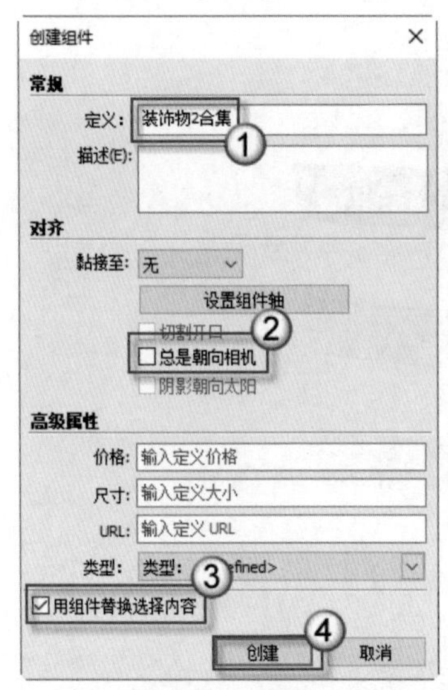

图 3.42　创建组件“装饰物 2 合集”

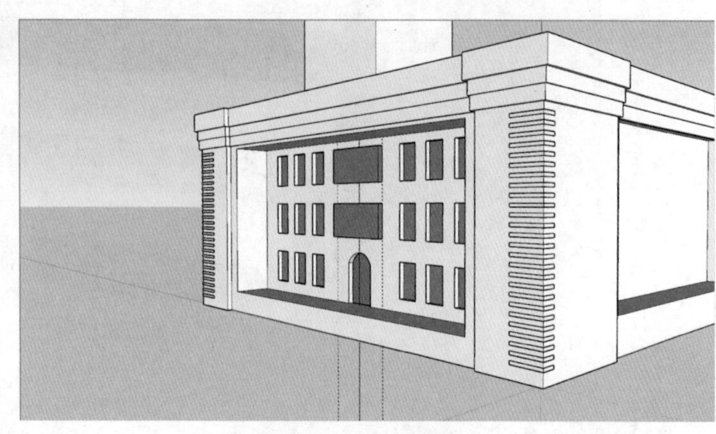

图 3.43　复制组件

（12）填充材质。双击组件“装饰物 2 合集”进入组件编辑模式，按 B 快捷键发出“材质”命令，在“材料”卷展栏中单击“创建材质”按钮，弹出“创建材质”对话框。在其中设置材质名称为“装饰物 2”，将拾色器设定为 RGB 模式，再设定材质的颜色为 R=100、G=100、B=100，单击“确定”按钮，如图 3.44 所示。将设置好的材质赋予装饰物，如图 3.45 所示。

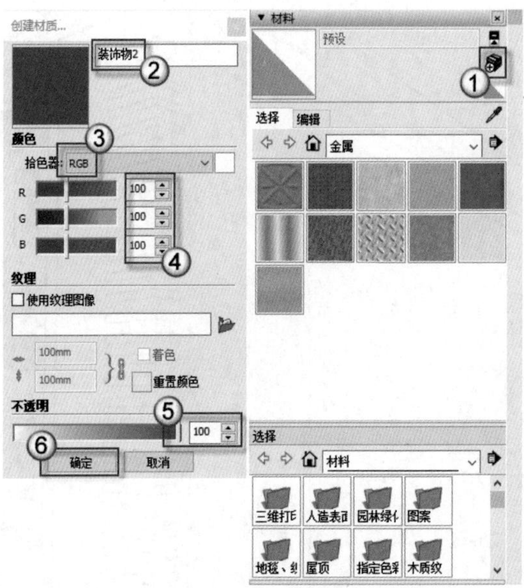

图 3.44　填充材质

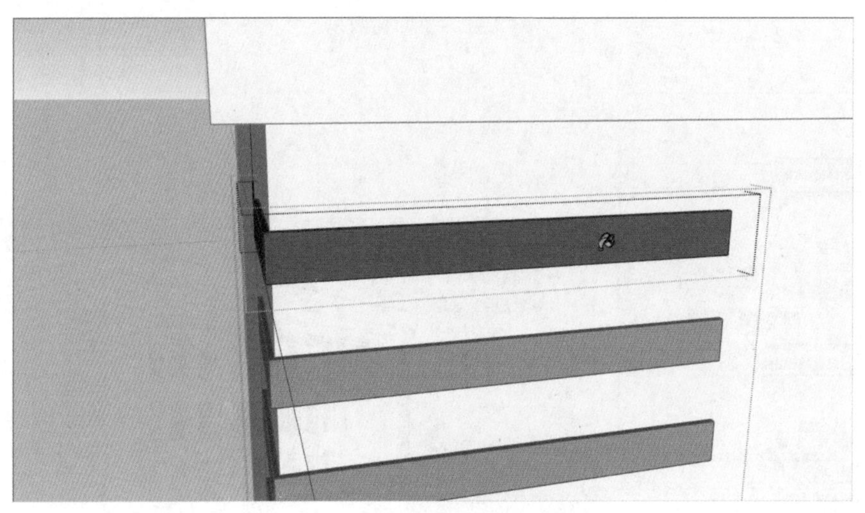

图 3.45　赋予装饰物材质

注意：

在为模型赋材质时，应尽量在软件自带的材质上新建材质，否则后面更改材质的属性时会出现问题。

3.1.3　绘制台阶

江汉关大楼的三个立面上都有台阶，本节中只介绍一个立面台阶的绘制方法，其余台阶请读者自行绘制。具体操作如下：

（1）绘制台阶参考线。按 T 快捷键发出“卷尺工具”命令，绘制尺寸为如图 3.46 所示的一系列参考线。

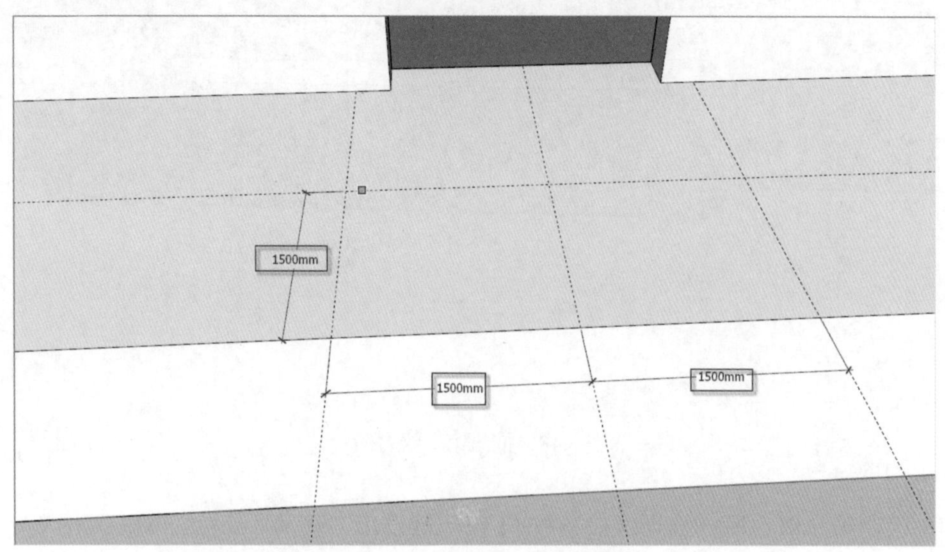

图 3.46 绘制台阶参考线

（2）绘制矩形。按 R 快捷键发出“矩形”命令，按照箭头的方向（①→②）绘制出尺寸为 3000mm × 1500mm 的矩形，如图 3.47 所示。

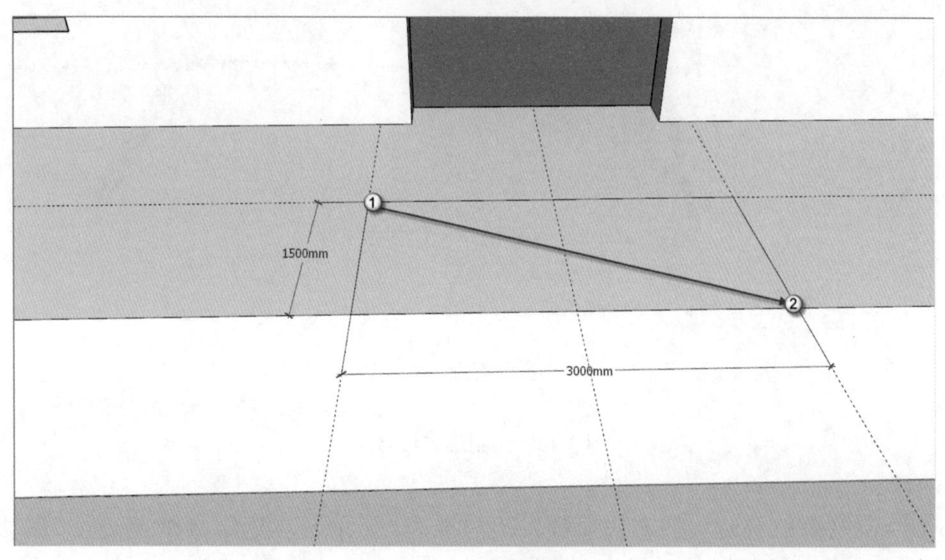

图 3.47 绘制矩形

（3）推出第一级台阶。按 P 快捷键发出“推 / 拉”命令，单击平面，按照箭头方向向下推 150mm，如图 3.48 所示。

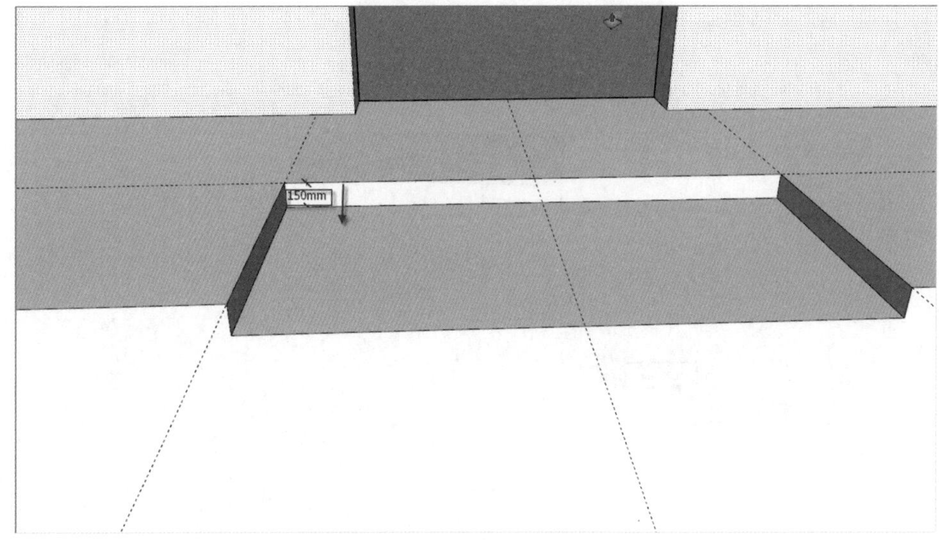

图 3.48　推出第一级台阶

（4）绘制第二级台阶。选择线段，按 M 快捷键发出“移动”命令，配合 Ctrl 键，沿着箭头方向复制 300mm，如图 3.49 所示。

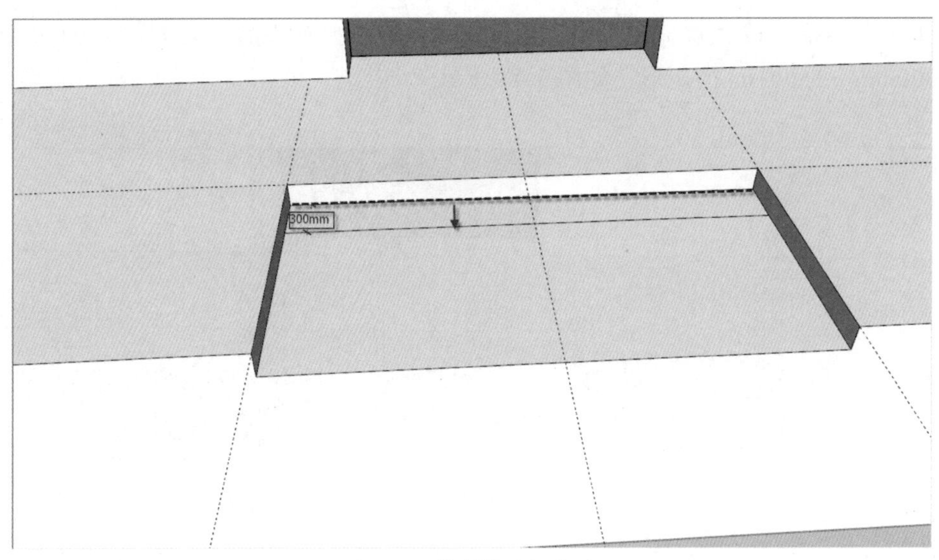

图 3.49　绘制第二级台阶

（5）绘制剩余的台阶。按 P 快捷键发出“推 / 拉”命令，配合 M 快捷键（“移动”命令），绘制出如图 3.50 所示的部分台阶。

 **注意：**

绘制台阶时需要先计算好每个台阶的尺寸，否则有可能出现尺寸不均匀的问题。

图 3.50　绘制剩余的台阶

3.1.4　绘制钟楼

新中国成立前，有手表、怀表的人并不多，而江汉关大楼的一个功能就是整点报时。其顶部有一个钟楼，本节将介绍这个钟楼的绘制方法。

（1）创建“钟楼”组件。右击钟楼的面，在弹出的快捷菜单中选择“创建组件”命令，弹出“创建组件”对话框。在“定义”栏中输入“钟楼”字样，取消“总是朝向相机”复选框的勾选，勾选“用组件替换选择内容”复选框，单击“创建”按钮完成组件的创建，如图 3.51 所示。

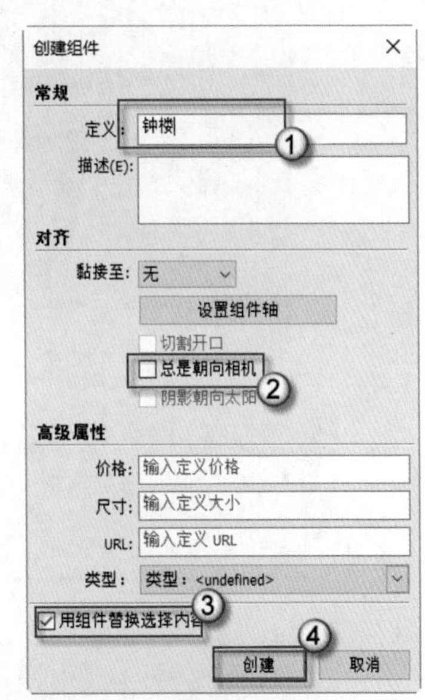

图 3.51　创建“钟楼”组件

（2）复制组件“装饰物 2 合集”。选择组件“装饰物 2 合集”，按 Ctrl+C 快捷键复制组件，双击组件“钟楼”，进入组件编辑模式，按 Ctrl+V 快捷键将模型粘贴到合适的位置。按 S 快捷键发出“缩放”命令，单击“沿蓝轴缩放比例 在对角线附近”这一点，将组件缩放至合适的大小，如图 3.52 所示。

（3）复制多个装饰物。选择组件钟楼内的组件装饰物 2 合集，按 M 快捷键发出“移动”命令，配合 Ctrl 键，将组件复制到长方体的四边，并赋予其材质为装饰物 2，如图 3.53 所示。

（4）绘制钟楼装饰参考线。按 T 快捷键发出“卷尺工具”命令，绘制出尺寸为图 3.54 所示的 3 处参考线。其中，①处为 1600mm，②处为 7400mm，③处为 3200mm。

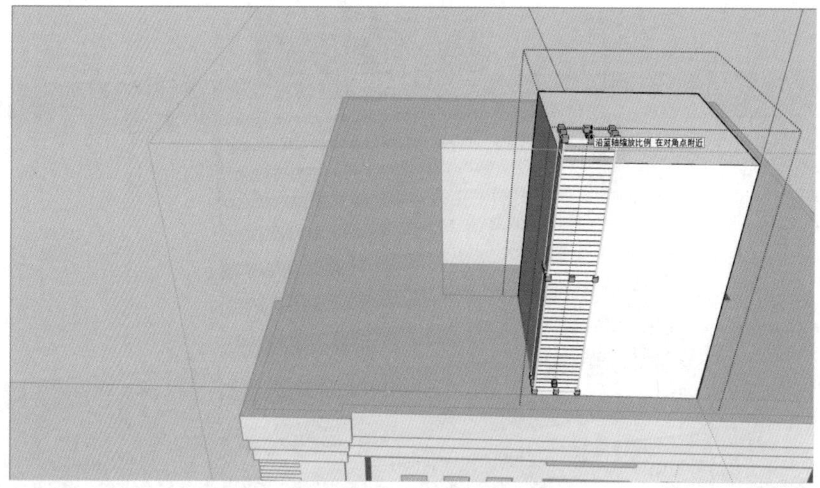

图 3.52　复制组件“装饰物 2 合集”

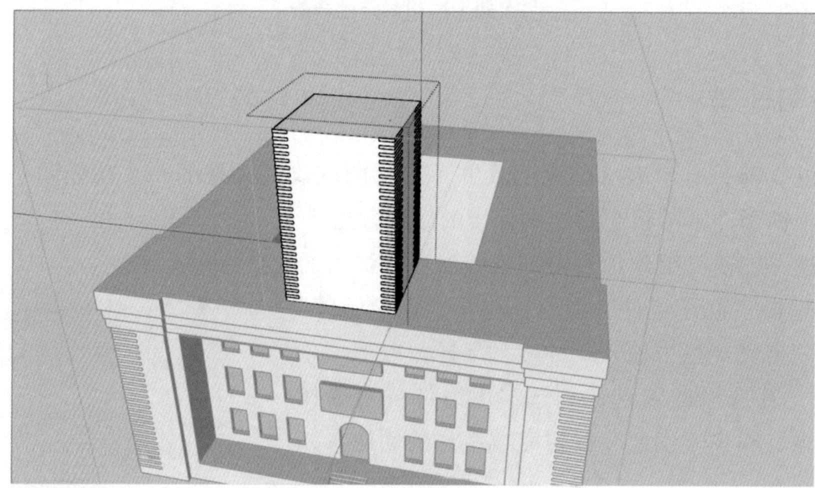

图 3.53　复制多个装饰物

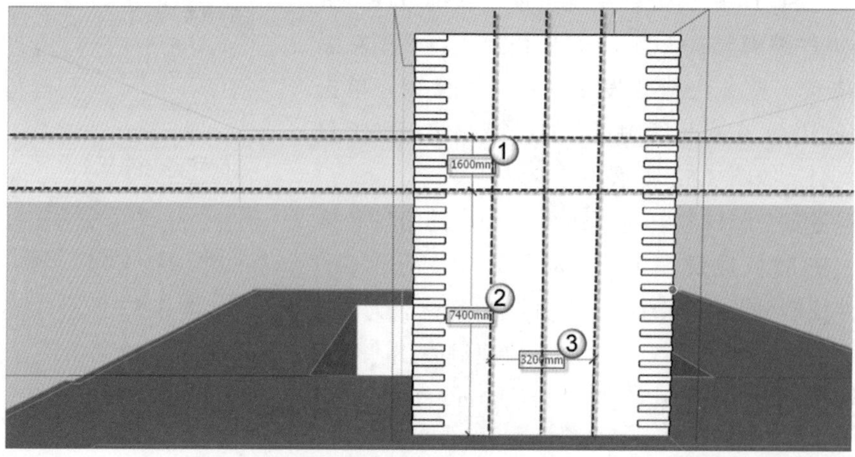

图 3.54　绘制钟楼装饰参考线

（5）绘制直线。按 L 快捷键发出“直线”命令，沿着参考线绘制出长度为 7400mm 的直线段，效果如图 3.55 所示。

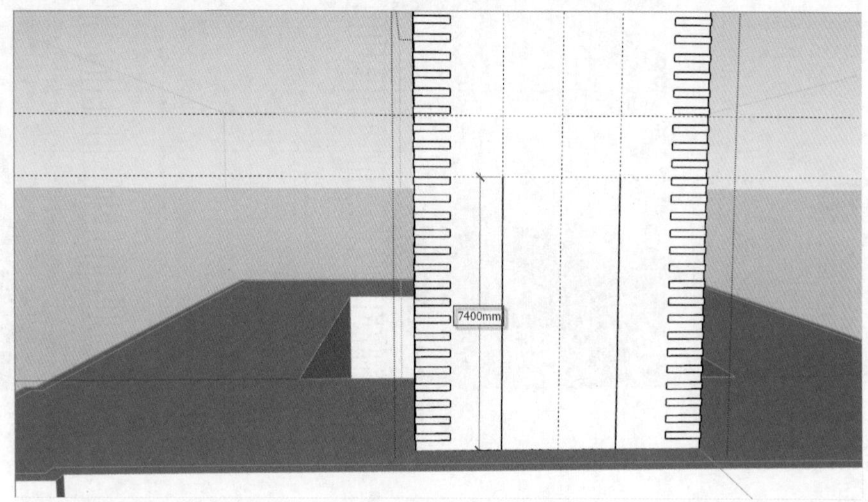

图 3.55　绘制直线

（6）绘制圆弧。按 A 快捷键发出“圆弧”命令，单击①、②、③三个点绘制圆弧，如图 3.56 所示。

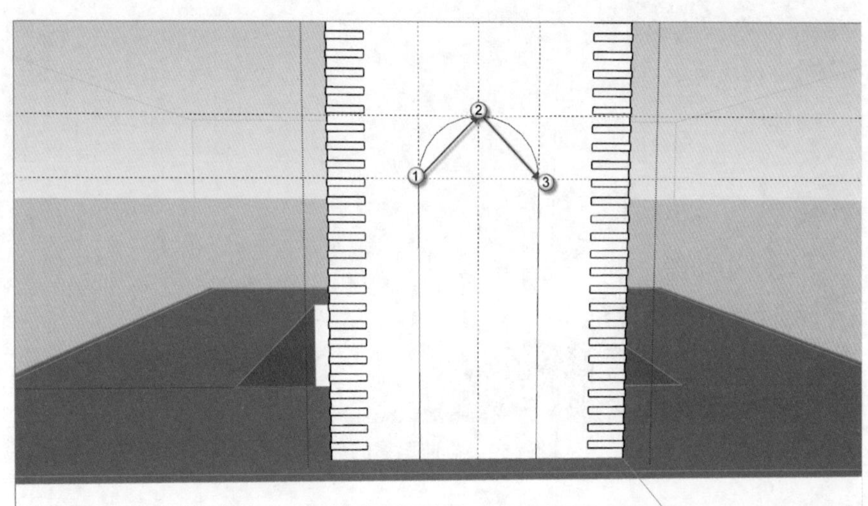

图 3.56　绘制圆弧

（7）创建组件。右击绘制的面及边线，在弹出的快捷菜单中选择“创建组件”命令，弹出“创建组件”对话框。在“定义”栏中输入“钟楼装饰”字样，取消“总是朝向相机”复选框的勾选，勾选“用组件替换选择内容”复选框，单击“创建”按钮完成组件的创建，如图 3.57 所示。

（8）偏移绘制的面。双击组件“钟楼装饰”进入组件编辑模式。按 F 快捷键发出“偏移”命令，单击绘制的面，将其向外偏移 300mm，如图 3.58 所示。

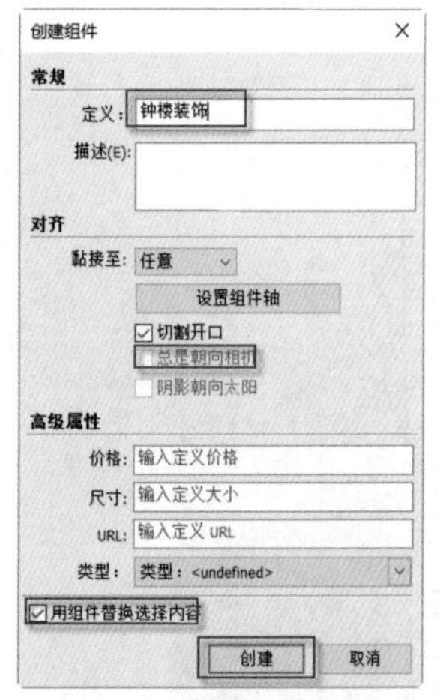

图 3.57　创建组件

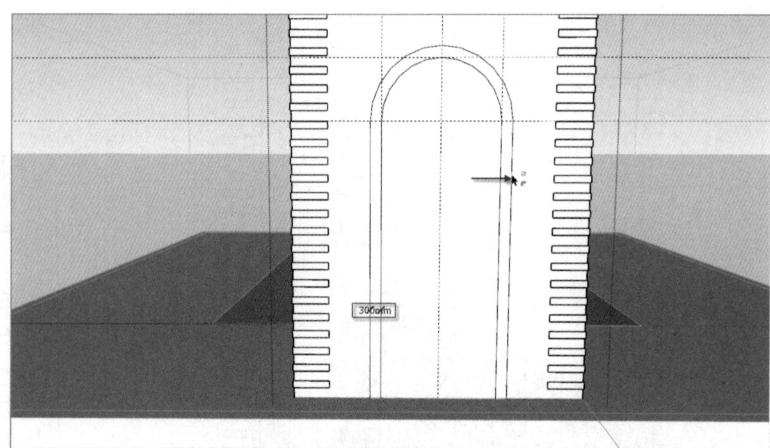

图 3.58　偏移绘制的面

（9）拉伸偏移的面。按 P 快捷键发出“推 / 拉”命令，选择偏移出的面，将其向外拉伸 50mm，如图 3.59 所示。

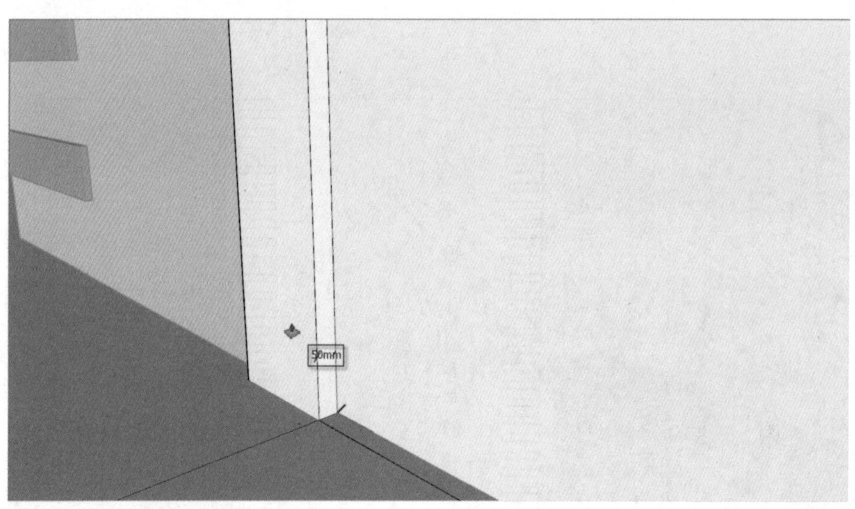

图 3.59　拉伸偏移的面

（10）选择材质。在“材料”卷展栏中选择“在模型中的样式”，选择装饰物 2，如图 3.60 所示。将材质赋予装饰物 2。按 M 快捷键发出“移动”命令，配合 Ctrl 键，将装饰物 2 复制到 4 个面上，如图 3.61 所示。

（11）绘制钟楼楼顶。按 A 快捷键发出“圆弧”命令，配合“卷尺工具”快捷键 T，绘制出尺寸分别为 50mm、100mm、50mm 的 3 个半圆，如图 3.62 所示。

（12）路径跟随。单击大工具集上的路径跟随按钮，再单击上一步制作的 3 个半圆，配合 Ctrl 键，按照箭头方向将它们从①处拖曳到②处，如图 3.63 所示。效果如图 3.64 所示。

图 3.60　选择材质　　　　图 3.61　复制对象

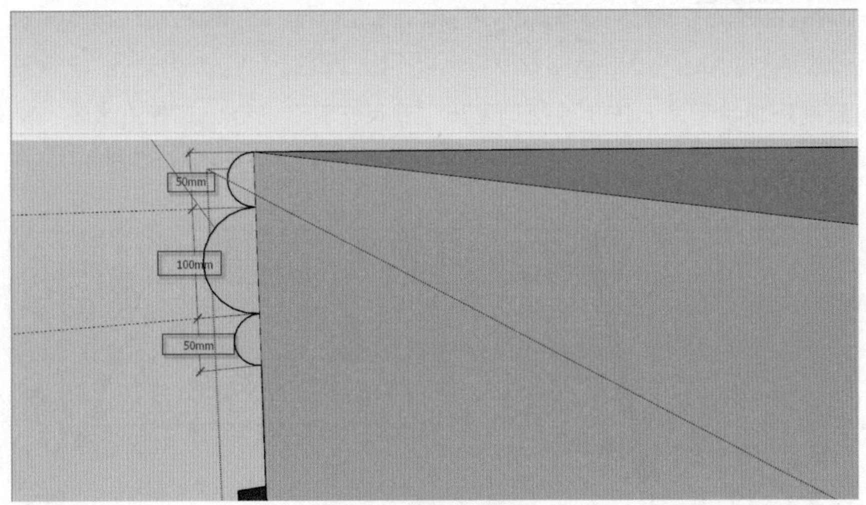

图 3.62　绘制钟楼楼顶

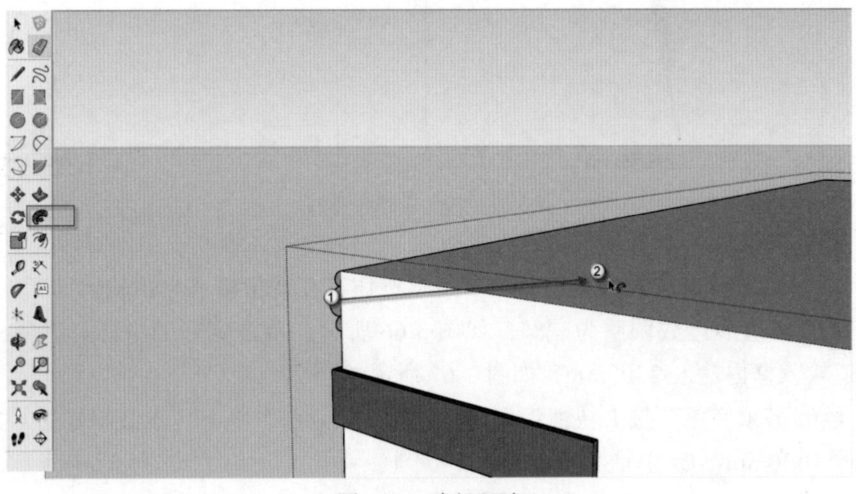

图 3.63　路径跟随

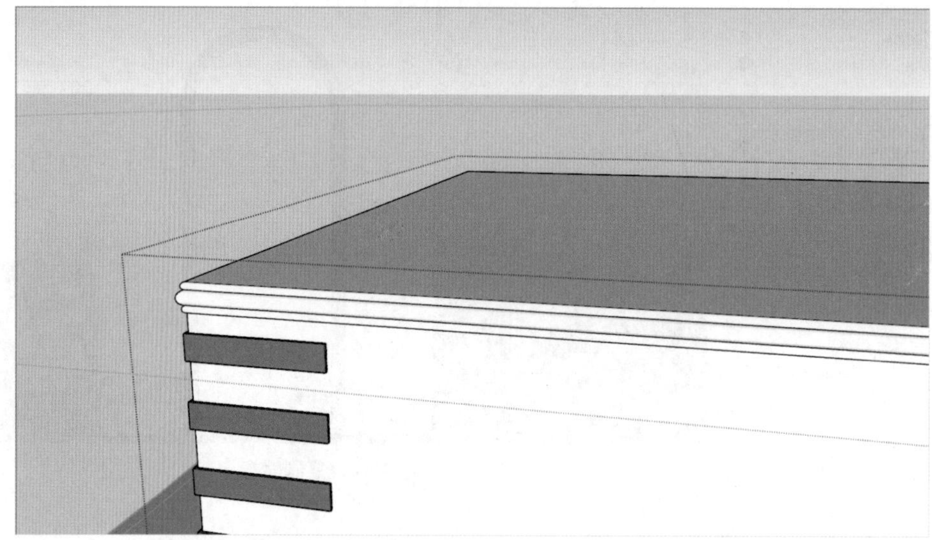

图 3.64　路径跟随效果

（13）绘制塔顶参考线。按 T 快捷键发出“卷尺工具”命令，选择边缘线，移动光标到与之垂直的另一条边缘线的中点，确定为整个矩形的中心点，如图 3.65 所示。

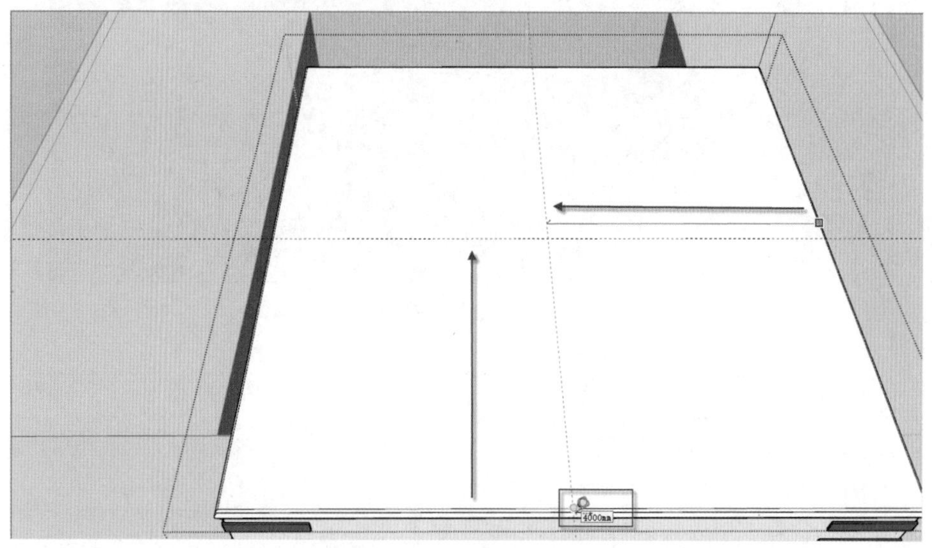

图 3.65　绘制塔顶参考线

（14）绘制塔顶。单击大工具集上的多边形按钮，在数值输入框内输入“8”，按 Enter 键将要绘制的多边形边数调整为“8”，如图 3.66 所示。单击定好的中心点并向外移动光标，在数值输入框内输入 2500mm，如图 3.67 所示。

（15）绘制塔顶底座。按 P 快捷键发出“推 / 拉”命令，将上一步绘制好的八边形沿蓝轴向上拉伸 1000mm，如图 3.68 所示。

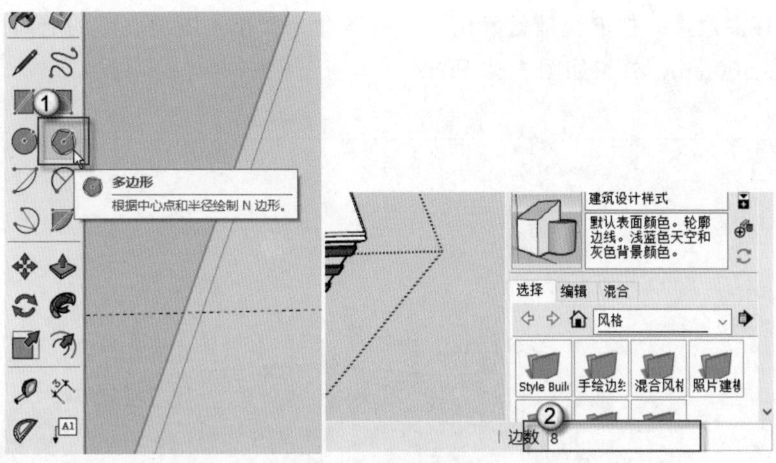

图 3.66　绘制塔顶

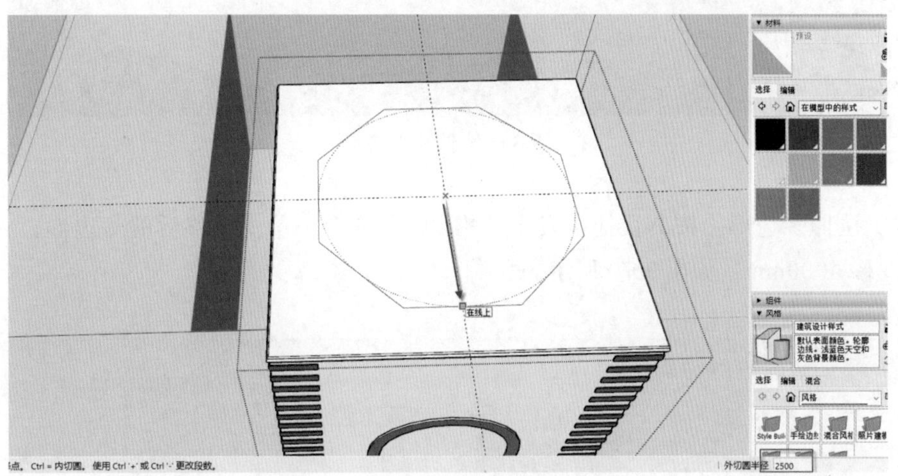

图 3.67　绘制塔顶

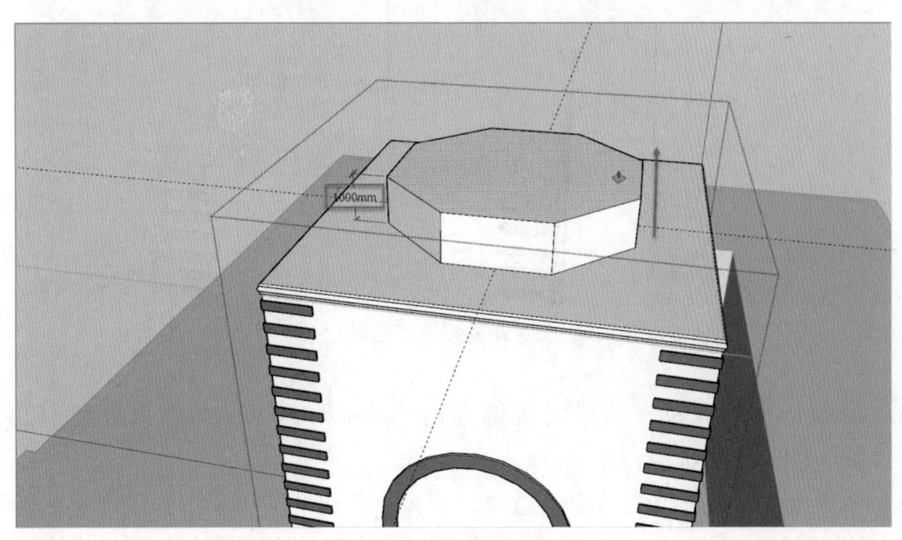

图 3.68　绘制塔顶底座

（16）偏移多边形。按 F 快捷键发出“偏移”命令，单击塔顶底座的上面，将底座上面的面向内偏移 500mm，效果如图 3.69 所示。

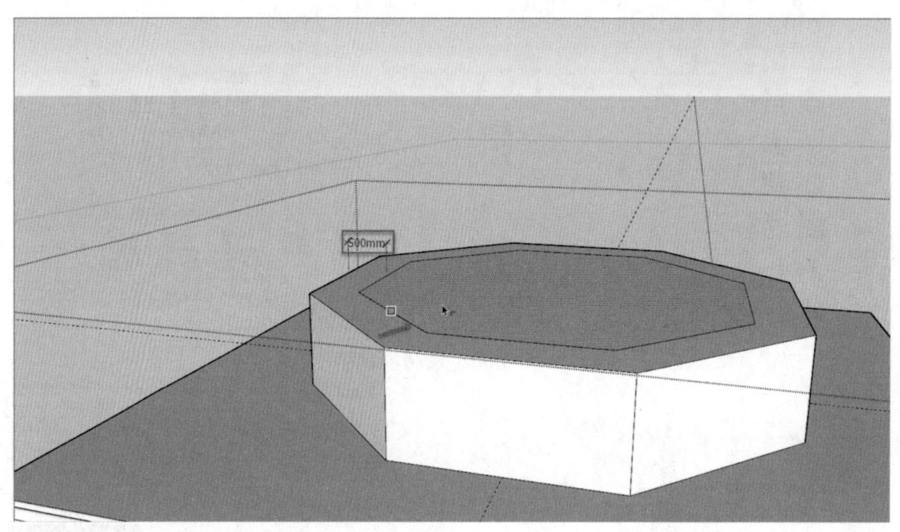

图 3.69　偏移多边形

（17）拉伸多边形。按 P 快捷键发出“推 / 拉”命令，单击偏移后的多边形，将其沿蓝轴向上偏移 4000mm，如图 3.70 所示。

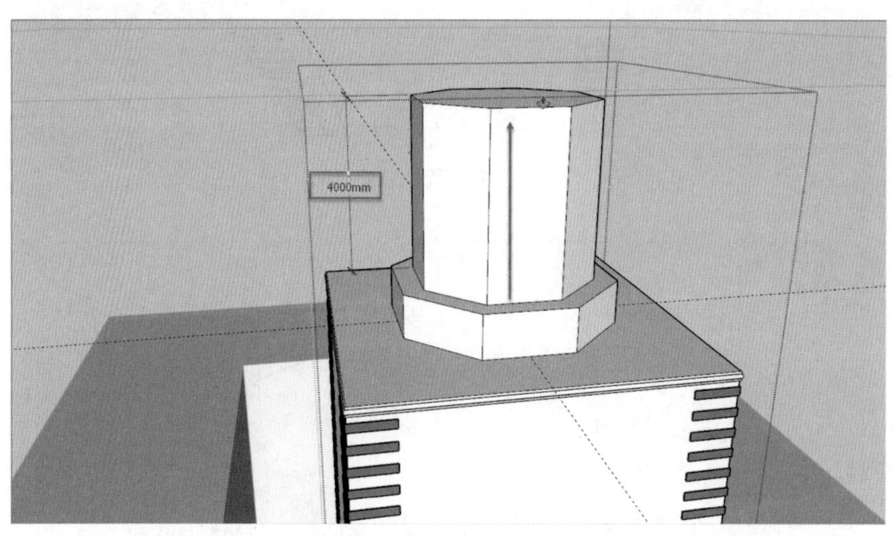

图 3.70　拉伸多边形

（18）绘制造型柱轮廓。按 C 快捷键发出“圆形”命令，在空白处绘制出半径为 100mm 的圆，如图 3.71 所示。

（19）创建组件。右击绘制的面及边线，在弹出的快捷菜单中选择“创建组件”命令，弹出“创建组件”对话框。在“定义”栏中输入“造型柱”字样，取消“总是朝向相机”

复选框的勾选，勾选“用组件替换选择内容”复选框，单击“创建”按钮完成组件的创建，如图 3.72 所示。

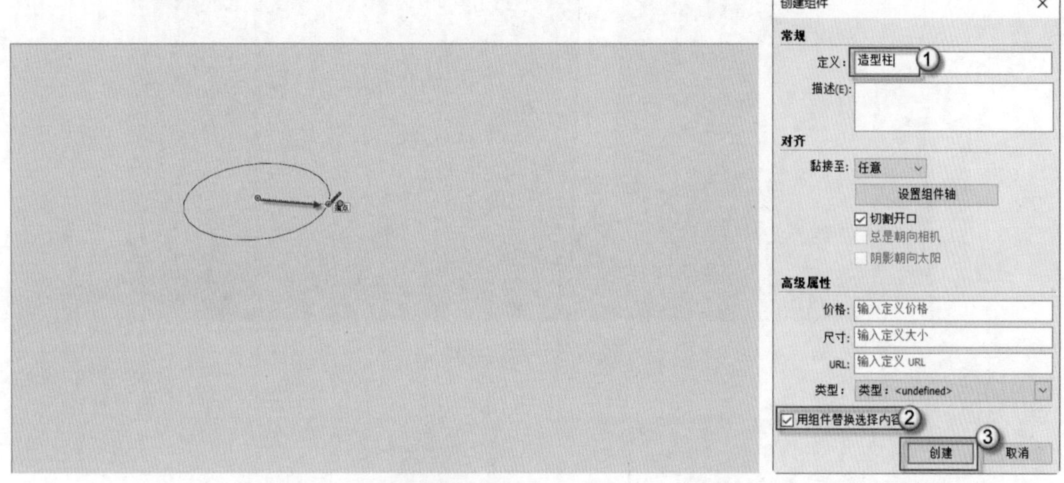

图 3.71　绘制造型柱轮廓　　　图 3.72　创建组件

（20）绘制多边形。双击组件“造型柱”进入组件编辑模式，根据之前的步骤，配合“直线”“圆弧”命令绘制多边形，如图 3.73 所示。

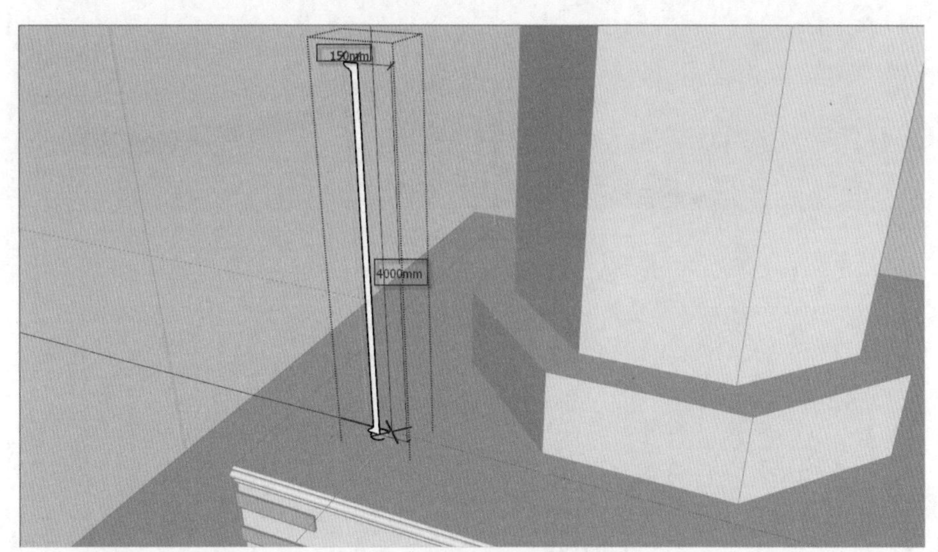

图 3.73　绘制多边形

（21）路径跟随。单击大工具集上的路径跟随按钮，再单击装饰面，配合 Alt 键，按照箭头方向，将装饰面从①处拖曳到②处，如图 3.74 所示。绘制效果如图 3.75 所示。

（22）复制造型柱。按 M 快捷键发出“移动”命令，配合 Ctrl 键，将造型柱复制到塔顶底座上，如图 3.76 所示。

图 3.74　路径跟随

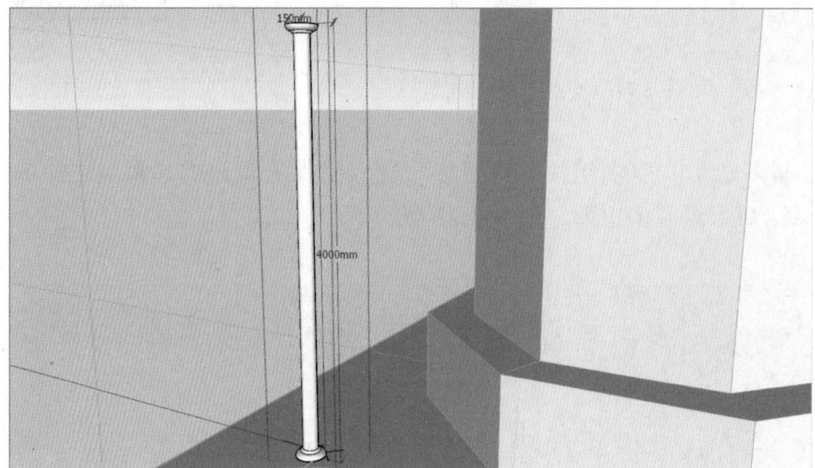

图 3.75　路径跟随效果

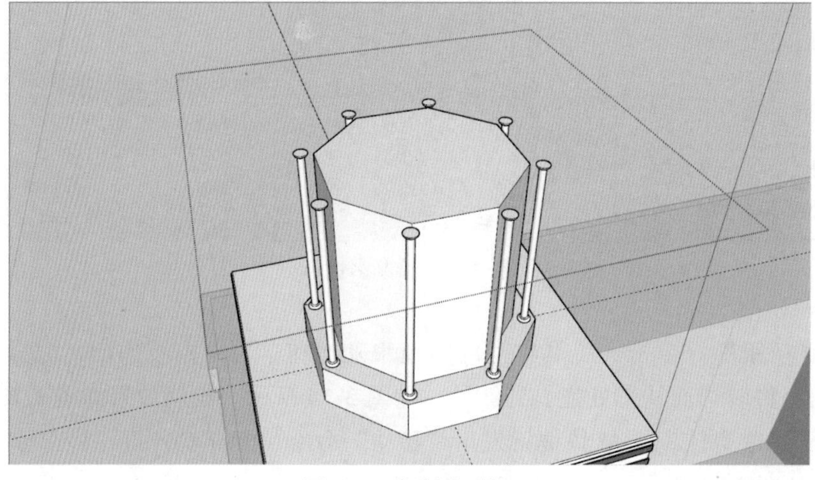

图 3.76　复制造型柱

（23）绘制顶部。按 F 快捷键发出“偏移”命令，单击顶部的面，将其向外偏移 500mm，如图 3.77 所示。按 P 快捷键发出“推 / 拉”命令，将偏移出来的面沿蓝轴方向向上偏移 1000mm，如图 3.78 所示。

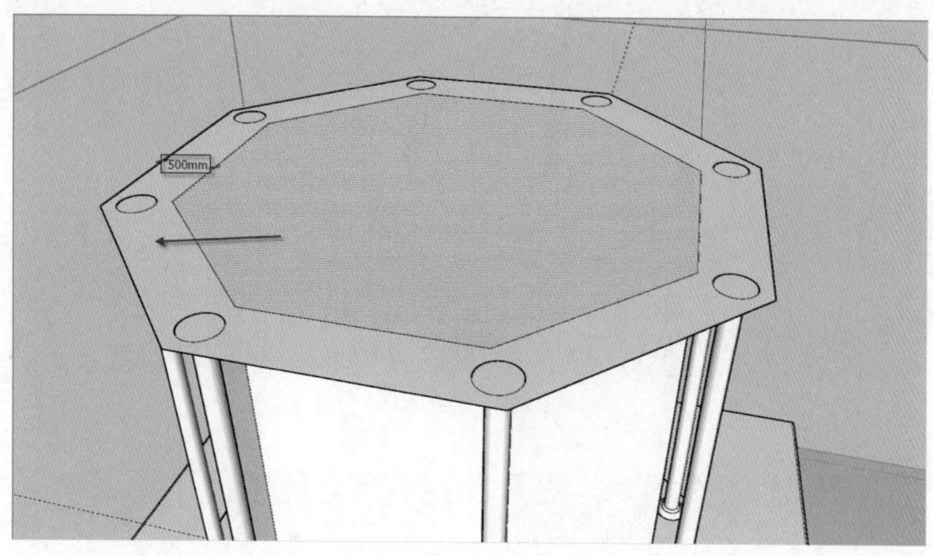

图 3.77　绘制顶部

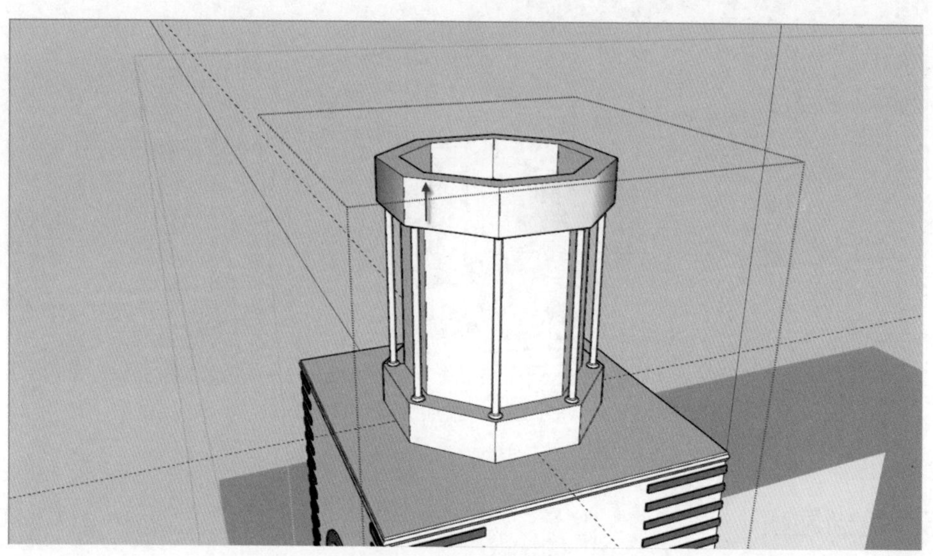

图 3.78　绘制顶部

（24）绘制旗杆。按 C 快捷键发出“圆”命令，在顶部的中心点绘制出半径为 50mm 的圆。按 P 快捷键发出“推 / 拉”命令，将绘制的圆沿蓝轴向上拉伸 4000mm，如图 3.79 所示。

给塔顶添加扶手细节，效果如图 3.80 所示。

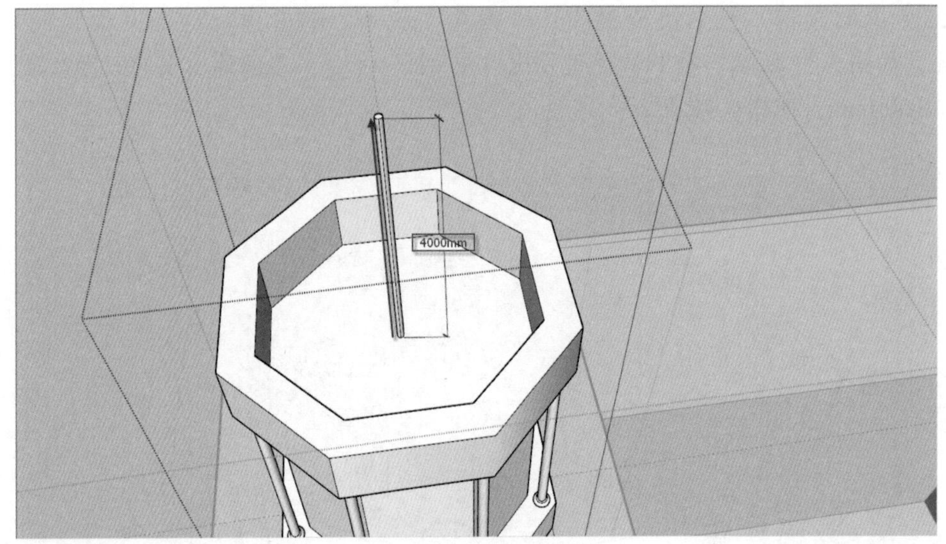

图 3.79 绘制旗杆

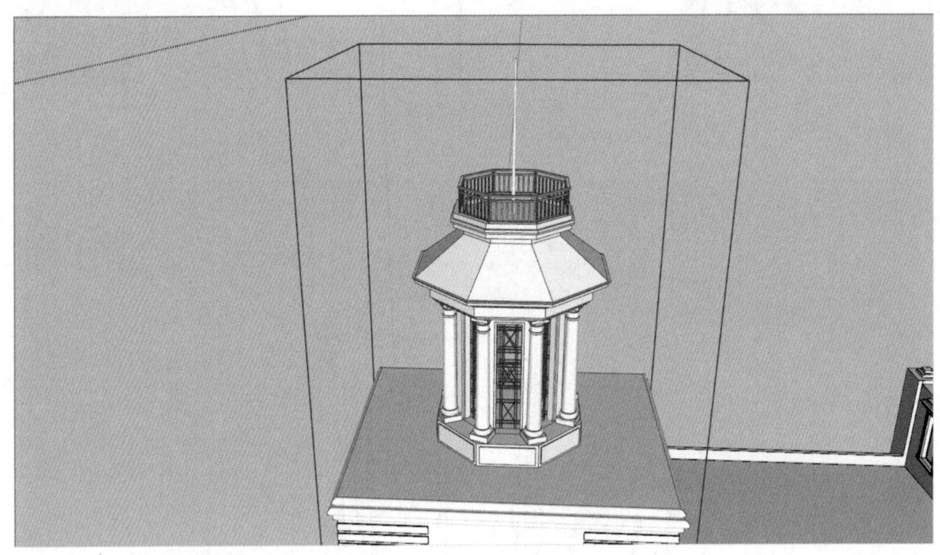

图 3.80 添加细节

3.1.5 绘制屋顶

本节将介绍女儿墙、坡屋顶的绘制方法。与现代建筑不一样，此处的女儿墙、坡屋顶只起到装饰作用。

（1）处理女儿墙样式。按 R 快捷键发出“矩形”命令，按照①→②的方向绘制出尺寸为 900mm × 900mm 的矩形，并用 Delete 键删掉虚线部分。模型的四个角均依照此步骤绘制，如图 3.81 所示。

（2）拉伸女儿墙。按 P 快捷键发出“推 / 拉”命令，单击处理好的面，沿蓝轴向上拉

伸 900mm，如图 3.82 所示。

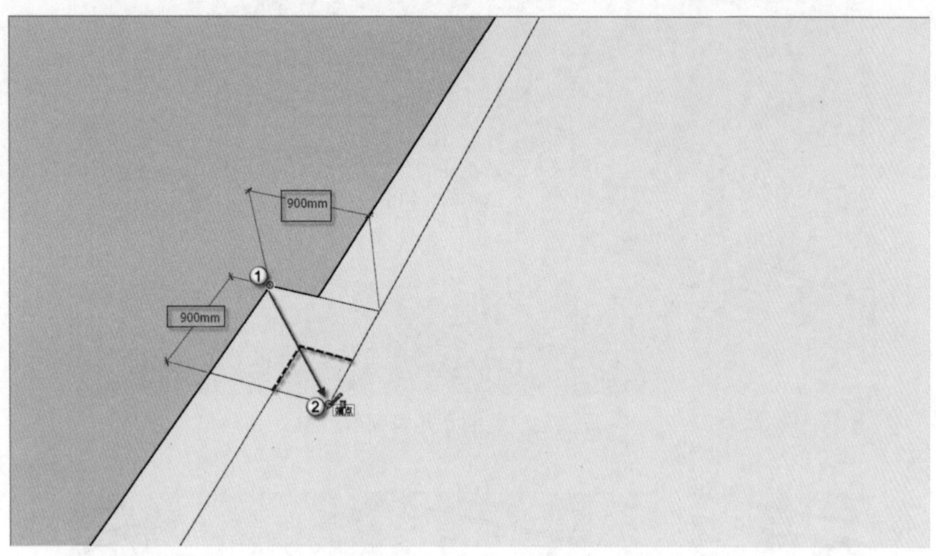

图 3.81　处理女儿墙样式

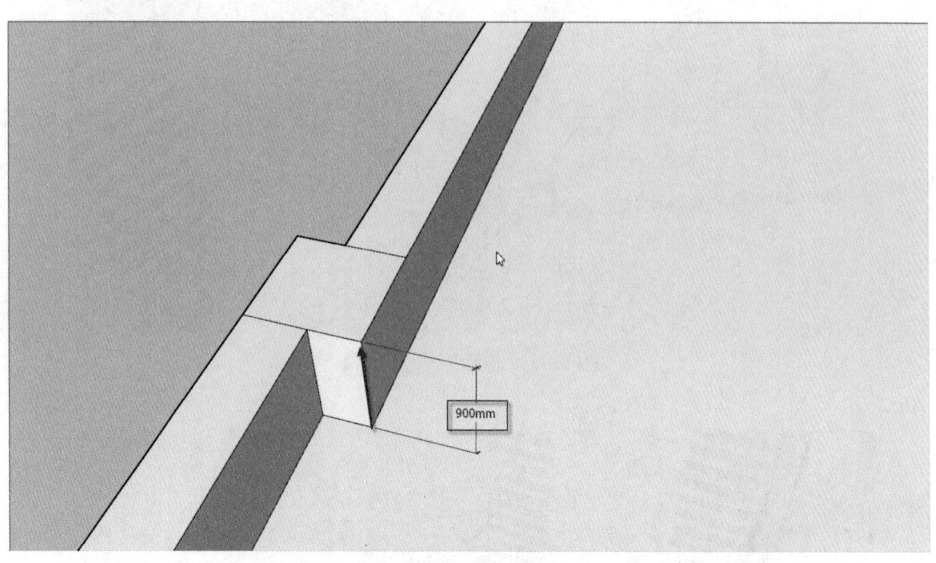

图 3.82　拉伸女儿墙

（3）绘制女儿墙细节。利用 F 快捷键（偏移）和 P 快捷键（推 / 拉）命令，在第一步所处理好的面上绘制如图 3.83 所示的造型，并根据图 3.82 的步骤将其制作成组件。

（4）制作中庭女儿墙。选择建筑物中庭顶部的四条边，按 F 快捷键发出“偏移”命令，将它们向内偏移 500mm。按 P 快捷键发出“推 / 拉”命令，将中庭上的女儿墙沿蓝轴向上拉伸 900mm，如图 3.84 所示。

（5）制作坡屋面。按 L 快捷键发出“直线”命令，沿着①→②→③→④的方向绘制直线，如图 3.85 所示。①、②处均按上述步骤绘制，如图 3.86 所示。

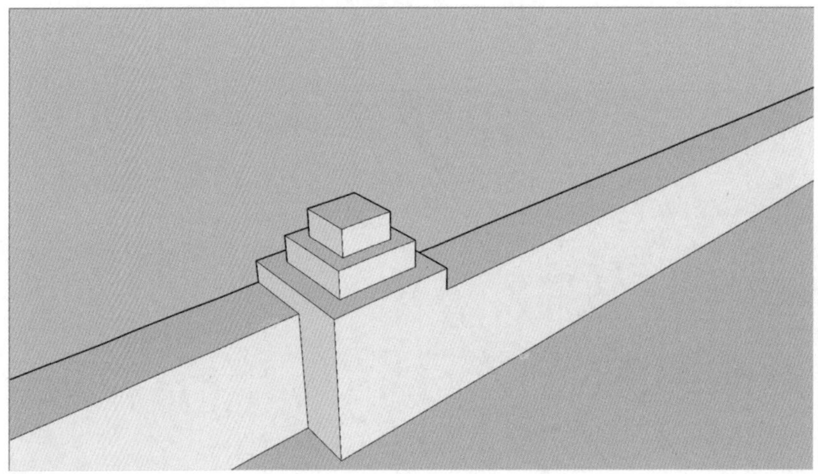

图 3.83　绘制女儿墙细节

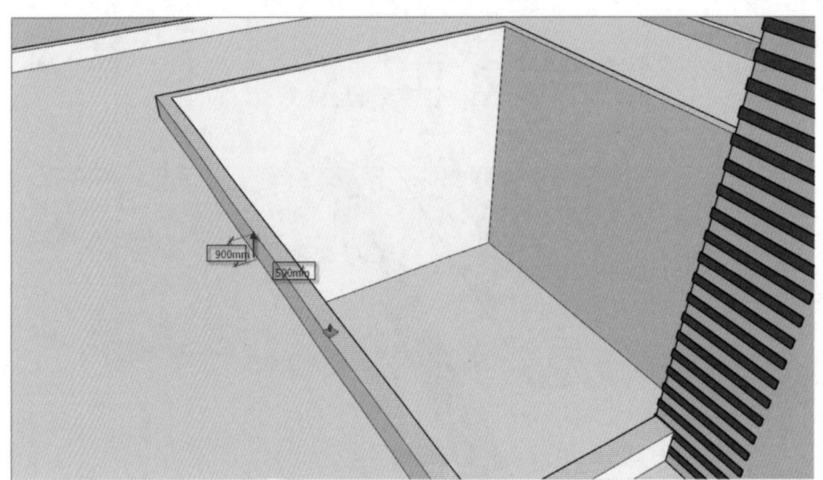

图 3.84　制作中庭女儿墙

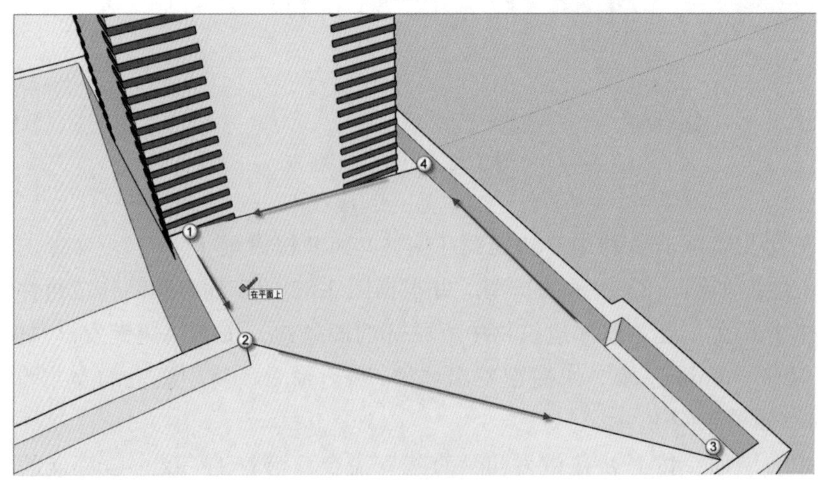

图 3.85　制作坡屋面 1

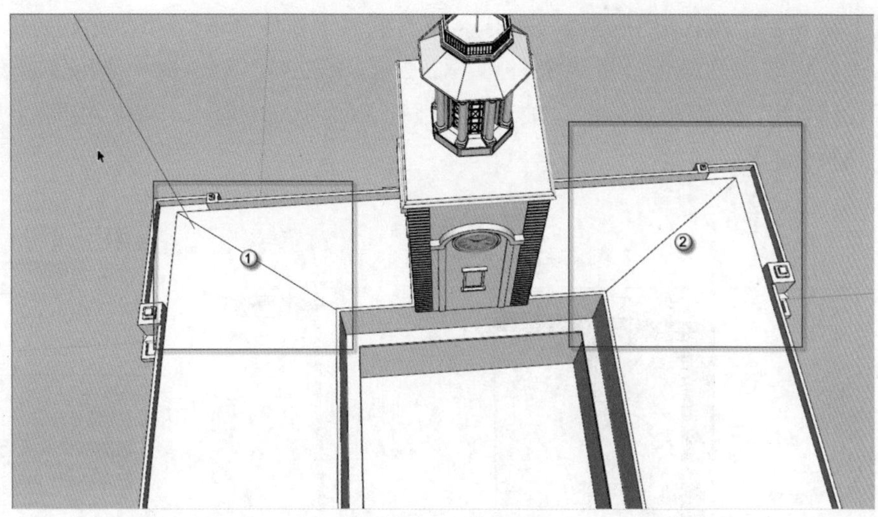

图 3.86　制作坡屋面 2

（6）制作坡屋面。按 L 快捷键发出“直线”命令，在高出屋顶的楼层的墙面上绘制直线，与上一步绘制的②→③部分的直线形成一个面，按同样的方法绘制另一面，若没有形成一个面，则需要检查是否缺线。最终的效果如图 3.87 所示。

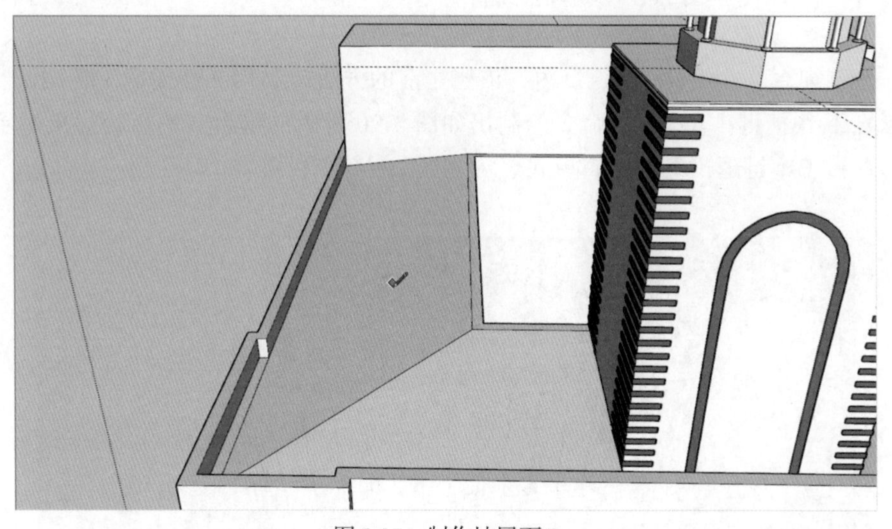

图 3.87　制作坡屋面 3

3.1.6　调整细节

在完成主体建筑的绘制之后，本节介绍调整门窗等构件细节的方法。只有设置丰富的细节之后，才能体现古典主义建筑的特色。具体操作如下：

（1）调整窗户细节。双击组件“窗 1”进入组件编辑模式，利用 F 快捷键（偏移）、L 快捷键（直线）和 P 快捷键（推 / 拉）命令，将窗 1 制作成窗框宽度和厚度均为 50mm 的窗户，如图 3.88 所示。利用 B 快捷键（材质），将窗框赋予软件自带的“木制纹”的“原色樱桃木”材质。将玻璃的颜色设置为 R=135、G=206、B=235，不勾选“使用纹理图像”复选框，“不透明度”设置为 70% 的“玻璃 1”材质，如图 3.89 所示。按照相同的步骤将组件“窗 2”进行细化。

图 3.88　调整窗户细节　　图 3.89　赋予窗户材质

（2）绘制窗台。在组件“窗 1”内，依照之前的方法，利用 P 快捷键（推 / 拉）、R 快捷键（矩形）、L 快捷键（直线）等命令绘制出如图 3.90 所示的窗台。然后给对象赋予相应的材质。最后按 Esc 键退出组件编辑模式。

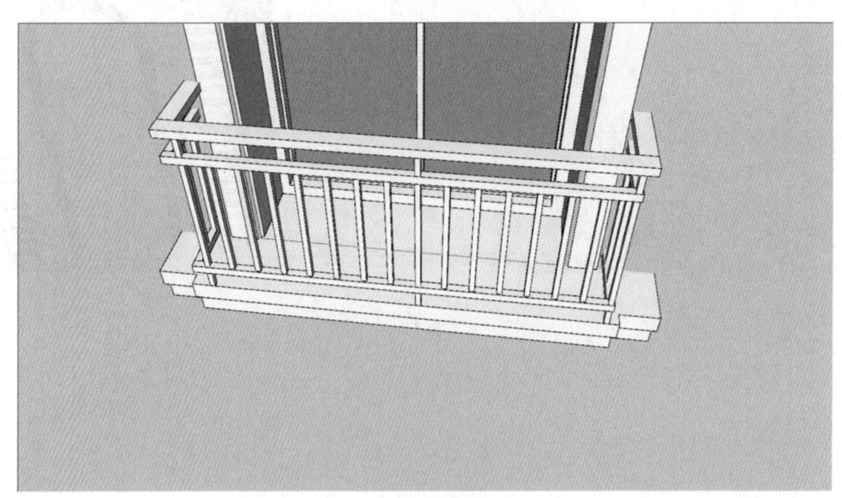

图 3.90　绘制窗台

（3）细化大门。双击组件“大门”，进入组件编辑模式。利用 F 快捷键（偏移）、L 快捷键（直线）和 P 快捷键（推 / 拉）命令将大门制作成门框宽度和厚度均为 50mm 的门。然

后利用 B 快捷键（材质），将其赋予软件自带的“木制纹”的“原色樱桃木”材质，最后按 Esc 键退出组件编辑模式。最终的效果如图 3.91 所示。

图 3.91　细化大门

（4）制作柱子。利用大工具集里的“路径跟随”工具，配合 L 快捷键（直线）和 C 快捷键（圆）命令绘制出高度为 12000mm 的柱子，如图 3.92 所示。利用 M 快捷键（移动），配合 Ctrl 键，将柱子复制到各个面上，如图 3.93 所示。

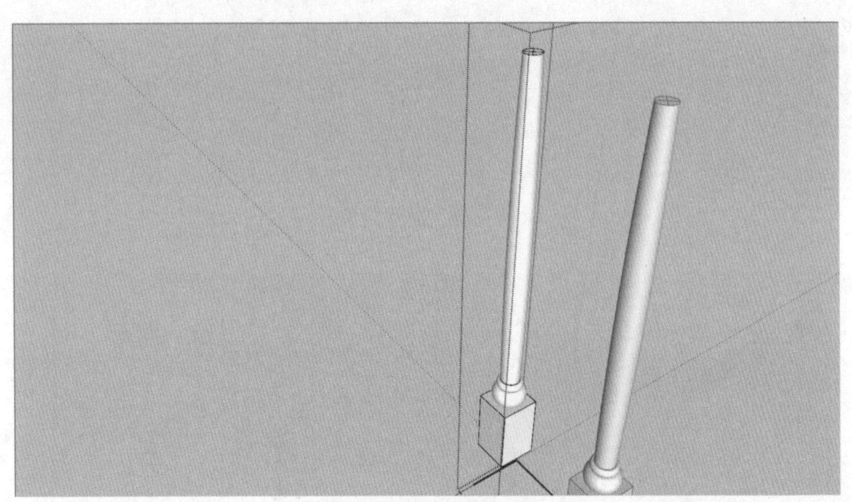

图 3.92　制作柱子

（5）细化台阶。利用大工具集上的“圆弧”工具，配合快捷键 L（直线）和快捷键 P（推 / 拉）命令，将如图 3.94 所示的台阶的边缘进行细化。

（6）制作基底装饰。按照图 3.95 所示的尺寸，根据前面所讲的步骤，配合 L 快捷键（直线）、P 快捷键（推 / 拉）命令及大工具集上的圆弧工具和路径跟随工具，绘制出如图 3.95 所示的装饰。

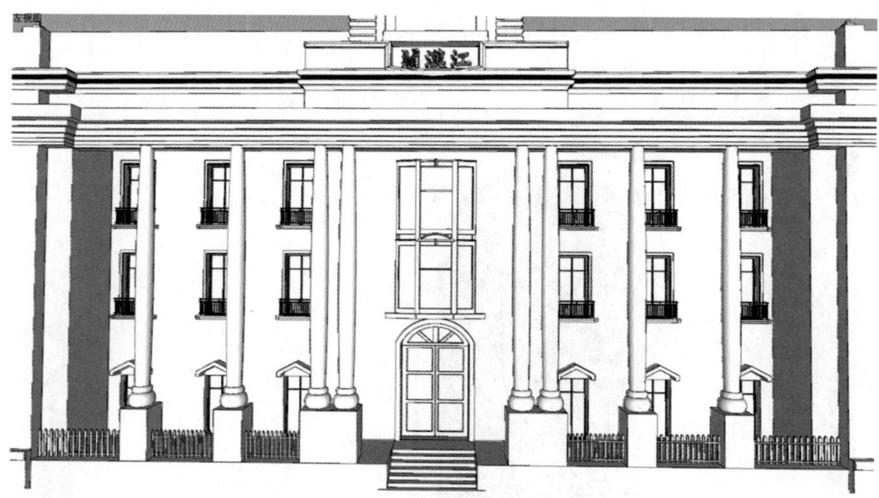

图 3.93　复制柱子

图 3.94　细化台阶

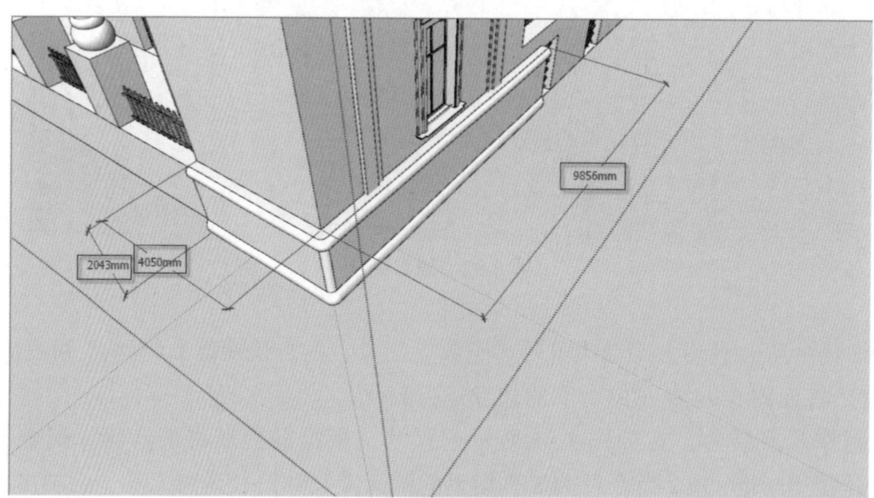

图 3.95　制作基底装饰

（7）添加材质。根据前面介绍的添加材质的方法，对江汉关大楼的其他部分赋予相应的材质，如图 3.96 所示。

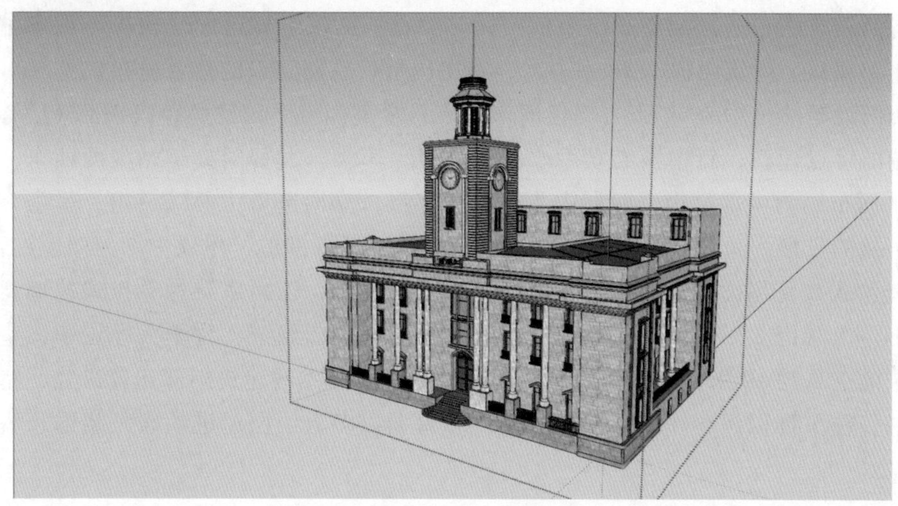

图 3.96　添加材质

注意：

在给模型赋予材质时尽量做到每一种材质都是新建的，最好不要直接用系统提供的材质，因为这样可以避免修改材质、颜色等其他参数时，把不需要更改的地方改了。

（8）加上配景，利用快捷键命令绘制出周边的建筑，达到最终的成图效果，如图 3.97 所示。

图 3.97　成图

3.2 大智门火车站的绘制

大智门火车站位于湖北省武汉市江岸区车站路，武汉老城区原法租界和现车站路与京汉街的丁字路口。建筑面积 1176 平方米，是中国近代铁路建设的重要遗存。

大智门火车站是 1889 年张之洞任清末湖广总督期间着手筹建的芦汉铁路（后称京汉铁路）南端的终点建筑，新中国成立后改名为汉口火车站。大智门火车站坐西朝东，为砖木结构，平面布局为中部突出、两翼内收，呈亚字形，立面造型为两端突出，呈山字形。大智门火车站的主楼四角筑有塔楼，楼顶盖有铁皮板，呈方锥形，屋顶中部为四坡红瓦屋面，两端为覆盆式铁瓦屋面。大智门火车站的檐周建有栏杆，窗户底层为券拱式玻璃窗，顶层为长方形。大智门火车站的主出入口由并列的三洞六扇门组成，位于大厅正中，室内正中为一层，内空高约 10 米，两侧为二层楼房。大智门火车站的建筑细部比较讲究，室内采用方形立柱，柱头饰以涡卷纹撑拱，室外檐口和窗楣以多道层层递进的线条装饰，塔楼檐下饰以撑拱。

3.2.1 拉出主体并确定尺寸

大智门火车站的平面是一个矩形，因此先画一个矩形，然后用“推 / 拉”命令向上拉出三维形式再进行细化。具体操作如下：

（1）绘制矩形。按 R 快捷键发出“矩形”命令，以系统原点为起点，拉出一个 44600mm × 16100mm 的矩形，如图 3.98 所示。

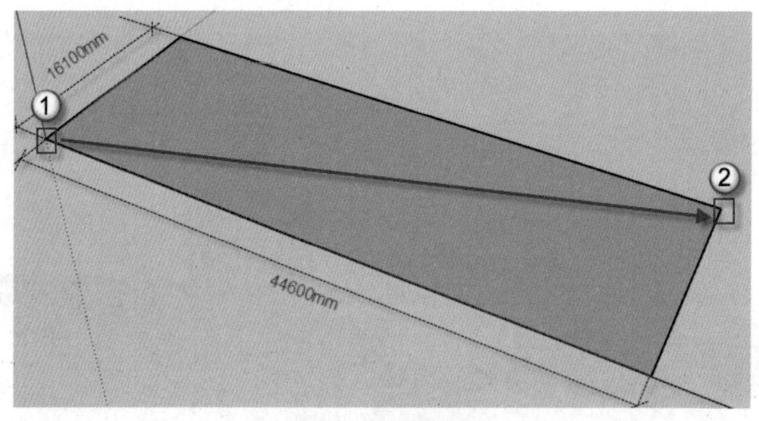

图 3.98　绘制矩形

（2）向上推拉出一层高度。按 P 快捷键发出“推 / 拉”命令，将矩形向上拉出 3800mm 的高度，如图 3.99 所示。

（3）拉出建筑主体参考线。按 T 快捷键发出“卷尺”命令，从墙体①向右依次拉出 6800mm、8000mm、15000mm、8000mm 和 6800mm 长度距离的参考线，如图 3.100 所示。

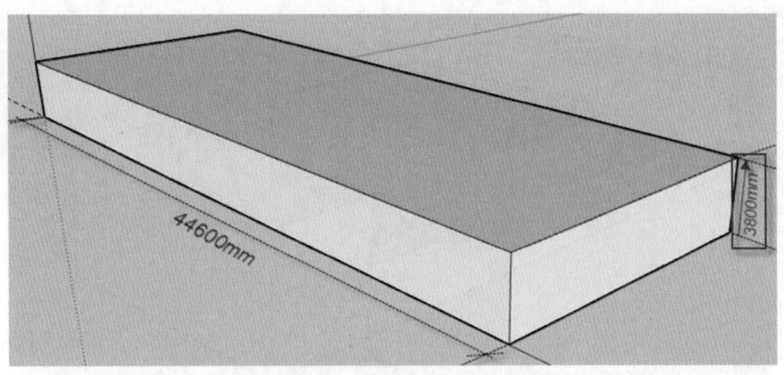

图 3.99　向上推拉出一层高度

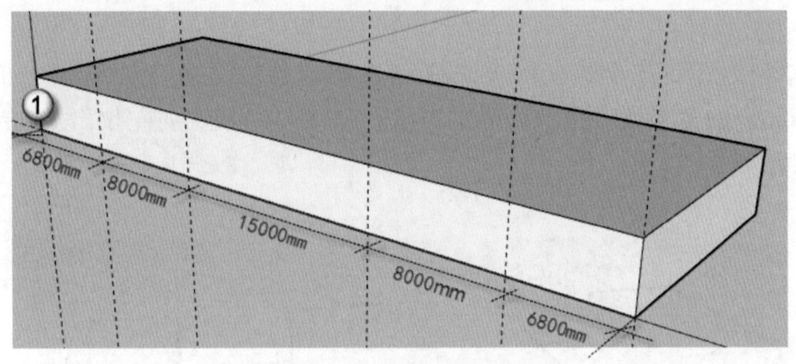

图 3.100　拉出建筑主体参考线

（4）绘制建筑主体分隔线。按 L 快捷键发出“直线”命令，根据上一步的辅助线画出建筑主体分隔线，分别为线②、③、④、⑤，将平面分为 5 个部分，如图 3.101 所示。

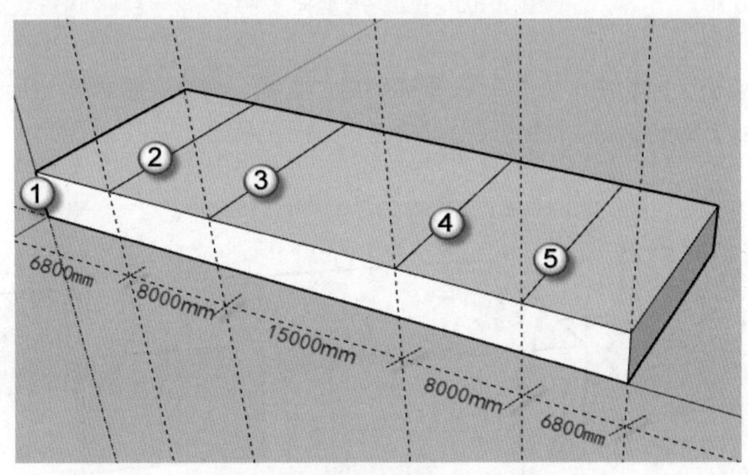

图 3.101　绘制建筑主体分隔线

（5）拉出二层建筑的高度。按 P 快捷键发出“推 / 拉”命令，将左、右两边及中间的矩形向上拉出 3800mm 的高度，如图 3.102 所示。

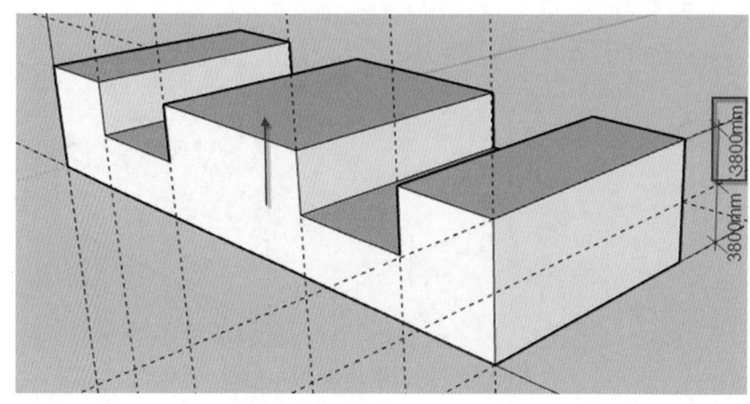

图 3.102　拉出二层建筑的高度

（6）拉出塔楼竖向参考线。按 T 快捷键发出“卷尺”命令，从线①依次向右拉出 1000mm、2000mm 的参考线。按照同样的方法，从②号线依次向左拉出 1000mm、2000mm 的参考线，如图 3.103 所示。

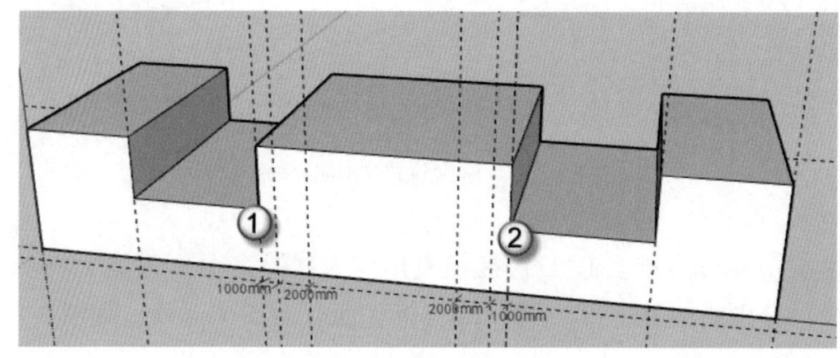

图 3.103　拉出塔楼竖向参考线

（7）绘制塔楼竖向轮廓线。按 L 快捷键发出“直线”命令，根据上一步的辅助线画出建筑主体轮廓线，如图 3.104（图中①、②、③、④处）所示。

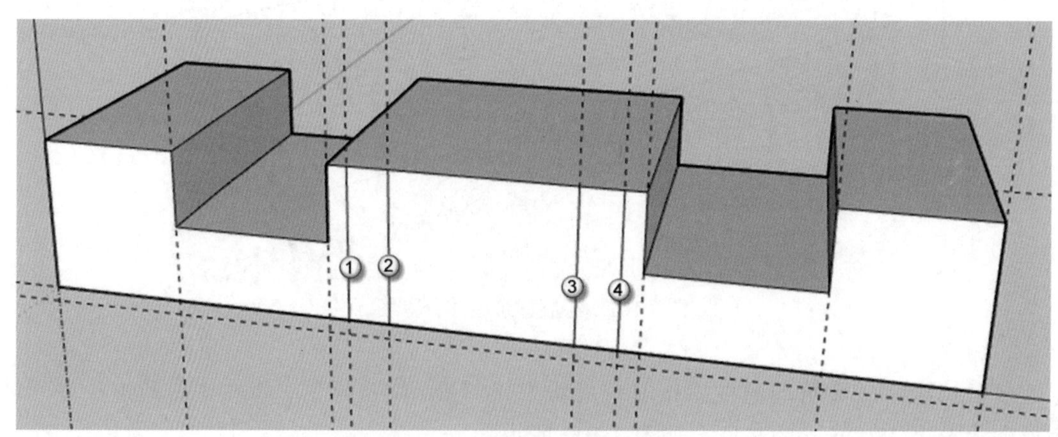

图 3.104　绘制塔楼竖向轮廓线

（8）拉出塔楼横向参考线。按T快捷键发出“卷尺”命令，从线①依次向右拉出1000mm和2000mm的参考线。按照同样的方法，从②号线依次向左拉出1000mm、2000mm的参考线，如图3.105所示。

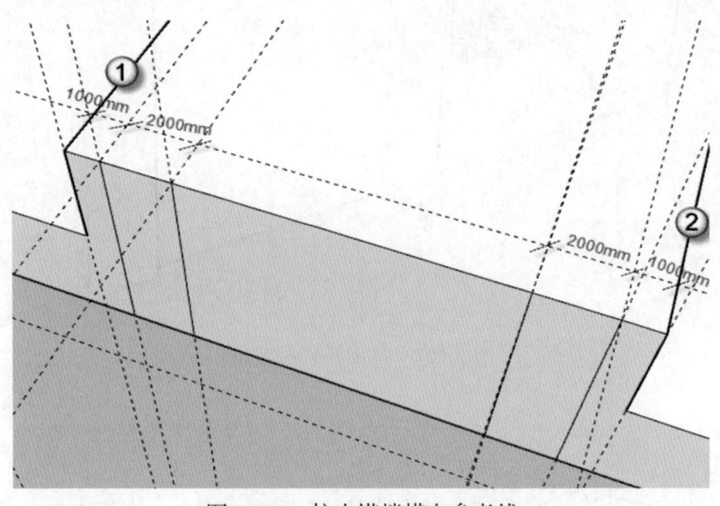

图3.105　拉出塔楼横向参考线

（9）绘制塔楼横向轮廓线。按R快捷键发出“矩形”命令，沿着上一步的参考线拉出矩形，从①点出发到②点处结束，如图3.106所示。

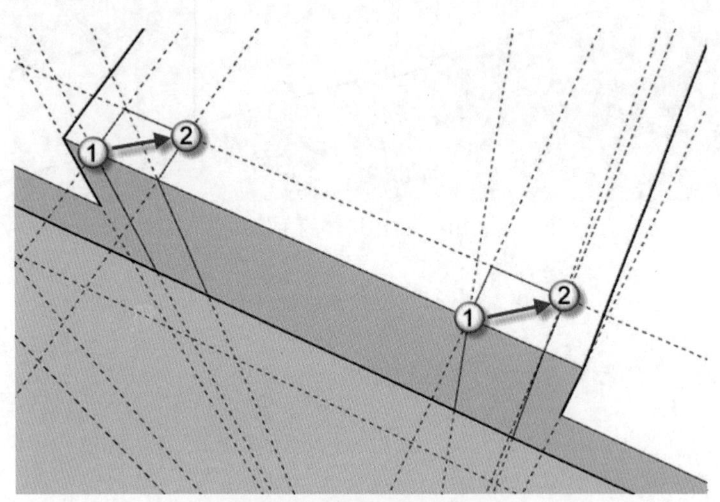

图3.106　绘制塔楼横向轮廓线

（10）拉出塔楼的宽度。按P快捷键发出“推/拉”命令，根据塔楼的竖向轮廓线拉出500mm的厚度，如图3.107所示。

（11）拉出塔楼的主体高度。按P快捷键发出“推/拉”命令，根据塔楼的横向轮廓线拉出4000mm的高度，如图3.108所示。

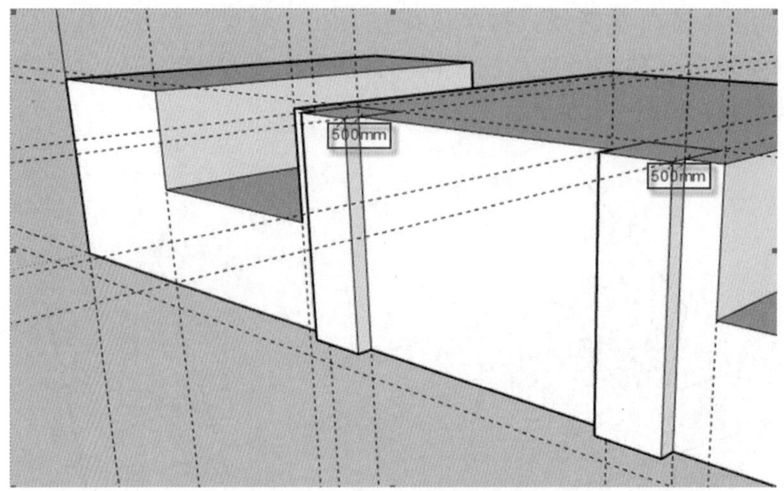

图 3.107　拉出塔楼的宽度

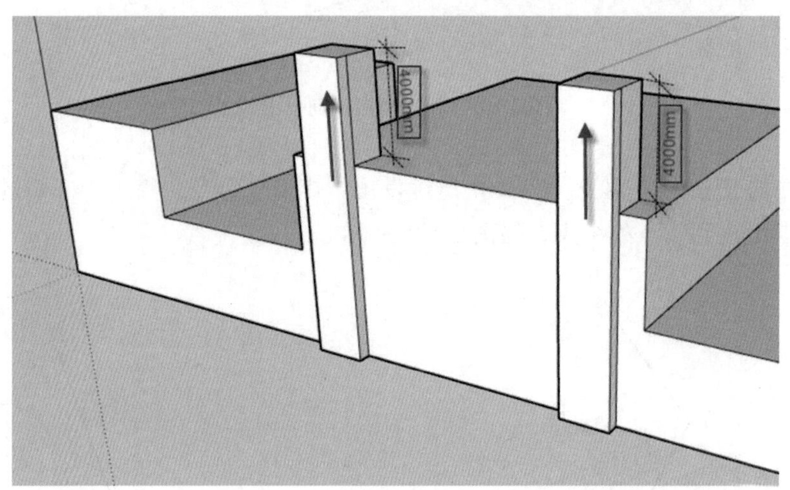

图 3.108　拉出塔楼的主体高度

注意：

在建模之前，首先要对大智门火车站有一定的了解，清楚它的大体框架和尺寸，便于后期绘制。另外，在绘制、拉伸体块的过程中要注意两边的对称性。

3.2.2　墙体的细化

上一节中介绍了主体建模的过程，本节将进行墙体的细化，主要是一些装饰性的墙构件。在法式建筑中，细部是非常丰富的。

（1）拉出柱子的参考线。按 T 快捷键发出“卷尺”命令，根据柱子尺寸，拉出柱子的参考线，如图 3.109 所示。

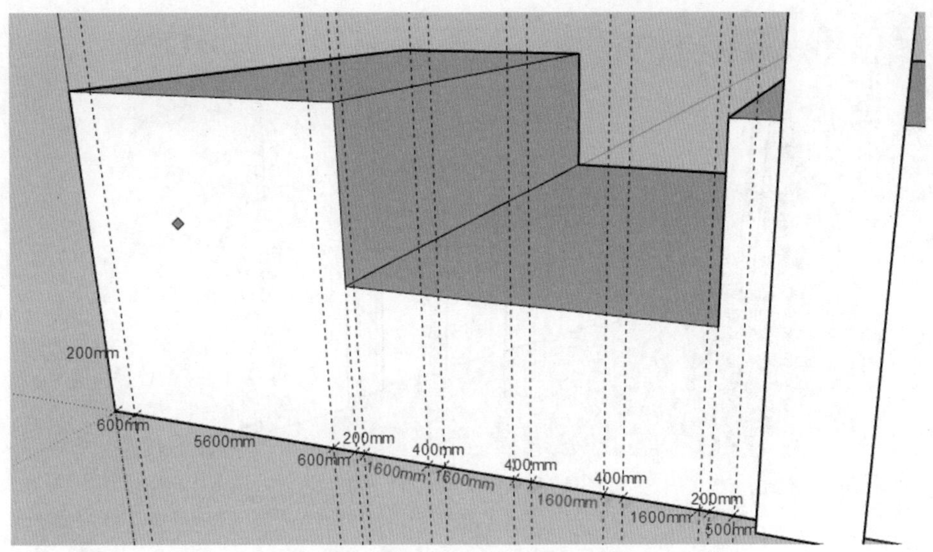

图 3.109　拉出柱子的参考线

（2）绘制柱子的轮廓线。按 L 快捷键发出“直线”命令，根据上一步的参考线画出柱子的轮廓线，如图 3.110 所示。

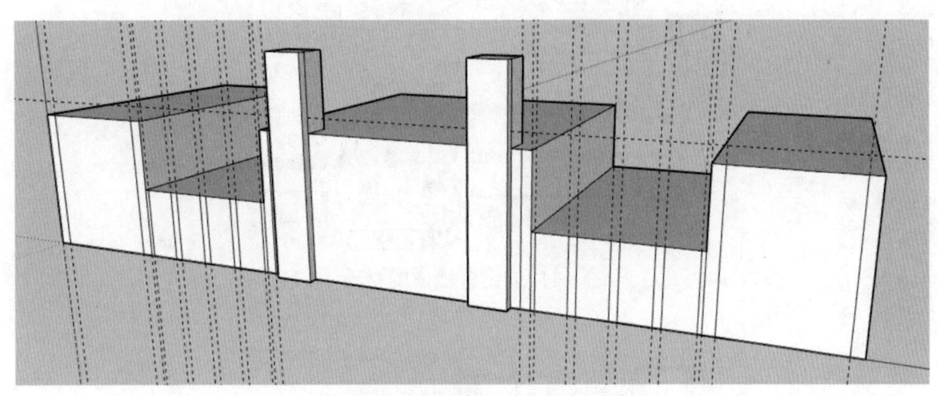

图 3.110　绘制柱子的轮廓线

（3）拉出柱子的宽度。按 P 快捷键发出“推 / 拉”命令，根据柱子的轮廓线将每个柱子都向外拉出 200mm 的厚度，如图 3.111 所示。

（4）设置墙体的材质。按 B 快捷键发出“材质”命令，在“材料”卷展栏中先单击“选择”选项卡，然后在下拉列表框中选择“泥青和混凝土”材质，在出现的泥青和混凝土材质种类中选择“旧抛光混凝土”样式，然后单击“创建材质”按钮，弹出“创建材质”对话框，在其中输入材质名称为“墙体”，设置颜色为 R=229、G=229、B=229，拖曳“不透明”滑块至 100，单击“确定”按钮，如图 3.112 所示。

（5）赋予墙体材质。根据上一步已经选择好的材质，将材质赋予相应的墙体对象，如图 3.113 所示。

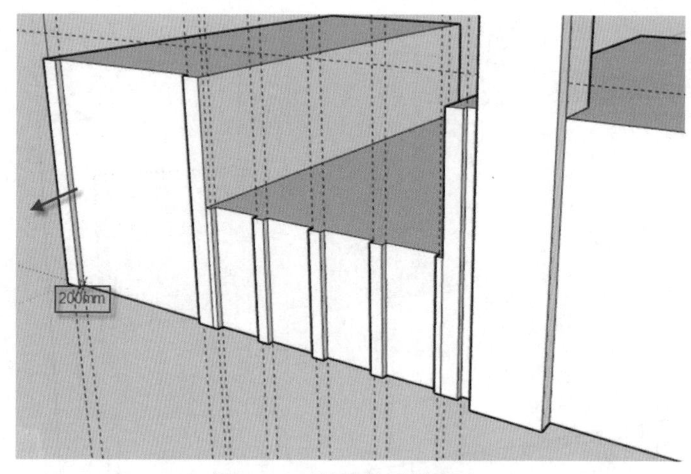

图 3.111　拉出柱子的宽度

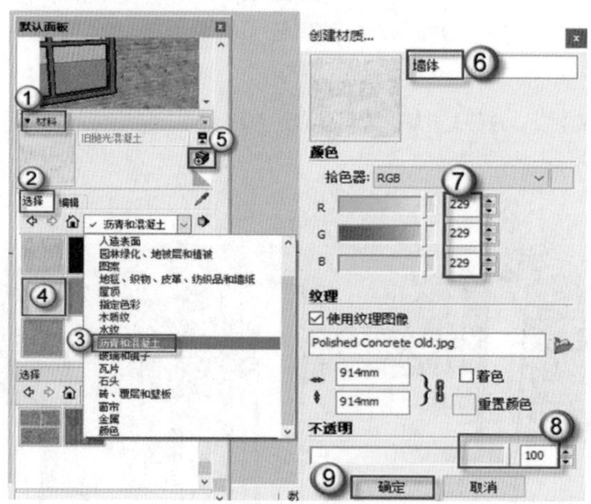

图 3.112　设置墙体的材质

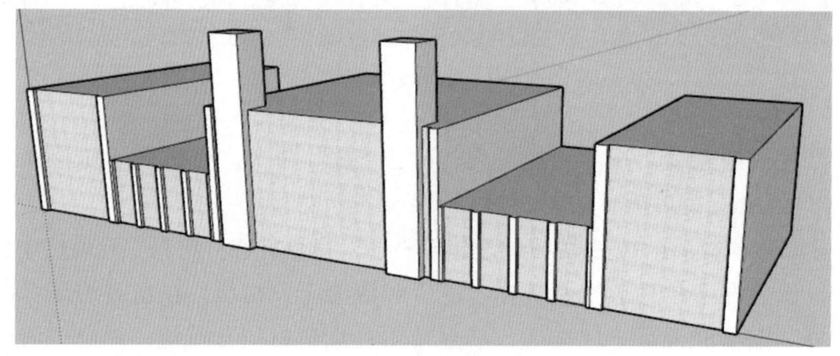

图 3.113　赋予墙体材质

（6）绘制一层和二层之间的主体分隔线。首先按 T 快捷键发出“卷尺”命令，拉出一层和二层之间的分隔辅助线。然后按 L 快捷键发出“直线”命令，根据分隔辅助线画出一层和二层之间的主体分隔线，如图 3.114 所示。

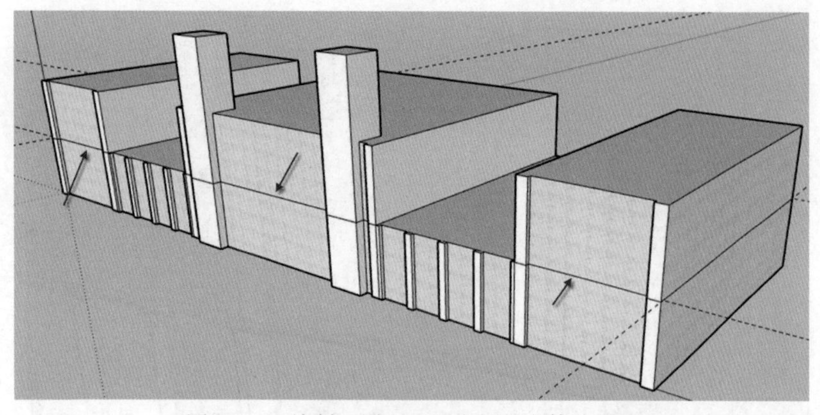

图 3.114　绘制一层和二层之间的主体分隔线

（7）绘制一层和二层之间墙体装饰线的横断面。按 L 快捷键发出“直线”命令，选择墙体的一端，在分隔线处画出一个横断面，如图 3.115 所示。

（8）路径跟随画出一层和二层之间的墙体装饰线。选择“工具”|“路径跟随”命令，然后根据上一步画出的横断面，再沿着前面画出的墙体分隔线，绘制出墙体装饰线，如图 3.116 所示。

（9）绘制左半边的二层和屋顶之间墙体装饰线的横断面。按 L 快捷键发出“直线”命令，选择墙体的一端，在分隔线处画出一个横断面，如图 3.117 所示。

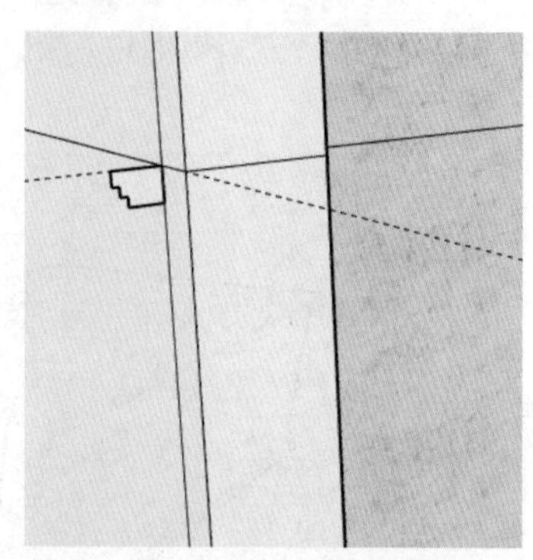

图 3.115　绘制一层和二层之间墙体装饰线的横断面

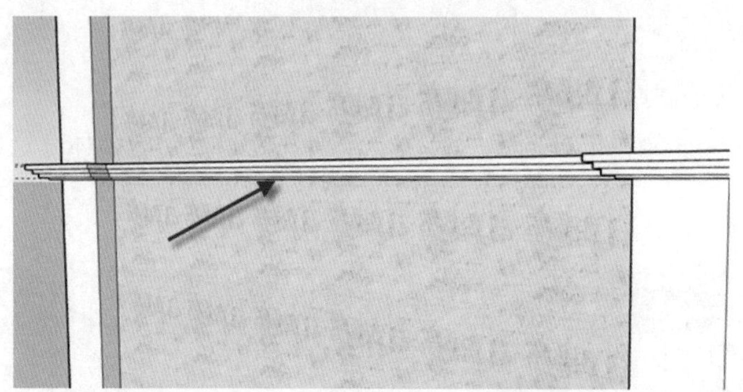

图 3.116　绘制一层和二层之间的墙体装饰线

（10）路径跟随画出左半边的二层和屋顶之间的墙体装饰线。选择“工具”|“路径跟随”命令，然后根据上一步画出的横断面，再沿着二层和屋顶之间的墙体线绘制出墙体装饰线，如图 3.118 所示。

（11）绘制右半边的二层和屋顶之间墙体装饰线的横断面。按 L 快捷键发出“直线”命令，选择墙体的一端，在分隔线处画出一个横断面，如图 3.119 所示。

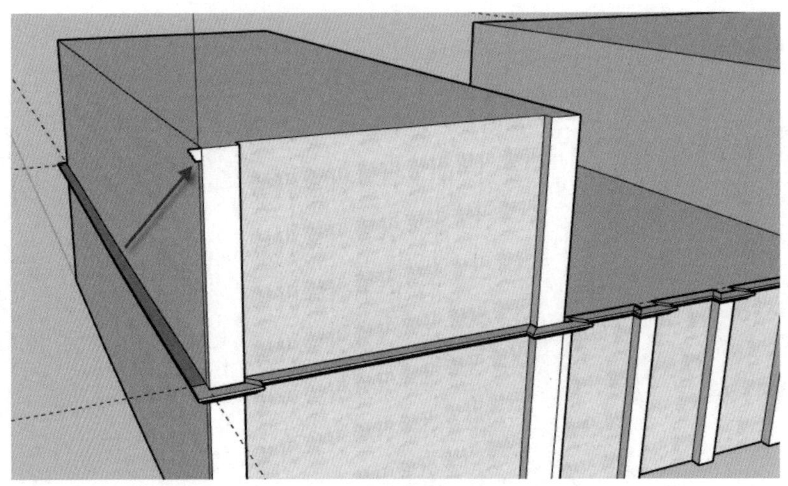

图 3.117　绘制左半边的二层和屋顶之间墙体装饰线的横断面

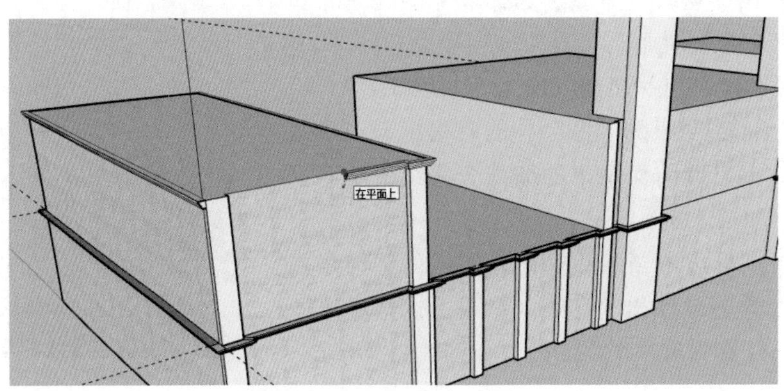

图 3.118　绘制墙体装饰线

（12）路径跟随绘制右半边的二层和屋顶之间的墙体装饰线。选择“工具”|“路径跟随”命令，然后根据上一步画出的横断面，再沿着二层和屋顶之间的墙体线绘制出墙体装饰线，如图 3.120 所示。

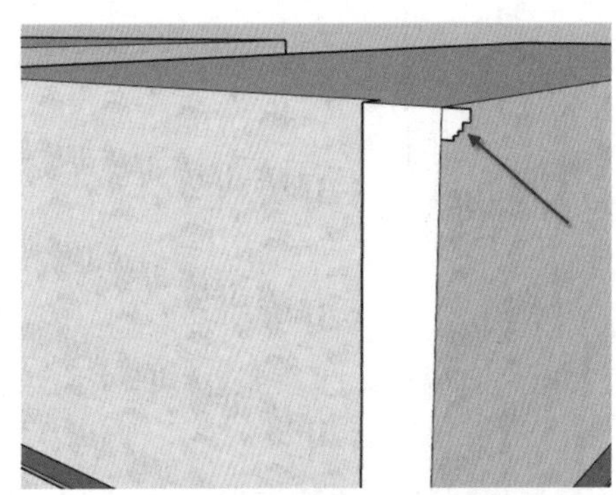

图 3.119　绘制墙体装饰线的横断面

图 3.120　墙体装饰线

注意：

墙体细化部分主要包括柱子位置的确定和拉伸、墙体材质的确定及墙体装饰线的绘制。在利用路径跟随绘制墙体装饰的时候，由于路径并不是一条平滑的直线，在有转弯的地方一定要注意。

3.2.3 绘制塔楼底座

塔楼的底座是巴洛克风格的造型，建模的方法主要是利用“推 / 拉”与“路径跟随”两个工具。具体操作如下：

（1）绘制参考线。按 T 快捷键发出“卷尺”命令，在建筑中间的塔楼部分，根据墙体线拉出二层高度的参考线，如图 3.121 的①、②、③所示。

（2）补全塔楼缺失的线并删除多余的线。按 L 快捷键发出“直线”命令，根据上一步的参考线，补全②处缺失的线及右边相对应的线，然后按 E 快捷键，删除①线及右边对应的一条线，如图 3.122 所示。

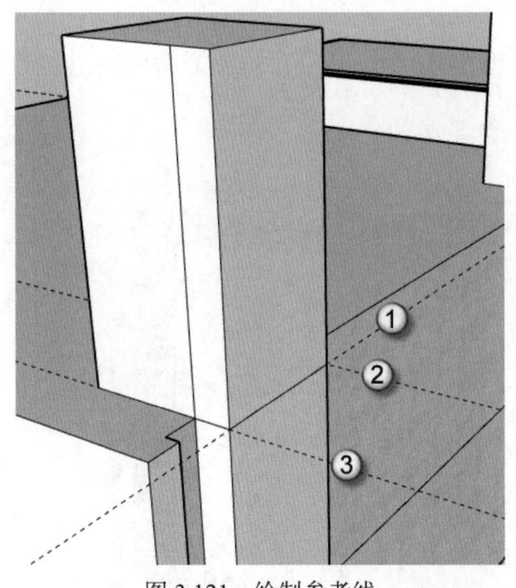

图 3.121 绘制参考线

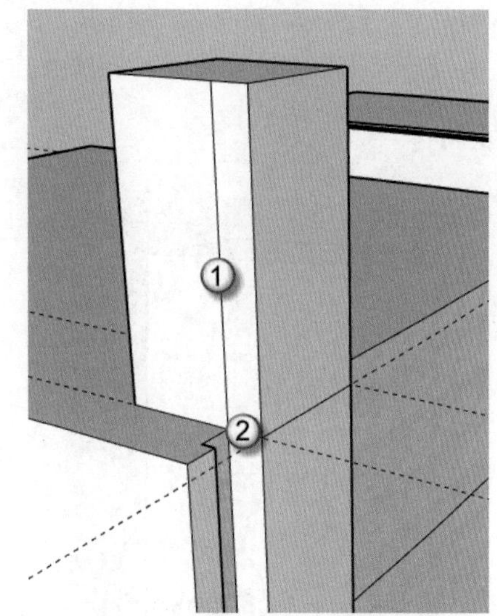

图 3.122 补全塔楼缺失的线并删除多余的线

（3）创建塔楼底座的组件。双击绘制好的长方体，在保证长方体的每个面及其边界线被选择的情况下，右击对象，在弹出的快捷菜单中选择“创建组件”命令，弹出“创建组件”对话框。在“定义”栏中输入“塔楼底部”字样，取消“总是朝向相机”复选框的勾选，勾选“用组件替换选择内容”复选框，单击“创建”按钮完成组件的创建，如图 3.123 所示。

（4）绘制参考线。双击长方体进入组件编辑模式，按 T 快捷键发出“卷尺”命令，横向是从塔楼的墙体线向右拉出 1000mm 的参考线得到中心线①线，纵向是在前面已绘制的二层高度的参考线向上拉出 800mm 的高度，即②线，两条参考线相交，得到交点③，如图 3.124 所示。

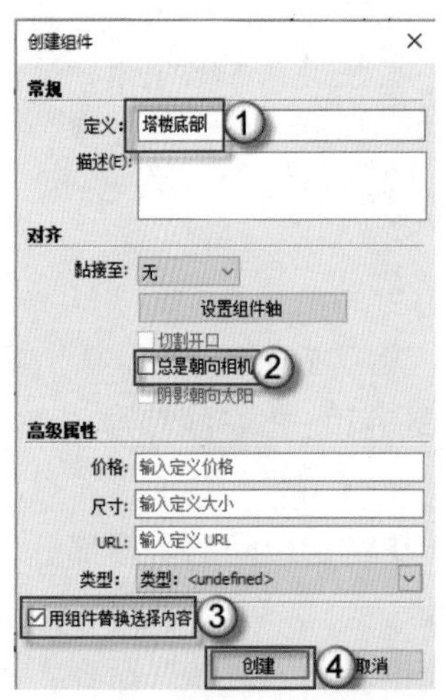

图 3.123　创建塔楼底座的组件

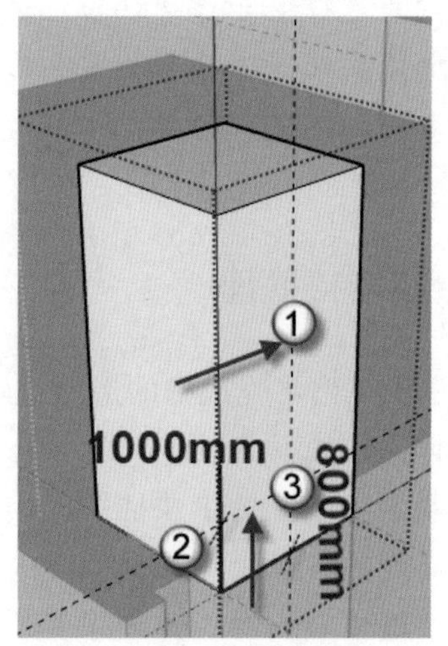

图 3.124　绘制参考线

（5）绘制塔楼的圆形装饰。按 C 快捷键发出“圆形”命令，以两根参考线的交点为圆心绘制出一个直径为 800mm 的圆形，如图 3.125 所示。

（6）推拉出塔楼的装饰圆洞。按 P 快捷键发出“推 / 拉”命令，将圆形向内推出 250mm 的厚度，如图 3.126 所示。

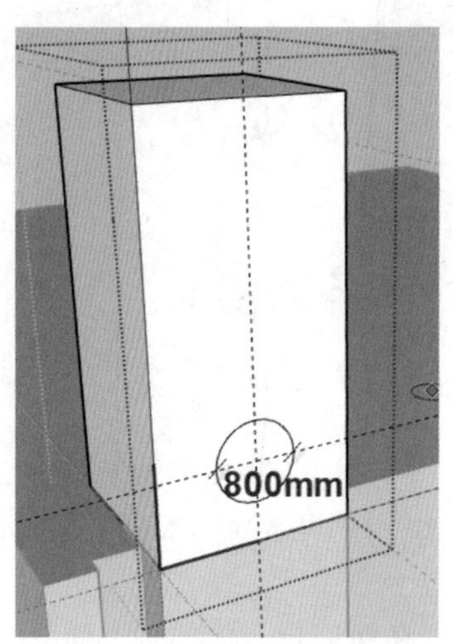

图 3.125　绘制塔楼的圆形装饰

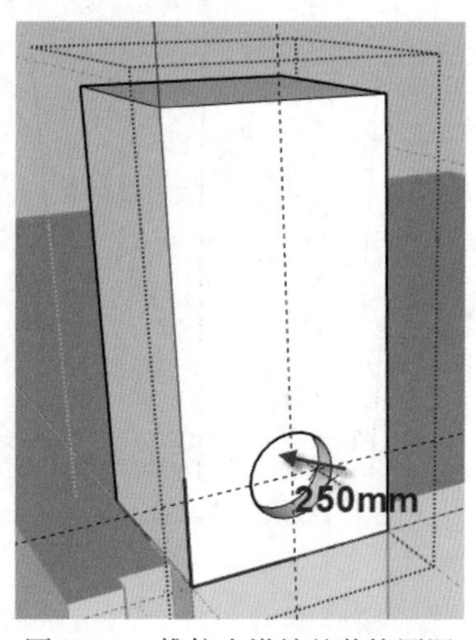

图 3.126　推拉出塔楼的装饰圆洞

（7）设置圆洞的材质。按 B 快捷键发出“材质”命令，在“材料”卷展栏中选择“选择”选项卡，然后在下拉列表框中选择“玻璃和镜子”材质，在出现的玻璃和镜子材质种类中选择“半透明的玻璃蓝”样式，单击“创建材质”按钮，弹出“创建材质”对话框。在其中输入材质名称为“圆洞”，设置颜色为 R=85、G=136、B=255，拖曳“不透明”滑块至 50，单击“确定”按钮，如图 3.127 所示。

（8）赋予圆洞材质。将上一步设置的材质赋予相应的圆洞对象，如图 3.128 所示。

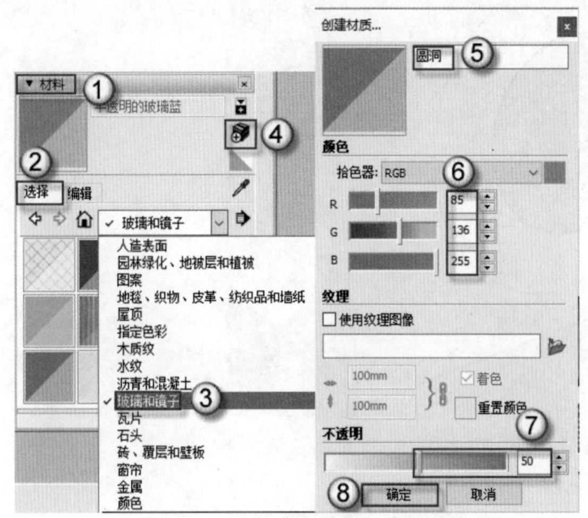

图 3.127　设置圆洞的材质

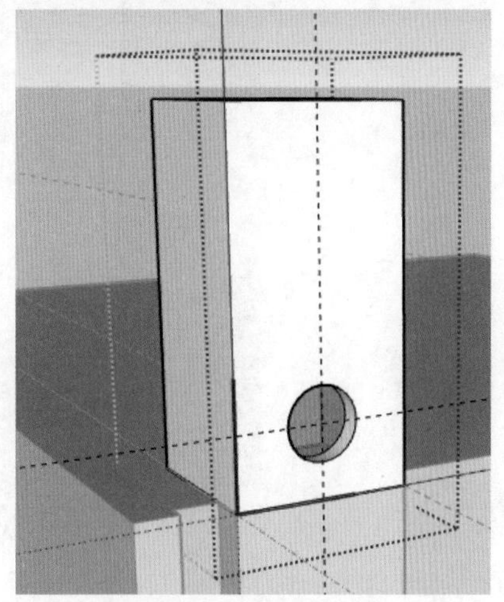

图 3.128　赋予圆洞材质

（9）绘制圆洞外部的装饰圆。按 C 快捷键发出“圆形”命令，以③点为圆心、650mm 为半径绘制出圆洞外部的装饰圆，如图 3.129 所示。

（10）绘制圆洞外部装饰线的路径。按 L 快捷键发出“直线”命令，沿着前面已有的参考线绘制出圆洞外部装饰线的路径，如图 3.130 所示。

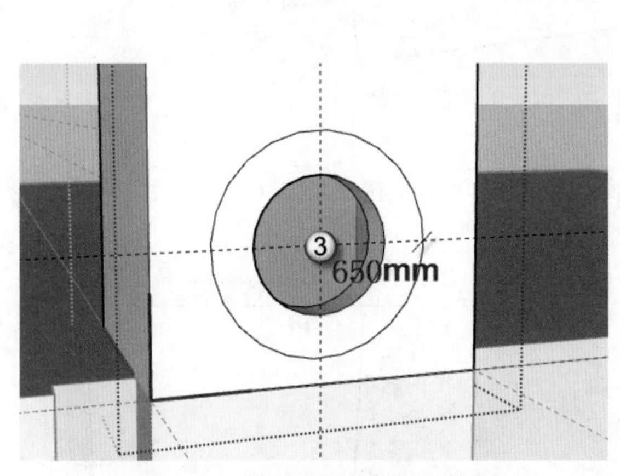

图 3.129　绘制圆洞外部的装饰圆

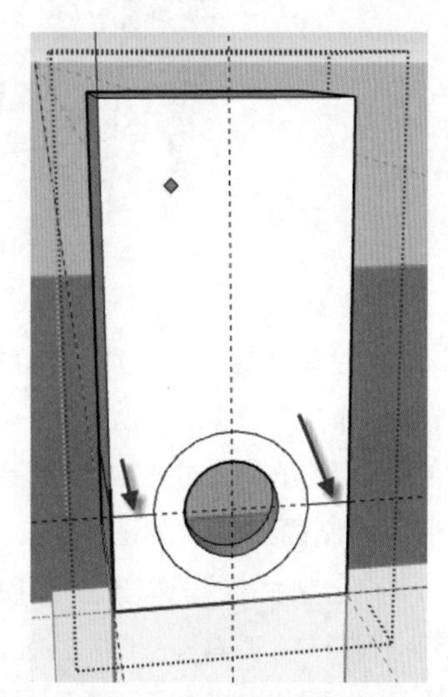

图 3.130　绘制圆洞外部装饰线的路径

（11）绘制圆洞外部装饰线的横断面。按 L 快捷键发出“直线”命令，选择墙体的一端，在分隔线处画出一个横断面，如图 3.131 所示。

（12）绘制圆洞外部的装饰线。选择“工具”|“路径跟随”命令，根据上一步画出的横断面，沿着前面绘制的圆洞外部装饰线的路径绘制出圆洞外部的装饰线，如图 3.132 所示。

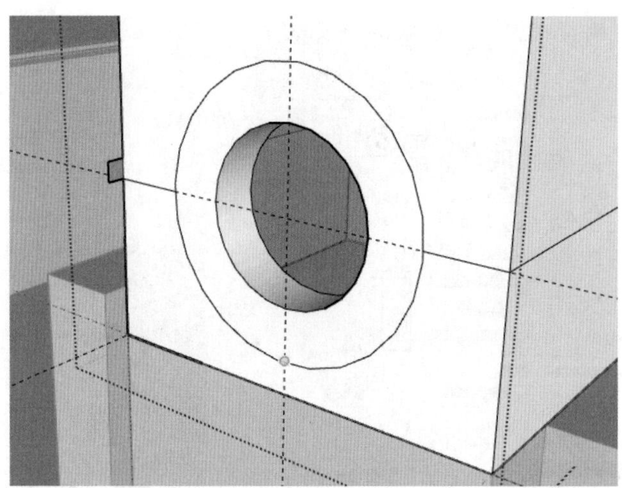

图 3.131 绘制圆洞外部装饰线的横断面

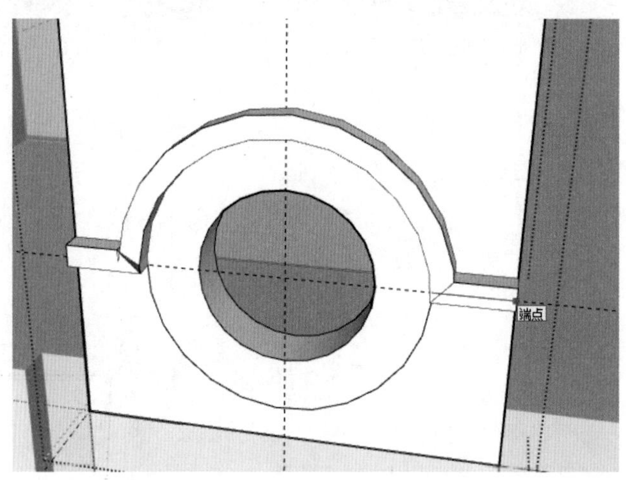

图 3.132 绘制圆洞外部的装饰线

（13）绘制塔楼底座与塔身分隔处的装饰横断面。按 L 快捷键发出“直线”命令，选择墙体的一端，在分隔线处画出一个横断面，其中的弧线部分是通过按 A 快捷键发出“圆弧”命令绘制而出的，如图 3.133 所示。

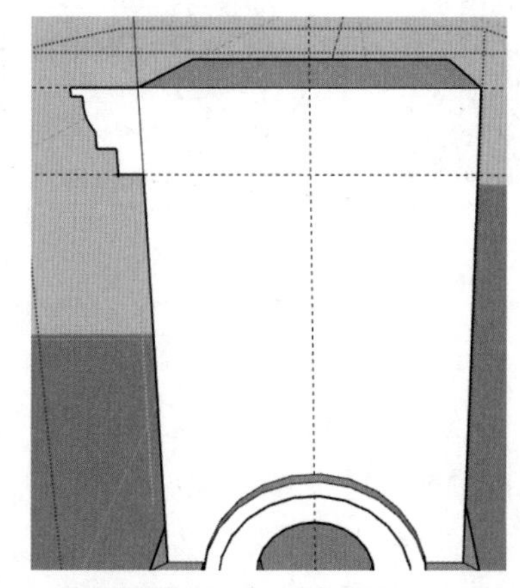

图 3.133 绘制塔楼底座与塔身分隔处的装饰横断面

（14）绘制塔楼主体部分与顶部分隔处的装饰。选择“工具”|“路径跟随”命令，根据上一步画出的横断面，以主体塔楼顶部的墙体线作为路径，绘制出塔楼主体部分与顶部分隔处的装饰，如图 3.134 所示。

（15）绘制主体塔楼顶部的装饰花柱。按 L 快捷键发出“直线”命令，绘制出直线部分。按 A 快捷键发出“圆弧”命令，绘

制出弧线部分。删除多余的线条，最终的效果如图 3.135 所示。

图 3.134　绘制塔楼主体部分与顶部分隔处的装饰

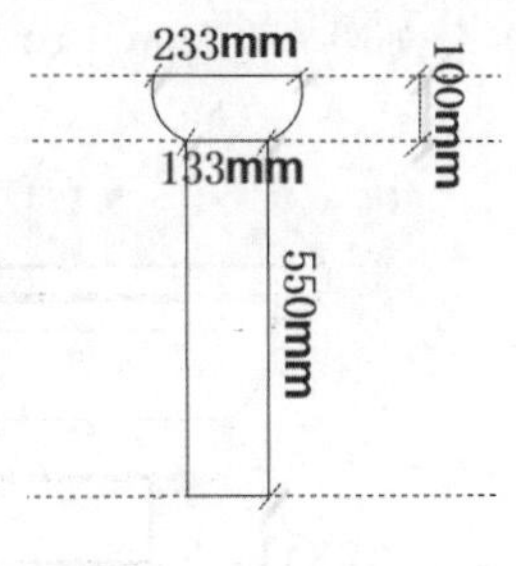

图 3.135　绘制主体塔楼顶部的装饰花柱

（16）创建装饰花柱组件。双击绘制的装饰花柱，在保证装饰花柱面及其边界线被选择的情况下右击对象，在弹出的快捷菜单中选择“创建组件”命令，弹出“创建组件”对话框。在“定义”栏中输入“装饰花柱”字样，勾选“用组件替换选择内容”复选框，单击“创建”按钮完成组件的创建，如图 3.136 所示。

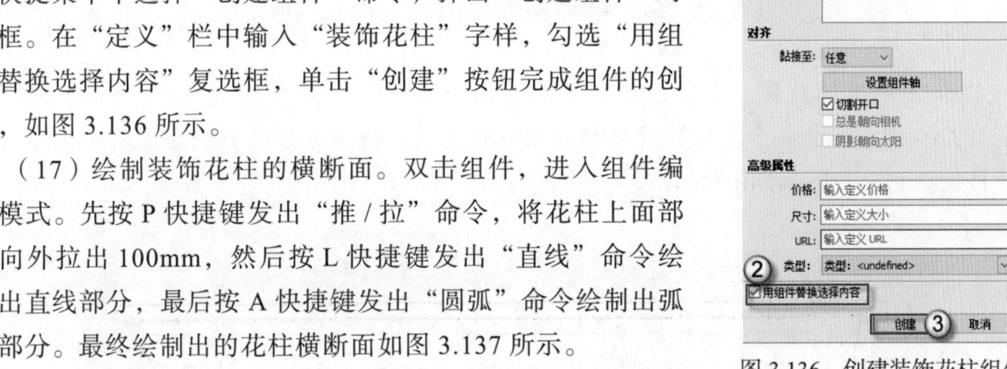

图 3.136　创建装饰花柱组件

（17）绘制装饰花柱的横断面。双击组件，进入组件编辑模式。先按 P 快捷键发出“推 / 拉”命令，将花柱上面部分向外拉出 100mm，然后按 L 快捷键发出“直线”命令绘制出直线部分，最后按 A 快捷键发出“圆弧”命令绘制出弧线部分。最终绘制出的花柱横断面如图 3.137 所示。

（18）完善装饰花柱的绘制。先按 E 快捷键发出“删除”命令，删除横断面中多余的线，然后按 P 快捷键发出“推 / 拉”命令，将上一步绘制的装饰花柱的横断面向后拉出 133mm 完成装饰花柱的绘制，如图 3.138 所示。

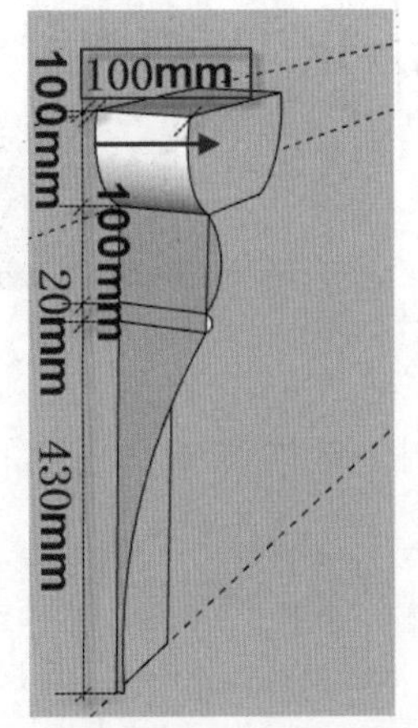

图 3.137　绘制装饰花柱的横断面

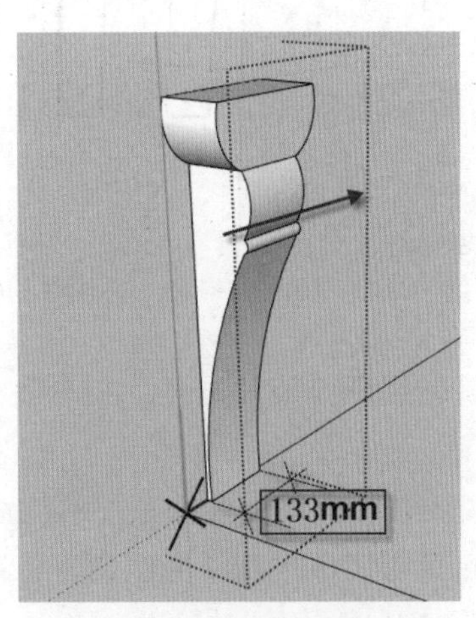

图 3.138　完善装饰花柱的绘制

（19）确定主体塔楼顶部装饰花柱的位置。按 T 快捷键发出“卷尺”命令，从①号线向下拉出一根 550mm 的参考线，从②号线先向右依次拉出间距为 51mm、233mm、100mm 的 3 根参考线，如图 3.139 所示。

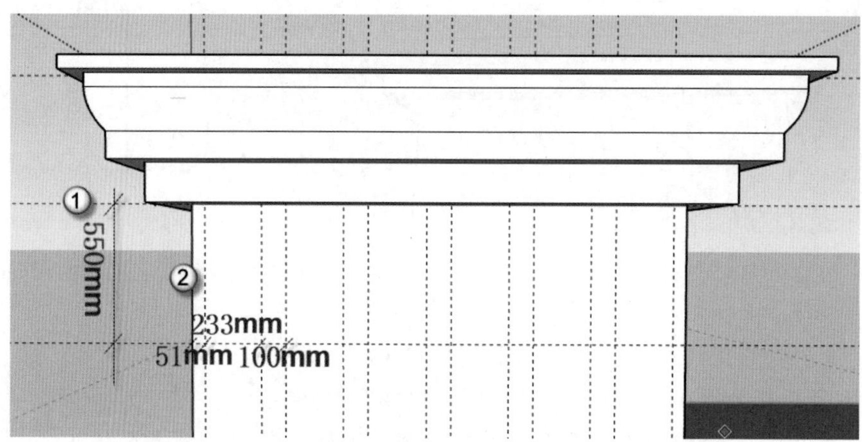

图 3.139　确定主体塔楼顶部装饰的装饰花柱的位置

（20）复制装饰花柱。选择已经绘制的装饰花柱，按下 M 快捷键发出“移动”命令，并配合 Ctrl 键，复制一个装饰花柱并将其移动到合适的位置。按此方法完成塔楼正面的装饰花柱的绘制，如图 3.140 所示。

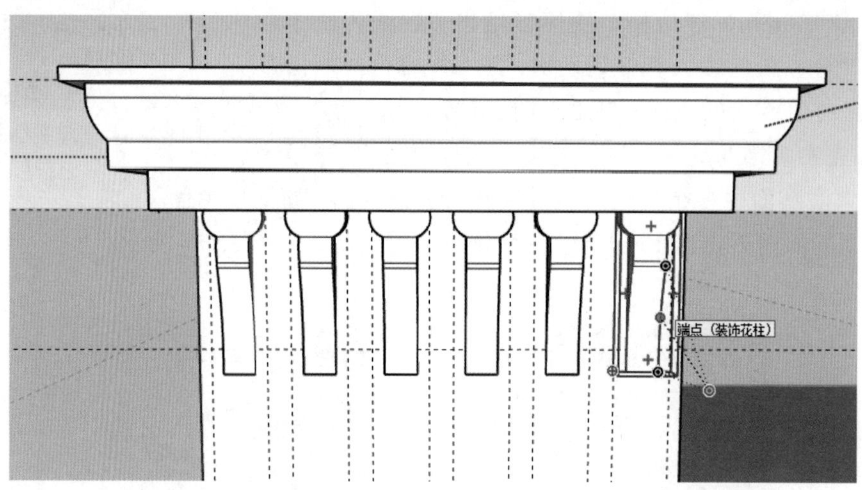

图 3.140　复制装饰花柱

（21）旋转视图至塔楼右侧。旋转视图到塔楼后侧，这样便于下一步的绘图操作，如图 3.141 所示。

（22）确定塔楼右侧面装饰花柱的位置。按 T 快捷键发出“卷尺”命令，从①号线向下拉出 550mm 的参考线，从②号线向右依次拉出间距为 51mm、233mm 和 100mm 的 3 根参考线，如图 3.142 所示。

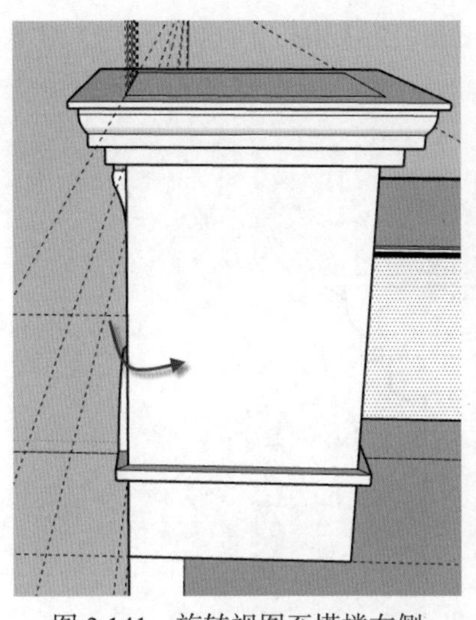
图 3.141 旋转视图至塔楼右侧

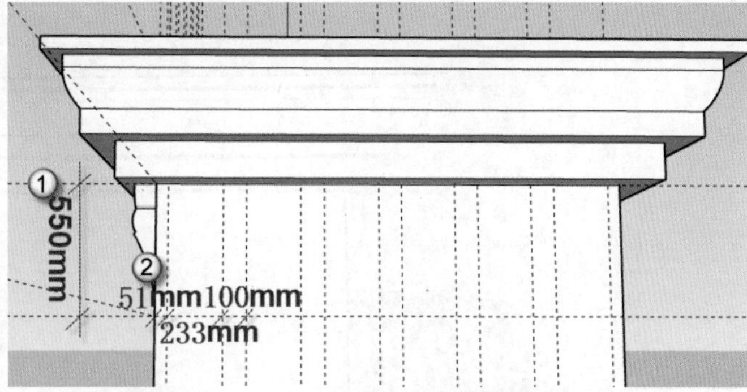

图 3.142 确定塔楼右侧面装饰花柱的位置

（23）旋转装饰花柱。选择已经画出的装饰花柱，按 Q 快捷键发出“旋转”命令，顺时针旋转 90°，如图 3.143 所示。

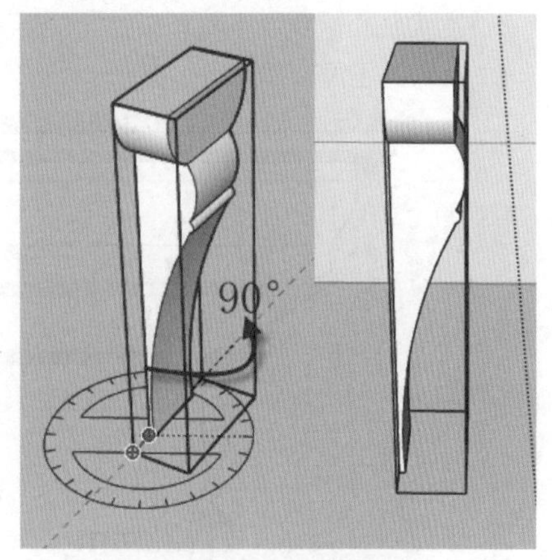

图 3.143 旋转装饰花柱

（24）完成塔楼右侧面装饰花柱的绘制。按 M 快捷键发出“移动”命令，配合 Ctrl 键，复制一个上一步经过旋转后的装饰花柱并将其移动到合适的位置。按此方法完成塔楼右侧面装饰花柱的绘制，效果如图 3.144 所示。

（25）旋转视图至塔楼后侧。旋转视图到塔楼后侧，这样便于下一步的操作，如图 3.145 所示。

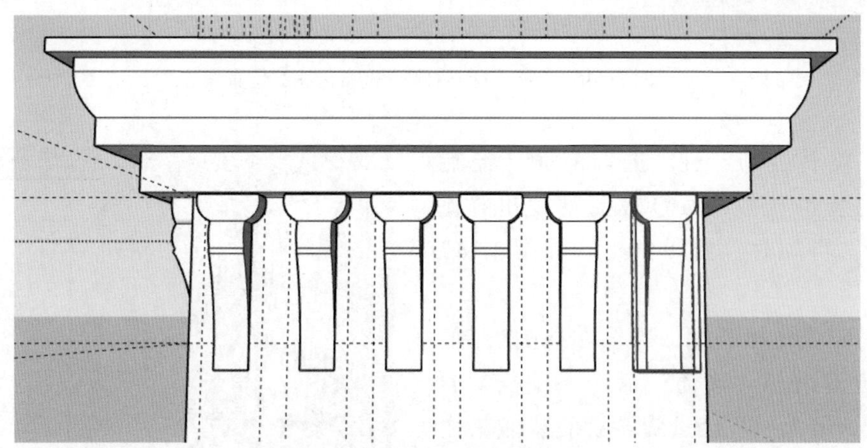
图 3.144 绘制塔楼右侧面的装饰花柱

（26）确定塔楼后侧面装饰花柱的位置。按 T 快捷键发出“卷尺”命令，从①号线向下拉出 550mm 的参考线，从②号线向右依次拉出间距为 51mm、233mm 和 100mm 的 3 根参考线，如图 3.146 所示。

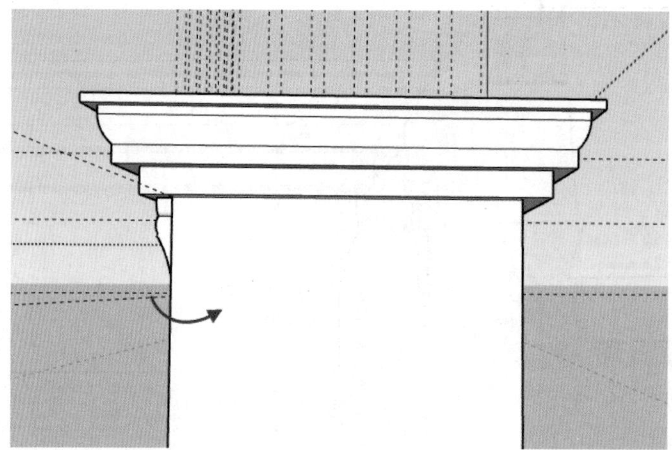

图 3.145　旋转视图至塔楼后侧

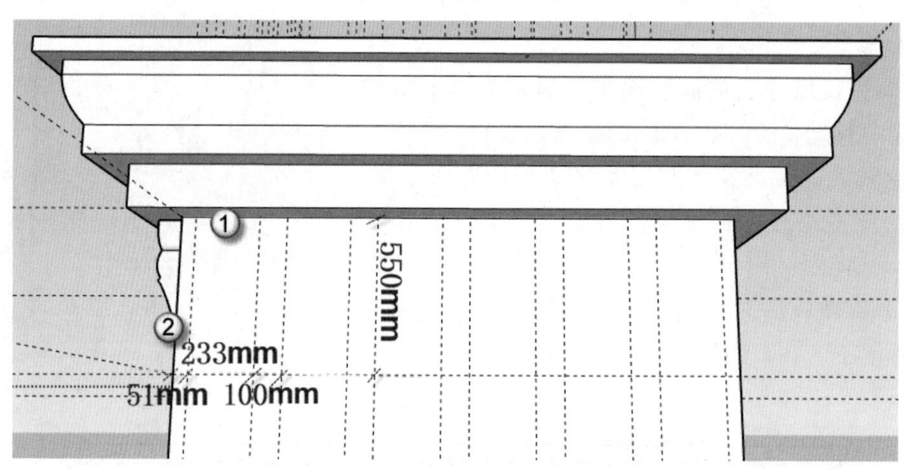

图 3.146　确定塔楼后侧面装饰花柱的位置

（27）旋转装饰花柱。选择前面已经旋转 90° 的装饰花柱，按 Q 快捷键发出“旋转”命令，再顺时针旋转 90°，如图 3.147 所示。

（28）完成塔楼右侧面装饰花柱的绘制。按 M 快捷键发出“移动”命令，配合 Ctrl 键，复制一个上一步经过旋转后的装饰花柱并将其移动到合适的位置。按此方法完成塔楼右侧面装饰花柱的绘制，效果如图 3.148 所示。

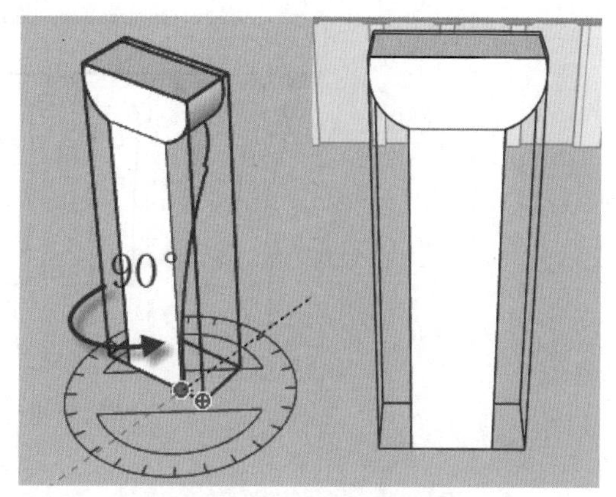

图 3.147　旋转装饰花柱

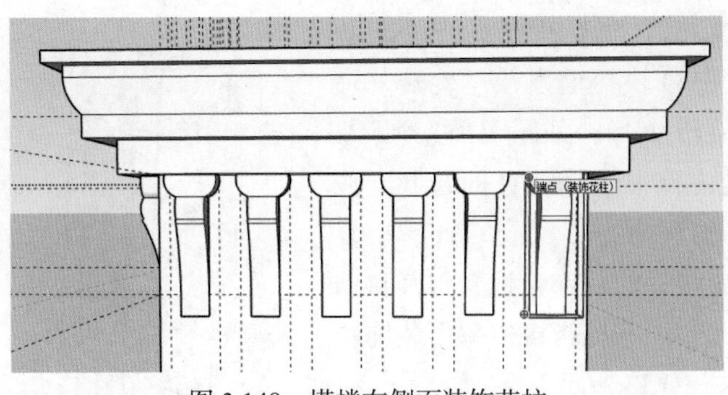

图 3.148　塔楼右侧面装饰花柱

（29）旋转视图至塔楼左侧。旋转视图到塔楼左侧，这样便于下一步的操作，如图 3.149 所示。

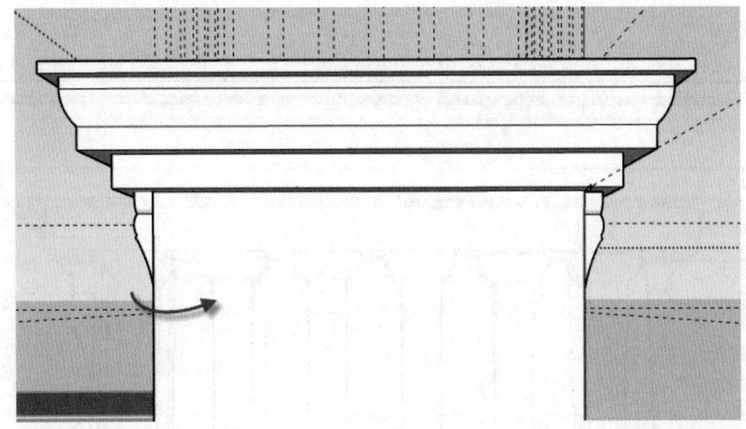

图 3.149　旋转视图至塔楼左侧

（30）确定塔楼左侧面装饰花柱的位置。按 T 快捷键发出“卷尺”命令，从①号线向下拉出 550mm 的参考线，从②号线向右依次拉出间距为 51mm、233mm 和 100mm 的 3 根参考线，如图 3.150 所示。

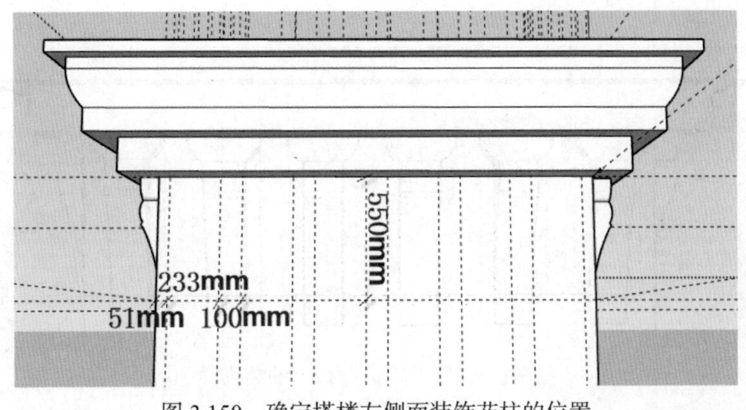

图 3.150　确定塔楼左侧面装饰花柱的位置

（31）旋转装饰花柱。选择前面已经旋转90°的装饰花柱，按Q快捷键发出“旋转”命令，将其再顺时针旋转90°，如图3.151所示。

（32）完成塔楼左侧面装饰花柱的绘制。按M快捷键发出“移动”命令，配合Ctrl键，复制一个上一步经过旋转后的装饰花柱并将其移动到合适的位置。按此方法完成塔楼左侧面装饰花柱的绘制，效果如图3.152所示。

（33）绘制装饰花柱上的装饰线。按L快捷键发出“直线”命令，沿着前面已有的参考线并配合转动视图，绘制出四个面的装饰花柱上的装饰线，效果如图3.153所示。

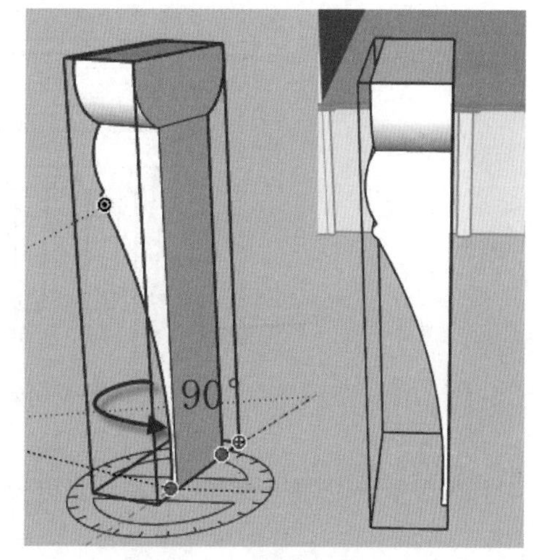

图3.151　旋转装饰花柱

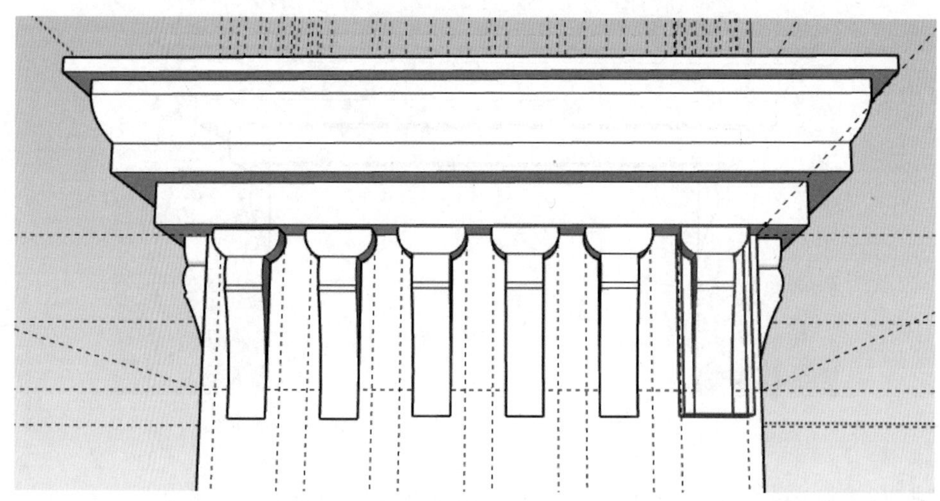
图3.152　绘制塔楼左侧面的装饰花柱

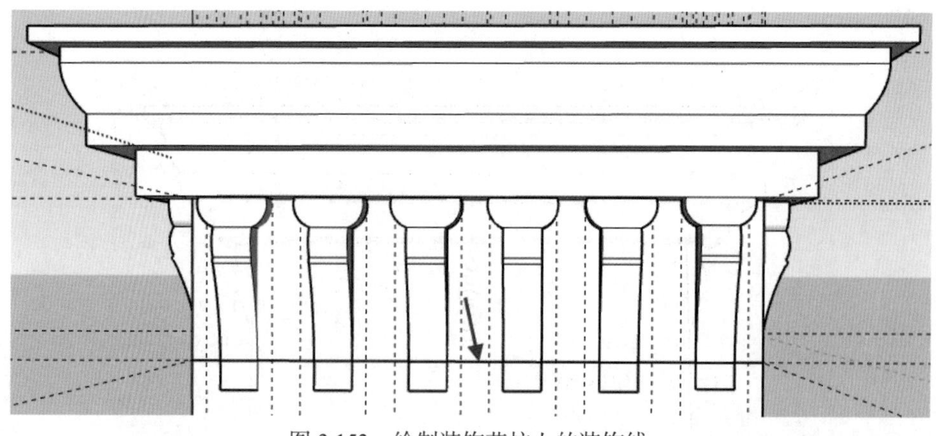
图3.153　绘制装饰花柱上的装饰线

（34）删除多余的参考线。选择“编辑”|“删除参考线”命令，删除视图中多余的参考线，如图 3.154 所示。

（35）删除塔楼顶部的内侧轮廓线。按 E 快捷键发出“删除”命令，删除塔楼底座顶部的内侧轮廓线，如图 3.155 所示。

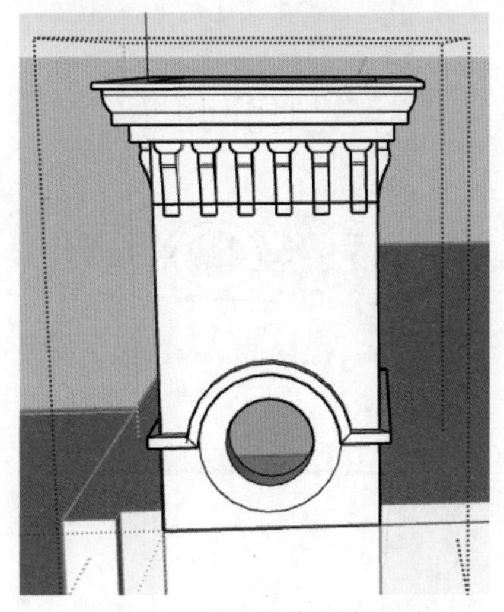
图 3.154　删除多余的参考线

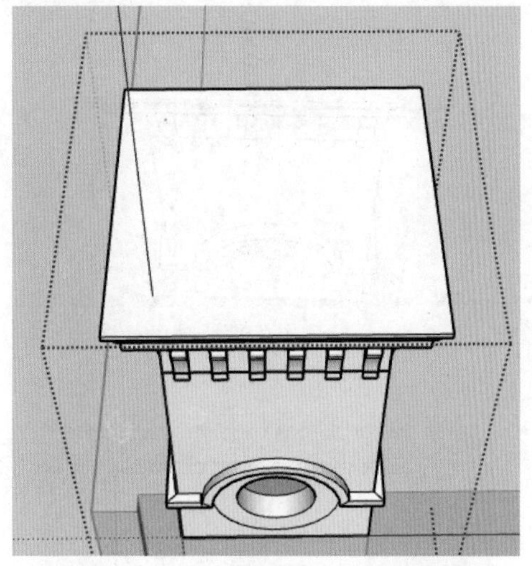
图 3.155　删除塔楼顶部的内侧轮廓线

注意：

装饰花柱的绘制，细节较多，在画出一个装饰花柱之后可以通过旋转得到其他角度的装饰花柱，但是要注意旋转的角度都是 90°。另外，在放置装饰花柱的时候要注意间距。

3.2.4　细化塔楼

本节将介绍塔楼的窗花和柱角装饰等细部的制作方法，这些细部体现出了法式建筑的特色。具体操作如下：

（1）偏移出中部塔楼的轮廓线。双击选中已经画出的塔楼的顶面，按 F 快捷键发出“偏移”命令，将塔楼的楼顶往内偏移 600mm，如图 3.156 所示。

（2）拉出中部塔楼的高度。按 P 快捷键发出“推 / 拉”命令，将已经画出的中部塔楼的轮廓线向上拉出 2600mm 的厚度，如图 3.157 所示。

（3）绘制中部塔楼窗户的参考线。按 T 快捷键发出“卷尺”命令，绘制出尺寸为 1200mm × 600mm 的窗户参考线，如图 3.158 所示。其中 600mm 是由两根 300mm 的参考线组成的。

（4）绘制窗户轮廓线。按 R 快捷键发出“矩形”命令，按照箭头的方向绘制出矩形（①→④），按 A 快捷键发出“圆弧”命令，单击①、②、③三个点绘制圆弧，如图 3.159 所示。

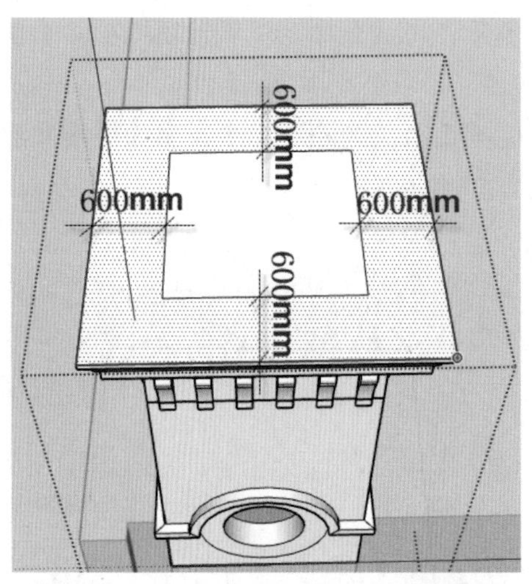

图 3.156 偏移出中部塔楼的轮廓线

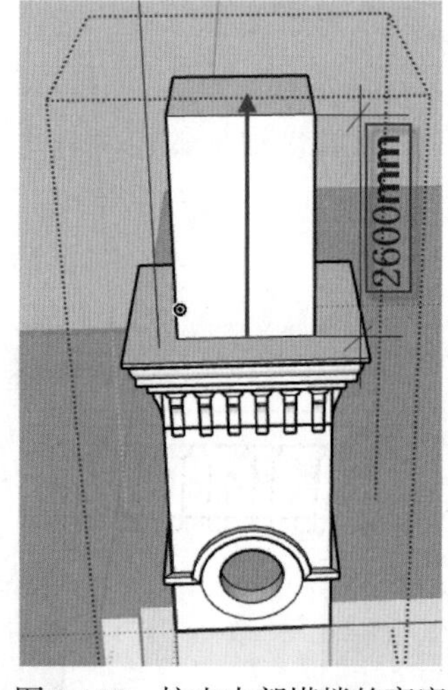

图 3.157 拉出中部塔楼的高度

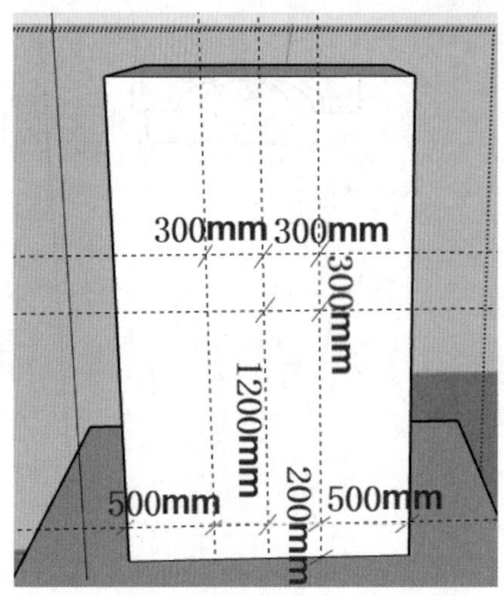

图 3.158 绘制中部塔楼窗户的参考线

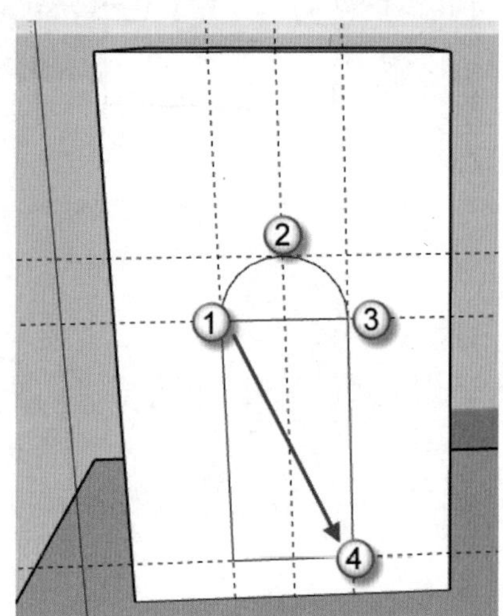

图 3.159 绘制窗户轮廓线

（5）创建塔楼窗户的组件。三击窗户以选择全部对象，再右击对象，在弹出的快捷菜单中选择“创建组件”命令，弹出“创建组件”对话框。在“定义”栏中输入“塔楼窗户”字样，取消“总是朝向相机”复选框的勾选，勾选“用组件替换选择内容”复选框，单击“创建”按钮完成组件的创建，如图 3.160 所示。

（6）绘制塔楼正面的窗户。按 P 快捷键发出“推 / 拉”命令，单击窗向内推，在数值输入框中输入 200mm 并按 Enter 键确认。然后右击对象，在弹出的快捷菜单中选择“删除”命令删除重复的面，如图 3.161 所示。

（7）设置窗框材质。按 B 快捷键发出“材质”命令，在“材料”卷展栏中选择“选择”选项卡，然后在下拉列表框中选择“颜色”材质，单击“创建材质”按钮，弹出“创建材质”对话框。在其中输入材质名称为“窗框”，设置颜色为 R=85、G=39、B=27，拖曳“不透明”滑块至 100，单击“确定”按钮，如图 3.162 所示。

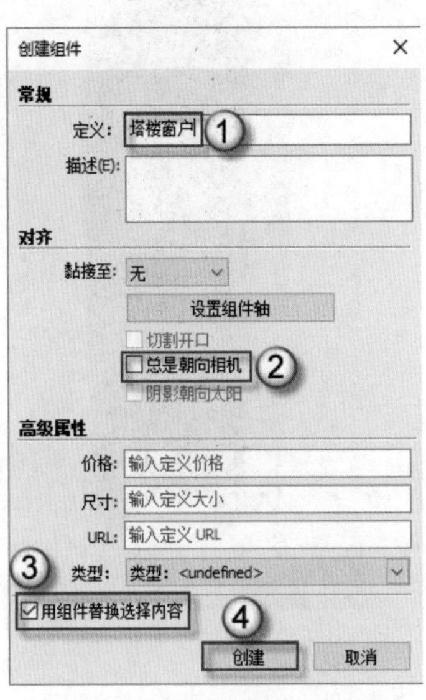

图 3.160　创建塔楼窗户的组件

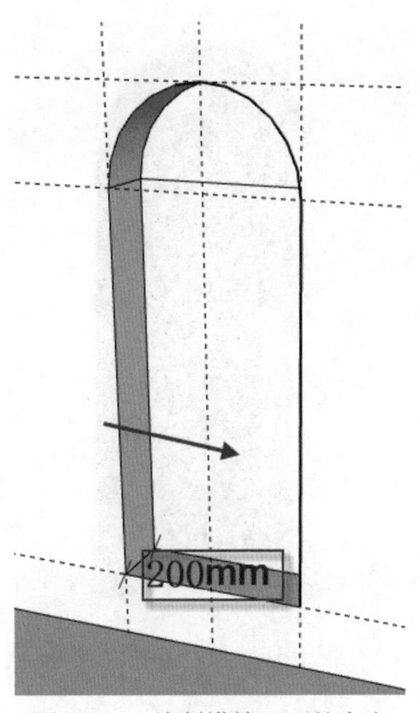

图 3.161　绘制塔楼正面的窗户

（8）赋予窗框材质。将上一步设置的材质赋予相应的窗框对象，如图 3.163 所示。

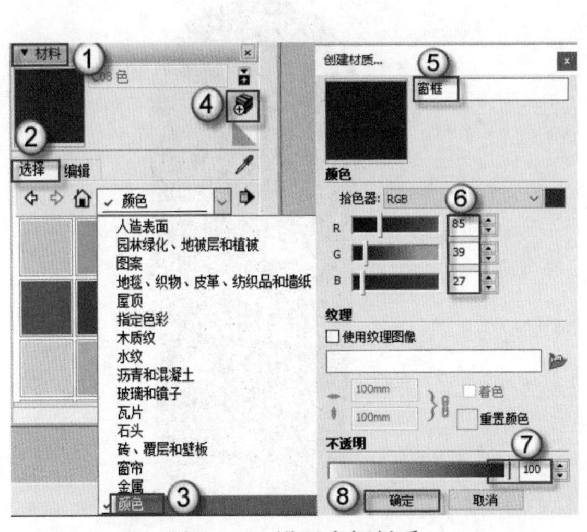

图 3.162　设置窗框材质

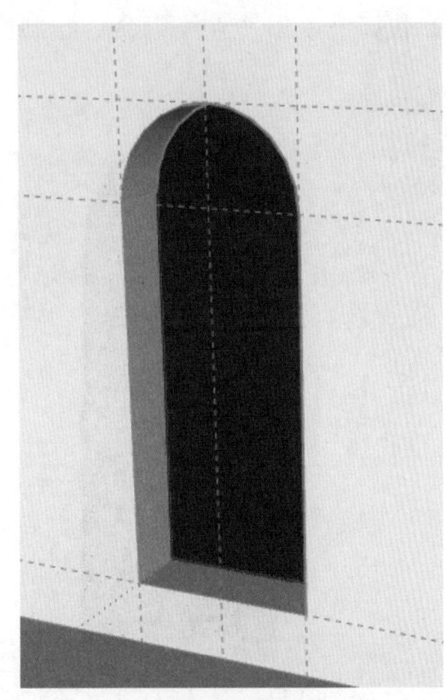

图 3.163　赋予窗框材质

（9）偏移出外部窗框。双击窗户，按 F 快捷键发出“偏移”命令，将窗户的轮廓线向内偏移 50mm，如图 3.164 所示。

（10）推出外部窗框。按 P 快捷键发出“推 / 拉”命令，将上一步绘制的窗户轮廓向内推 30mm 形成外部的窗框，如图 3.165 所示。

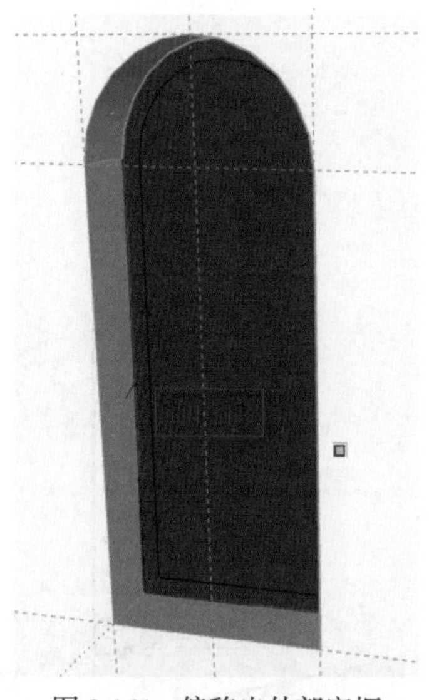
图 3.164　偏移出外部窗框

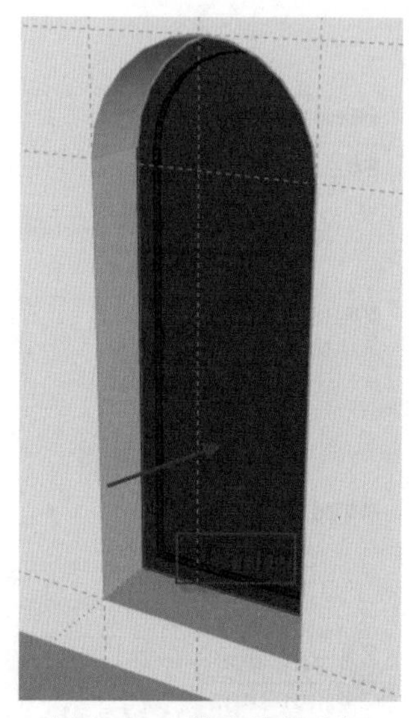
图 3.165　推出外部窗框

（11）绘制内部窗框参考线。按 T 快捷键发出“卷尺”命令，绘制出的内部窗框分隔的辅助线尺寸分别为 20mm、240mm 和 362mm，如图 3.166 所示。

（12）绘制内部窗框线。按 R 快捷键发出“矩形”命令，沿着参考线绘制出窗框线，然后按 L 快捷键发出“直线”命令绘制窗框线，如图 3.167 所示。

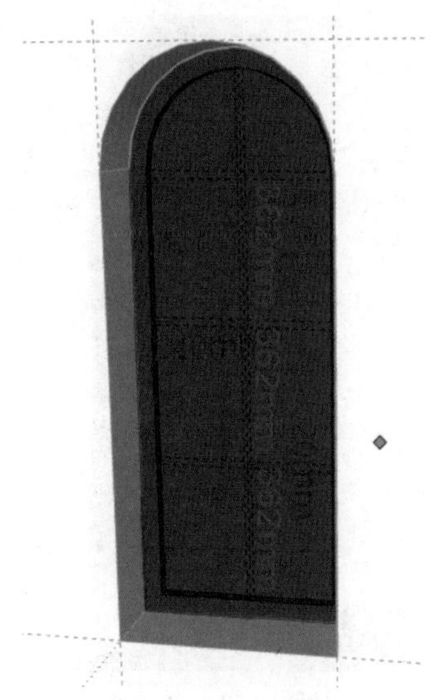
图 3.166　绘制内部窗框参考线

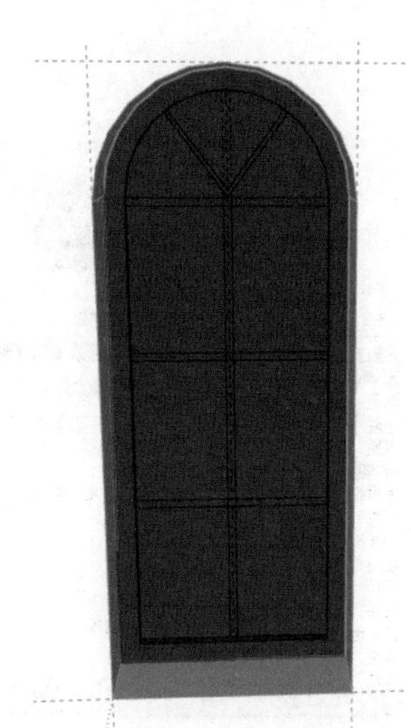
图 3.167　绘制内部窗框线

（13）推出内部窗框。按 P 快捷键发出“推 / 拉”命令，根据窗框线将窗户玻璃部分向内推 20mm 的厚度，如图 3.168 所示。

（14）设置玻璃的材质。按 B 快捷键发出“材质”命令，在“材料”卷展栏中选择“选择”选项卡，然后在下拉列表框中选择“玻璃和镜子”材质，在出现的玻璃和镜子材质种

类中选择“染色半透明玻璃”样式，单击“创建材质”按钮，弹出“创建材质”对话框。在其中输入材质名称为“玻璃”，设置颜色为R=8、G=201、B=241，拖曳“不透明”滑块至48，单击“确定”按钮，如图3.169所示。

图3.168　推出内部窗框

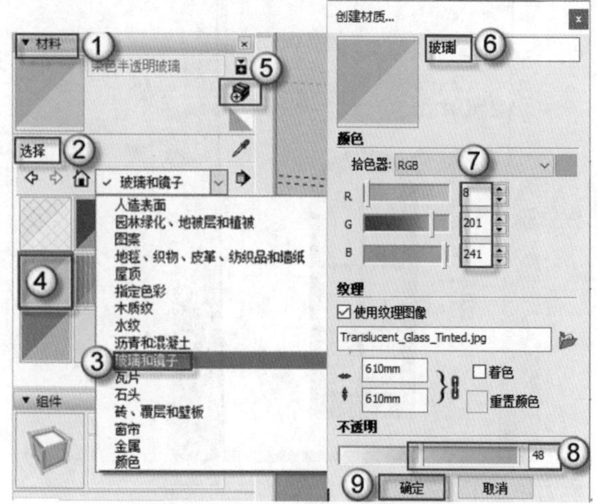

图3.169　设置玻璃的材质

（15）赋予玻璃材质。将上一步设置的材质赋予相应的玻璃对象，如图3.170所示。

（16）删除窗户部分的参考线。双击窗户，进入组件编辑模式，选择“编辑”|“删除参考线”命令，然后按E快捷键发出“删除”命令，删除窗户部分的参考线，如图3.171所示。

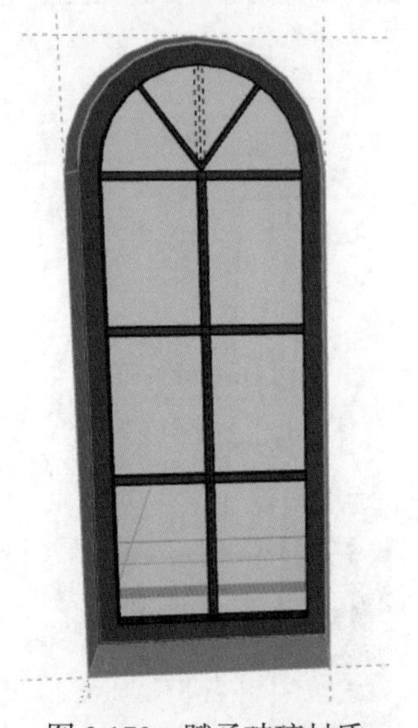

图3.170　赋予玻璃材质

图3.171　删除窗户部分的参考线

（17）确定塔身部分装饰柱的位置。按T快捷键发出“卷尺”命令，绘制出尺寸为图3.172

所示的一系列参考线。

（18）绘制装饰柱。按 R 快捷键发出“矩形”命令，根据参考线的位置绘制出一个高为 2050mm、宽为 250mm 的矩形，如图 3.173 所示。

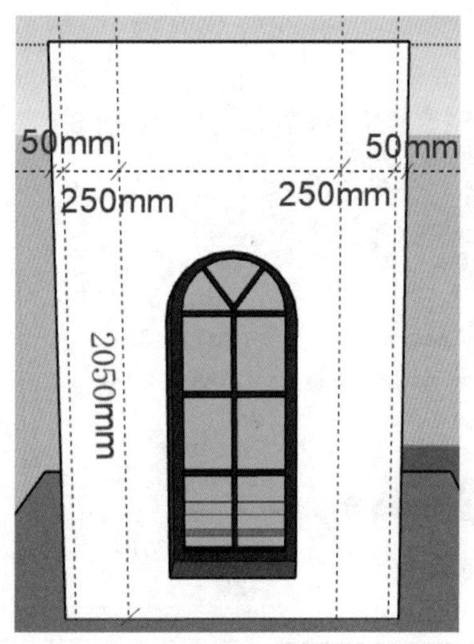

图 3.172　确定塔身部分装饰柱的位置

图 3.173　绘制装饰柱

（19）创建塔楼装饰柱组件。双击绘制的 250mm × 2050mm 矩形以选择矩形面及其边界线，再右击对象，在弹出的快捷菜单中选择“创建组件”命令，弹出“创建组件”对话框。在“定义”栏中输入“塔楼装饰柱”字样，取消“总是朝向相机”复选框的勾选，勾选“用组件替换选择内容”复选框，单击“创建”按钮完成组件的创建，如图 3.174 所示。

（20）拉出柱子的宽度。按 P 快捷键发出“推 / 拉”命令，根据柱子的轮廓线将柱子向外拉出 100mm 的厚度，如图 3.175 所示。

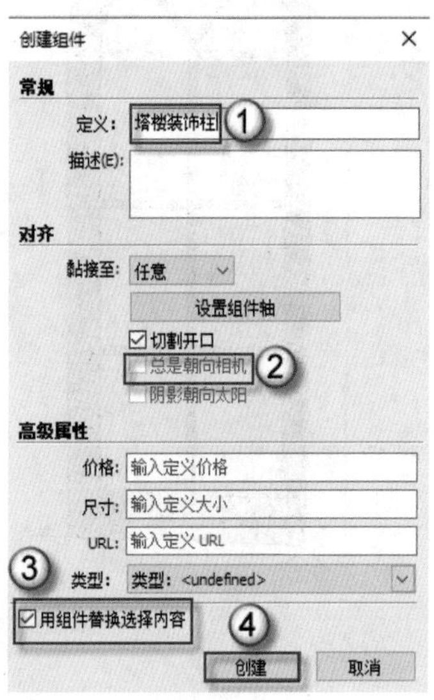

图 3.174　创建塔楼装饰柱组件

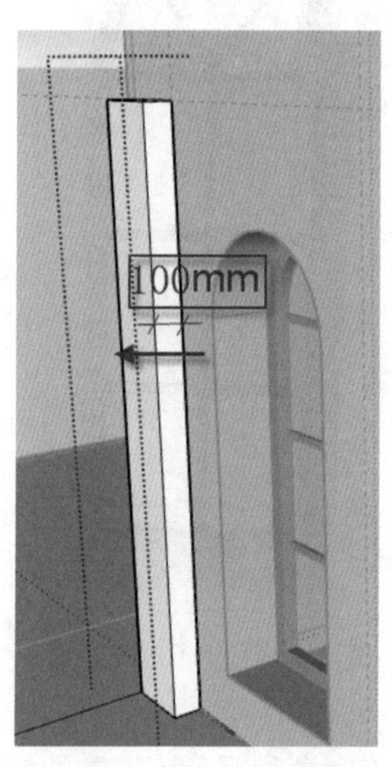

图 3.175　拉出柱子的宽度

（21）绘制柱子顶部装饰的横断面。按 L 快捷键发出“直线”命令，沿着柱子顶部右端的墙体绘制出尺寸为如图 3.176 所示的横断面。

（22）绘制柱子顶部装饰的横断面路径。按 L 快捷键发出“直线”命令，绘制出柱子外部装饰线的横断面路径，如图 3.177 所示。

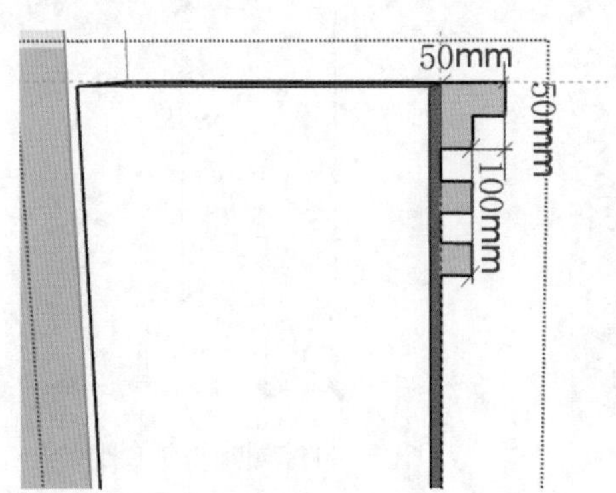

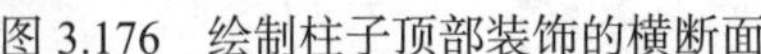

图 3.176　绘制柱子顶部装饰的横断面

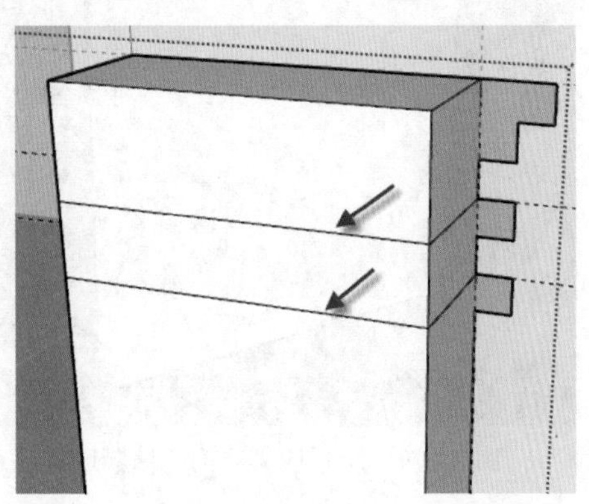

图 3.177　绘制柱子顶部装饰的横断面路径

（23）路径跟随画出柱子的顶部装饰。选择“工具”|“路径跟随”命令，然后根据上一步画出的横断面和横断面路径绘制出柱子的外部装饰，如图 3.178 所示。

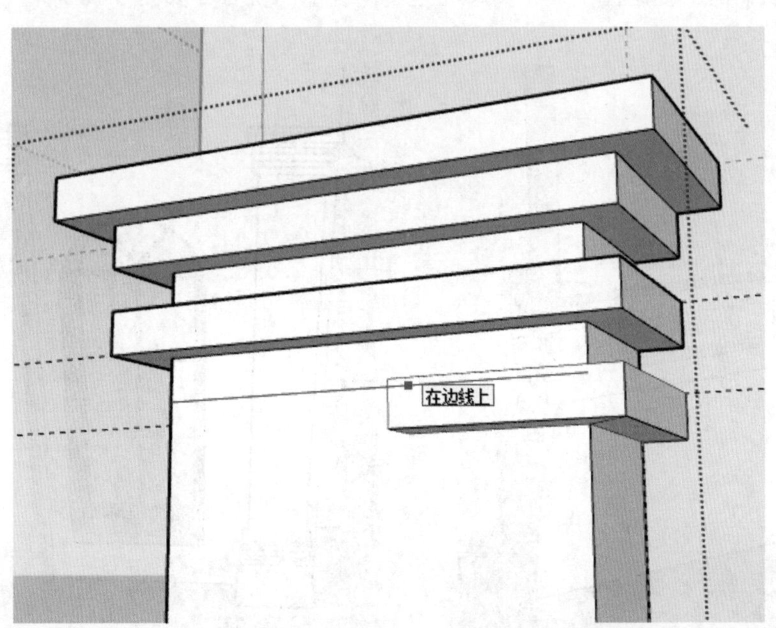

图 3.178　绘制柱子的顶部装饰

（24）绘制柱脚装饰的横断面和路径。按 L 快捷键发出“直线”命令，按 A 快捷键发出“圆弧”命令，绘制出尺寸为如图 3.179 所示的横断面及横断面的路径。横断面的具体尺寸如图 3.180 所示。

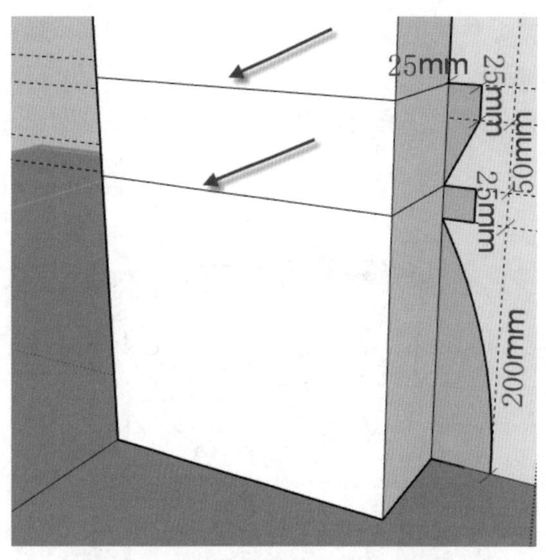

图 3.179　绘制柱脚装饰的横断面和路径

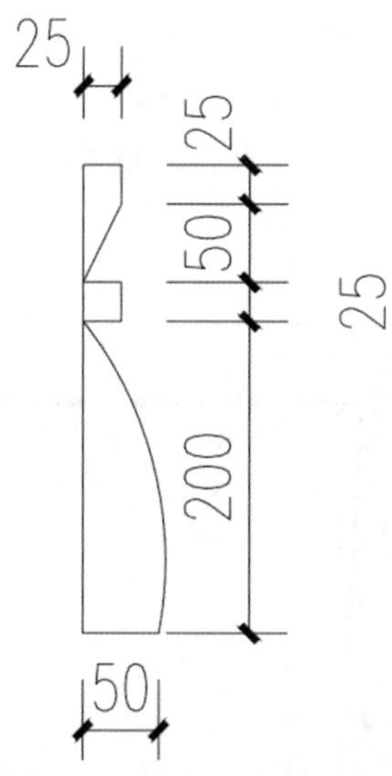

图 3.180　横断面的详细尺寸

（25）路径跟随绘制柱脚的外部装饰。选择“工具”|“路径跟随”命令，然后根据上一步画出的横断面和横断面路径绘制出柱脚的外部装饰，如图 3.181 所示。

（26）完成右侧装饰花柱的绘制。选中上一步绘制的柱子，按 M 快捷键发出“移动”命令，配合 Ctrl 键，复制柱子并将其移动至右侧合适的位置，如图 3.182 所示。

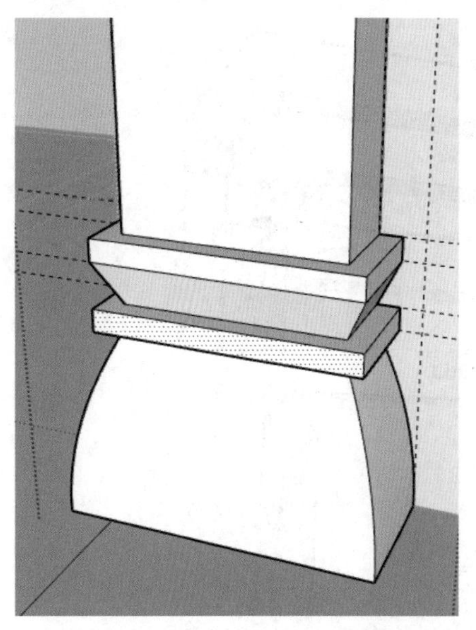

图 3.181　绘制柱脚的外部装饰

图 3.182　右侧的装饰花柱

（27）绘制塔楼中部与塔尖衔接处的装饰横断面及路径。按 L 快捷键发出“直线”命令，绘制出横断面及横断面的路径，如图 3.183 所示。横断面的具体尺寸如图 3.184 所示。

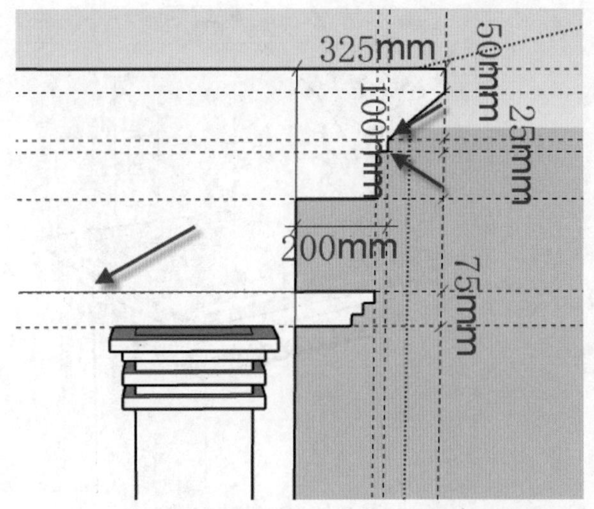

图 3.183　绘制塔楼中部与塔尖衔接处的装饰横断面及路径

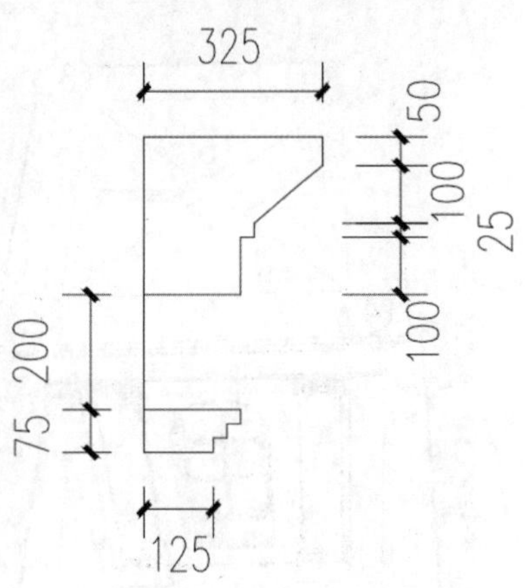

图 3.184　横断面尺寸详图

（28）路径跟随绘制塔楼中部与塔尖衔接处的装饰。选择“工具”|“路径跟随”命令，然后根据上一步绘制的横断面和横断面路径，绘制出塔楼中部与塔尖衔接处的外部装饰，如图 3.185 所示。

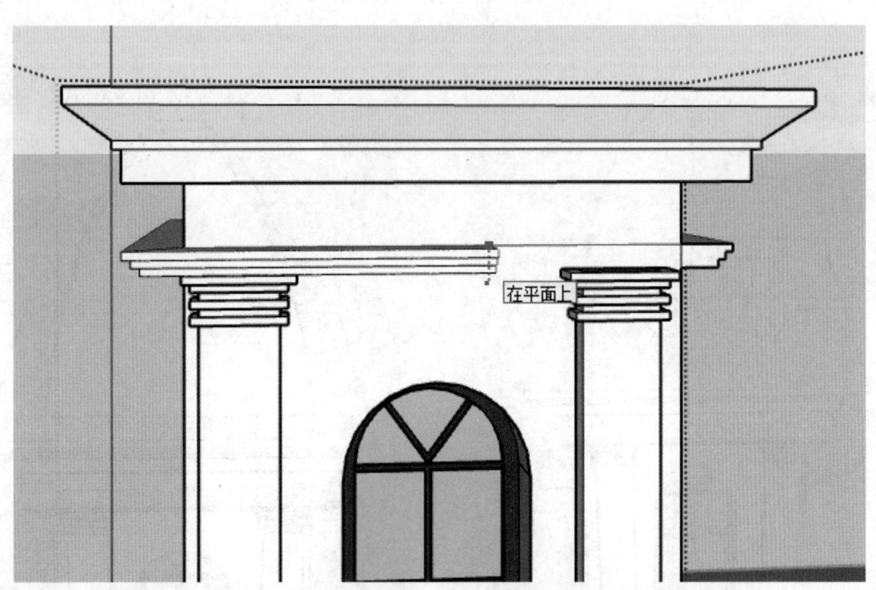

图 3.185　绘制塔楼中部与塔尖衔接处的装饰

（29）标出塔顶底面的中心点。按 L 快捷键发出“直线”命令，连接内部正方形的对角线①→②、③→④，两条对角线相交于⑤，如图 3.186 所示。

（30）绘制塔顶的横断面。按 L 快捷键发出“直线”命令，按 A 快捷键发出“圆弧”命令，绘制出尺寸为如图 3.187 所示的塔顶横断面。

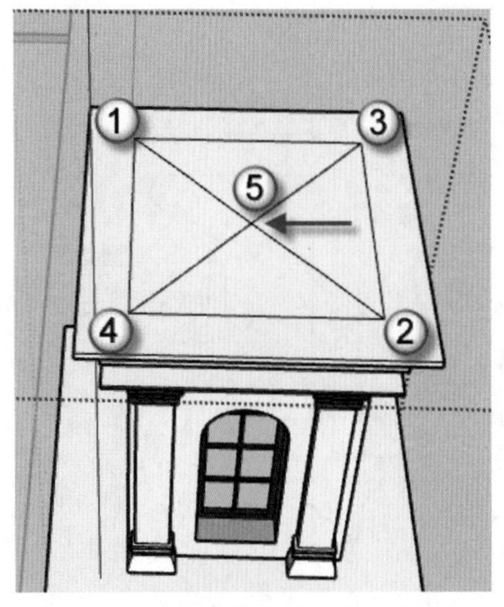

图 3.186　标出塔顶底面的中心点

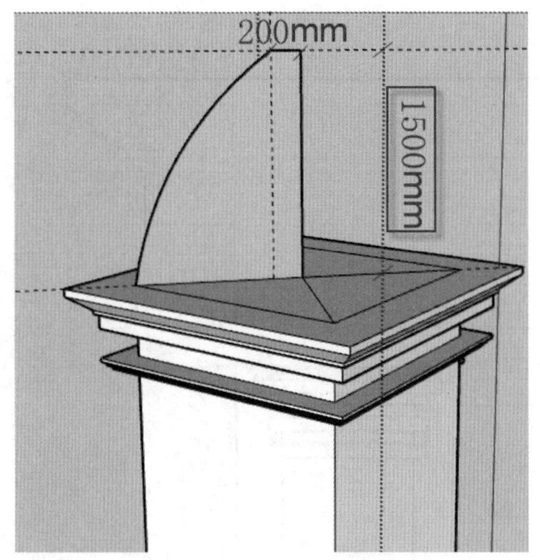

图 3.187　绘制塔顶的横断面

（31）删除塔楼底面多余的线。按 E 快捷键发出“删除”命令，删除塔楼底面上的①、②、③三条线，方便下一步的操作，如图 3.188 所示。

（32）路径跟随绘制塔楼的塔顶。选择“工具”|“路径跟随”命令，然后根据上一步画出的横断面，再以底部正方形的轮廓线为路径绘制出塔楼的塔顶，如图 3.189 所示。

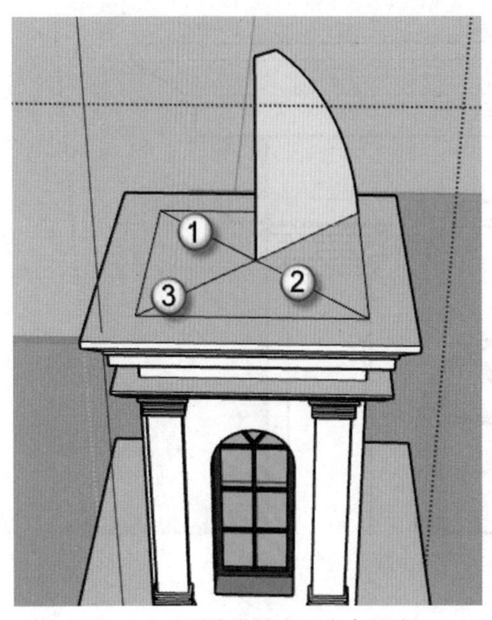

图 3.188　删除塔楼底面多余的线

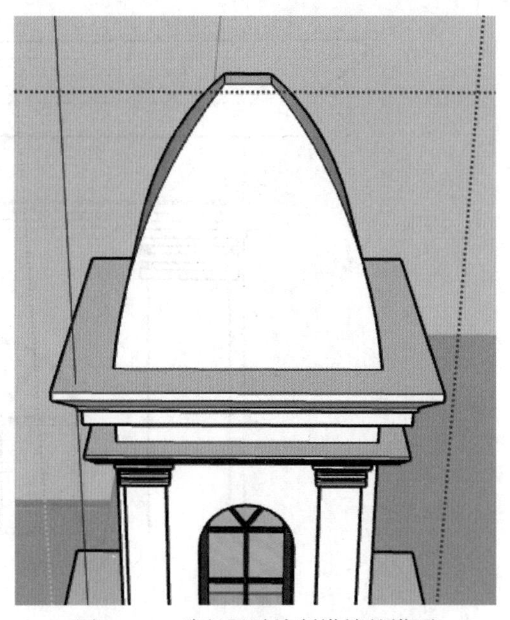

图 3.189　路径跟随绘制塔楼的塔顶

（33）绘制塔尖的辅助线。按 L 快捷键发出“直线”命令，连接塔顶正方形的对角线，得到中心点①，按 C 快捷键发出“圆”命令，以①点为圆心，80mm 为半径画出一个圆，如图 3.190 所示。

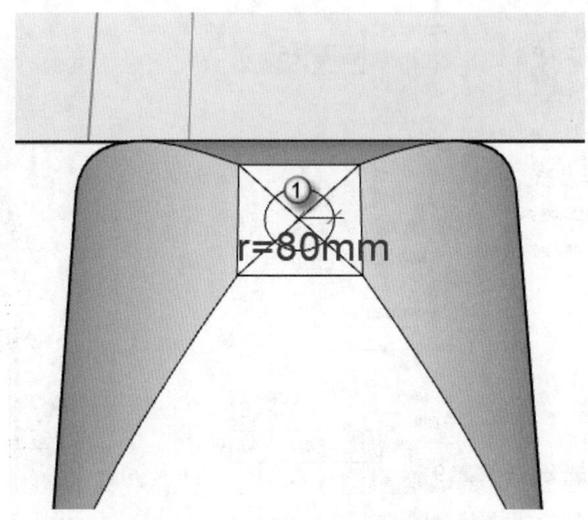

图 3.190　绘制塔尖的辅助线

（34）绘制塔顶的横断面。使用“直线”与“圆弧”工具，绘制出高为 550mm 的塔顶横断面，如图 3.191 所示。

（35）路径跟随绘制塔尖。选择“工具”|“路径跟随”命令，然后根据上一步绘制的横断面，以底部圆形的轮廓线为路径绘制出塔楼的塔尖，如图 3.192 所示。

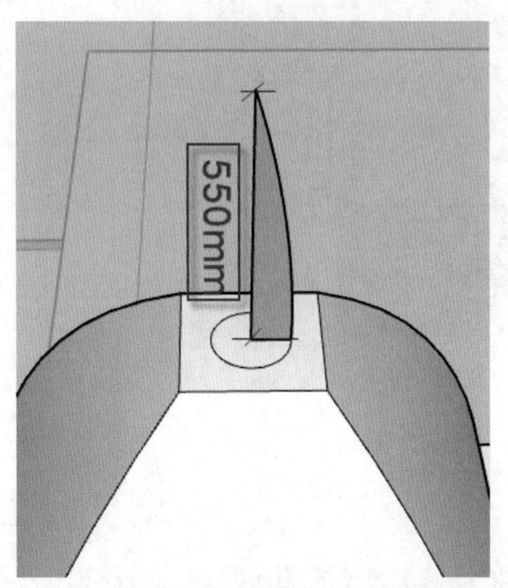

图 3.191　绘制塔顶的横断面

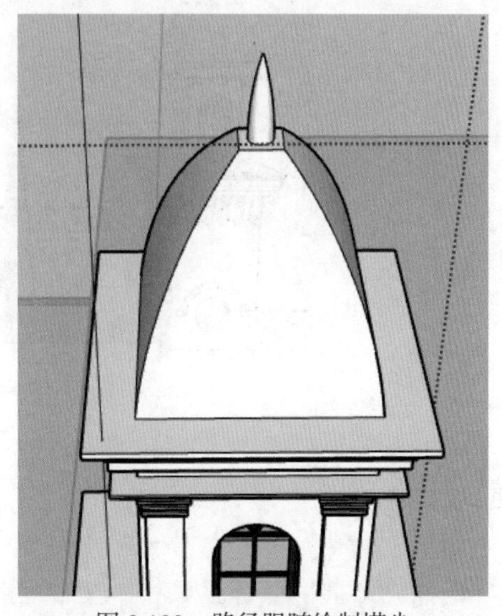

图 3.192　路径跟随绘制塔尖

（36）设置塔顶的颜色。按 B 快捷键发出“材质”命令，在“材料”卷展栏中选择“选择”选项卡，然后在下拉列表框中选择“颜色”材质，单击“创建材质”按钮，弹出“创建材质”对话框。在其中输入材质名称为“塔顶材质”，设置颜色为 R=0、G=204、B=204，拖曳“不透明”滑块至 100，单击“确定”按钮，如图 3.193 所示。

（37）赋予塔顶颜色。将上一步设置的颜色赋予相应的塔顶对象，如图 3.194 所示。

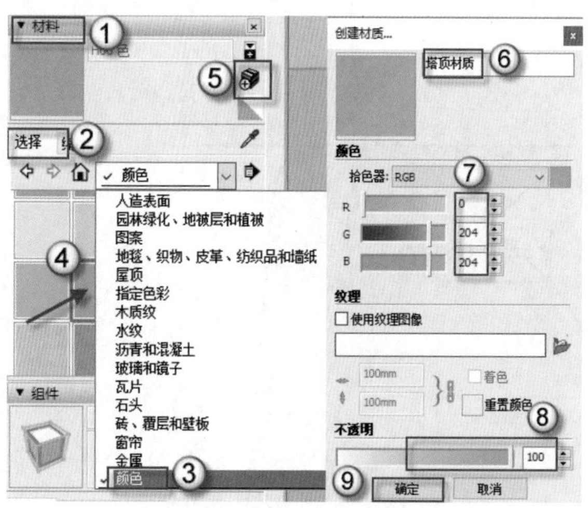

图 3.193 设置塔顶的颜色

图 3.194 赋予塔顶颜色

（38）复制右边的塔楼。按 M 快捷键发出“移动”命令，选中左边已经画好的塔楼组件，配合 Ctrl 键，将塔楼复制到右边，如图 3.195 所示。

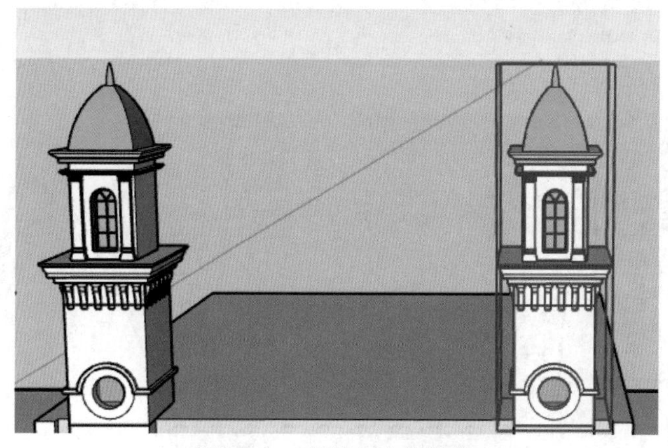
图 3.195 复制右边的塔楼

注意：

塔楼细化的细节较多，主要由窗户、装饰柱、塔尖三部分组成，在绘制窗户的时候要注意尺寸和材质的选择，在绘制装饰柱的时候要注意柱脚装饰的绘制，在创建组件的时候一定要确保面及其边界都被选上。

3.2.5 绘制窗户

法式建筑的窗户与现代窗不一致，亮子是半圆形，窗户的开启方式为平开窗，不设置突出的窗台。具体操作如下：

（1）绘制窗户的参考线。按T快捷键发出“卷尺”命令，拉出如图3.196所示的窗户参考线。

（2）绘制窗户轮廓线。按R快捷键发出“矩形”命令，按照箭头的方向绘制出矩形（①→④），按A快捷键发出“圆弧”命令，顺次单击①、②、③三个点绘制圆弧，如图3.197所示。

（3）删除多余的线。按E快捷键发出“删除”命令，删除线①使窗户成为一个整体，如图3.198所示。

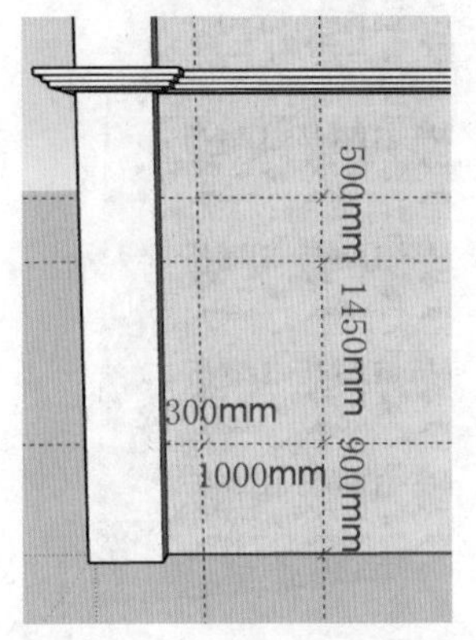

图3.196　绘制窗户的参考线

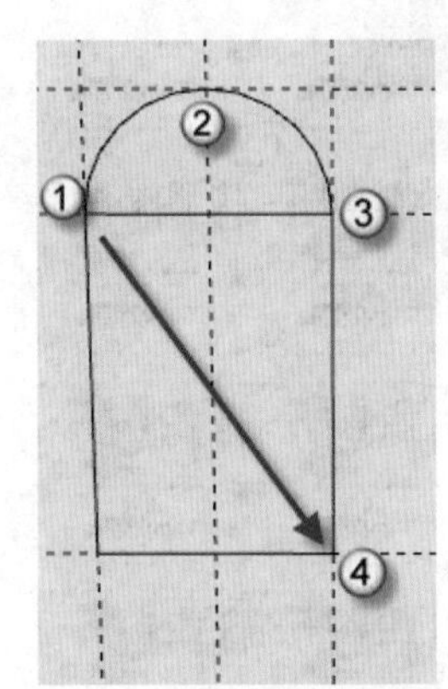

图3.197　绘制窗户轮廓线

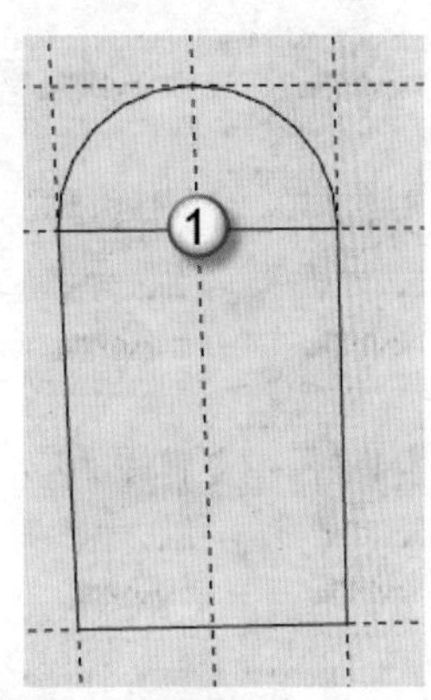

图3.198　删除多余的线

（4）创建主体窗户1的组件。三击窗户以选择全部对象，再右击对象，在弹出的快捷菜单中选择“创建组件”命令，弹出“创建组件”对话框。在“定义”栏中输入“主体窗户1”字样，取消“总是朝向相机”复选框的勾选，勾选“用组件替换选择内容”复选框，单击“创建”按钮完成组件的创建，如图3.199所示。

（5）绘制主体窗户。双击组件进入组件编辑模式，按P快捷键发出“推/拉”命令，单击窗并向内推，在数值输入框中输入200mm，按Enter键确认。然后右击对象，在弹出的快捷菜单中选择“删除”命令删除重复的面，如图3.200所示。

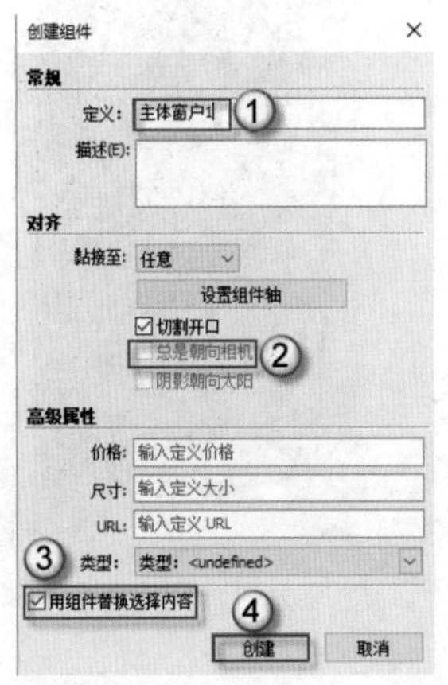

图3.199　创建主体窗户1的组件

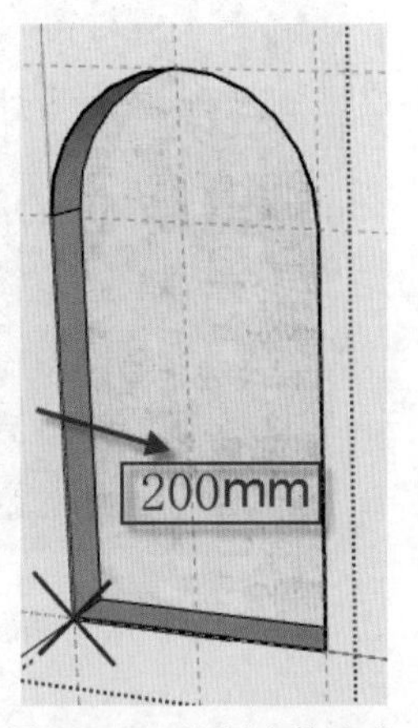

图3.200　绘制主体窗户

（6）设置窗框材质。按 B 快捷键发出“材质”命令，在“材料”卷展栏中选择“选择”选项卡，然后在下拉列表框中选择“颜色”材质，单击“创建材质”按钮，弹出“创建材质”对话框。在其中输入材质名称为“窗框 1”，设置颜色为 R=85、G=39、B=27，拖曳“不透明”滑块至 100，单击“确定”按钮，如图 3.201 所示。

（7）赋予窗框材质。将上一步设置的材质赋予相应的窗框对象，如图 3.202 所示。

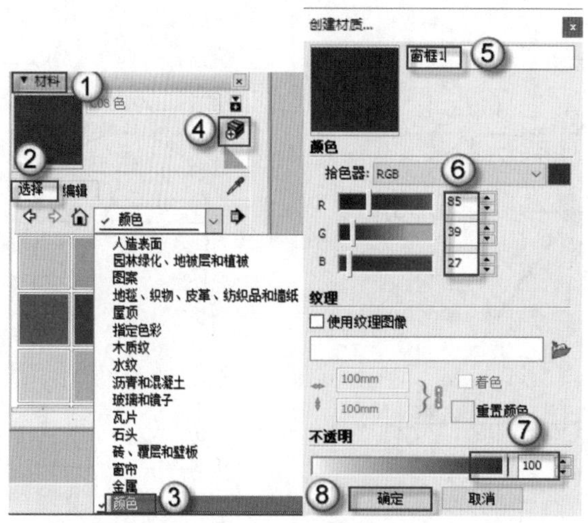

图 3.201　设置窗框材质

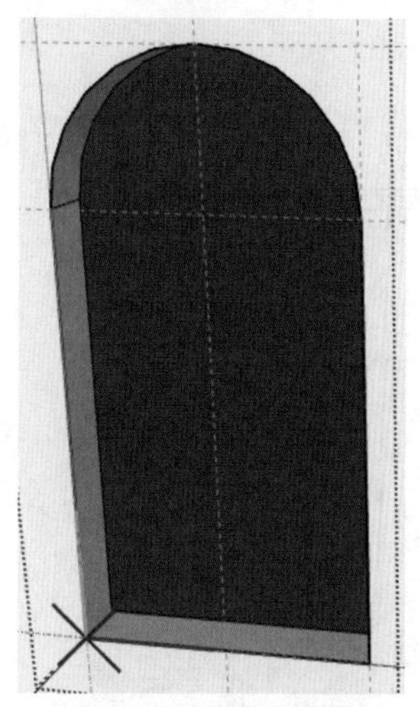

图 3.202　赋予窗框材质

（8）偏移出外部窗框。选择窗户，按 F 快捷键发出“偏移”命令，将窗户的轮廓线向内偏移 50mm，如图 3.203 所示。

（9）推出外部窗框。按 P 快捷键发出“推 / 拉”命令，将上一步绘制的窗户轮廓向内推 30mm 形成外部的窗框，如图 3.204 所示。

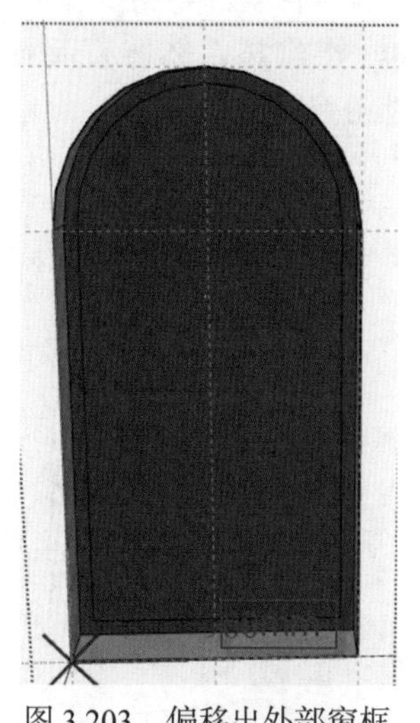

图 3.203　偏移出外部窗框

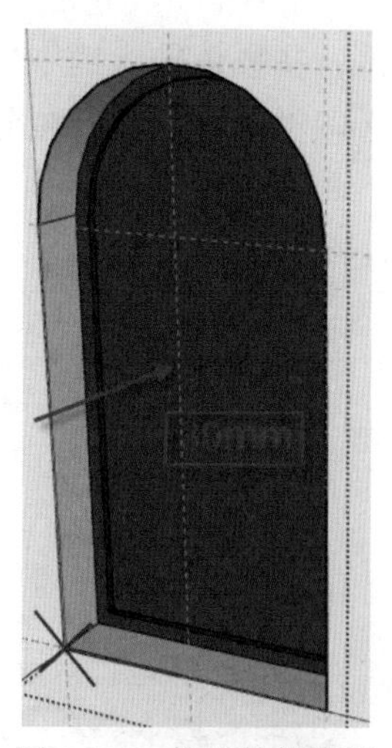

图 3.204　推出外部窗框

（10）绘制内部窗框的参考线。按 T 快捷键发出“卷尺”命令，绘制出内部窗框的参考

线，如图 3.205 所示。

（11）绘制内部窗框线。按 R 快捷键发出“矩形”命令，沿着参考线绘制出窗框线，然后按 L 快捷键发出“直线”命令，绘制相应的窗框线，如图 3.206 所示。

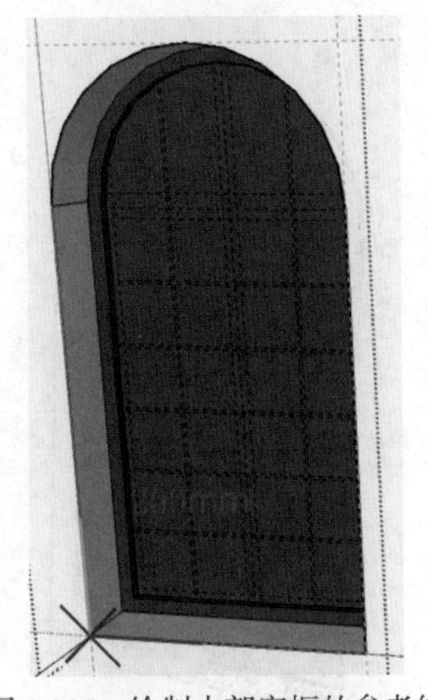
图 3.205　绘制内部窗框的参考线

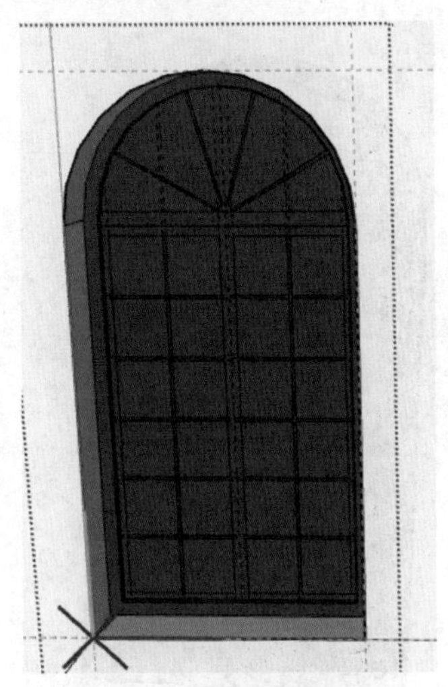
图 3.206　绘制内部窗框线

（12）推拉出内部窗框。按 P 快捷键发出“推 / 拉”命令，根据窗框线将窗户玻璃部分向内推出 20mm 的厚度，如图 3.207 所示。

（13）设置玻璃的材质。按 B 快捷键发出“材质”命令，在“材料”卷展栏中选择“选择”选项卡，然后在下拉列表框中选择“玻璃和镜子”材质，在出现的玻璃和镜子材质种类中选择“染色半透明玻璃”样式，单击“创建材质”按钮，弹出“创建材质”对话框。在其中输入材质名称为“玻璃”，设置颜色为 R=8、G=201、B=241，拖曳“不透明”滑块至 48，单击“确定”按钮，如图 3.208 所示。

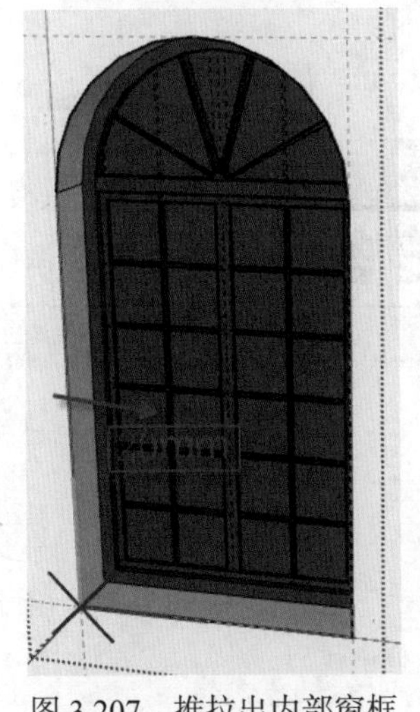
图 3.207　推拉出内部窗框

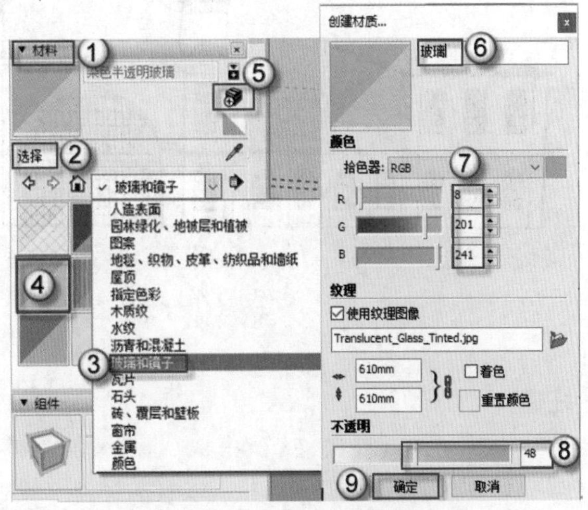

图 3.208　设置玻璃的材质

（14）赋予玻璃材质。将上一步设置材质赋予相应的玻璃对象，如图 3.209 所示。

（15）删除窗户部分的参考线。双击窗户进入组件编辑模式，选择“编辑”|“删除参考线”命令，然后按 E 快捷键发出“删除”命令，删除窗框中多余的参考线，如图 3.210 所示。

图 3.209　赋予玻璃材质

图 3.210　删除窗框中多余的参考线

（16）绘制窗户。其余尺寸窗户的绘制，参照上述步骤即可。同尺寸的窗户可以复制。选择窗户，按 M 快捷键发出“移动”命令，配合 Ctrl 键，将窗户复制到相应的位置，效果如图 3.211 所示。

图 3.211　绘制窗户

注意：

模型中窗户的数量较多，在绘制的时候要注意窗户的尺寸和类型，同尺寸的窗户可以通过复制来完成，因此在开始绘制的时候要先创建组件。

3.2.6　绘制屋顶

大智门火车站的屋顶类似于中国建筑中的盝顶，屋顶的上部是平顶，四周为四坡屋顶，颜色为绿色，具体操作如下：

（1）偏移出屋顶底面。双击选中最左边的建筑顶面，按F快捷键发出“偏移”命令，将建筑顶面的轮廓线向内偏移800mm，如图3.212所示。

（2）创建屋顶组件。双击上一步生成的矩形以选择矩形面及其边界线，右击对象，在弹出的快捷菜单中选择“创建组件”命令，弹出“创建组件”对话框。在“定义”栏中输入“屋顶1”字样，取消“总是朝向相机”复选框的勾选，勾选“用组件替换选择内容”复选框，单击“创建”按钮完成组件的创建，如图3.213所示。

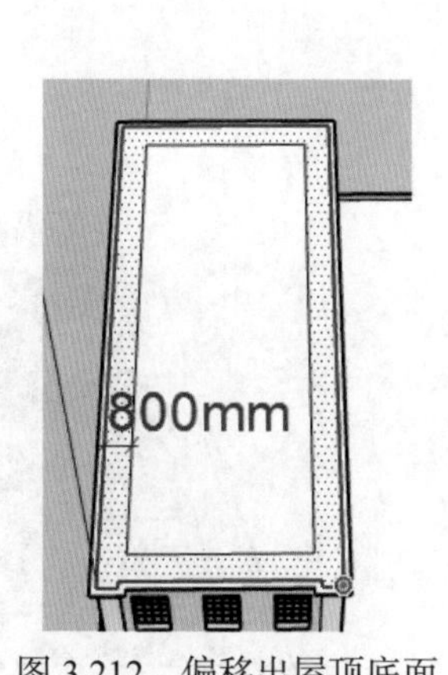

图3.212　偏移出屋顶底面

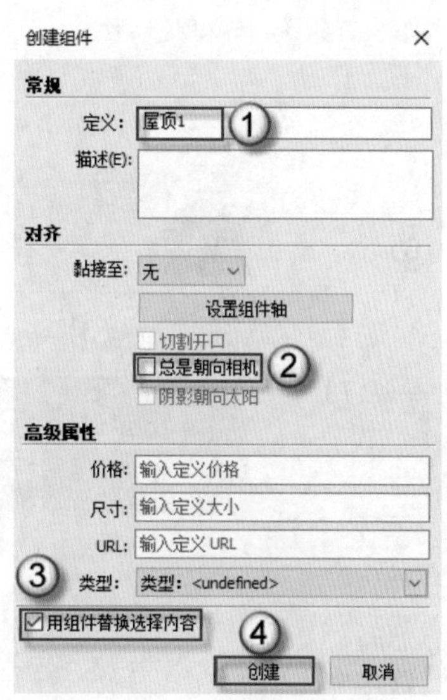

图3.213　创建屋顶组件

（3）绘制屋顶造型线。按T快捷键发出“卷尺”命令，将上一步偏移出的矩形短边向内退1200mm、长边向内退800mm作为屋顶造型线的参考线，然后按L快捷键发出“直线”命令，按R快捷键发出“矩形”命令，在屋顶平面上绘制出屋顶的造型线，然后连接两个矩形的四个对角线，如图3.214所示。

（4）拉伸屋顶。双击屋顶造型面，按M快捷键发出“移动”命令，沿蓝轴向上拉伸2800mm，如图3.215所示。

（5）设置屋顶的材质。按B快捷键发出“材质”命令，在“材料”卷展栏中选择“选择”选项卡，然后在下拉列表框中选择“屋顶”材质，在出现的屋顶材质种类中选择“西班牙式屋顶瓦”样式，单击“创建材质”按钮，弹出“创建材质”对话框。在其中输入材质名称为“屋顶”，设置颜色为R=44、G=136、B=138，拖曳“不透明”滑块至100，单击“确定”按钮，如图3.216所示。

（6）赋予屋顶材质。将上一步设置的材质赋予相应的屋顶对象，如图3.217所示。

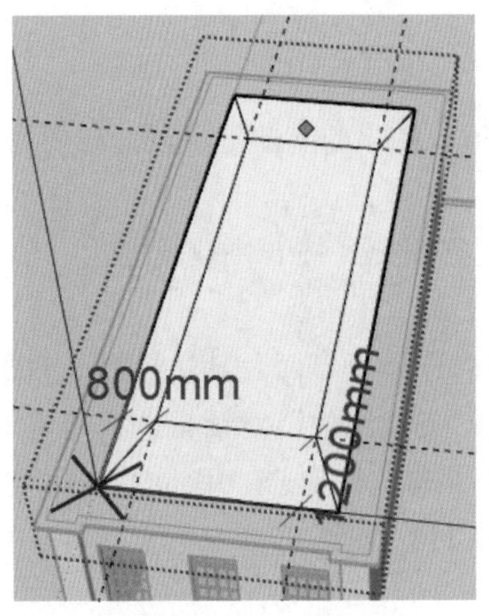

图 3.214　绘制屋顶造型线

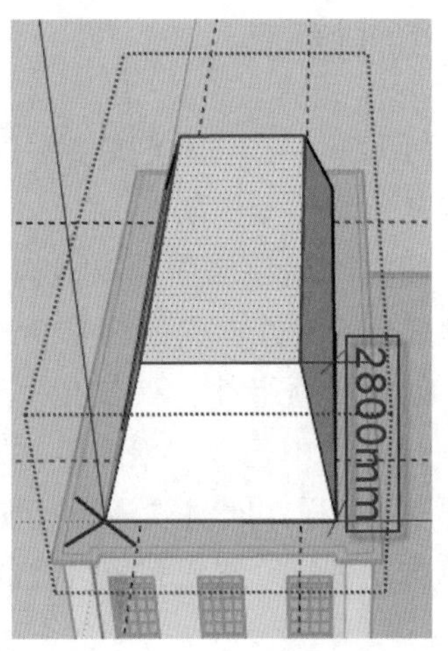

图 3.215　拉伸屋顶

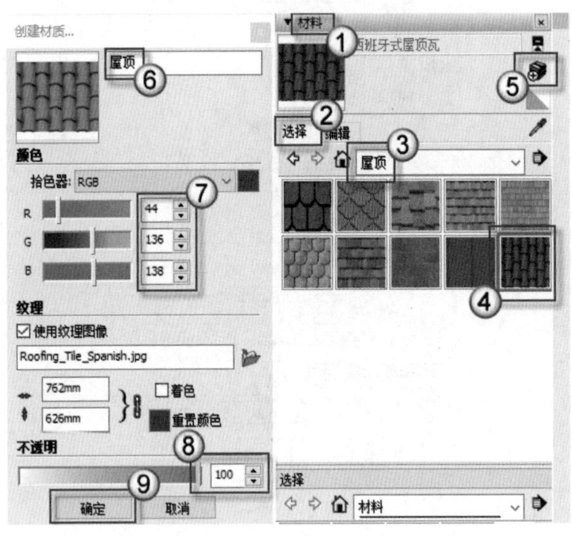

图 3.216　设置屋顶的材质

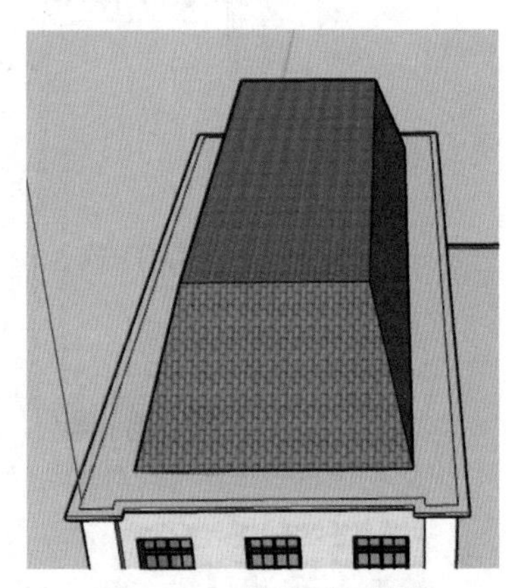
图 3.217　赋予屋顶材质

（7）绘制左边一层的屋顶轮廓线。按 L 快捷键发出“直线”命令，补齐线①，使屋顶平面是一个矩形，如图 3.218 所示。

（8）偏移出屋顶底面。双击选中建筑顶面②，按 F 快捷键发出“偏移”命令，将建筑顶面的轮廓线向内偏移 400mm，如图 3.219 所示。

（9）创建屋顶组件。双击偏移出的屋顶底面矩形以选择矩形面及其边界线，右击对象，在弹出的快捷菜单中选择“创建组件”命令，弹出“创建组件”对话框。在“定义”栏中输入“屋顶 2”字样，取消“总是朝向相机”复选框的勾选，勾选“用组件替换选择内容”复选框，单击“创建”按钮完成组件的创建，如图 3.220 所示。

（10）绘制屋顶造型线。按 L 快捷键发出“直线”命令，在屋顶平面上绘制出屋顶的造型线，如图 3.221 所示。

图 3.218　绘制左边一层的屋顶轮廓线

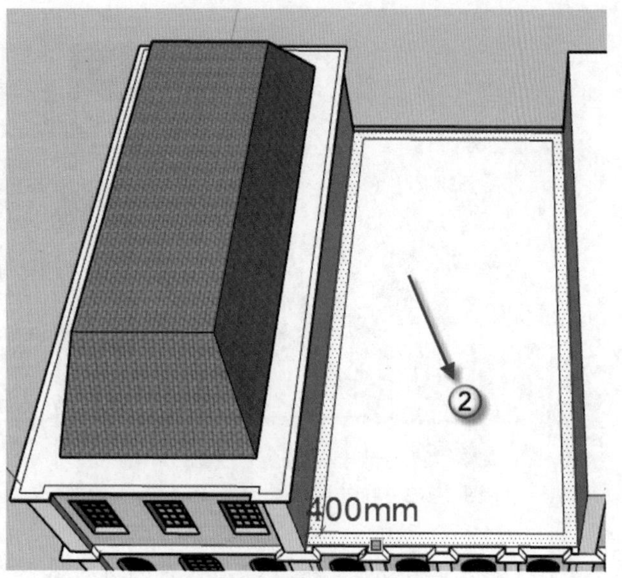

图 3.219　偏移出屋顶底面

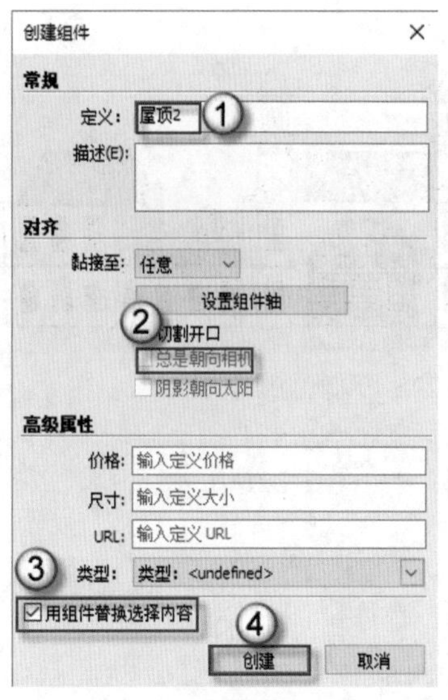

图 3.220　创建屋顶组件

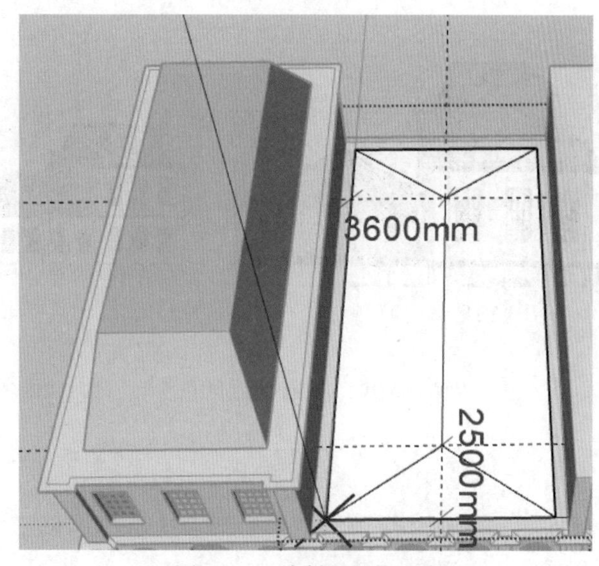

图 3.221　绘制屋顶造型线

（11）拉伸屋顶。选择屋顶造型线中间的一条直线，按 M 快捷键发出“拉伸”命令，沿蓝轴向上拉伸 2600mm，如图 3.222 所示。

（12）设置屋顶的材质。按 B 快捷键发出“材质”命令，在“材料”卷展栏中选择“选择”选项卡，然后在下拉列表框中选择“屋顶”材质，在出现的屋顶材质种类中选择“西班牙式屋顶瓦”样式，单击“创建材质”按钮，弹出“创建材质”对话框。在其中输入材质名称为“屋顶 1”，设置颜色为 R=138、G=64、B=36，拖曳“不透明”滑块至 100，单击“确定”按钮，如图 3.223 所示。

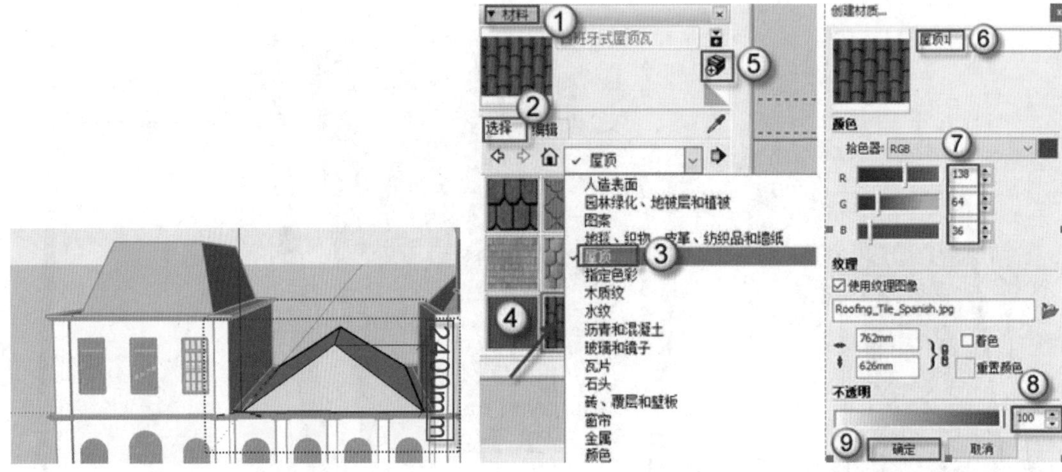

图 3.222　拉伸屋顶　　　　图 3.223　设置屋顶的材质

（13）赋予屋顶材质。将上一步设置的材质赋予相应的屋顶对象，如图 3.224 所示。

（14）屋顶的绘制。右边的屋顶可以通过复制左侧的屋顶而得到。按 M 快捷键发出“移动”命令，配合 Ctrl 键，复制左侧屋顶并将其移动到右边合适的位置，如图 3.225 所示。

图 3.224　赋予屋顶材质　　　　图 3.225　屋顶的绘制

（15）添加外部环境。加上相应的配景，打开光影效果，如图 3.226 所示。

图 3.226　添加外部环境

注意：

在绘制屋顶的时候，要根据屋顶的类型绘制屋顶的造型线。另外，在拉伸屋顶造型线的时候要确保是沿蓝轴垂直向上。

3.3　南京中央饭店的绘制

南京中央饭店建于 20 世纪 20 年代末，占地面积 5650m^2，建筑面积 10057m^2。1930 年 1 月，南京中央饭店正式开业。饭店的各种设备应有尽有，除了可供住宿外，还设有中西菜社、弹子房、理发馆等，是三四十年代南京少有的高档服务休闲场所。

3.3.1　拉出主体尺寸及确定大体尺寸

南京中央饭店的平面图很简单，就是一个矩形，因此用矩形→推拉的方式来建模，具体操作如下：

（1）绘制矩形。按 R 快捷键发出“矩形”命令，以系统原点为起点拉出一个 53800mm × 19500mm 的矩形，如图 3.227 所示。

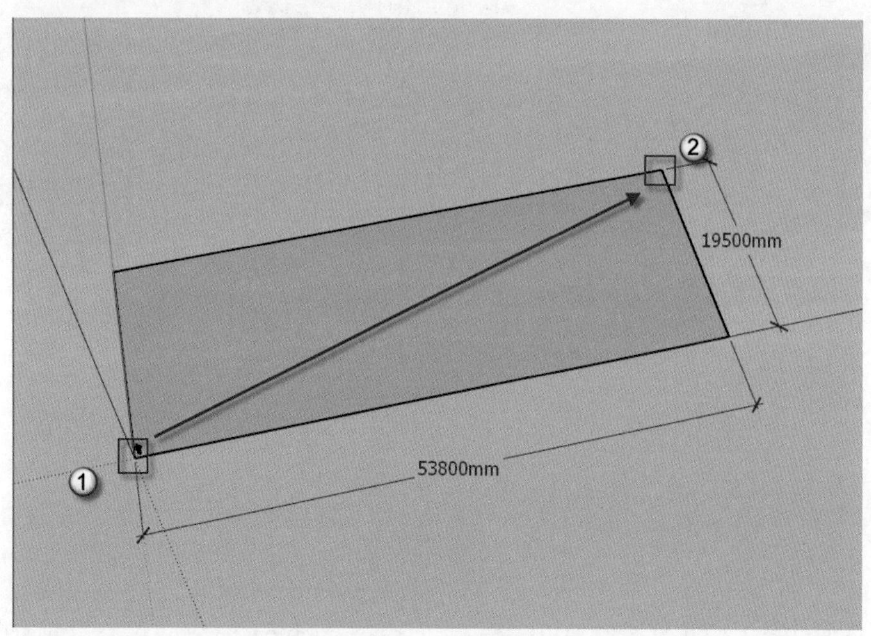

图 3.227　绘制矩形

（2）拉伸一层。按 P 快捷键发出“推 / 拉”命令，将绘制的面向上拉伸 3500mm 的距离，如图 3.228 所示，得到一层的立体模型。

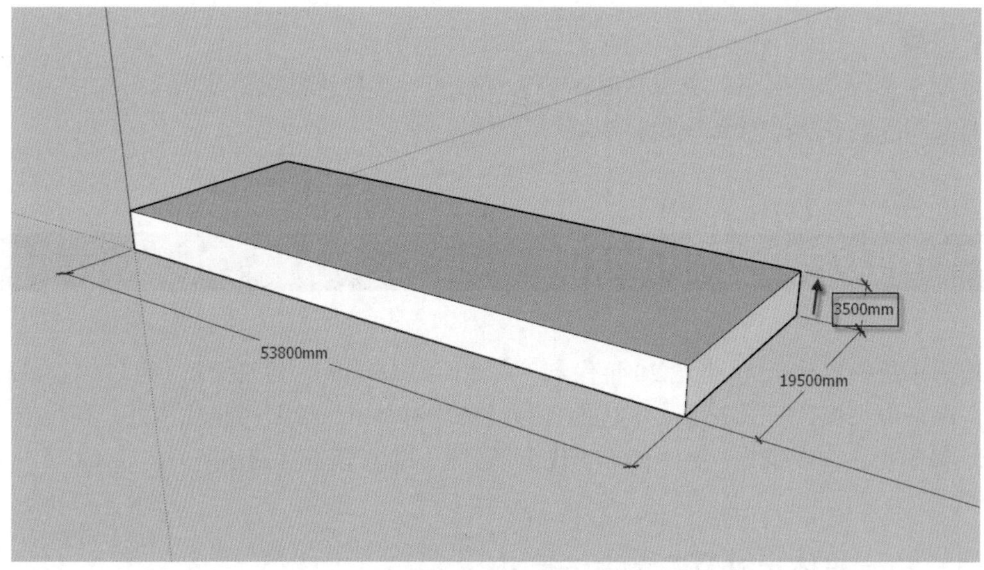

图 3.228　拉伸一层

（3）拉伸二层。按 P 快捷键发出“推 / 拉”命令，配合 Ctrl 键，将绘制的面向上拉伸 3000mm 的距离得到二层的立体模型，如图 3.229 所示。

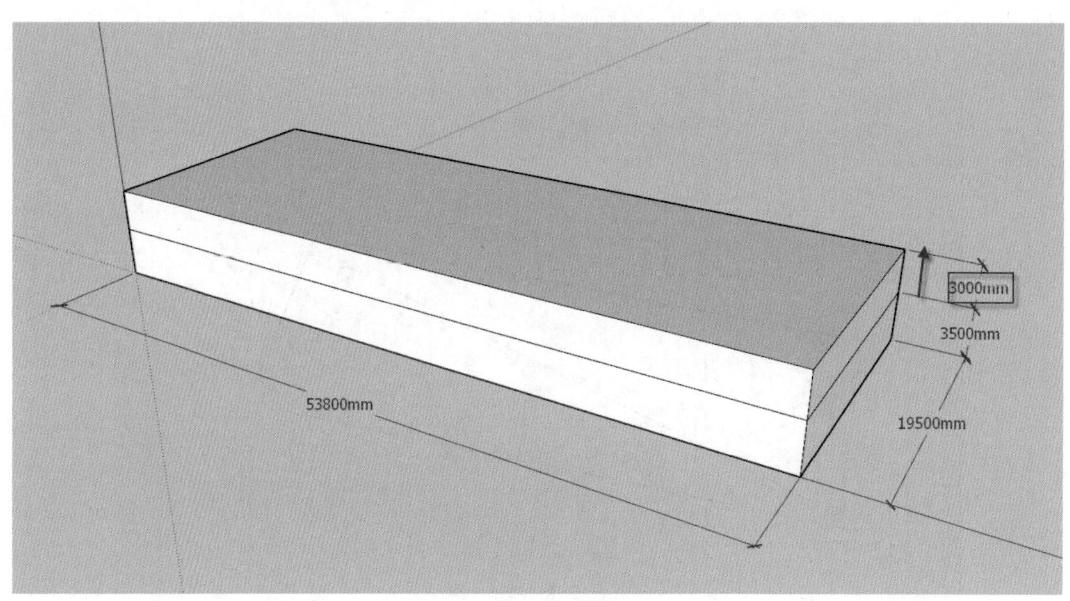

图 3.229　拉伸二层

（4）拉伸三层。按 P 快捷键发出“推 / 拉”命令，配合 Ctrl 键，将绘制的面向上拉伸 3000mm 的距离，得到三层的立体模型，如图 3.230 所示。

（5）拉伸屋檐。按 P 快捷键发出“推 / 拉”命令，配合 Ctrl 键，将绘制的面向上拉伸 800mm 的距离，得到屋檐的立体模型，如图 3.231 所示。

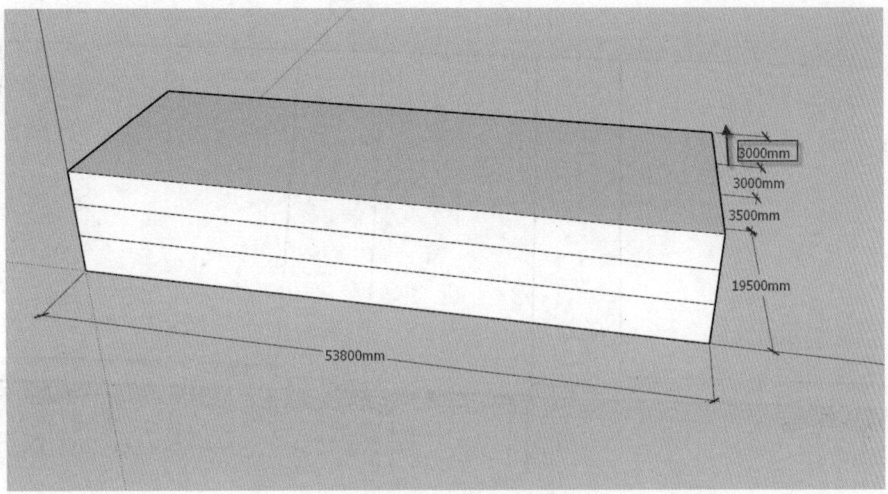

图 3.230　拉伸三层

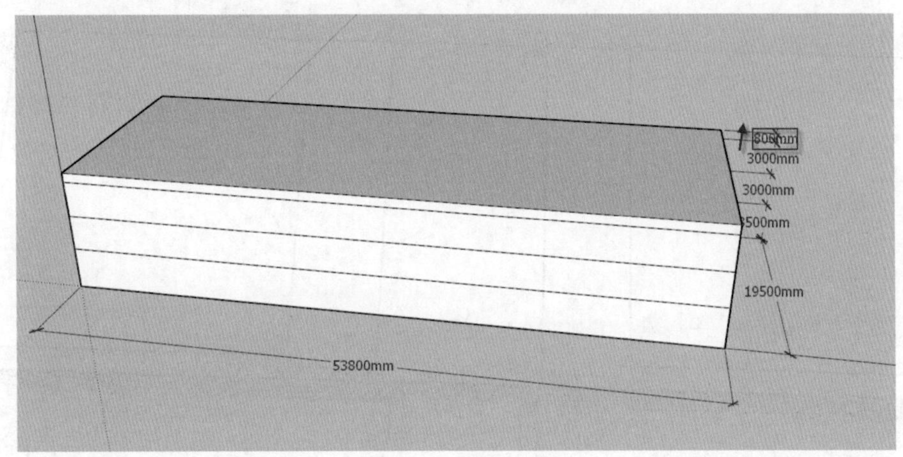

图 3.231　拉伸屋檐

（6）拉伸屋檐。将檐的立体模型的各个面全部选中，再右击选中的模型，在弹出的快捷菜单中选择“创建组件”命令，弹出“创建组件”对话框。在“定义”栏中输入“屋檐”字样，勾选“用组件替换选择内容”复选框，单击“创建”按钮完成组件的创建，如图 3.232 所示。

（7）连接屋顶水平线。按 L 快捷键发出“直线”命令，连接模型的①和②两个端点并按照红线形状进行绘制，如图 3.233 所示。

（8）连接屋顶竖直线。按 L 快捷键发出“直线”命令，连接模型的①→②、③→④、⑤→⑥、⑦→⑧几处端点，如图 3.234 所示。

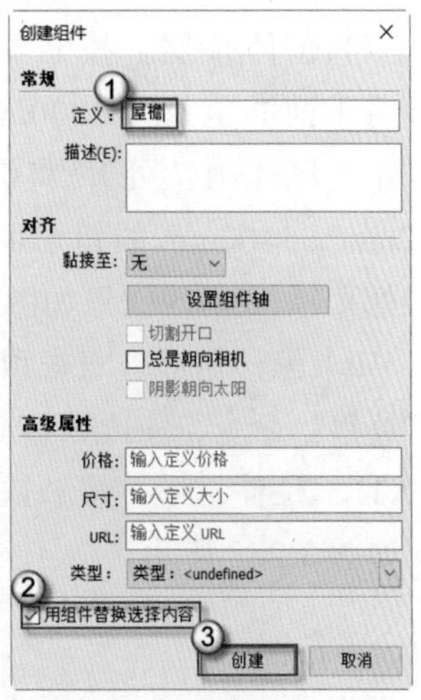

图 3.232　创建屋檐组件

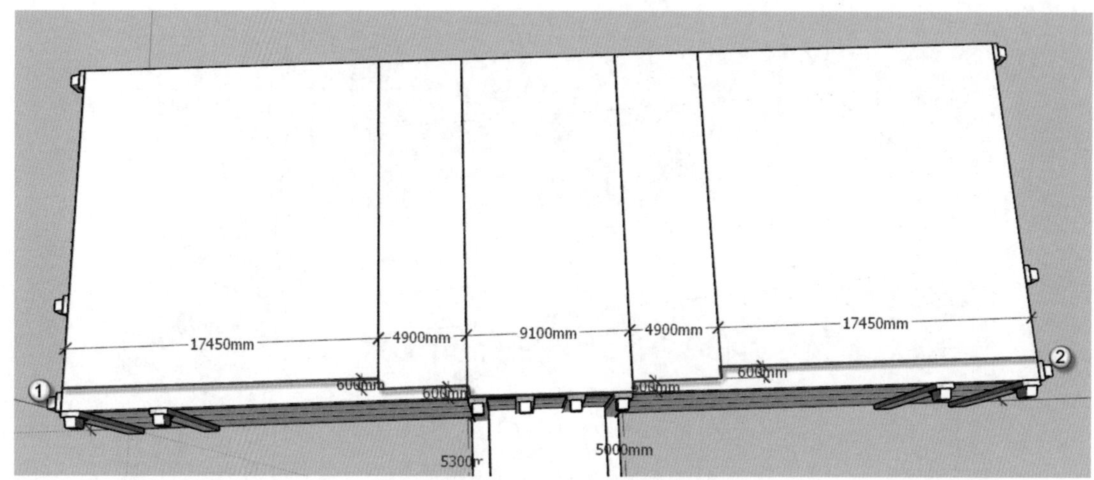

图 3.233　连接屋顶水平线

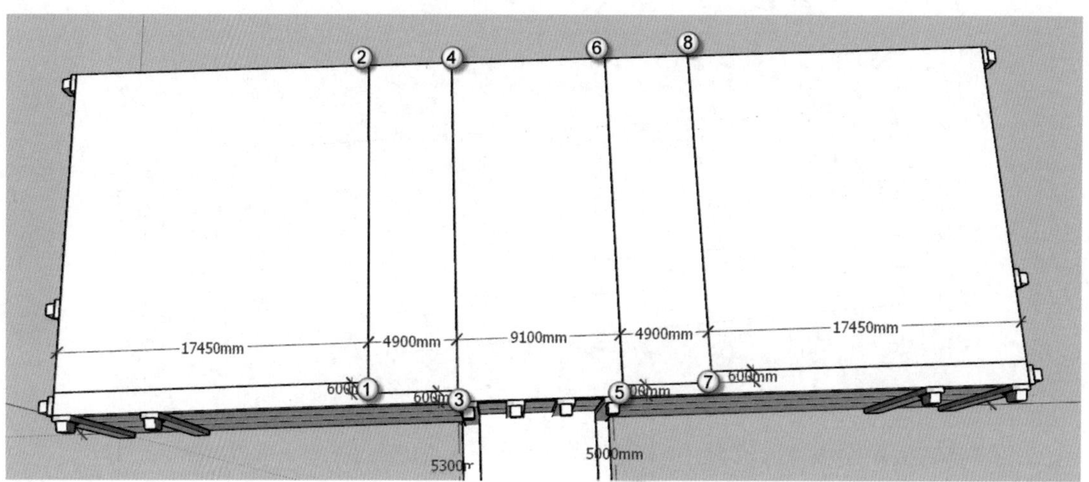

图 3.234　连接屋顶竖直线

（9）拉伸顶层。按 P 快捷键对①～⑤所在的面发出“推 / 拉”命令，如图 3.235 所示。将①面向上拉伸 2800mm 的距离（标注尺寸为⑥处），将②面向上拉伸 3300mm 的距离（标注尺寸为⑦处），将③面向上拉伸 3800mm 的距离（标注尺寸为⑧处），绘制一个 4300mm × 5400mm 的矩形面（图中⑨处），并将⑨面向上拉伸 5200mm 的距离（标注尺寸为⑩处），完成后的效果如图 3.236 所示。

（10）偏移矩形。双击顶层组件进入编辑模式。选择中间长方体的顶面，按 F 快捷键发出“偏移”命令，往内偏移 600mm，如图 3.237 所示。

（11）拉伸矩形。按 P 快捷键发出“推 / 拉”命令，将绘制的面向上拉伸 1600mm 的距离，如图 3.238 所示。

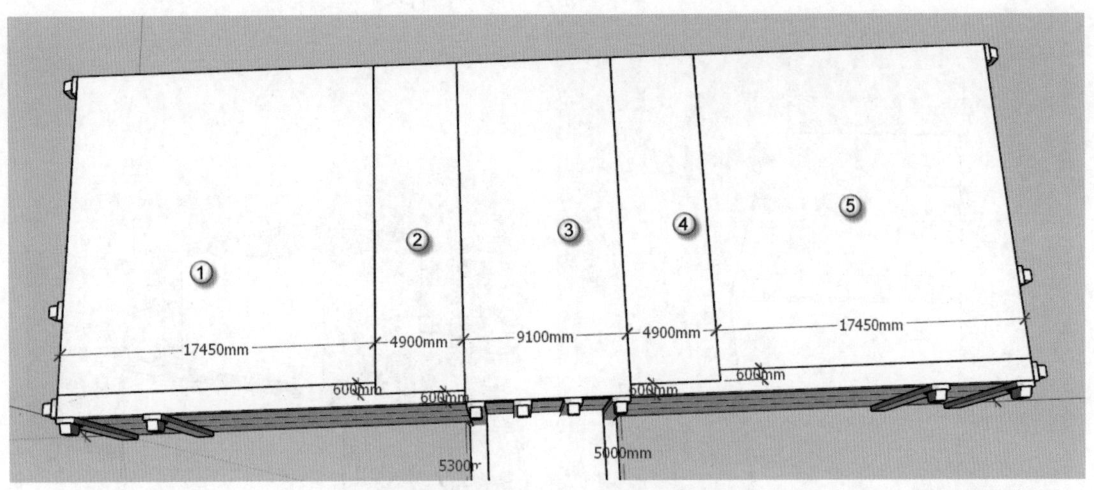

图 3.235　拉伸顶层

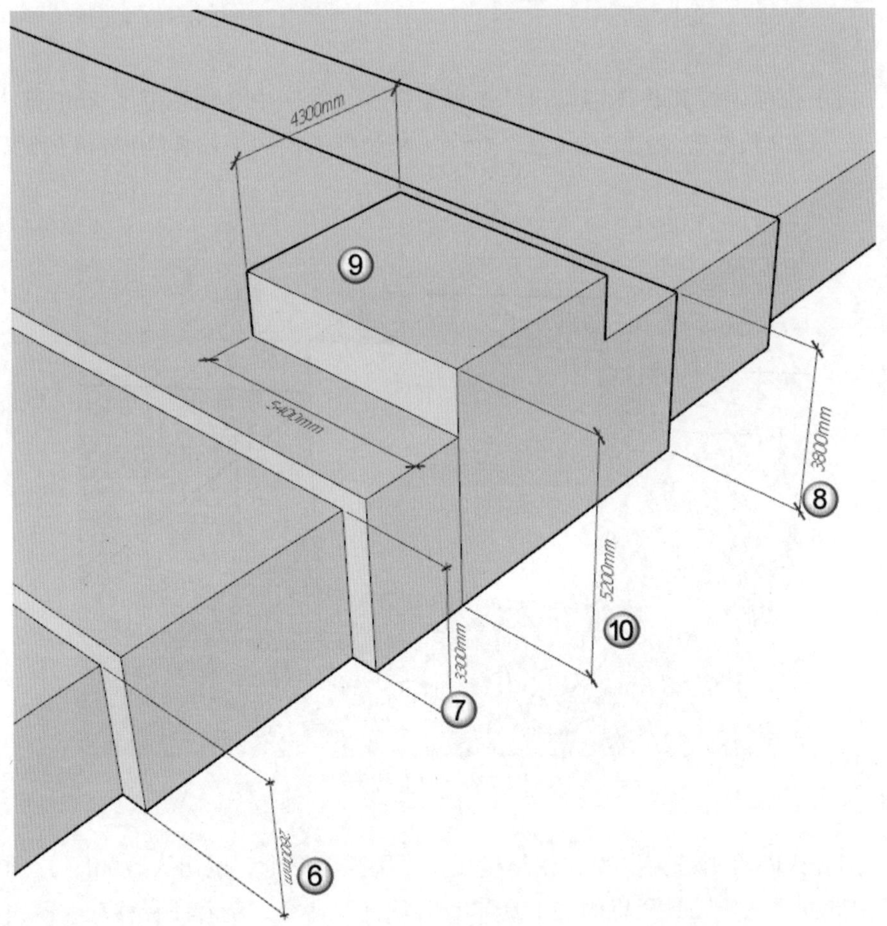

图 3.236　拉伸顶层

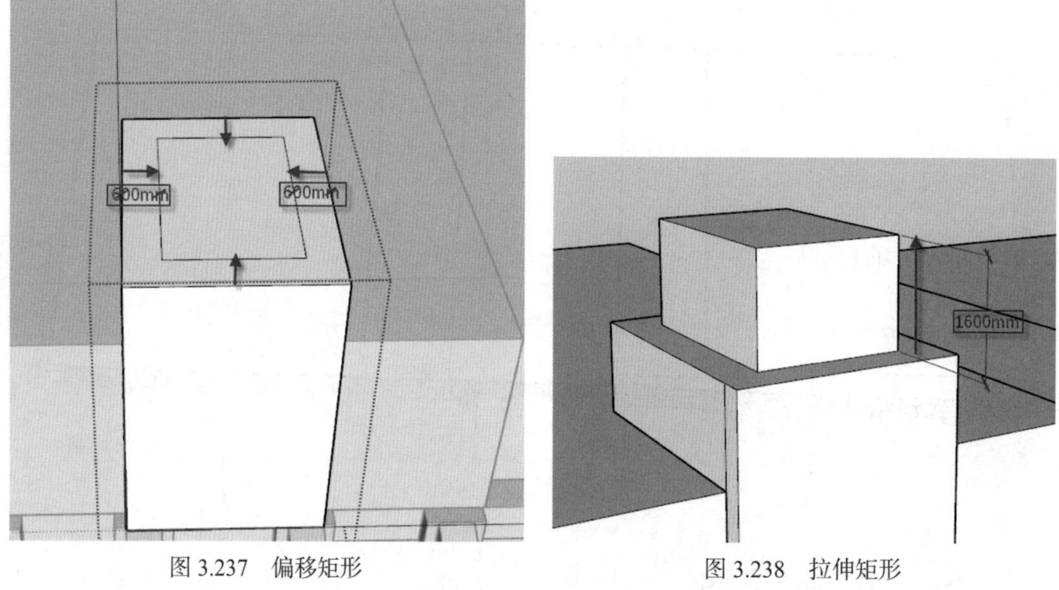

图 3.237　偏移矩形　　　图 3.238　拉伸矩形

（12）向上拉伸。按 R 快捷键发出“矩形”命令，在图中心画出一个 800mm × 800mm 大小的矩形，按 P 快捷键发出“推 / 拉”命令，将绘制的面向上拉伸 700mm 的距离，如图 3.239 所示。

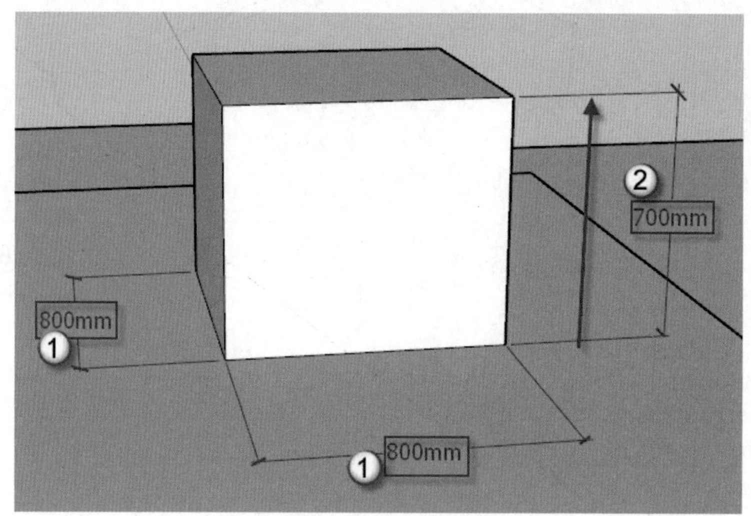

图 3.239　向上拉伸

（13）路径跟随绘制塔尖。按 A 快捷键发出“圆弧”命令，画出大致如图 3.240 所示的圆弧。单击此面，选择工具栏里的“工具”|“路径跟随”命令，绕着路径移动一圈完成操作。

（14）绘制塔尖。选择顶部平面，按 P 快捷键发出“推 / 拉”命令，将绘制的面向上拉伸 4000mm 的距离。按 A 快捷键发出“圆弧”命令，画出大致的圆弧。选择这个面，绕着路径移动一圈完成操作，如图 3.241 所示。

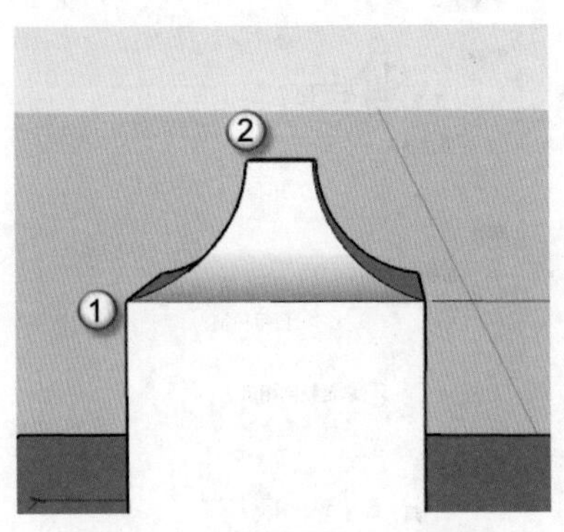

图 3.240　绘制塔尖的弧形

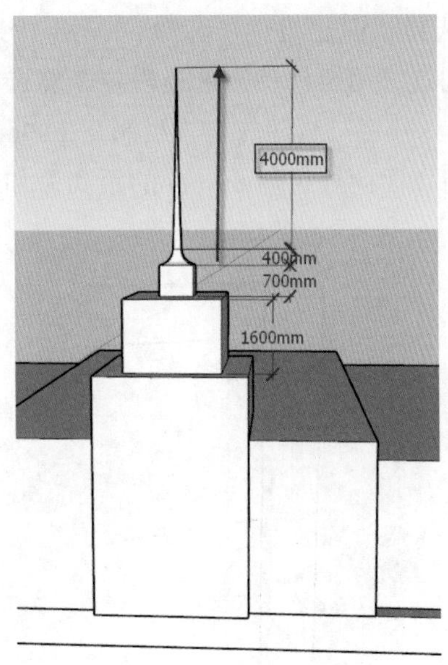

图 3.241　绘制塔尖

注意：

在复制楼层时要注意各楼层之间上下是否对齐，检查各楼层之间的构件是否有重复或者遗漏的情况。

3.3.2　墙体的细化

本节主要介绍墙面的一些装饰构件的建模，这些装饰构件代表了民国建筑的特点。构件虽然小，但绘制起来有些烦琐，具体操作如下：

（1）绘制墙体装饰。按 R 快捷键发出“矩形”命令，在图中心画出一个 1000mm × 10300mm 大小的矩形，按 P 快捷键发出“推 / 拉”命令，将绘制的面向外拉伸 300mm 的距离，如图 3.242 所示。将长方体的各个面全部选中，再右击选中的模型，在弹出的快捷菜单中选择“创建组件”命令，弹出“创建组件”对话框。在“定义”栏中输入“墙体装饰”字样，勾选“用组件替换选择内容”复选框，单击“创建”按钮完成组件的创建，如图 3.243 所示。

（2）设置墙体材质。按 B 快捷键发出“材质”命令，在“材料”卷展栏中单击“创建材质”按钮，在弹出的“创建材质”对话框中输入材质名称为“灰色面砖”，勾选“使用纹理图像”复选框，在弹出的“选择图像”对话框中选择“1.jpg”图片，单击“打开”按钮，再单击“确定”按钮，如图 3.244 所示。

（3）完善墙体装饰。双击组件进入组件编辑模式。按 R 快捷键发出“矩形”命令，画出 600mm × 1200mm 大小的矩形，并让其中点与长方体的中点重合。按 P 快捷键发出“推 / 拉”命令，将绘制的面向外拉伸 500mm 的距离。右击刚画出的小长方体，在弹出的快捷菜单中选择“创建组件”命令，弹出“创建组件”对话框。在“定义”栏中输入“小品”字样，勾选“用组件替换选择内容”复选框，单击“创建”按钮完成组件创建，如图 3.245 所示。在“小品”组件的上方绘制出 600mm × 600mm 的正方形。按 P 快捷键发出“推 / 拉”命令，将该面向外拉伸 80mm 的距离，如图 3.246 所示。

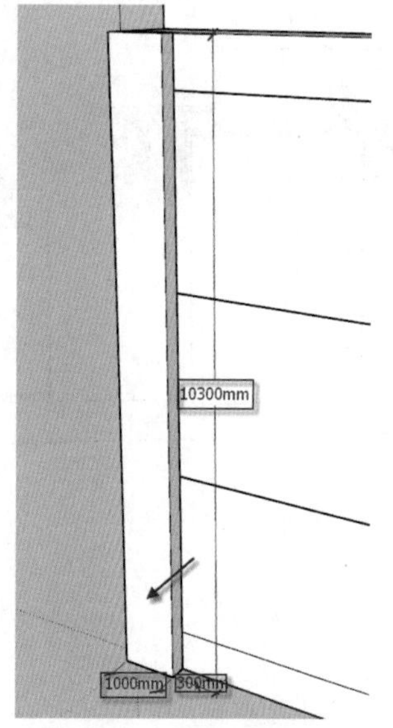

图 3.242　绘制墙体装饰

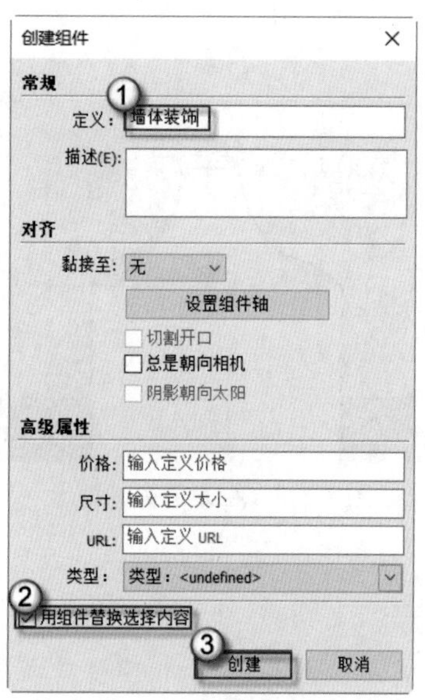

图 3.243　编辑墙体装饰组件

图 3.244　设置墙体材质

（4）绘制弧线。在小品的底部按 R 快捷键发出“矩形”命令，画出 600mm × 600mm 大小的矩形。在矩形的下方按 A 快捷键发出“圆弧”命令，按照①至②的距离画出大致的圆弧，如图 3.247 所示。

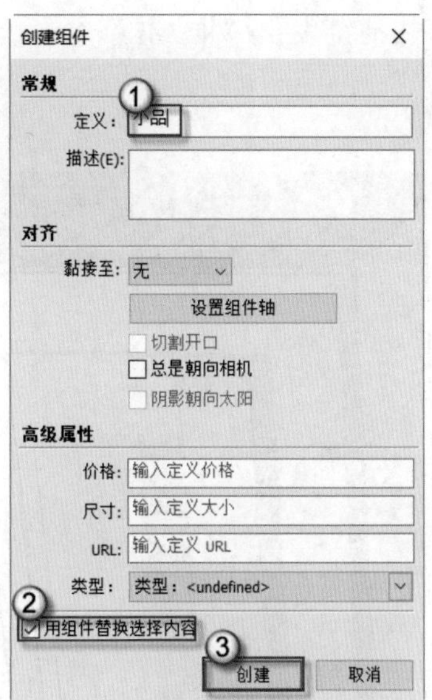

图 3.245　创建组件

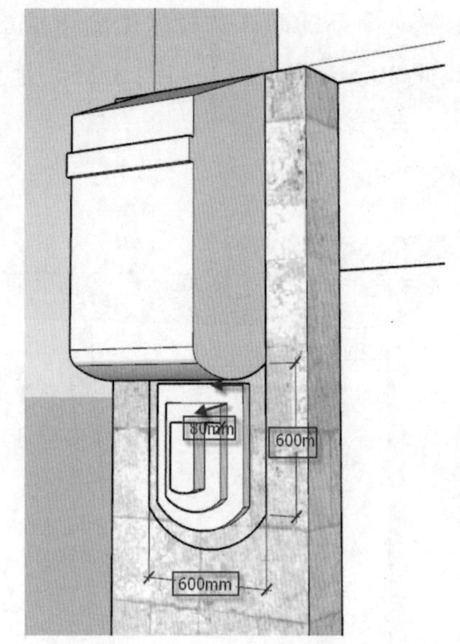

图 3.246　完善墙体装饰

（5）向内偏移。选中上一步生成的面，按 F 快捷键发出“偏移”命令，往内偏移 80mm 生成一个新的面。选择这个新的面，按 P 快捷键发出“推 / 拉”命令，将绘制的面向外拉伸 80mm 的距离，如图 3.248 所示。

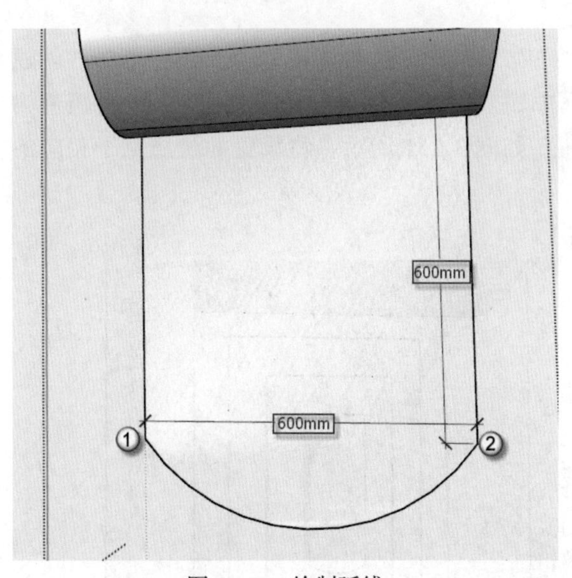

图 3.247　绘制弧线

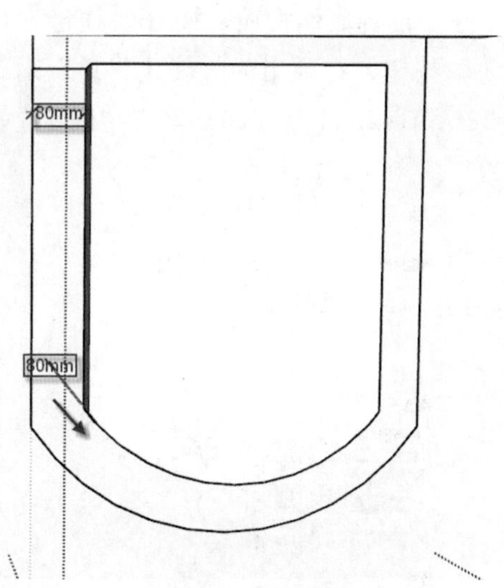

图 3.248　向内偏移

（6）向外拉伸。单击上一步生成的面，按 F 快捷键发出“偏移”命令，往内偏移 80mm 生成一个新的面。选择新生成的这个面，按 P 快捷键发出“推 / 拉”命令，将绘制的面向外拉伸 80mm 的距离，如图 3.249 所示。

（7）再次向外拉伸。单击上一步生成的面，按 F 快捷键发出“偏移”命令，往内偏移

80mm 生成一个新的面。选择这个新生成的面，按 P 快捷键发出“推 / 拉”命令，将绘制的面向外拉伸 80mm 的距离，如图 3.250 所示。

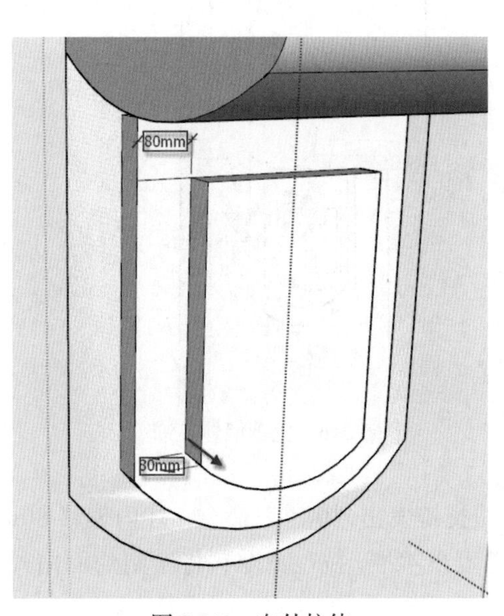

图 3.249　向外拉伸

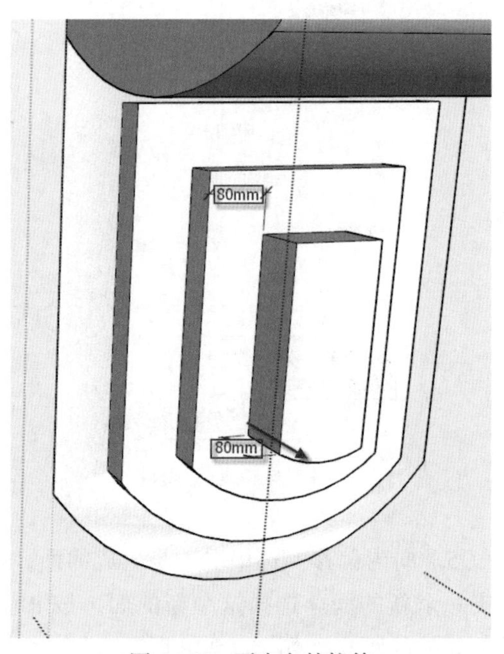

图 3.250　再次向外拉伸

（8）设置墙体材质。按 B 快捷键发出“材质”命令，在“材料”卷展栏中单击“创建材质”按钮，在弹出的“创建材质”对话框中输入材质名称为“灰色墙面”，设置颜色为 R=226、G=226、B=226，单击“确定”按钮，如图 3.251 所示。将设置的材质赋予相应的对象，如图 3.252 所示。

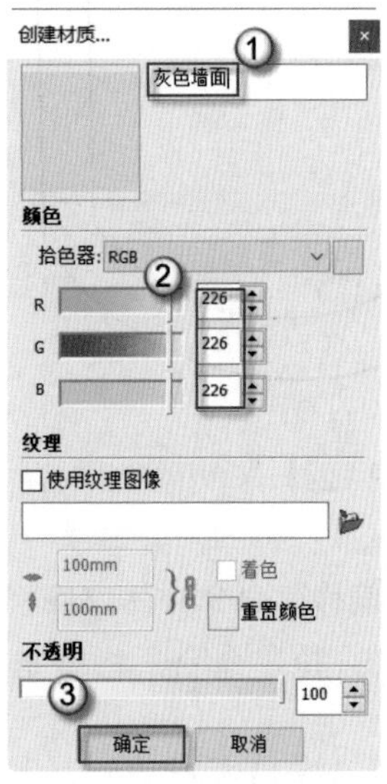

图 3.251　设置墙体材质

图 3.252　赋予材质

（9）绘制定位轴线。按 T 快捷键发出“卷尺”命令，在模型的正面绘制如图 3.253 所示的 8 条定位线（图中①、②、③、④、⑤、⑥、⑦、⑧）。

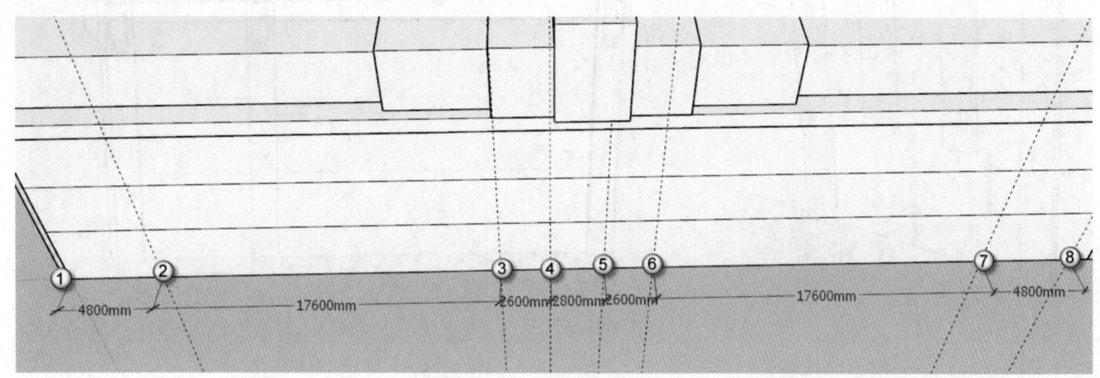

图 3.253　绘制定位轴线

（10）绘制正立面墙体装饰。如图 3.254 所示，选中墙体装饰组件，单击左下角基点，将其复制到定位轴线的相交点，如图 3.255 所示。

（11）向上推拉正立面墙体装饰。单击①、②处两个墙体装饰组件，按 P 快捷键发出“推 / 拉”命令，将该组件的底面向上推 3500mm 的距离，如图 3.256 所示。

（12）移动墙体装饰 1。在组件里单击墙体装饰。按 T 快捷键发出“卷尺”命令，在该立面绘制两条定位线（①、②所在位置），它们与边界的距离分别是 13200mm 和 5300mm，如图 3.257 所示。按 M 快捷键发出“移动”命令，移动墙体装饰。

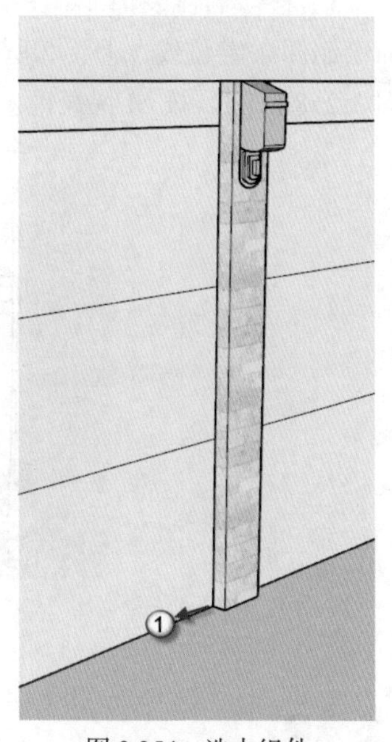

图 3.254　选中组件

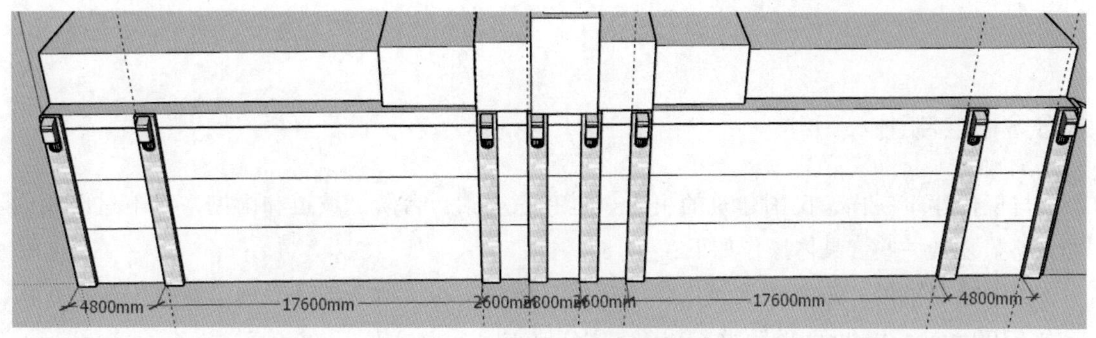

图 3.255　绘制正立面墙体装饰

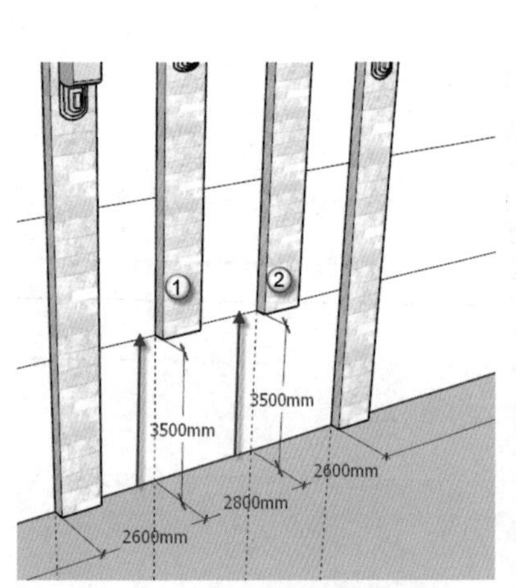

图 3.256　向上推拉墙体装饰

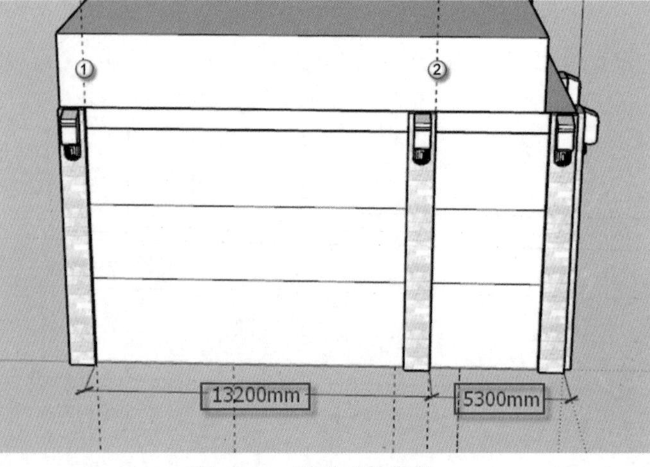

图 3.257　移动墙体装饰 1

（13）移动墙体装饰 2。在组件里单击墙体装饰。按 T 快捷键发出“卷尺”命令，在该立面绘制两条定位线（①、②所在位置），它们与边界的距离分别是 5300mm 和 13200mm，如图 3.258 所示。按 M 快捷键发出“移动”命令，移动墙体装饰。

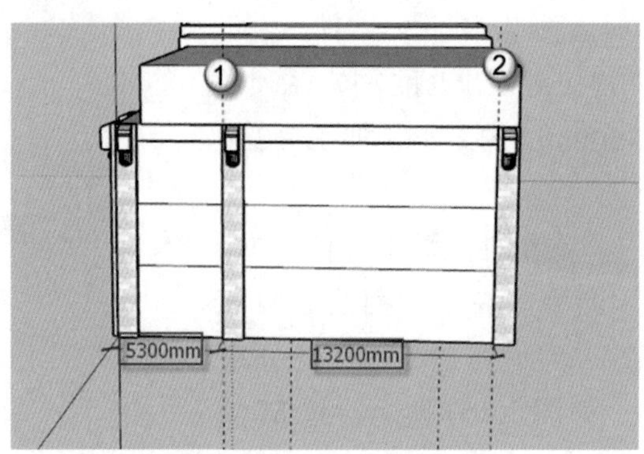

图 3.258　移动墙体装饰 2

注意：

在进行细节绘制的时候要考虑尺寸的大小及模型的精细程度，以使整体模型更加美观、和谐。

3.3.3　绘制出入口

与现代建筑一样，民国建筑的出入口也有三要素：台阶、坡道和雨棚，只不过雨棚的形式略显复杂一些。具体操作如下：

（1）绘制矩形。按 R 快捷键发出“矩形”命令，从①所在的端点向②所在的端点拉出一个 5300mm × 7000mm 的矩形，如图 3.259 所示。

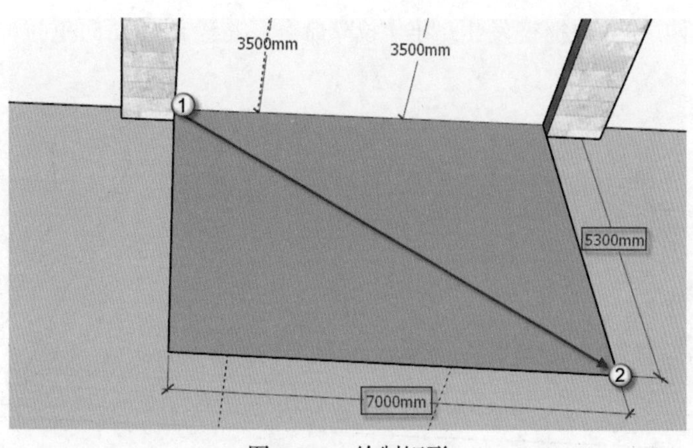

图 3.259　绘制矩形

（2）拉伸平面。按 P 快捷键发出“推 / 拉”命令，将绘制的面向上拉伸 150mm 的距离，如图 3.260 所示。

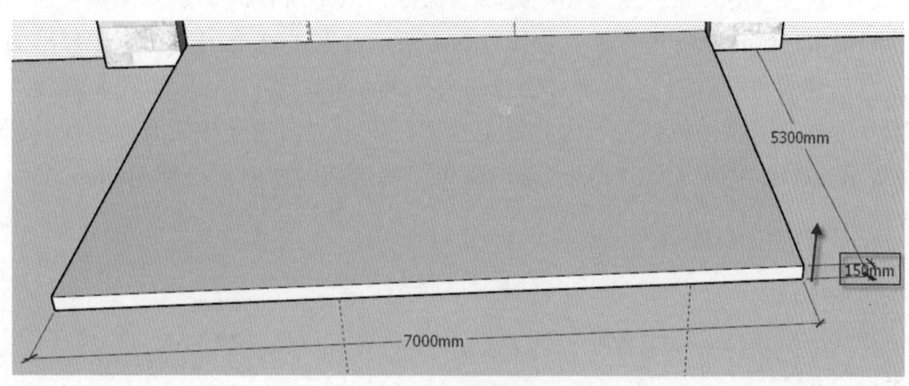

图 3.260　拉伸平面

（3）再次拉伸平面。选择上步绘制的面，按 P 快捷键发出“推 / 拉”命令，配合 Ctrl 键将绘制的面向上拉伸 150mm 的距离，如图 3.261 所示。

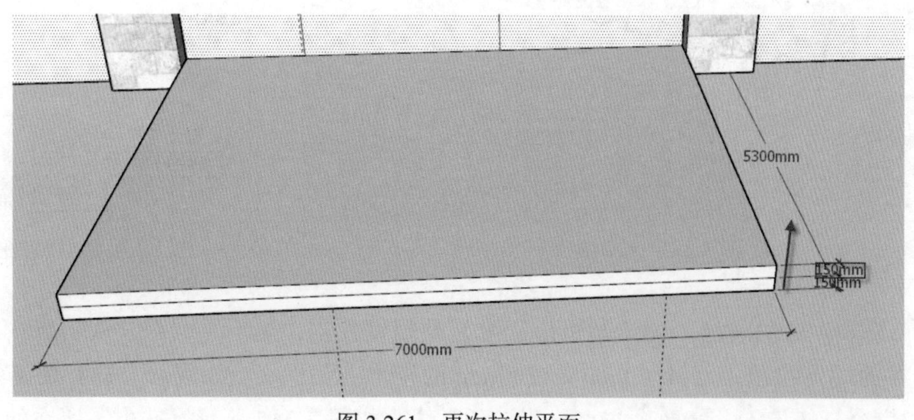

图 3.261　再次拉伸平面

（4）绘制踢面。按 P 快捷键发出“推 / 拉”命令，将绘制的面向里拉伸 300mm 的距离，如图 3.262 所示。

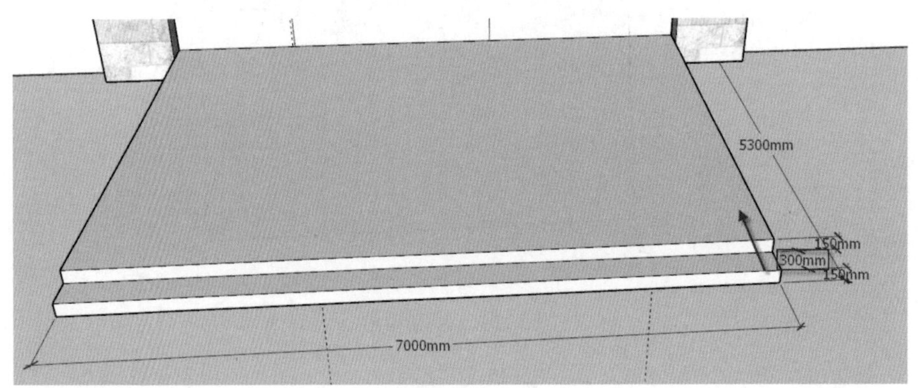

图 3.262　绘制踢面

（5）绘制矩形。按 R 快捷键发出“矩形”命令，从①所在的端点向②所在的端点拉出一个 1200mm × 1200mm 的正方形，如图 3.263 所示。右击这个正方形，在弹出的快捷菜单中选择“创建组件”命令，弹出“创建组件”对话框。在“定义”栏中输入“楼梯旁侧”字样，勾选“用组件替换选择内容”复选框，单击“创建”按钮完成组件的创建，如图 3.264 所示。按 P 快捷键发出“推 / 拉”命令，将绘制的面向上拉伸 300mm 的距离，如图 3.265 所示。

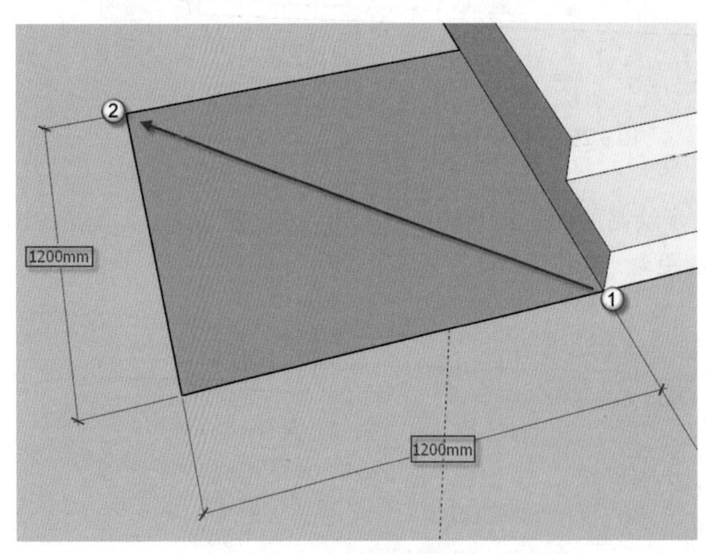

图 3.263　绘制矩形

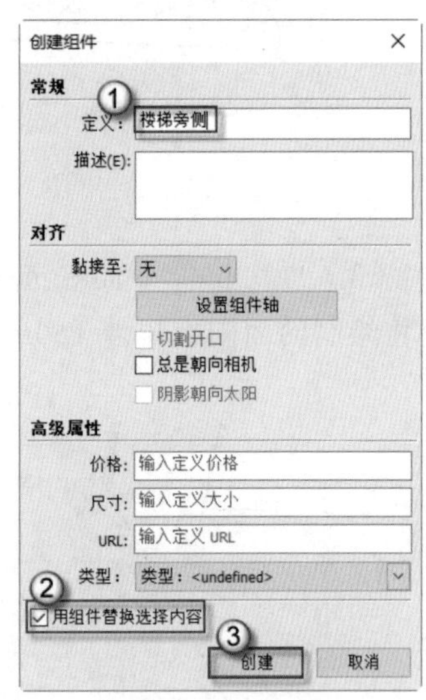

图 3.264　创建组件

（6）绘制左边的坡面。先绘制矩形，按 R 快捷键发出“矩形”命令，从①所在的端点向②所在的端点拉出一个 4100mm × 1200mm 的矩形，如图 3.266 所示。按 L 快捷键发出“直线”命令，连接①、②两个端点绘制一条直线，如图 3.267 所示。选中①所在的面，按

P 快捷键发出“推 / 拉”命令，将其向里拉伸直至墙边，如图 3.268 所示。

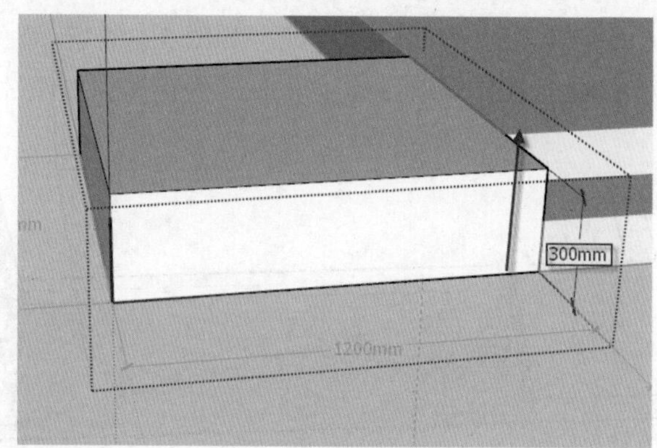

图 3.265　拉伸平面

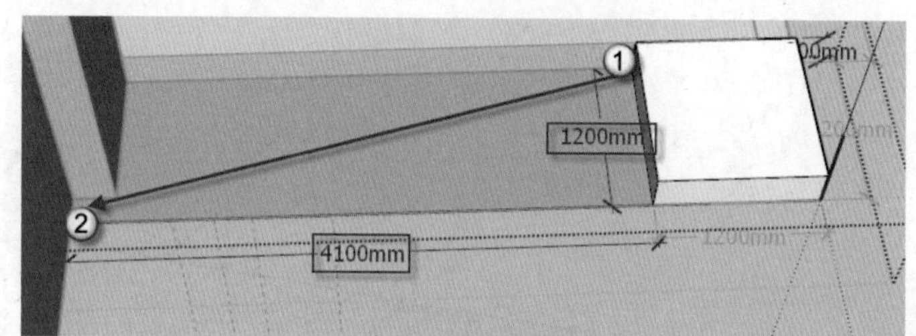

图 3.266　绘制矩形

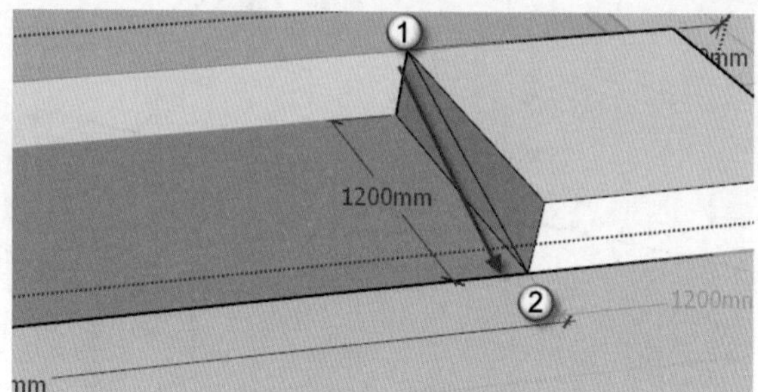

图 3.267　绘制坡线

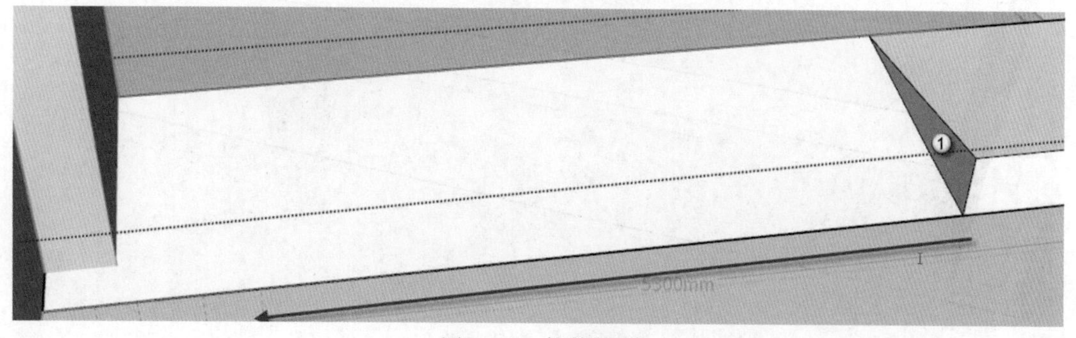

图 3.268　拉伸坡面

（7）绘制右边的坡面。先绘制矩形，按 R 快捷键发出“矩形”命令，从①所在的端点向②所在的端点拉出一个 4100mm × 1200mm 的矩形，如图 3.269 所示。按 L 快捷键发出“直线”命令，连接①、②两个端点绘制一条直线，如图 3.270 所示。选中①所在的面，按 P 快捷键发出“推 / 拉”命令，将其向里拉伸 4100mm 的距离，如图 3.271 所示。

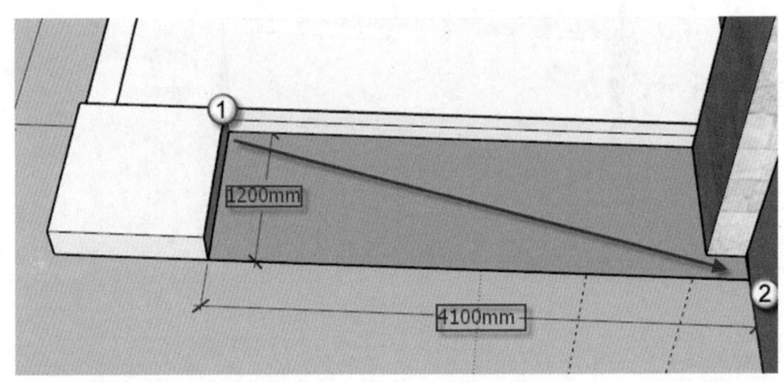

图 3.269　绘制矩形

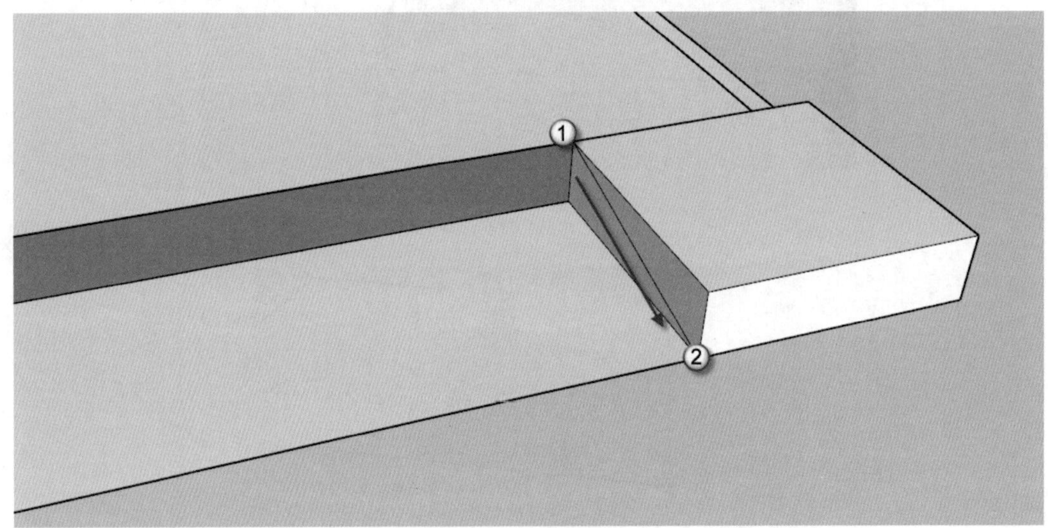

图 3.270　绘制坡线

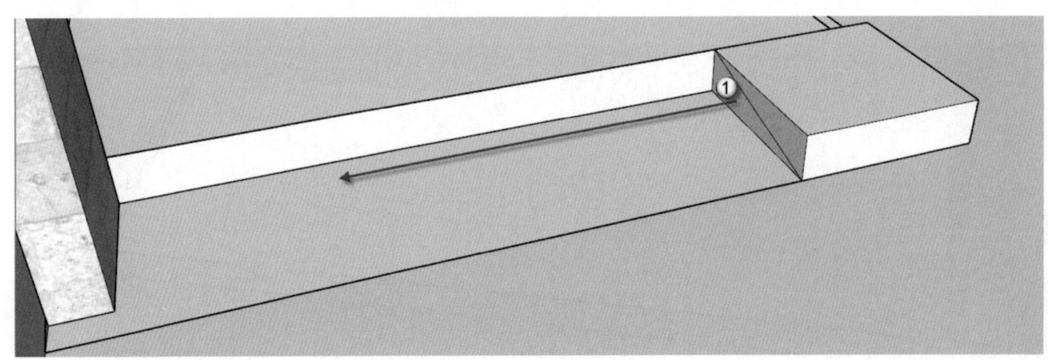

图 3.271　拉伸坡面

（8）绘制矩形。按 R 快捷键发出“矩形”命令，从①所在的端点向②所在的端点拉出一个 7000mm × 5000mm 的矩形，如图 3.272 所示。

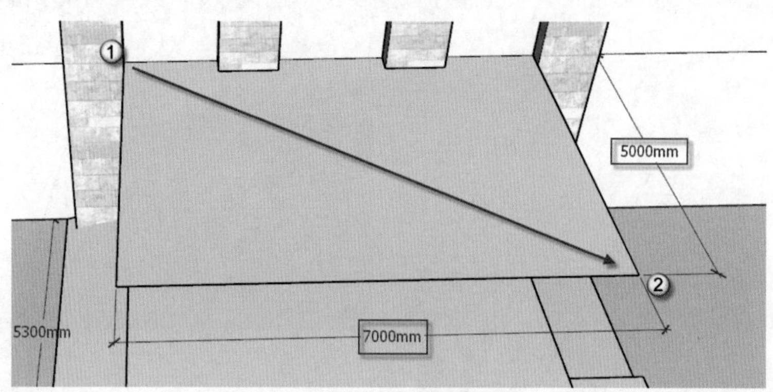

图 3.272　绘制矩形

（9）向下拉伸矩形。单击上步绘制的矩形，按 P 快捷键发出“推 / 拉”命令，将绘制的面向下拉伸 400mm 的距离，如图 3.273 所示。按 R 快捷键发出“矩形”命令，从①所在的端点向②所在的端点拉出一个矩形，如图 3.274 所示。

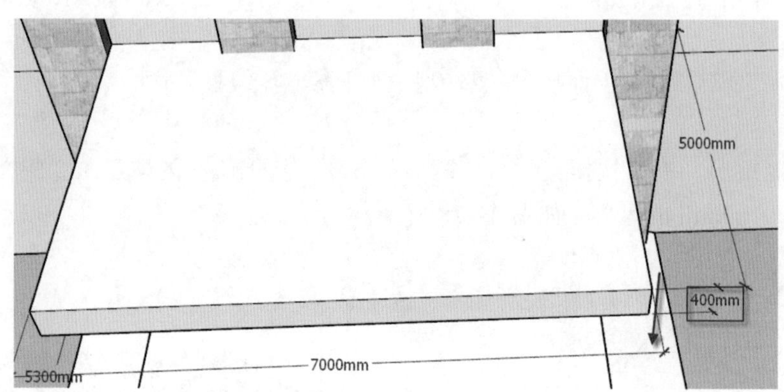

图 3.273　向下拉伸矩形

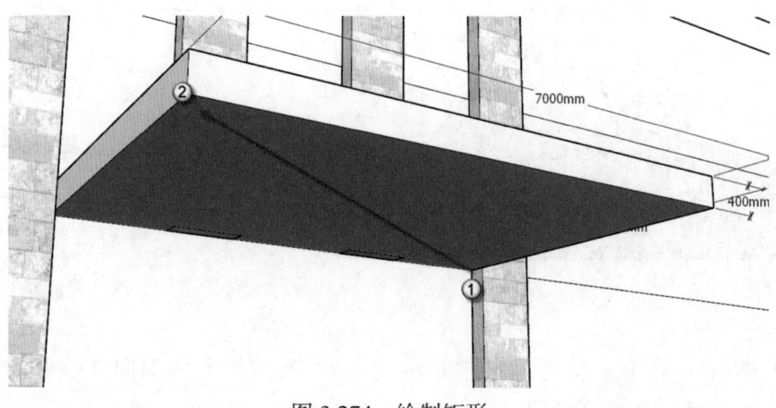

图 3.274　绘制矩形

（10）偏移图像。单击上步绘制的矩形，按F快捷键发出“偏移”命令，将其向内偏移30mm，如图3.275所示。

（11）拉伸图像。单击①面，按F快捷键发出“偏移”命令将其向外偏移30mm，如图3.276所示。

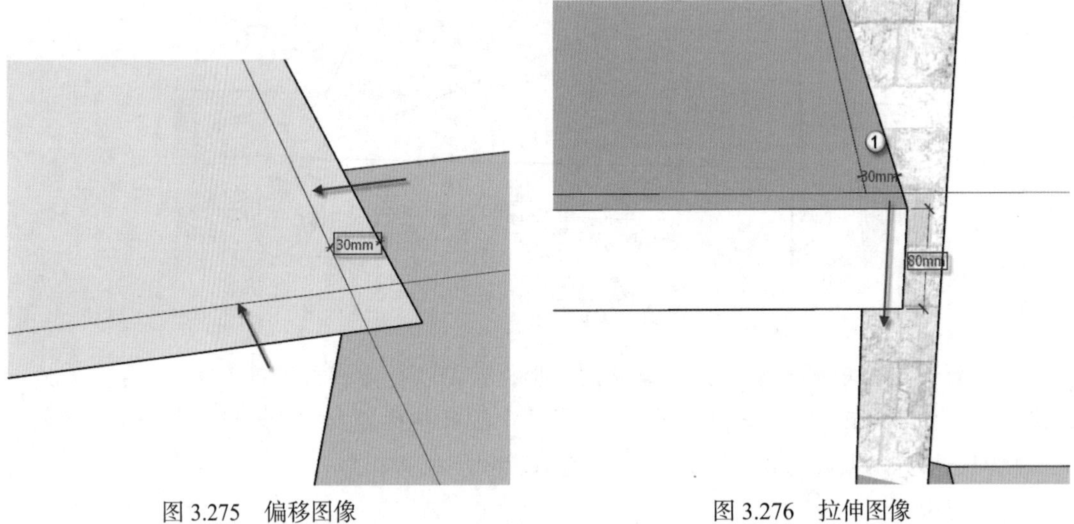

图3.275　偏移图像　　图3.276　拉伸图像

（12）绘制装饰。单击①面底部，按F快捷键发出“偏移”命令将其向上偏移80mm，如图3.277所示。

（13）绘制矩形。按R快捷键发出“矩形”命令，从①所在的端点向②所在的端点拉出一个160mm×160mm的矩形，如图3.278所示。

图3.277　绘制装饰　　图3.278　绘制矩形

（14）绘制装饰。按P快捷键发出“推/拉”命令，将绘制的面向外拉伸40mm的距离，如图3.279所示。按A快捷键发出“圆弧”命令画出①至②处的圆弧。选择这个面，再选

择工具栏中的“工具”|“路径跟随”命令，绕着路径移动一圈完成操作，如图 3.280 所示。

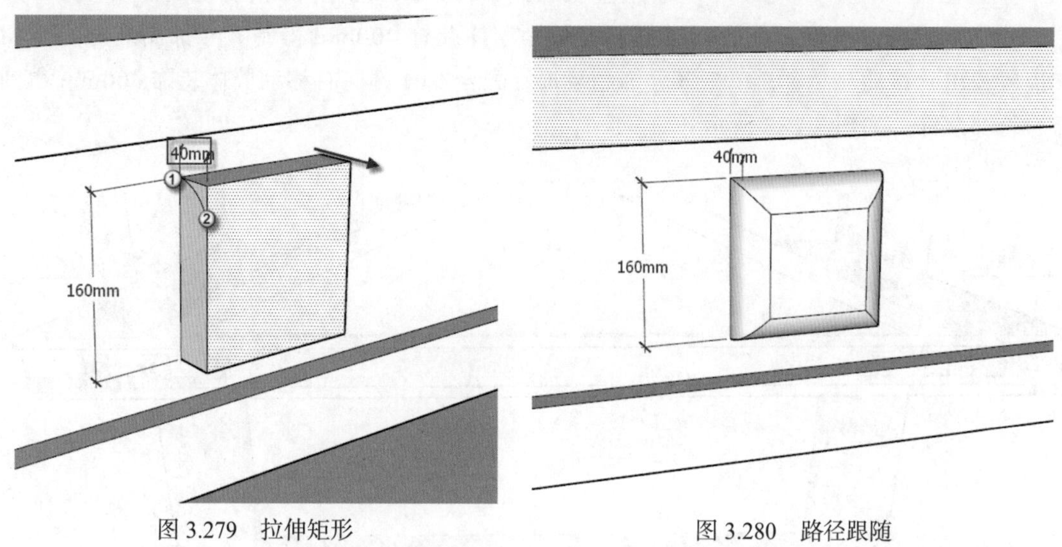

图 3.279　拉伸矩形　　　　图 3.280　路径跟随

（15）创建组件。将长方体的各个面全部选中，再右击选中的模型，在弹出的快捷菜单中选择“创建组件”命令，弹出“创建组件”对话框，在“定义”栏中输入“饰品装饰”字样，勾选“用组件替换选择内容”复选框，单击“创建”按钮完成组件创建，如图 3.281 所示。

（16）移动组件。在组件里单击饰品装饰，按 T 快捷键发出“卷尺”命令，在该立面绘制一条定位线（①所在位置），其与左边界的距离是 400mm。按 M 快捷键发出“移动”命令，单击②号饰品装饰，配合 Ctrl 键向右移动墙体装饰 400mm 得到③号饰品装饰。按 M 快捷键发出“移动”命令，单击③号饰品装饰，配合 Ctrl 键向右移动墙体装饰 400mm 得到④号饰品装饰，如图 3.282 所示。

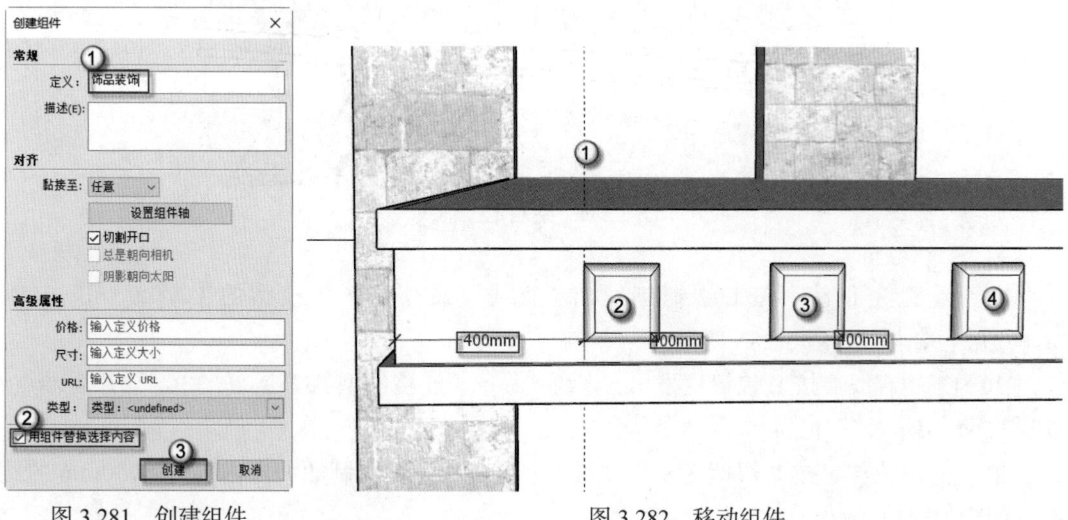

图 3.281　创建组件　　　　图 3.282　移动组件

（17）复制组件。在组件里单击饰品装饰，按 T 快捷键发出“卷尺”命令，在该立面绘制一条定位线（①所在位置），其与右边界的距离是 400mm。按 M 快捷键发出“移动”命令，单击②号饰品装饰，配合 Ctrl 键向左移动墙体装饰 400mm 得到③号饰品装饰。按 M 快捷键发出“移动”命令，单击③号饰品装饰，配合 Ctrl 键向右移动墙体装饰 400mm 得到④号饰品装饰，如图 3.283 所示。

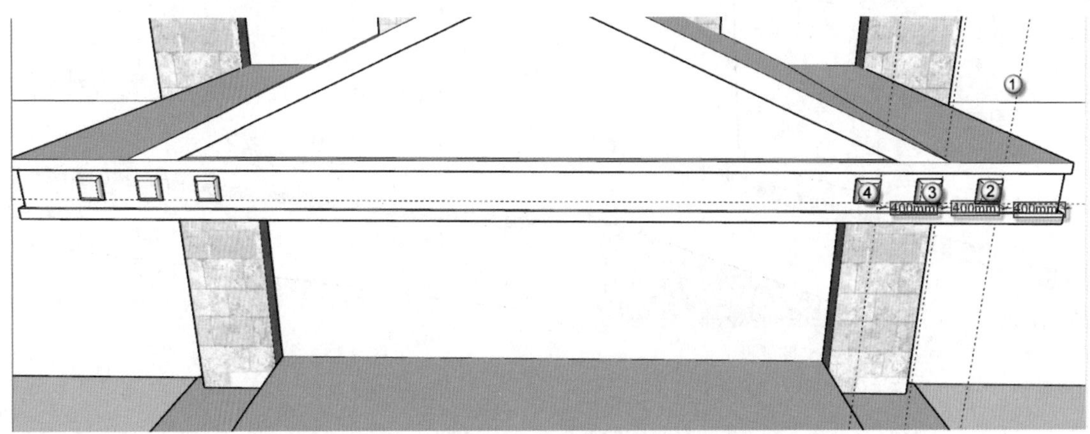

图 3.283　复制组件

（18）绘制定位轴线。按 T 快捷键发出“卷尺”命令，在该立面绘制 3 条定位线（①、②、③所在位置），它们与边界的距离分别是 800mm、800mm 和 1200mm，如图 3.284 所示。

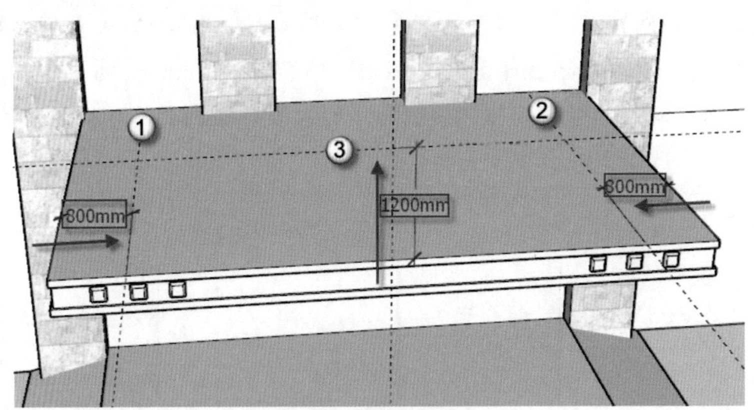

图 3.284　绘制定位轴线

（19）绘制定位线。按 L 快捷键发出“直线”命令，连接模型的①→②、③→④、⑤→⑥几个端点，如图 3.285 所示。

（20）绘制直线。按 L 快捷键发出“直线”命令，连接模型的①至②、②至③几个端点，如图 3.286 所示。

（21）向内拉伸。按 P 快捷键发出“推 / 拉”命令，将绘制的面向内推进 5030mm 的距离，如图 3.287 所示。

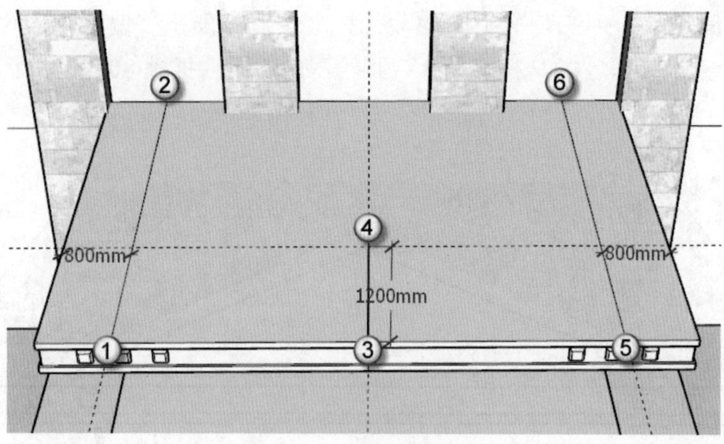

图 3.285 绘制定位线

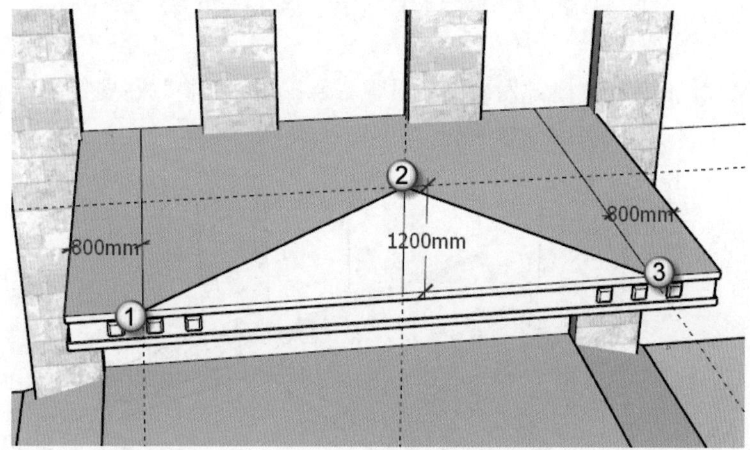

图 3.286 绘制直线

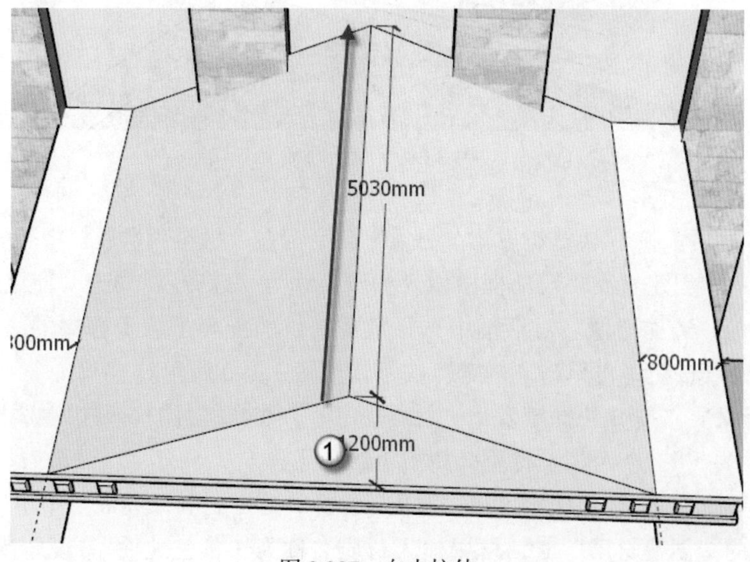

图 3.287 向内拉伸

（22）向内偏移。选择三角形中间的面，按 F 快捷键发出“偏移”命令将其往内偏移 150mm。按 P 快捷键发出“推 / 拉”命令，将绘制的面向内推进 80mm 的距离，如图 3.288 所示。

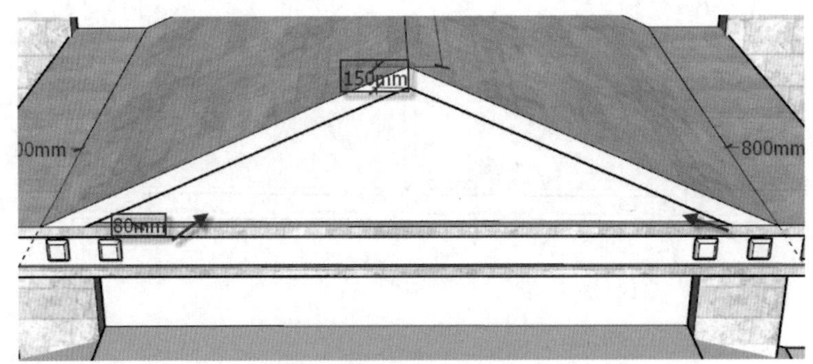

图 3.288　向内偏移

（23）赋予材质。按 B 快捷键发出“材质”命令，在“材料”卷展栏中选择“灰色墙面”材质，给雨棚赋予材质，如图 3.289 所示。

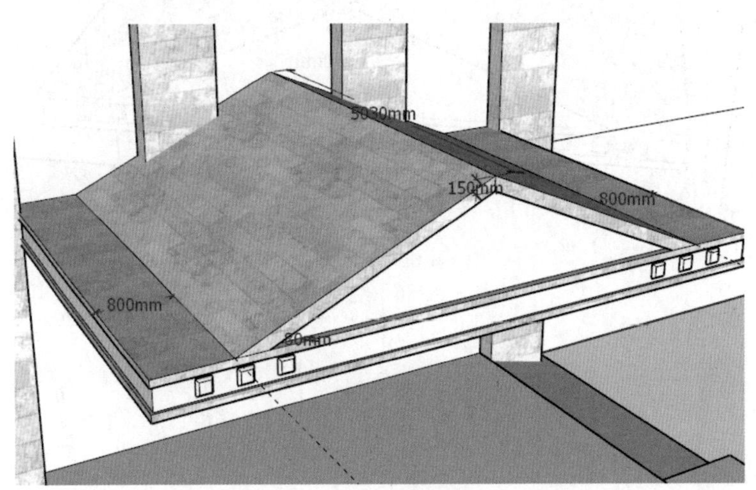

图 3.289　赋予材质

（24）创建材质。按 B 快捷键发出“材质”命令，在“材料”卷展栏中单击“创建材质”按钮，在弹出的“创建材质”对话框中输入材质名称为“红砖”，勾选“使用纹理图像”复选框，在弹出的“选择图像”对话框中选择笔者提供的配套下载资源中的“红砖 .jpg”文件，单击“打开”按钮，再单击“确定”按钮，如图 3.290 所示。

（25）赋予材质。按 B 快捷键发出“材质”命令，在“材料”卷展栏中选择“灰色墙面”选项，给①、②、③三个面赋予材质，如图 3.291 所示。

（26）创建材质。按 B 快捷键发出“材质”命令，在“材料”卷展栏中单击“创建材质”按钮，在弹出的“创建材质”对话框中输入材质名称为“灰色地面”，设置颜色为 R=128、

G=128、B=128，单击“确定”按钮，如图 3.292 所示。将材质赋予相应的对象，如图 3.293 所示。

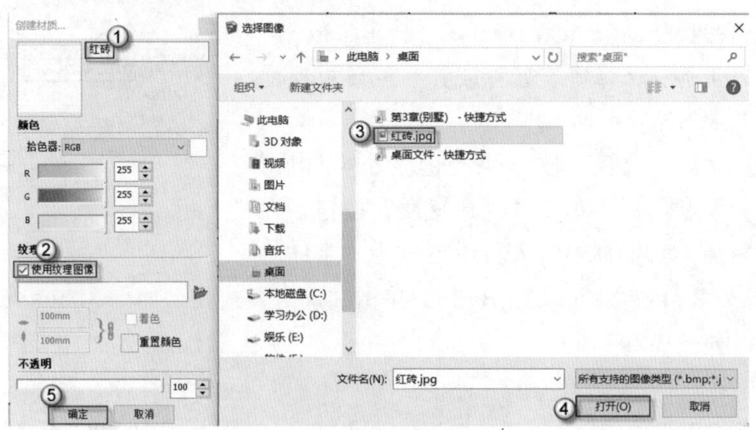

图 3.290　创建材质

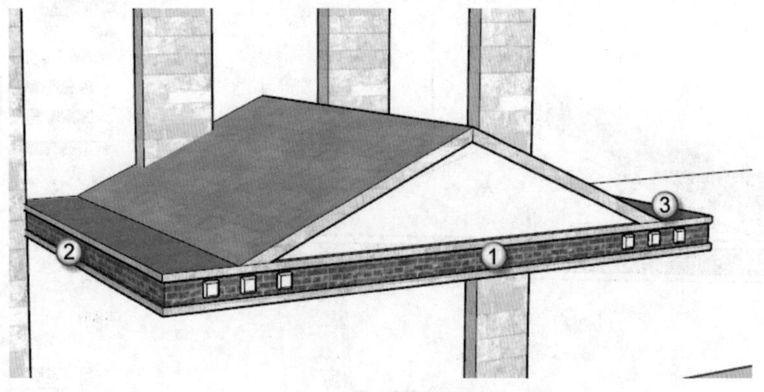

图 3.291　赋予材质

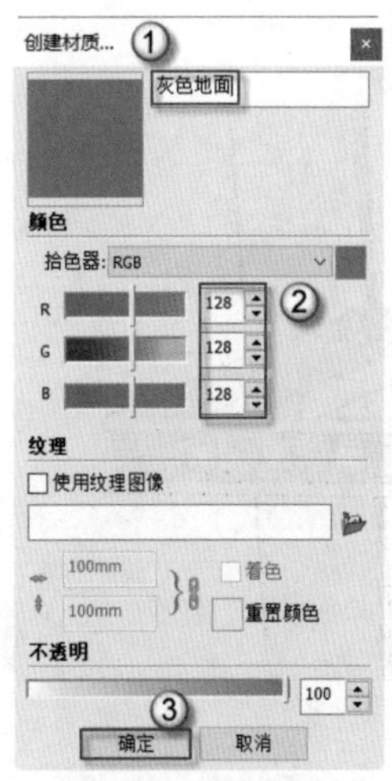

图 3.292　创建材质

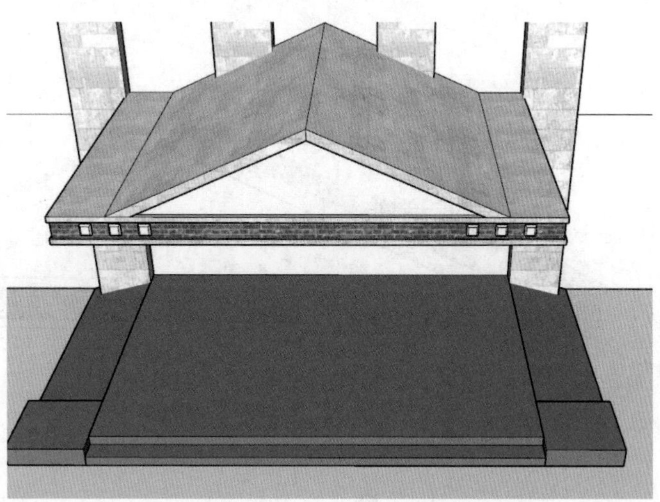

图 3.293　赋予材质

（27）建筑名称。选择菜单栏中的“工具”|“三维文字”命令，在弹出的“放置三维文本”对话框中输入名称为 CENTRL HOTEL，设置字体为 Times New Roman，设置高度为 240mm 和 30mm，单击“放置”按钮，如图 3.294 所示。将建筑名称放置在红砖材质的居中部分，如图 3.295 所示。

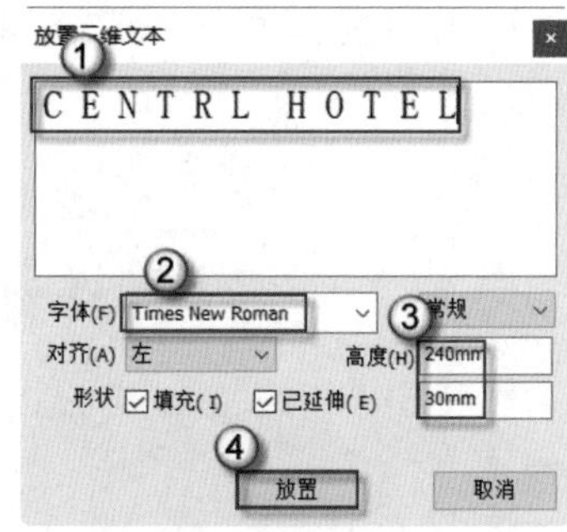

图 3.294　设置三维文本

（28）给建筑名称上色。按 B 快捷键发出“材质”命令，在“材料”卷展栏中单击“创建材质”按钮，在弹出的“创建材质”对话框中输入材质名称为“字体材质”，设置颜色为 R=193、G=142、B=29，单击“确定”按钮，如图 3.296 所示。将材质赋予相应的对象，如图 3.297 所示。

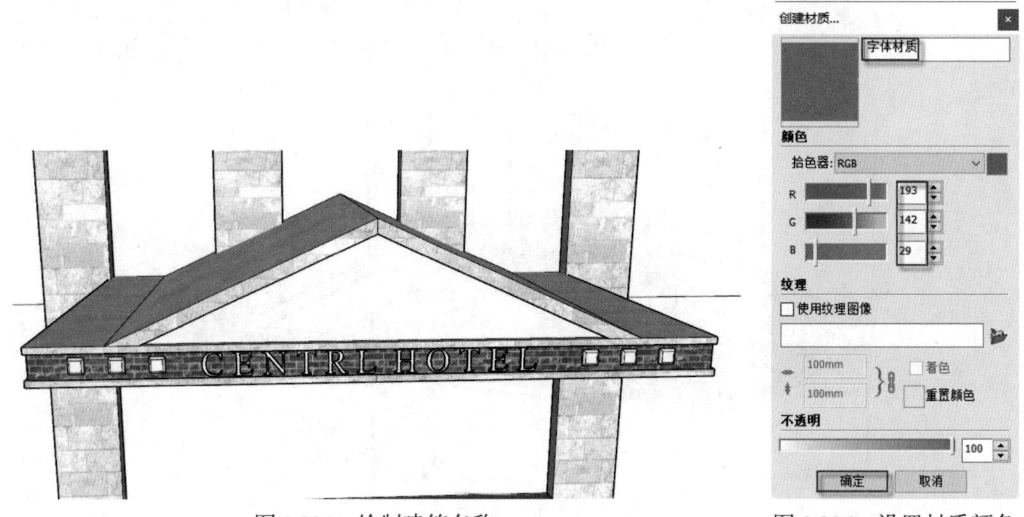

图 3.295　绘制建筑名称

图 3.296　设置材质颜色

图 3.297　给建筑名称上色

注意：

如果模型太大，应该把一些暂时不用编辑的组件编为组群然后将其隐藏起来，这样会提高 SketchUp 的运算速度。采用线框显示模式也有此效果。

3.3.4　绘制立柱

为了承重并起到装饰作用，在雨棚下面设置了 4 根立柱。柱子类似于多立克的柱式，具体操作如下：

（1）绘制柱子。按 L 快捷键发出“直线”命令，绘制柱子轮廓，其高度为 3000mm，使用路径跟随功能，选择“创建组件”命令，弹出“创建组件”对话框。在“定义”栏中输入“门柱”字样，如图 3.298 所示。在门口的左右两边各摆放两根柱子，效果如图 3.299 所示。

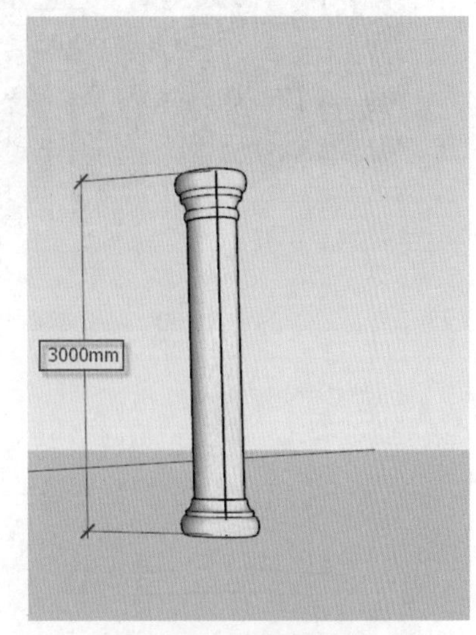

图 3.298　绘制柱子

（2）填充墙面颜色。按 B 快捷键发出“材质”命令，在“材料”卷展栏中选择“红砖”材质，给所有墙面填充颜色，如图 3.300 所示。

（3）绘制柱子。按 R 快捷键发出“矩形”命令，拉出一个 400mm × 400mm 的矩形，然后将其向上拉升 5000mm 的距离，把顶部的矩形向外偏移 50mm 的距离，如图 3.301 所示。

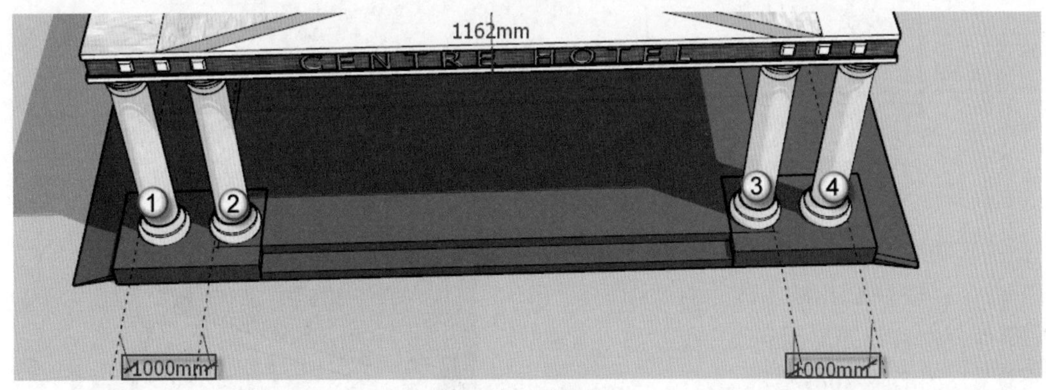

图 3.299　绘制柱子

（4）创建组件。按 P 快捷键发出“推 / 拉”命令，将绘制的面向上拉伸 70mm 的距离，如图 3.302 所示。然后对其赋予“灰色墙面”材质。右击对象，在弹出的快捷菜单中选择“创建组件”命令，弹出“创建组件”对话框，在“定义”栏中输入“顶层柱子 1”字样，勾选“用组件替换选择内容”复选框，单击“创建”按钮完成组件的创建，如图 3.303 所示。

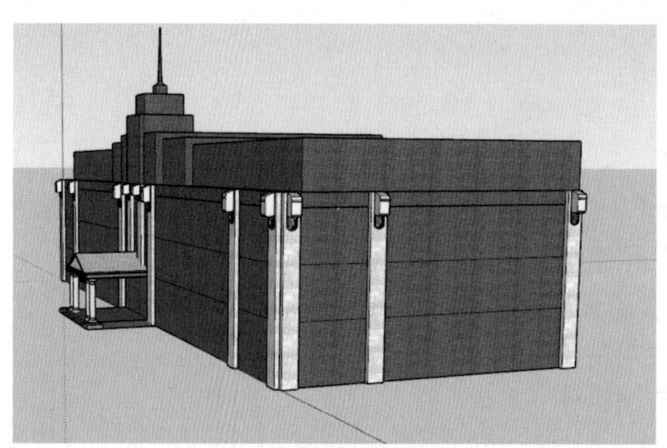
图 3.300　填充墙面颜色

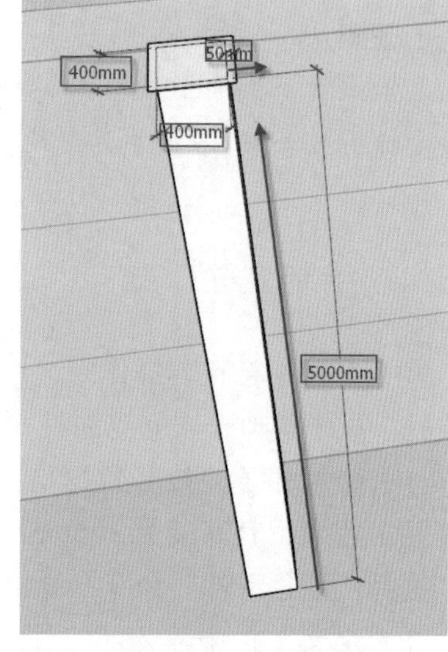

图 3.301　绘制柱子

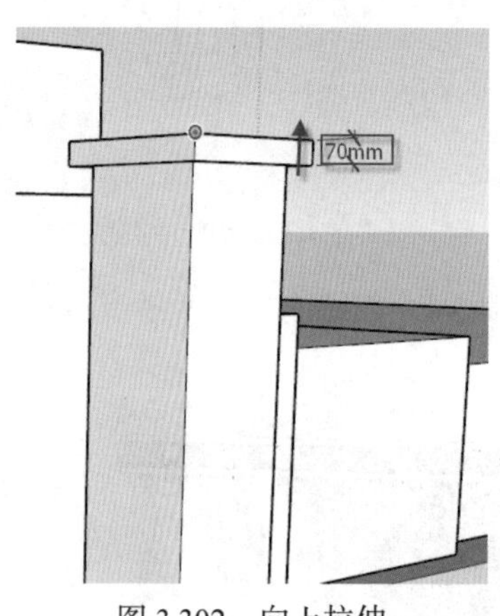

图 3.302　向上拉伸

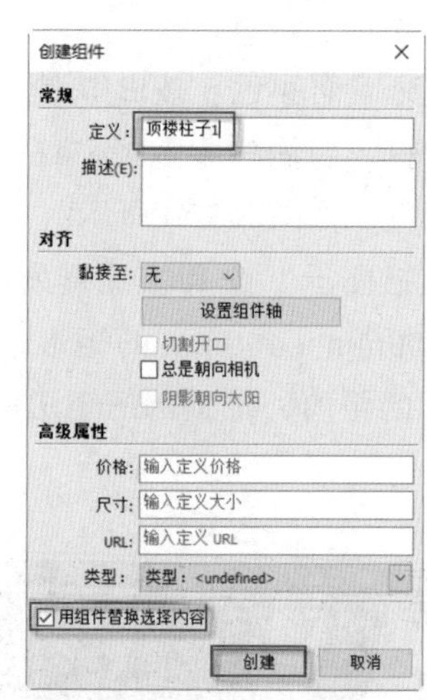

图 3.303　创建组件

（5）摆放柱子。按 M 快捷键发出“移动”命令，按住 Ctrl 键不放，将“顶层柱子1”组件分别移动并复制到①、②、③、④的 4 个位置，如图 3.304 所示。

图 3.304　摆放柱子

（6）绘制细节。按 R 快捷键发出“矩形”命令，绘制出 2400mm × 1100mm 的矩形，向内依次偏移两次，如图 3.305 所示。按 B 快捷键发出“材质”命令，在“材料”卷展栏中单击“创建材质”按钮，弹出“创建材质”对话框。在其中输入材质名称为“红色

墙面”，勾选“使用纹理图像”复选框，选择“红砖墙面”材质，单击“确定”按钮完成组件的创建，如图 3.306 所示。将“红色墙面”材质赋予墙体对象。

图 3.305　绘制细节

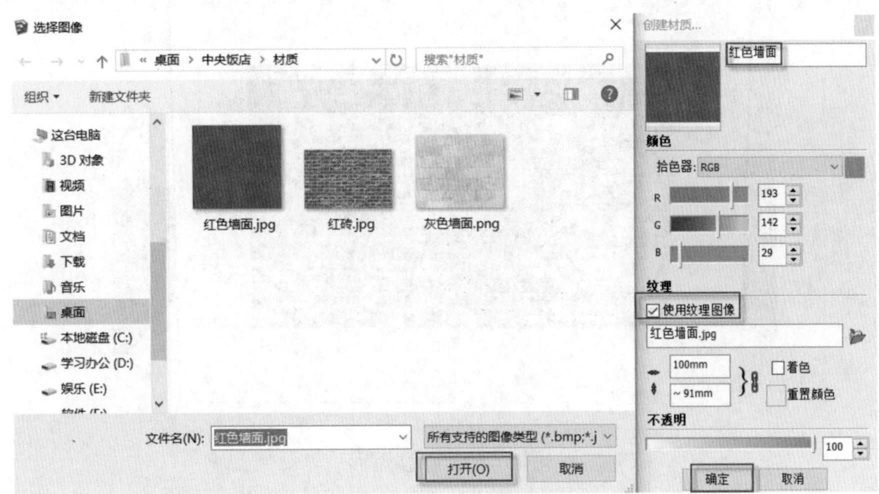

图 3.306　创建材质

（7）绘制多边形。按 L 快捷键发出“直线”命令，绘制多边形的形状，如图 3.307 所示。

（8）绘制圆形。按 C 快捷键发出“圆形”命令，绘制多边形的内切圆，然后依次向内偏移 180mm、50mm 和 160mm 并赋予它们相应的材质，如图 3.308 所示。

（9）偏移矩形。按 F 快捷键发出“偏移”命令，选择矩形，将其向内偏移 300mm 并赋予材质，如图 3.309 所示。

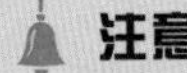 **注意：**

在绘制室外台阶及走道柱子时应考虑这些细部构件的位置关系和构造要求，以及室内外之间的高差。

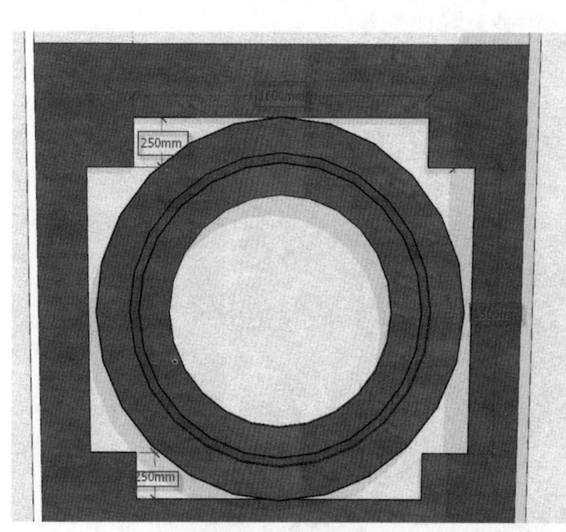

图 3.307　绘制多边形

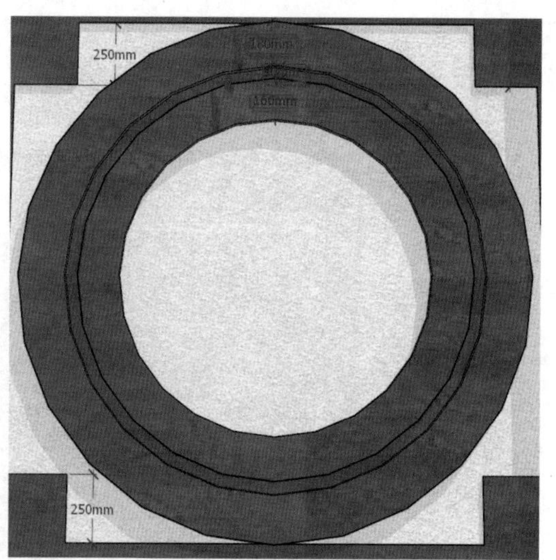

图 3.308　绘制圆形

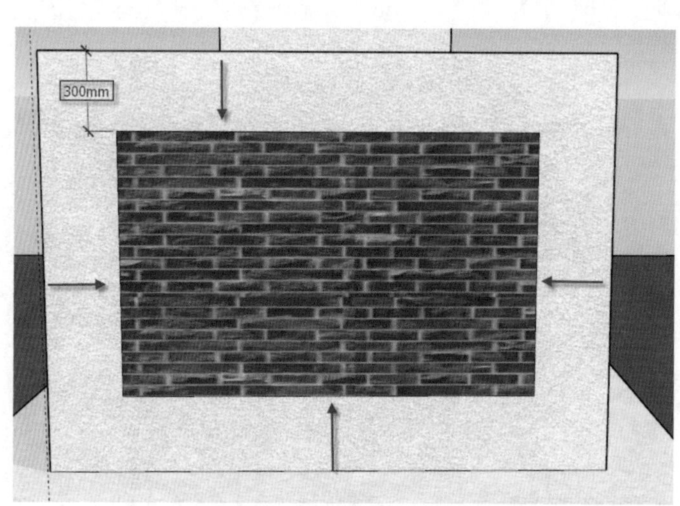

图 3.309　偏移矩形

3.3.5　门窗的细化

本节主要介绍外墙门窗的绘制方法，并对门窗进行分隔细化，设置门窗相应的材质并成组。具体操作如下：

（1）绘制窗户的定位线。按 T 快捷键发出“卷尺”命令，拉出如图 3.310 所示的辅助定位线。

（2）绘制窗户。按 L 快捷键发出“直线”命令，绘制窗户的形状，并制作成组件命名为一楼窗户，如图 3.311 所示。

（3）拉伸窗户。按 P 快捷键发出“拉伸”命令，选择①、②面，向外拉伸 20mm 的距离，如图 3.312 所示。

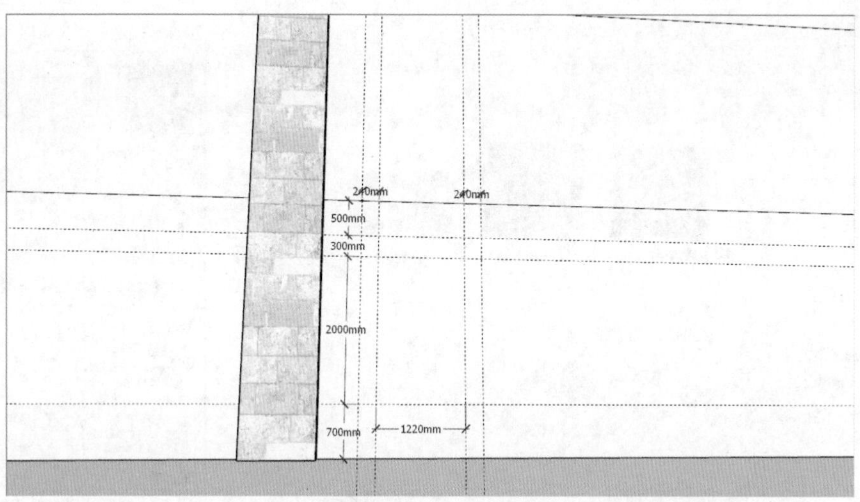

图 3.310　绘制定位线

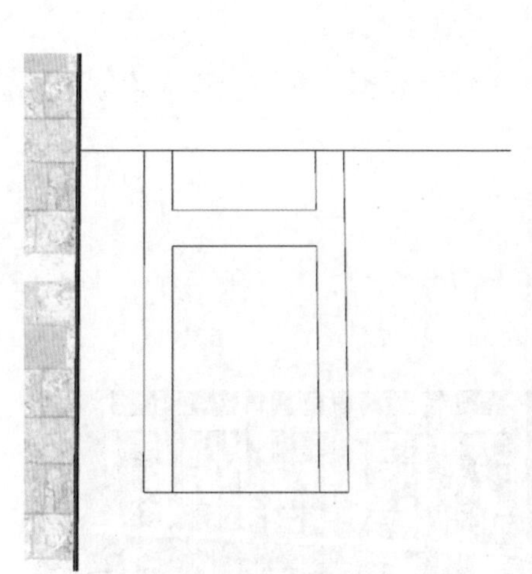

图 3.311　绘制窗户

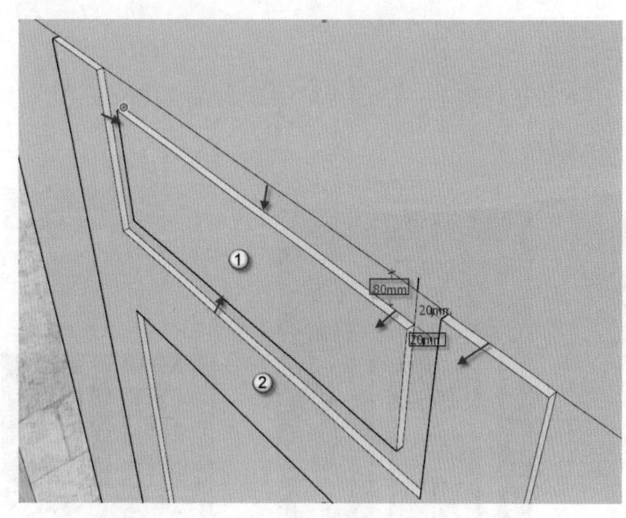

图 3.312　拉伸窗户

（4）绘制窗户定位线。按 L 快捷键发出“直线”命令，画出①、②两条定位线，如图 3.313 所示。

（5）赋予材质。完善窗户局部细节，按 B 快捷键发出“材质”命令，在“材料”卷展栏中单击“创建材质”按钮，弹出“创建材质”对话框。在其中输入材质名称为“玻璃材质”，勾选“使用纹理图像”复选框，选择“玻璃材质”素材，单击“确定”按钮完成组件的创建，如图 3.314 所示。给窗户各个面赋予不同的材质，效果如图 3.315 所示。

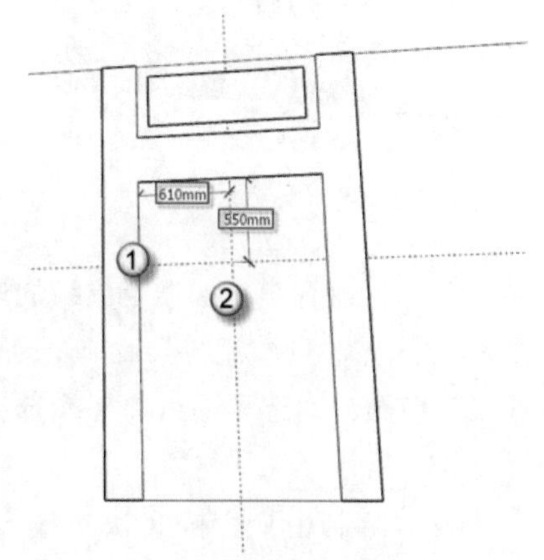

图 3.313　绘制窗户定位线

图 3.314　赋予材质

（6）复制窗户。绘制定位线，每隔 2100mm 拉一条定位线，依此复制一楼窗户的组件，如图 3.316 所示。

图 3.315　赋予材质

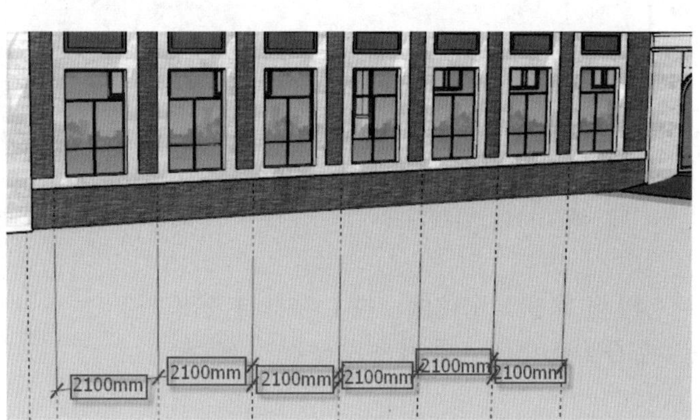

图 3.316　复制窗户

（7）复制窗户。根据定位线的尺寸，按照“一楼窗户”组件的样式进行摆放，如图 3.317 所示。选择“创建组件”命令，弹出“创建组件”对话框，在“定义”栏中输入“一楼窗户 2”字样，勾选“用组件替换选择内容”复选框，单击“创建”按钮完成组件的创建，如图 3.318 所示。

（8）绘制窗户。按 R 快捷键发出“矩形”命令，拉出一个 2800mm × 700mm 的矩形，按 F 快捷键发出“偏移”命令，将矩形向内偏移 30mm，并赋予其材质，如图 3.319 所示。

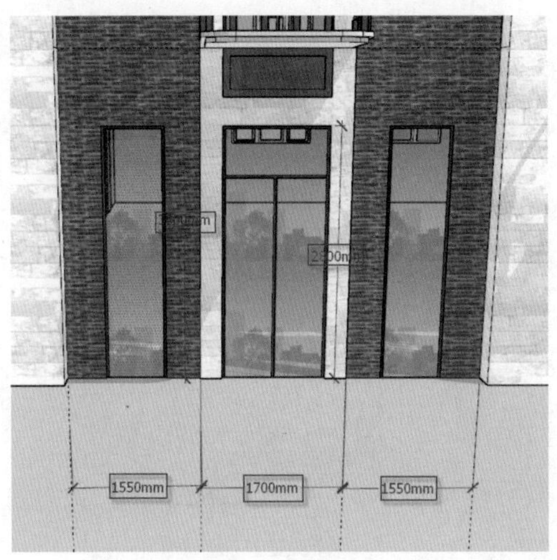

图 3.317　复制窗户

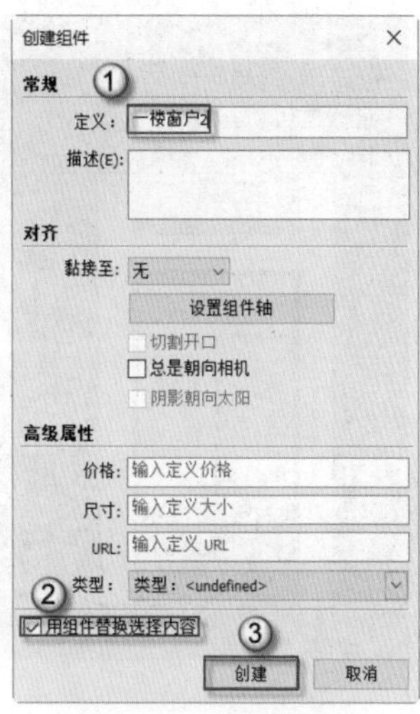

图 3.318　创建组件

（9）复制窗户。按 M 快捷键发出“移动”命令，单击阳台窗户组件配合 Ctrl 键将其向右移动 3650mm 得到另外一边窗户，如图 3.320 所示。

图 3.319　绘制窗户

图 3.320　复制窗户

（10）绘制窗户。按照前面的绘制步骤再绘制一个 3000mm × 1700mm 的窗户，如图 3.321 所示。选择刚绘制的窗户，选择“创建组件”命令，弹出“创建组件”对话框，在“定义”栏中输入“阳台窗户”字样，取消“用组件替换选择内容”复选框的勾选，单击“创建”按钮完成组件的创建，如图 3.322 所示。

图 3.321　绘制窗户

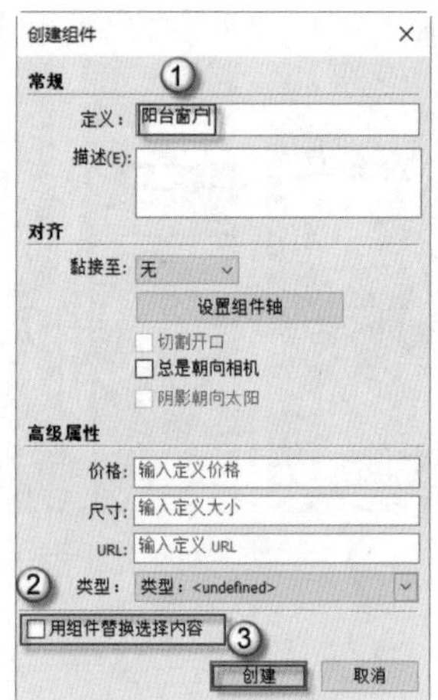

图 3.322　创建组件

门窗的创建应根据门窗洞的大小尺寸来建立，并应符合立面图的要求，在移动复制时一定要注意个别的修改、检查。

3.3.6　绘制阳台

本例要绘制的阳台比较小，在绘制时注意台阳板与栏杆的连接。阳台绘制好后还需要进行成组操作，最后复制生成所有的阳台。

（1）绘制矩形。按 R 快捷键发出“矩形”命令，拉出一个 1150mm × 1700mm 的矩形。按 F 快捷键发出“偏移”命令，将矩形向内偏移 50mm，如图 3.323 所示。

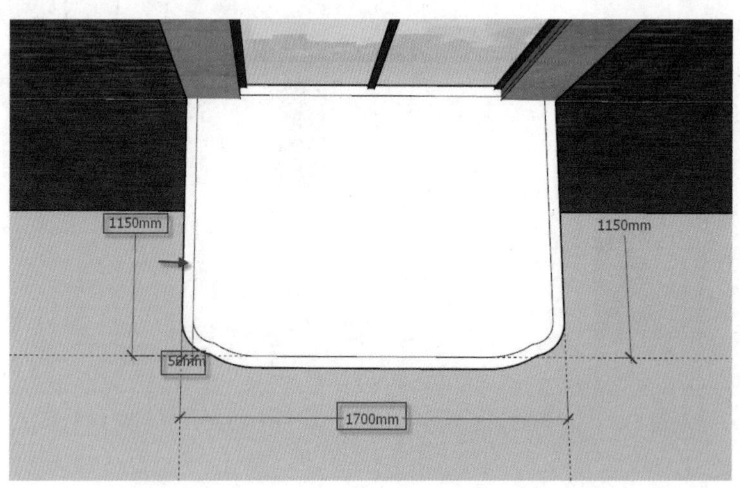

图 3.323　绘制矩形

（2）向上拉伸。按 P 快捷键发出“推 / 拉”命令，将绘制的面向上拉伸 50mm 的距离，如图 3.324 所示。

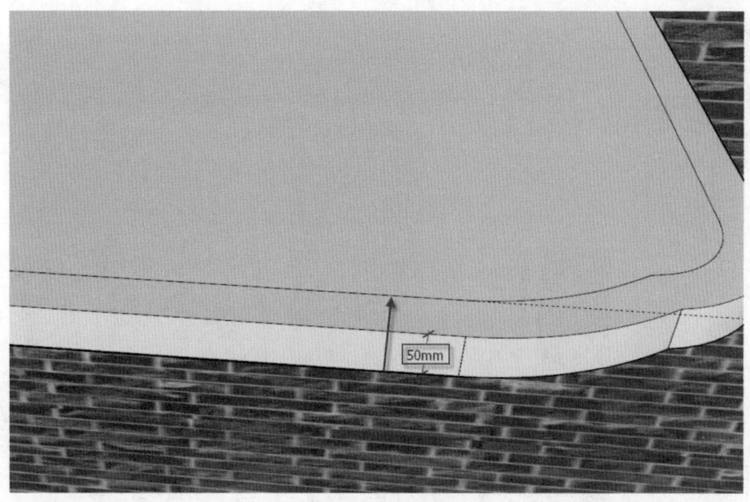

图 3.324 向上拉伸

（3）复制平面。按 M 快捷键发出“移动”命令，配合 Ctrl 键将选择的面向上移动复制 1200mm 的距离，如图 3.325 所示。

（4）向下拉伸。按 P 快捷键发出“拉伸”命令，将选择的面向下拉伸 30mm 的距离，如图 3.326 所示。

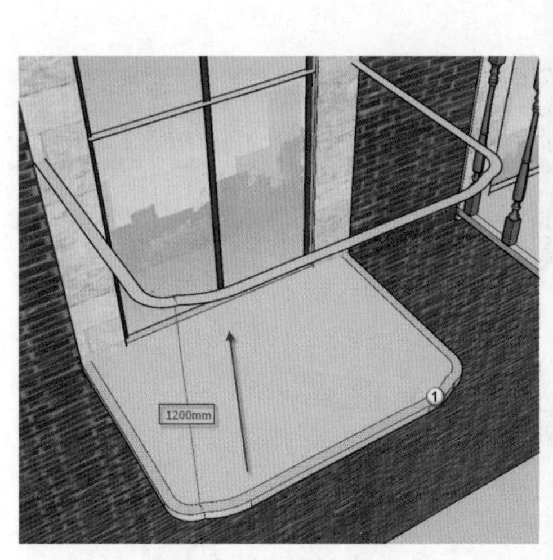

图 3.325 复制平面

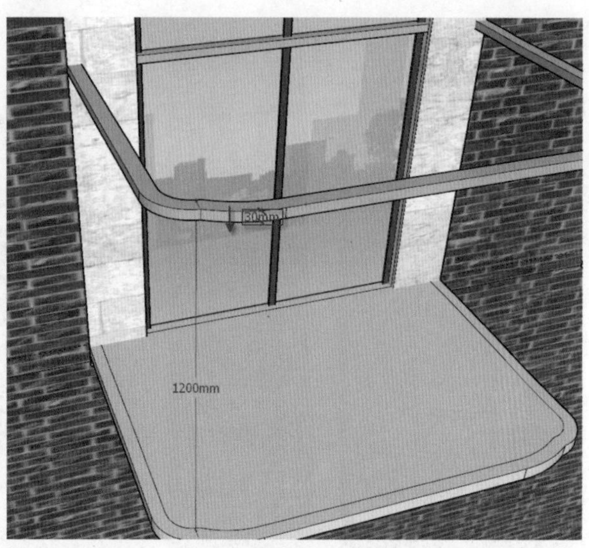

图 3.326 向下拉伸

（5）绘制矩形。按 R 快捷键发出“矩形”命令，拉出一个 50mm × 50mm 的矩形，然后按 P 快捷键发出“拉伸”命令，将点选的面向上拉伸 1200mm 的距离，如图 3.327 所示。

（6）复制栏杆。按 M 快捷键发出“移动”命令，配合 Ctrl 键将栏杆向右移动并复制 300mm 的距离，如图 3.328 所示。给栏杆赋予相应材质，效果如图 3.329 所示。

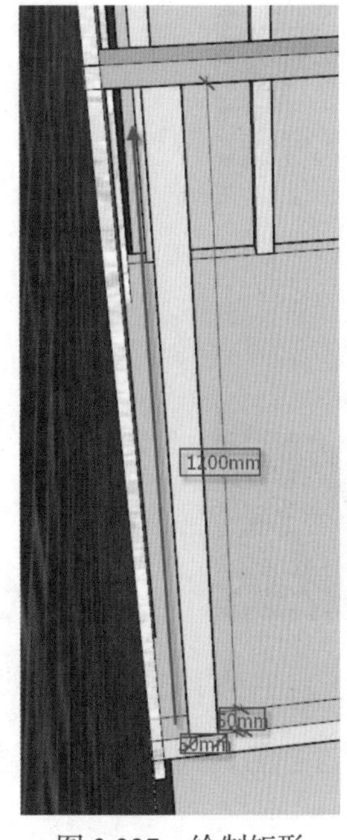

图 3.327　绘制矩形

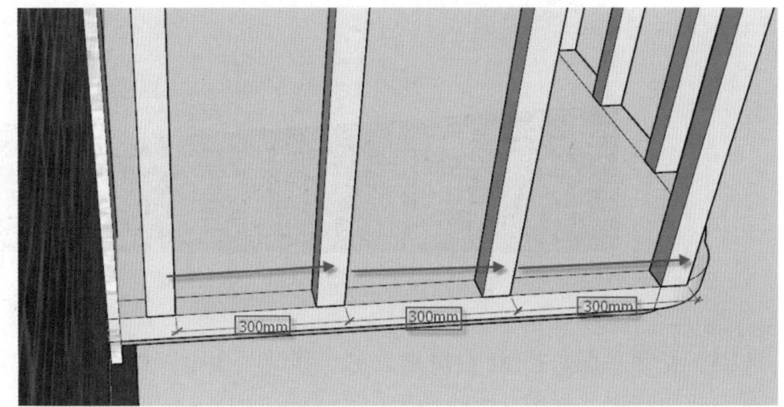

图 3.328　复制栏杆

（7）复制窗户。绘制如下的定位线并放置窗户，如图 3.330 所示。

图 3.329　赋予材质

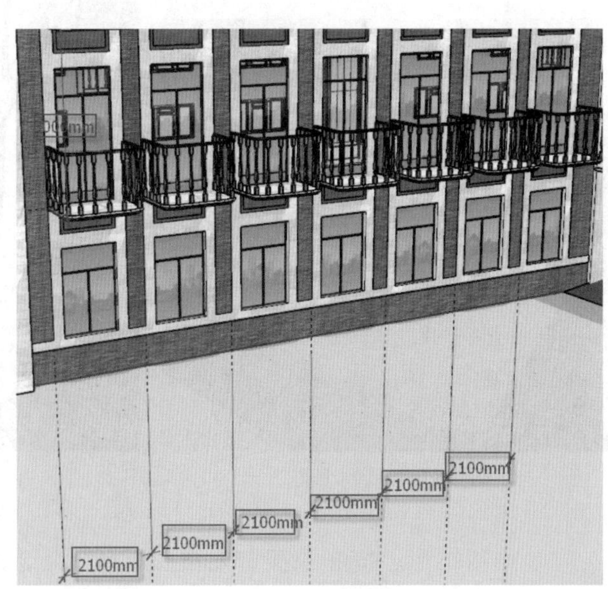

图 3.330　复制窗户

（8）绘制矩形。按 R 快捷键发出“矩形”命令，拉出一个 700mm × 1600mm 的矩形，如图 3.331 所示。

（9）拉伸矩形。按 R 快捷键发出“矩形”命令，拉出一个 1000mm × 100mm 的矩形，按 P 快捷键发出“推 / 拉”命令，将绘制的面向外拉伸 100mm 的距离，如图 3.332 所示。

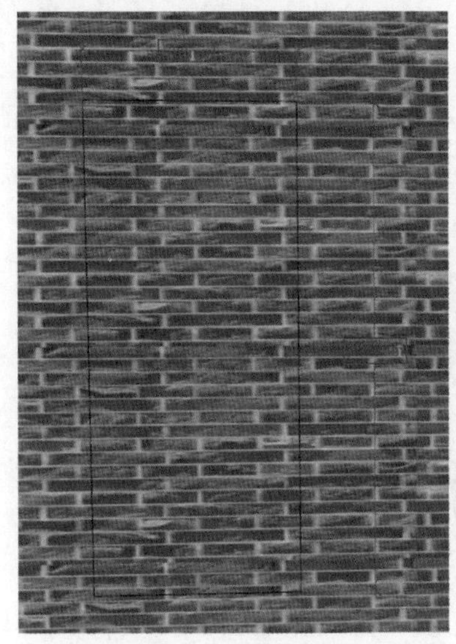

图 3.331　绘制矩形

图 3.332　拉伸矩形

（10）拉伸平面。按 P 快捷键发出“推 / 拉”命令，将绘制的面向内推 80mm 和 10mm 的距离，如图 3.333 所示。给面赋予材质，效果如图 3.334 所示。

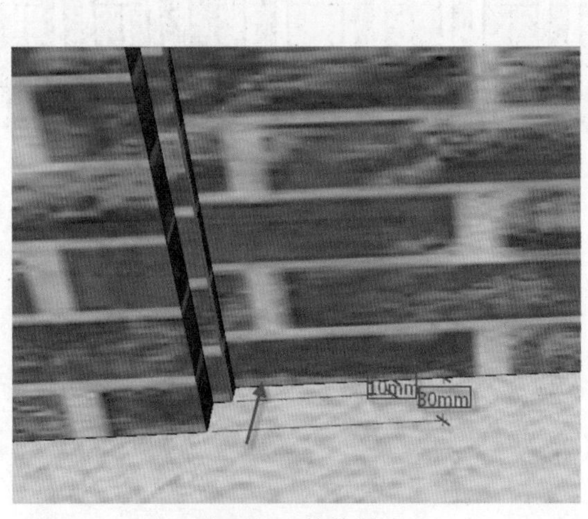

图 3.333　拉伸平面

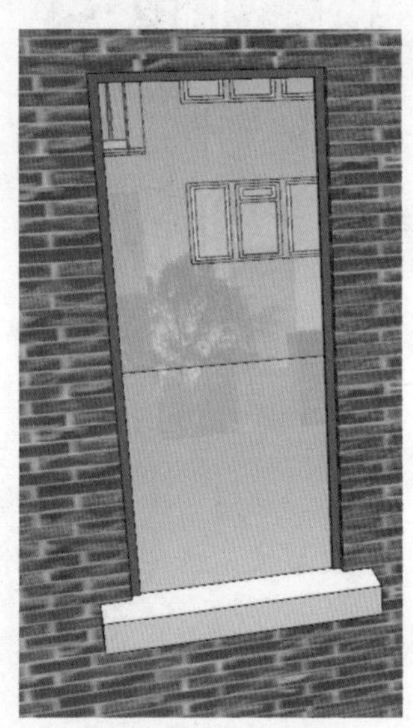

图 3.334　赋予颜色

（11）创建组件。将窗户的各个面全部选中，再右击选中的模型，在弹出的快捷菜单中选择“创建组件”命令，弹出“创建组件”对话框。在“定义”栏中输入“二楼小窗户”字样，勾选“用组件替换选择内容”复选框，单击“创建”按钮完成组件的创建，如

图 3.335 所示。

（12）放置窗户。绘制定位线并将窗户放入相应的位置，如图 3.336 所示。

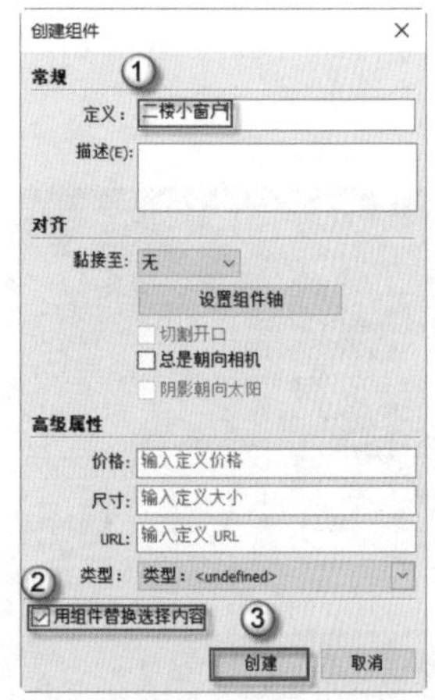

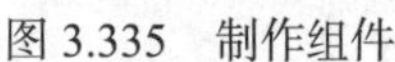
图 3.335　制作组件

图 3.336　放置窗户

（13）复制窗户。将二层的窗户复制到三层，如图 3.337 所示。

图 3.337　复制窗户

注意：

窗台、雨篷在建筑中虽属于小构件，但在整个建筑立面效果中却起着非常重要的作用，能形成良好的光影效果，为建筑增添色彩，因此在建模过程中不容忽视，应细致对待。

3.3.7　最后的修饰

本节进行小幅度的修饰，然后加上“中央饭店”的三维字体，打开光影，生成效果图。具体操作如下：

（1）绘制定位线。按 T 快捷键发出“卷尺”命令，在模型的正面绘制如图 3.338 所示

的定位线，并画出相应的矩形。

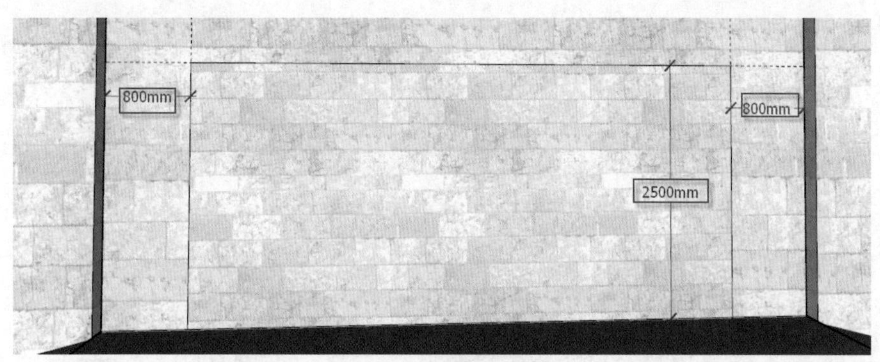

图 3.338　绘制定位线

（2）向内偏移。按 L 快捷键发出“直线”命令，将这个矩形分为三部分，按 F 快捷键发出“偏移”命令，将矩形向内偏移 80mm，如图 3.339 所示。

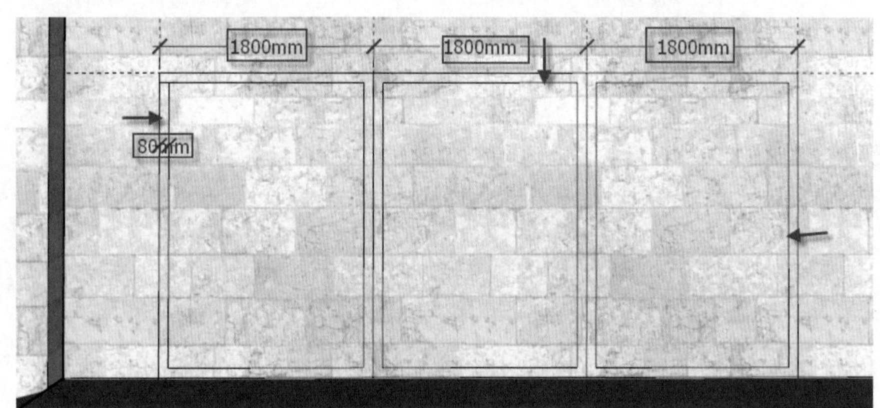

图 3.339　向内偏移

（3）赋予材质。将门框线进行相应的调整并赋予其材质，如图 3.340 所示。

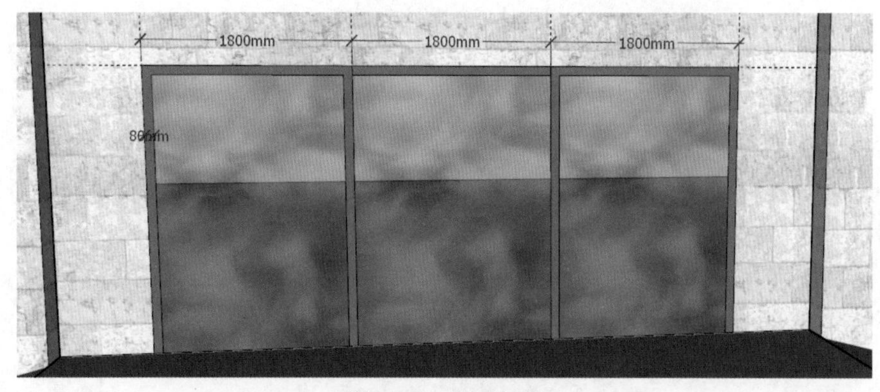

图 3.340　赋予材质

（4）向内拉伸。按 P 快捷键发出“推 / 拉”命令，将绘制的面向内拉伸 80mm 的距离，如图 3.341 所示。

（5）绘制窗户。在组件里单击二楼的窗户。按 E 快捷键发出“删除”命令，删掉窗户周围的装饰，如图 3.342 所示。

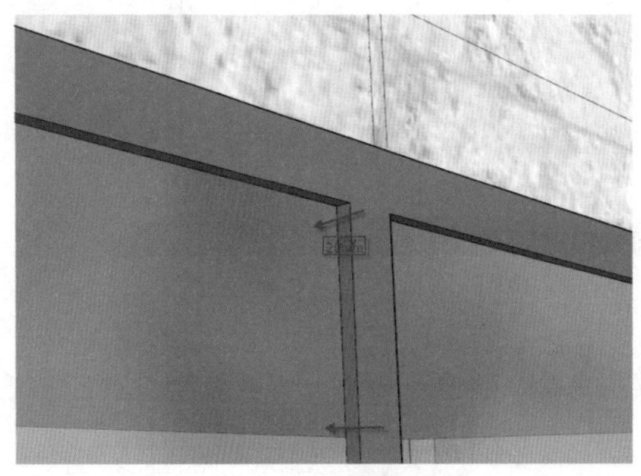

图 3.341 向内拉伸

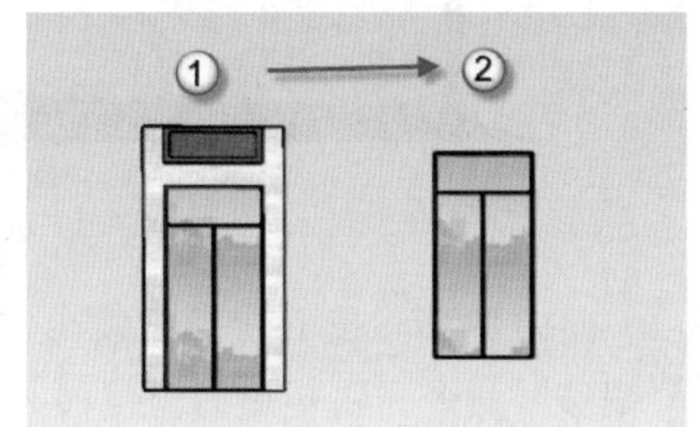

图 3.342 绘制窗户

（6）绘制定位线。按 T 快捷键发出“卷尺”命令，在模型的正面绘制如图 3.343 所示的定位线。

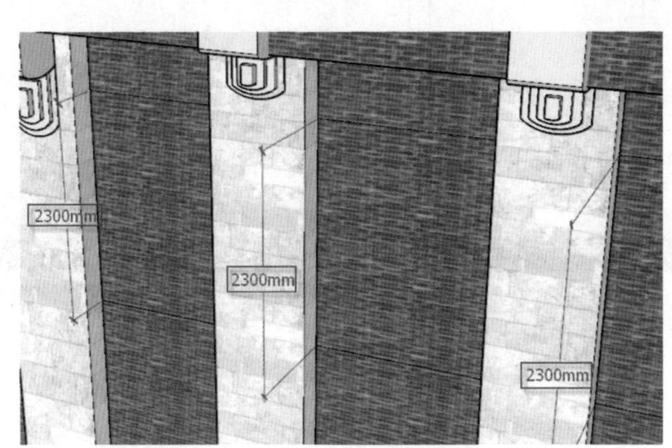

图 3.343 绘制定位线

（7）缩放窗户。按 S 快捷键发出“缩放”命令，将模型的①至⑥的窗户缩放至如图 3.344 所示的大小（窗户的左右两侧与柱子对齐）。

（8）拉伸屋檐。单击①面，按 P 快捷键发出“推 / 拉”命令，将绘制的面向外拉伸 300mm 的距离，如图 3.345 所示。

（9）绘制文字。选择菜单栏中的“工具”|“三维文字”命令，在弹出的“放置三维文本”对话框中，输入名称为“中 央 饭 店”，设置字体为 Times New Roman，设置高度为 800mm、90mm，单击“放置”按钮，如图 3.346 所示。

（10）创建材质。按 B 快捷键发出“材质”命令，在“材料”卷展栏中单击“创建材

质”按钮，弹出“创建材质”对话框，在其中输入材质名称为“颜色填充”，设置颜色为R=196、G=97、B=26，单击“确定”按钮，如图 3.347 所示。然后将材质赋予相应的对象。

图 3.344　缩放窗户

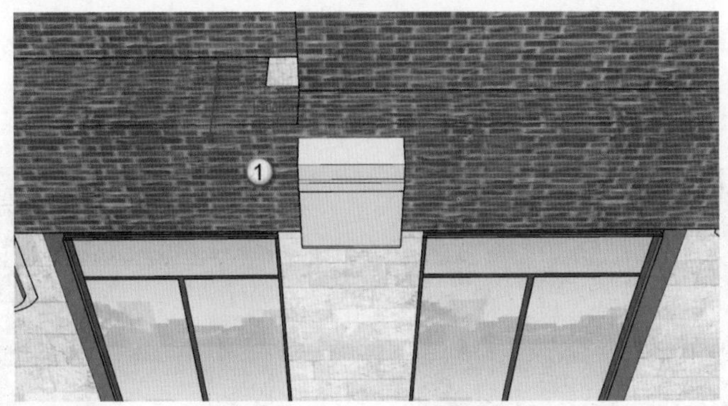

图 3.345　拉伸屋檐

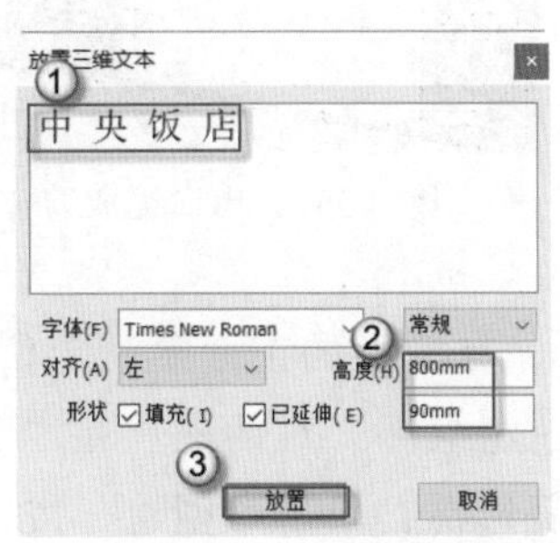

图 3.346　绘制文字

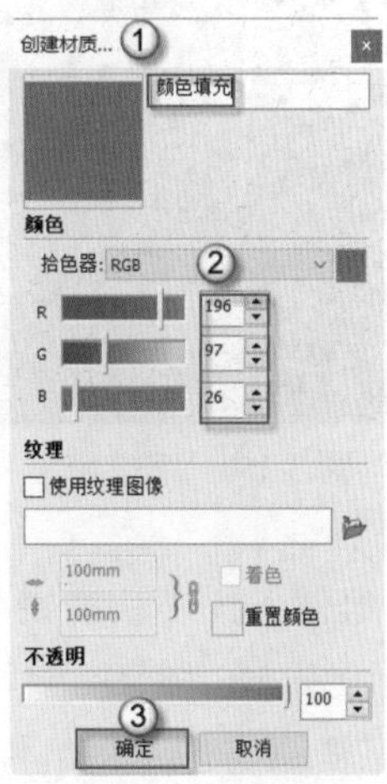

图 3.347　创建材质

（11）填充颜色。按 R 快捷键发出“矩形”命令，用矩形连接字符，如图 3.348 所示。

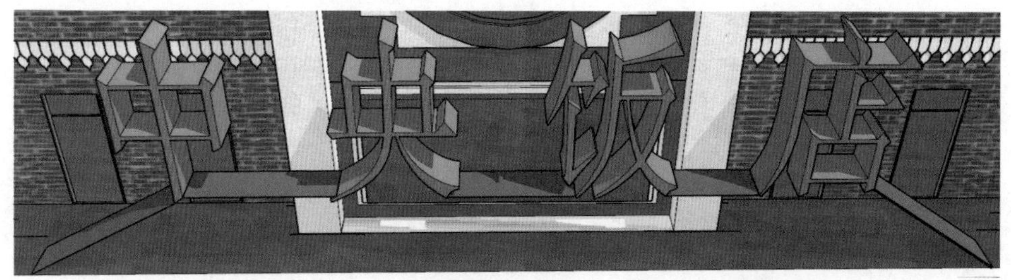

图 3.348　填充颜色

（12）制作窗户。在组件里单击二楼窗户。按 E 快捷键发出“删除”命令，删除窗户周围的装饰，如图 3.349 所示。

（13）缩放窗户。按 S 快捷键发出“缩放”命令，将窗户缩放为 1200mm × 2100mm 的大小，如图 3.350 所示。

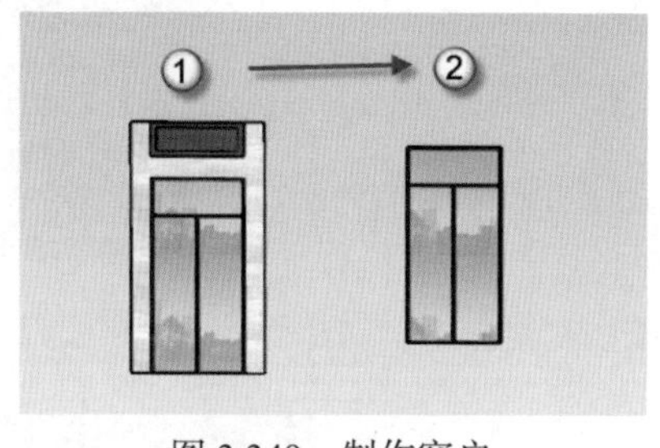

图 3.349　制作窗户

（14）再次缩放窗户。按 S 快捷键发出“缩放”命令，再次将窗户缩放为 800mm × 2100mm 的大小并删除相应的线条，如图 3.351 所示。

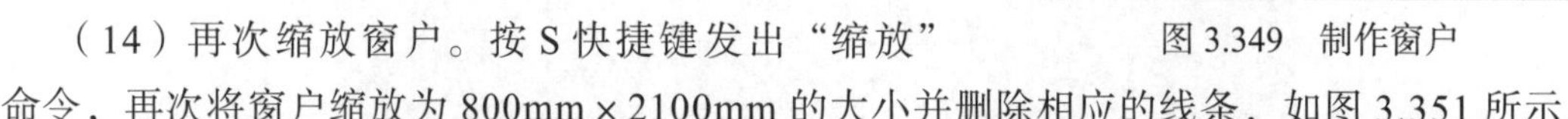

图 3.350　缩放窗户　　图 3.351　再次缩放窗户

（15）制作组件。按 T 快捷键发出“卷尺”命令，在模型的正面绘制定位线放置窗户，如图 3.352 所示。选择“创建组件”命令，弹出“创建组件”对话框。在“定义”栏中输入“顶楼门”字样，勾选“用组件替换选择内容”复选框，单击“创建”按钮完成组件的创建，如图 3.353 所示。

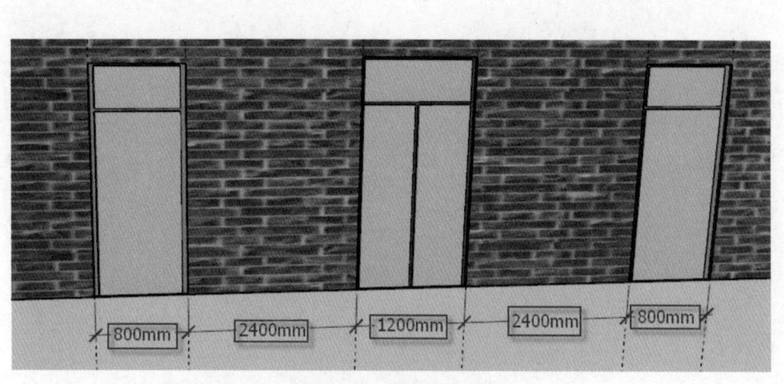

图 3.352　制作组件

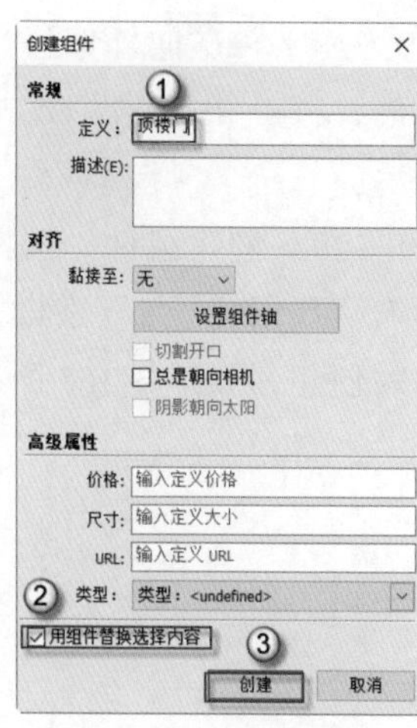

图 3.353　制作组件

（16）复制组件。按 M 快捷键发出“移动”命令，单击阳台窗户组件，配合 Ctrl 键将其向右移动，如图 3.354 所示。

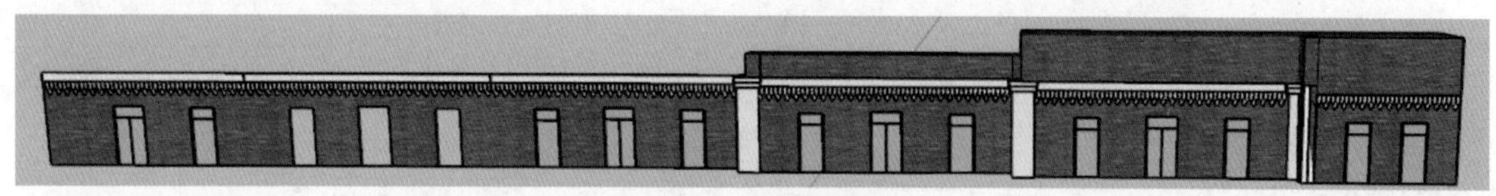

图 3.354　复制组件

（17）向上拉伸。按 R 快捷键发出“矩形”命令，拉出一个 400mm × 400mm 的矩形并将其向上拉伸 2800mm 的高度，如图 3.355 所示。

（18）向外偏移。按 F 快捷键发出“偏移”命令，将顶部的矩形向外偏移 100mm 的距离，按 P 快捷键发出“推 / 拉”命令，将绘制的面向上拉伸 70mm 的距离，如图 3.356 所示。

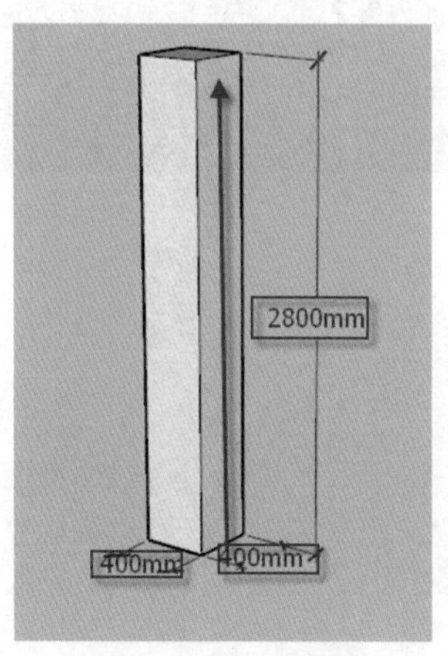

图 3.355　向上拉伸

图 3.356　向外偏移

（19）再次向外偏移。按F快捷键发出“偏移”命令，将顶部的矩形向外偏移80mm的距离，按P快捷键发出“推/拉”命令，将绘制的面向上拉伸100mm的距离，如图3.357所示。

（20）创建组件。选择“创建组件”命令，弹出“创建组件”对话框。在“定义”栏中输入“顶楼柱子2”字样，勾选“用组件替换选择内容”复选框，单击“创建”按钮完成组件的创建，如图3.358所示。

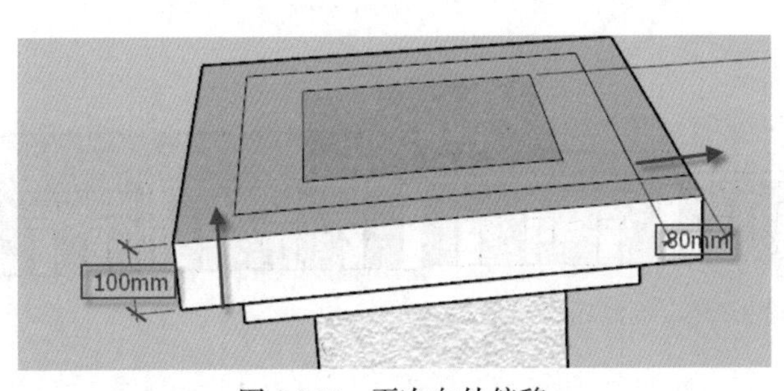

图3.357　再次向外偏移

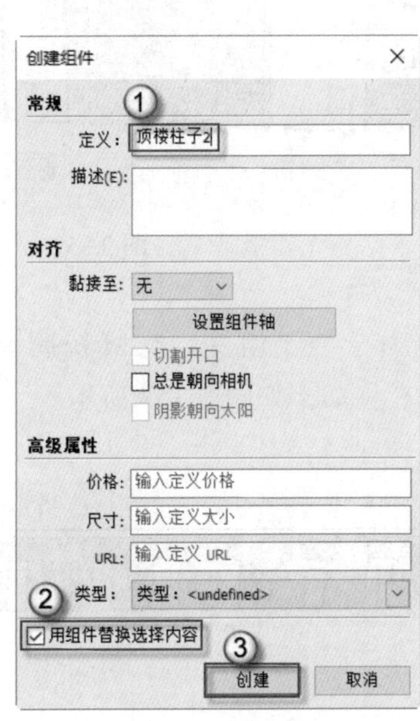

图3.358　创建组件

（21）移动柱子。按M快捷键发出“移动”命令，单击阳台窗户组件，配合Ctrl键，在①、②、③处放置，如图3.359所示。

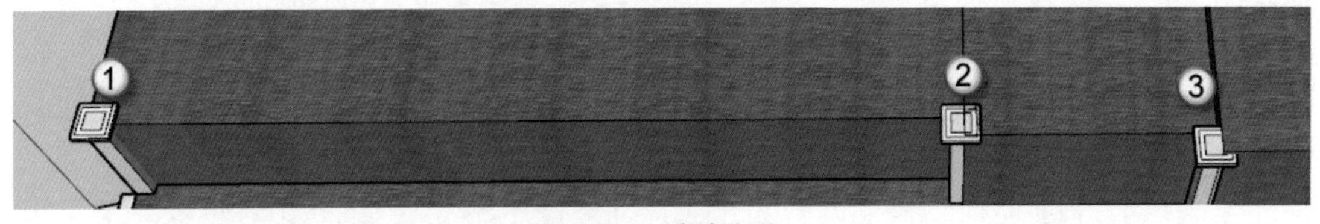

图3.359　移动柱子

（22）移动门窗。复制左边这一部分门窗并向右翻转，然后进行局部修改调整，如图3.360所示。

注意：

此时，建筑已经全部创建完毕，还应检查各建筑细部是否有错误。在检查的过程中，应注意建筑构件的尺寸及位置是否正确。

图 3.360　局部修改

第4章

从外形到建筑方案——万科蓝山别墅

万科企业股份有限公司（以下简称万科）成立于1984年5月，是目前中国最大的专业住宅开发企业之一。万科于1988年进入房地产行业，1991年成为深圳证券交易所第二家上市公司。经过三十多年的发展，成为国内最大的住宅开发企业，业务覆盖珠三角、长三角、环渤海三大城市经济圈及中西部地区，共计53个大中型城市，年均住宅销售规模在6万套以上。

经过多年努力，万科逐渐确立了在住宅行业的竞争优势："万科"品牌成为行业第一个全国驰名商标，旗下的"四季花城""城市花园""金色家园""蓝山"等品牌得到了各地消费者的喜爱。本例选择的万科蓝山别墅为 3 至 4 层的高档多层住宅，结构简洁，立面丰富，色彩搭配协调。万科蓝山别墅主要分为下面 3 种类型：

（1）庭院美宅。总计 3 层，分为南北两种入户方式，面积 192 ~ 212m^2，分为端户和中间户两种户型，边户四房，中间户四房，最大的特色是有天、有地、有花园，1 ~ 3 层私享，舒适、全明的地下室，前庭后院，多重庭院。

（2）宽景复式。总计 4 层，户型分为上叠户和下叠户，下叠户均含有地下室部分，分为北停车户和南停车户两种户型。北停车户是一个约 172 m^2 的户型，南北入户、南北通透全明设计，赠送地下室和一楼庭院，地下室层高约 3 米，南边有一个下沉式庭院，因此是全明设计，套内大进深，大开间，户型方正，保证了住户的生活空间和舒适度。

（3）创意洋房。总计 5 层，创意洋房在情景洋房的基础上进一步优化创新。标准公寓强调的是层层相同、户户相似，创意洋房的特色是融合了别墅的特点、逾 8 米的横厅，户户有露台，每层又各有特点实现了空间个性的突破。

本章参照万科蓝山别墅的图片创建模型并不是最终目的，最终目的是要求读者根据自己所掌握的建筑设计的相关知识，手绘出整个万科蓝山别墅的方案图，包括平面、立面、剖面图和三维透视图等。附录 B 中收录了几位同学手绘的万科蓝山别墅方案图，表现方式是色纸加马克笔，供读者参考。

4.1　建筑主体的绘制

万科蓝山别墅的结构虽然很简洁，但是建筑师运用自己的智慧，利用美学原则，在一个"盒子"的基础上进行局部的凹凸处理后却得到了很好的立面效果。这里将介绍使用 SketchUp 的"推 / 拉"工具，如何进行方案的修改。

4.1.1　拉出框架

本节是进行设计的第一步，本节将制作一个长为 27000mm、宽为 21000mm、高为 17000mm 的长方体（即"盒子"）。具体操作如下：

（1）绘制矩形。按 R 快捷键发出"矩形"命令，以系统原点为起点拉出一个 27000mm × 21000mm 的矩形，如图 4.1 所示。

（2）设置墙体的材质。按 B 快捷键发出"材质"命令，在"材料"面板中先选择"选择"选项卡，然后在下拉列表框中选择"沥青和混凝土"材质，再选择"旧抛光混凝土"材质，单击"创建材质"按钮，弹出"创建材质"对话框。在其中输入材质名称为"墙体"，设置颜色为 R=229、G=229、B=229，滑动"不透明"滑块至 100，单击"确定"按钮并将墙体材质赋予上述绘制完成的矩形，如图 4.2 所示。

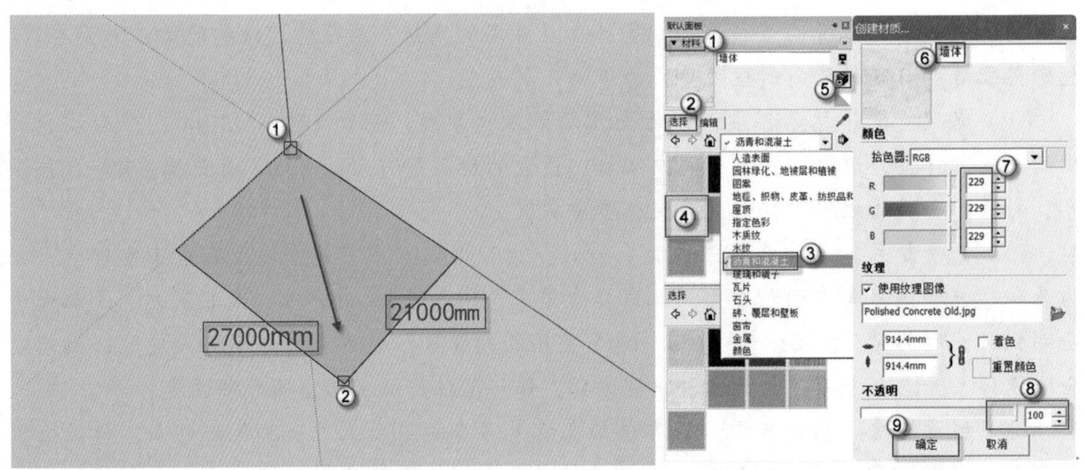

图 4.1　绘制矩形　　　　图 4.2　设置墙体的材质

（3）向上推拉。按 P 快捷键发出“推 / 拉”命令，将 27000mm × 21000mm 的矩形向上拉出 17000mm 的高度，如图 4.3 所示。

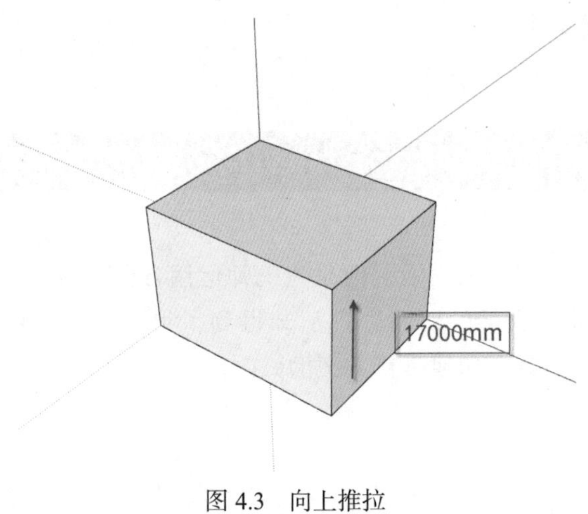

图 4.3　向上推拉

> **注意：**
> 主体尺寸应该根据模数精确绘制，不可随意拉取数值。

4.1.2　墙体

本节是在上节制作的盒子的基础上，运用“推 / 拉”工具对面进行挤或拉操作，绘制出更多的细节部分。具体操作如下：

（1）绘制参考线。按T快捷键发出“卷尺”命令，选择体块左边的一条高度边线，然后向右分别拉出一条间距为1200mm和一条间距为4800mm的参考线，如图4.4所示。

（2）绘制墙线。按L快捷键选择“直线”命令，沿着1200mm的参考线从下往上绘制出一条直线，如图4.5所示。

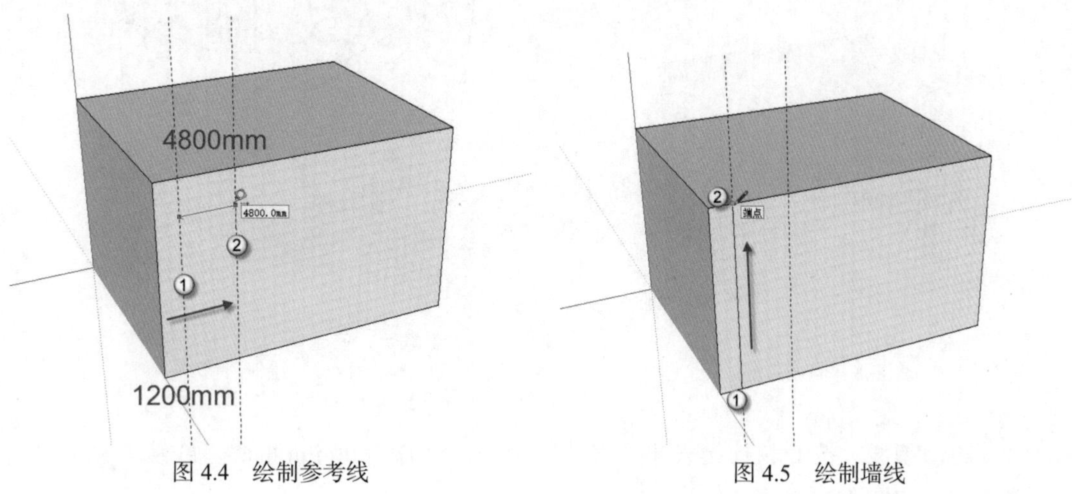

图4.4　绘制参考线

图4.5　绘制墙线

（3）向内推拉。按P快捷键发出“推/拉”命令，将体块左边的面向内推1200mm，如图4.6所示。

（4）绘制墙线。按L快捷键发出“直线”命令，沿着4800mm的参考线从①处向②处绘制出一条直线，如图4.7所示。

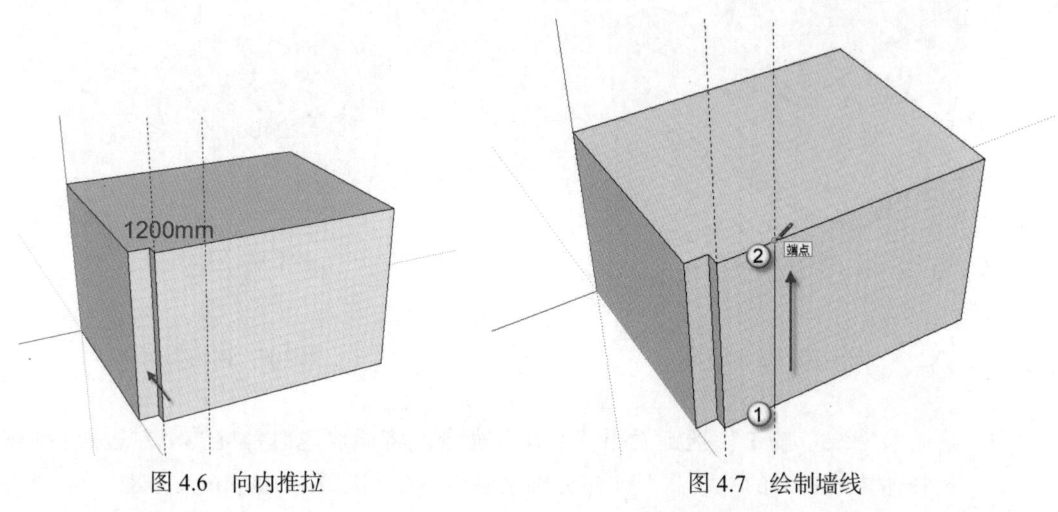

图4.6　向内推拉

图4.7　绘制墙线

（5）向内推拉。按P快捷键发出“推/拉”命令，将体块最右边的面向内推3300mm，如图4.8所示。

（6）绘制参考线。按T快捷键发出“卷尺”命令，将体块逆时针旋转至左边面朝相机的方向，选择体块左边的一条高度边线向右拉出一条 4200mm 的参考线，如图 4.9 所示。

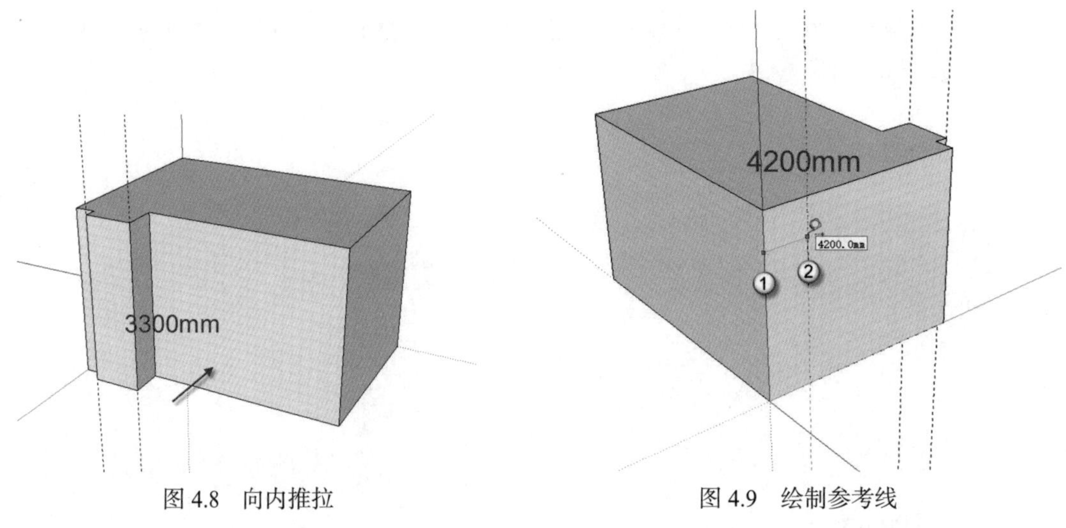

图 4.8 向内推拉　　图 4.9 绘制参考线

（7）绘制墙线。按 L 快捷键发出“直线”命令，沿着 4800mm 的参考线从下往上绘制出一条直线，如图 4.10 所示。

（8）向内推拉。按 P 快捷键发出“推 / 拉”命令，将体块最左边的面向内推 2400mm，如图 4.11 所示。

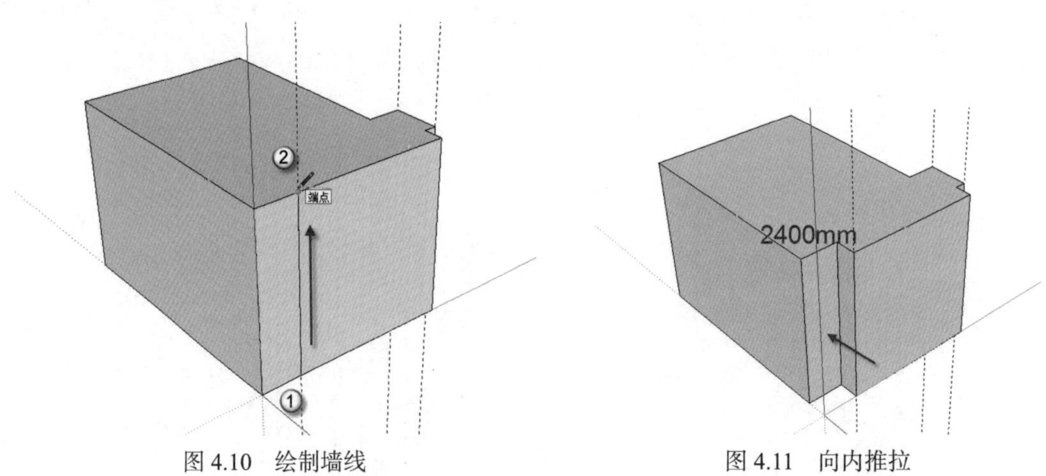

图 4.10 绘制墙线　　图 4.11 向内推拉

（9）绘制参考线。按 T 快捷键发出“卷尺”命令，将体块逆时针旋转至左边面朝相机的方向，选择体块最右侧的一条高，向左分别绘制出一条间距为 5100mm（①处）和一条间距为 7200mm（②处）的参考线，如图 4.12 所示。

（10）绘制墙线。按 L 快捷键发出“直线”命令，沿着 5100mm 和 7200mm 的参考线从下往上绘制出两条直线，如图 4.13 所示。

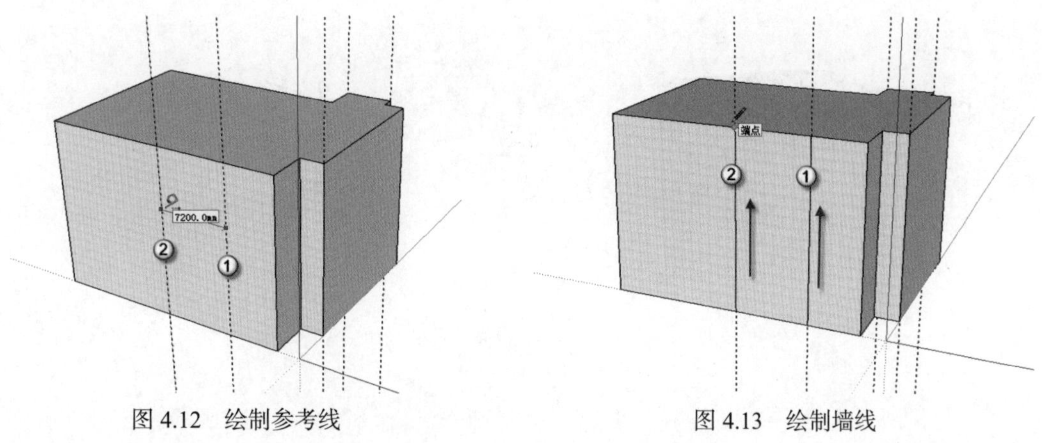

图 4.12　绘制参考线　　　　图 4.13　绘制墙线

（11）向内推拉。按 P 快捷键发出“推 / 拉”命令，将①所在的面向内推 2400mm，②所在的面向内推 1200mm，如图 4.14 所示。

（12）绘制参考线。按 T 快捷键发出“卷尺”命令，将体块逆时针旋转至左边面朝相机的方向，并选择体块最右侧的一条高，向左拉出间距为 9900mm 的参考线，如图 4.15 所示。

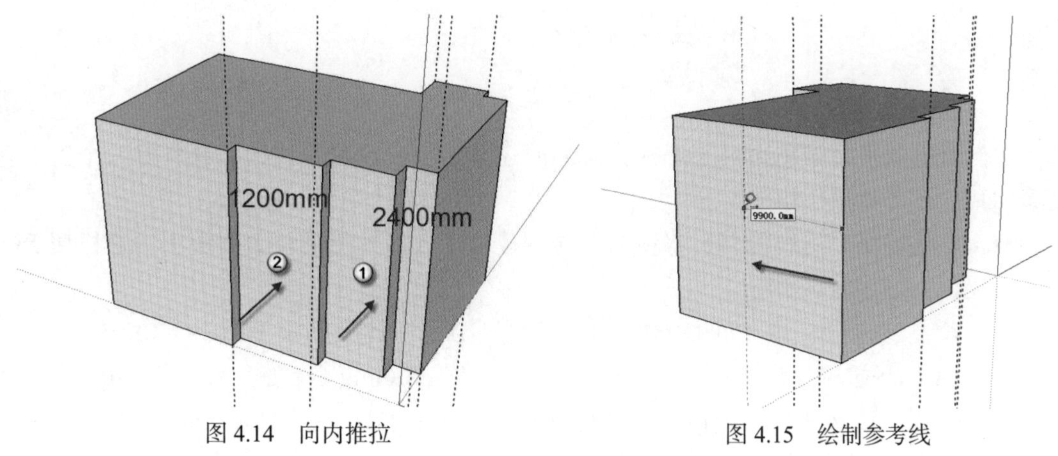

图 4.14　向内推拉　　　　图 4.15　绘制参考线

（13）绘制墙线。按 L 快捷键发出“直线”命令，沿着上一步的参考线从下往上绘制出一条直线，如图 4.16 所示。

（14）向内推拉。按 P 快捷键发出“推 / 拉”命令，将体块最右边的面向内推 900mm，如图 4.17 所示。

注意：

建模之前要厘清思路，比如可以先绘制主体，再绘制入口、门、窗等。绘制参考线有助于确定画线的位置，并且这些参考线在不用的时候可以批量删除。

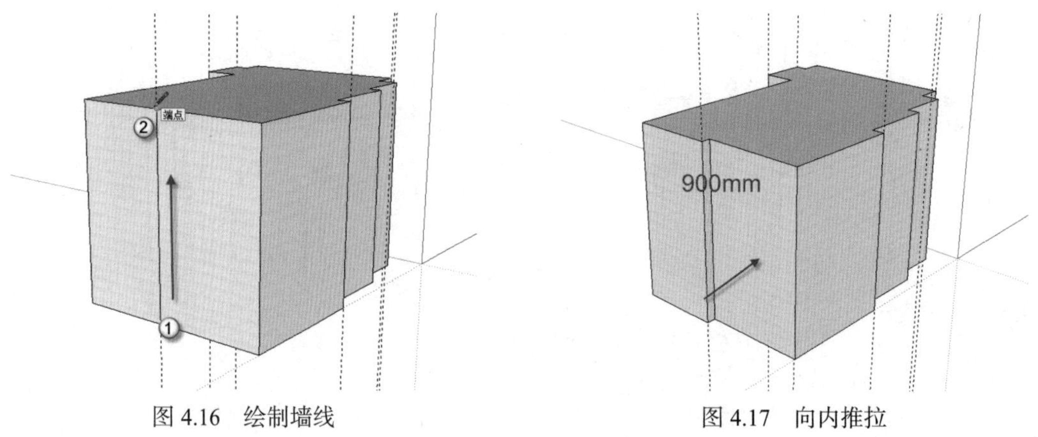

图 4.16　绘制墙线　　　　图 4.17　向内推拉

4.2　建筑细部的绘制

建筑主体决定远景效果，建筑细部决定近景效果。在进行建筑设计时，主体与细部都需要事先考虑，因为二者会影响建筑物的风格。

4.2.1　绘制窗户

本例要绘制的是带窗台的平开窗，绘制时还要给窗户设置材质，在制作好一个窗户后要及时成组。具体操作如下：

（1）旋转视图。旋转视口，将视图旋转到建筑主入口左侧的位置并放大，这样便于下一步的操作，如图 4.18 所示。

（2）绘制参考线。按 T 快捷键发出“卷尺”命令，此处的窗户高为 2400mm，宽为 750mm。选择凸起体块底边的线向上分别拉出一条 1200mm（①处）和一条 2400mm（②处）的参考线，接着选择凸起体块左侧的线向右侧分别拉出一条 1500mm（③处）和一条 750mm（④处）的参考线，如图 4.19 所示。

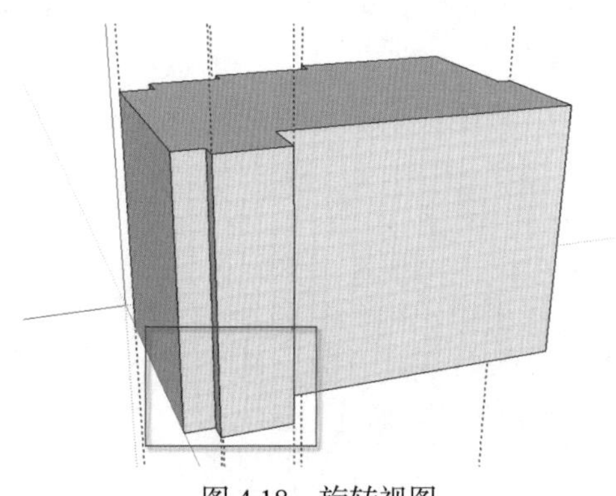

图 4.18　旋转视图

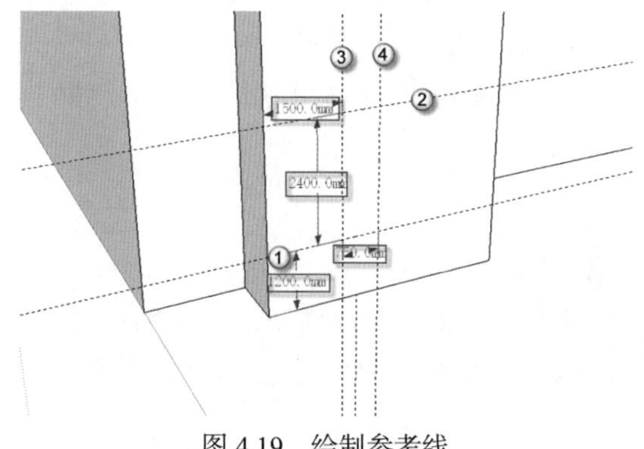

图 4.19　绘制参考线

（3）绘制矩形。按 R 命令发出“矩形”命令，依据绘制好的参考线拉出一个 2400mm × 750mm 的矩形，如图 4.20 所示。

（4）向内推拉。按 P 快捷键发出“推 / 拉”命令，将 2400mm × 750mm 的矩形向内推 60mm，如图 4.21 所示。

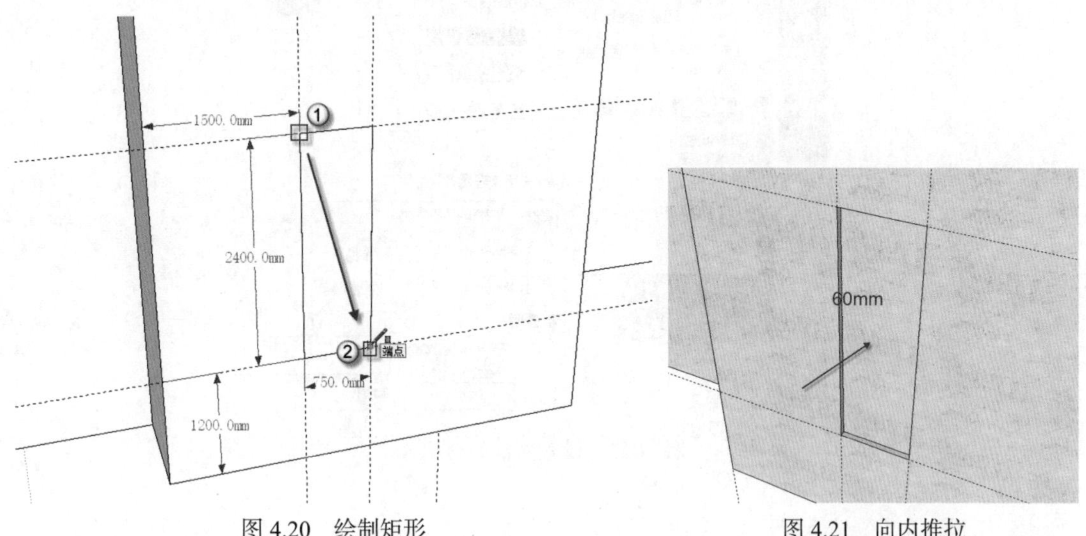

图 4.20 绘制矩形

图 4.21 向内推拉

（5）创建窗户组件。双击绘制好的 2400mm × 750mm 的矩形，在保证矩形面及其边界线已被选中的情况下右击对象，在弹出的快捷菜单中选择“创建组件”命令，弹出“创建组件”对话框。在“名称”栏中输入“窗 750 × 2400”字样，取消“总是朝向相机”复选框的勾选，勾选“用组件替换选择内容”复选框，单击“创建”按钮完成组件的创建，如图 4.22 所示。

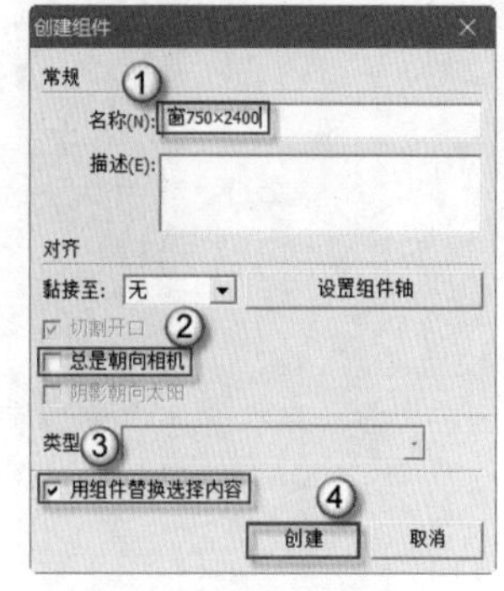

图 4.22 创建窗户组件

（6）设置窗框的材质。双击组件进入组件编辑模式，按 B 快捷键发出“材质”命令，在“材料”面板中选择“选择”选项卡，然后在下拉列表框中选择“木质纹”材质，选择“原色樱桃木”材质，单击“创建材质”按钮，弹出“创建材质”对话框。在其中输入材质名称为“窗框”，设置颜色为 R=152、G=86、B=42，滑动“不透明”滑块至 100，单击“确定”按钮并将窗框材质赋予上述绘制好的组件，如图 4.23 所示。

（7）偏移矩形。双击组件进入组件编辑模式，按 F 快捷键发出“偏移”命令，将矩形向内偏移 60mm，如图 4.24 所示。

（8）向内推拉。按 P 快捷键发出“推 / 拉”命令，将偏移 60mm 后的矩形向内推 60mm，如图 4.25 所示。

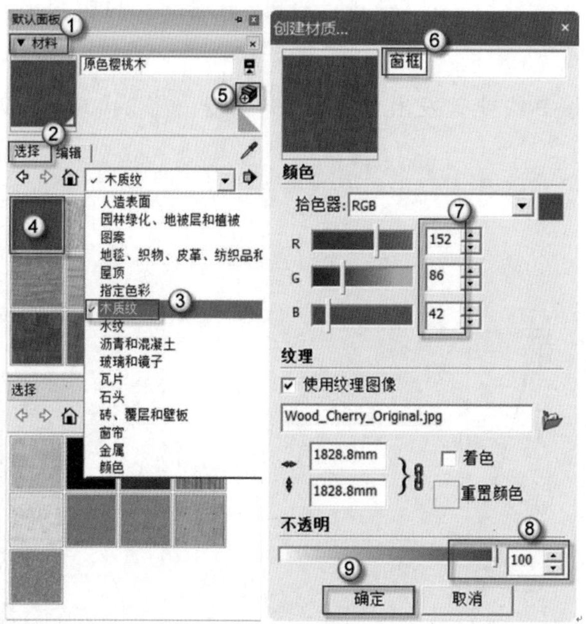

图 4.23　设置窗框的材质

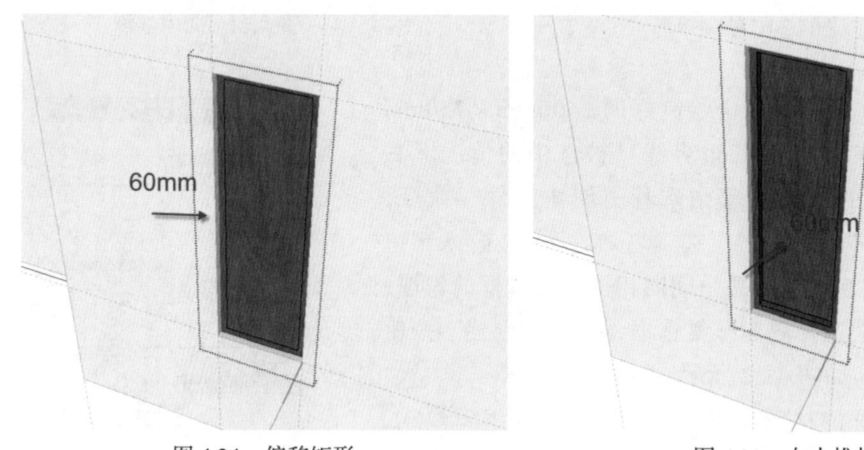

图 4.24　偏移矩形　　图 4.25　向内推拉

（9）绘制参考线。按 T 快捷键发出“卷尺”命令，将窗框材质侧边矩形最下方的直线①向上分别拉出一条 600mm 和一条 660mm 的参考线，如图 4.26 所示。

（10）绘制矩形。按 R 命令发出“矩形”命令，依据绘制好的参考线拉出一个 60mm × 60mm 的矩形，如图 4.27 所示。

（11）向外推拉。按 P 快捷键发出“推 / 拉”命令，将 60mm × 60mm 矩形由①处向②处推拉 630mm，如图 4.28 所示。

（12）删除多余的线。按 E 快捷键发出“擦除”命令，删除①处多余的一根线，如图 4.29 所示。

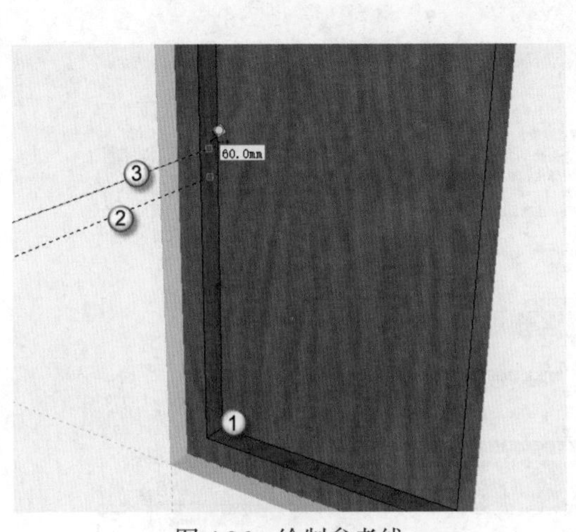

图 4.26　绘制参考线

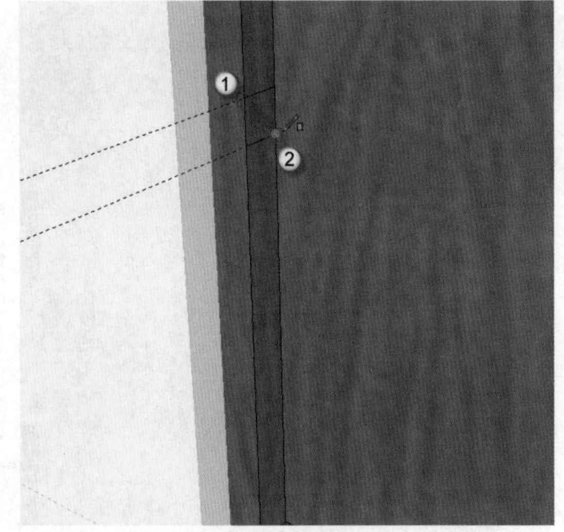
图 4.27　绘制矩形

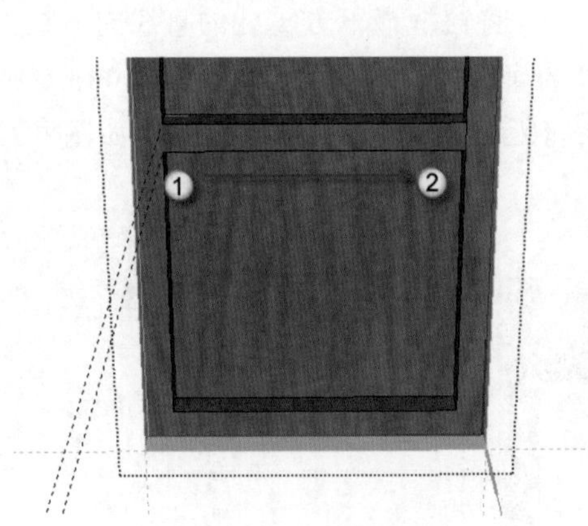
图 4.28　向外推拉

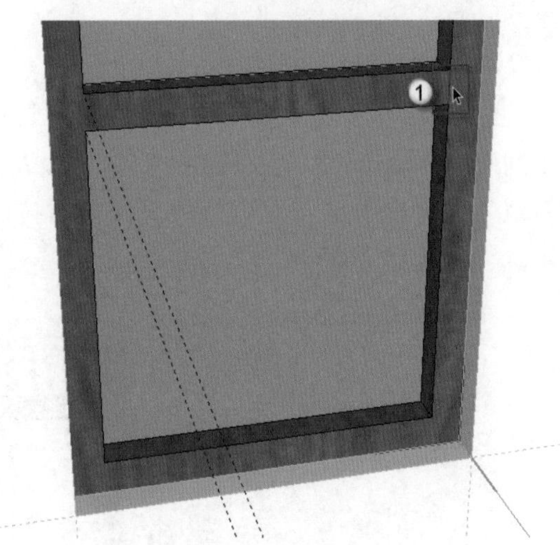
图 4.29　删除多余的线

（13）创建玻璃组件。双击绘制好的 60mm × 60mm 的矩形，在保证矩形面及其边界线已被选中的情况下右击对象，在弹出的快捷菜单中选择“创建组件”命令，弹出“创建组件”对话框。在“名称”栏中输入“玻璃”字样，取消“总是朝向相机”复选框的勾选，勾选“用组件替换选择内容”复选框，单击“创建”按钮完成组件的创建，如图 4.30 所示。

（14）设置玻璃的材质。双击组件进入组件编辑模式，按 B 快捷键发出“材质”命令，在“材料”面板中先选择“选择”选项卡，然后在下拉列表框中选择“玻璃和镜子”材质，再选择“灰色半透明玻璃”材质，单击“创建材质”按钮，在弹出的“创建材质”对话框中输入材质名称为“玻璃”，设置颜色为 R=128、G=128、B=128，滑动“不透明”滑块至 50，单击“确定”按钮，如图 4.31 所示。将该材质赋予玻璃组件。

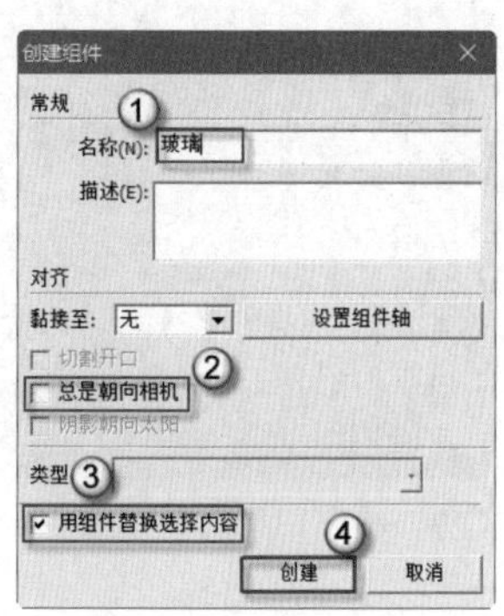

图 4.30　创建玻璃组件

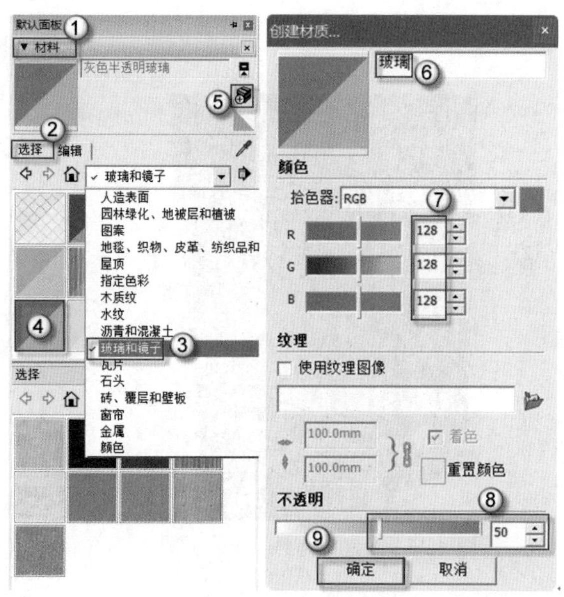

图 4.31　设置玻璃材质

（15）绘制参考线。按 T 快捷键发出“卷尺”命令，将窗框最下方①处的直线向下拉出一条间距为 100mm 的参考线②，将窗框最左侧③处的直线向左拉出一条间距为 100mm 的参考线④，将窗框最右侧⑤处的直线向右拉出一条间距为 100mm 的参考线⑥，如图 4.32 所示。

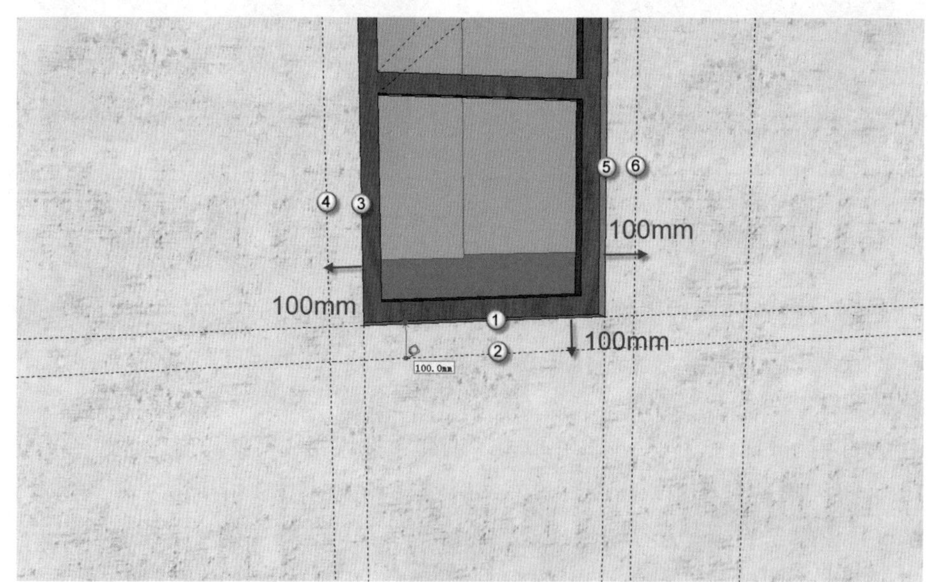

图 4.32　绘制参考线

（16）绘制矩形。按 R 命令发出“矩形”命令，依据绘制好的参考线从①处向②处拉出一个 950mm × 100mm 的矩形，如图 4.33 所示。

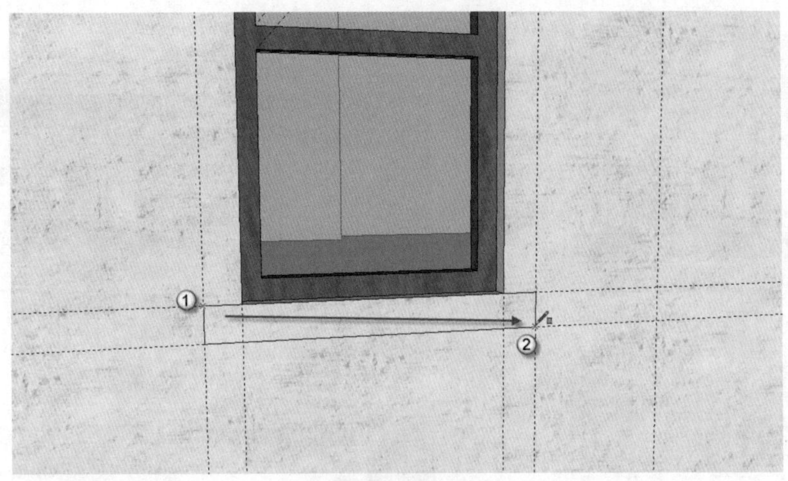

图 4.33　绘制矩形

（17）删除多余的面。右击新生成的面，按 E 快捷键发出“擦除”命令，将多余的面删除，如图 4.34 所示。

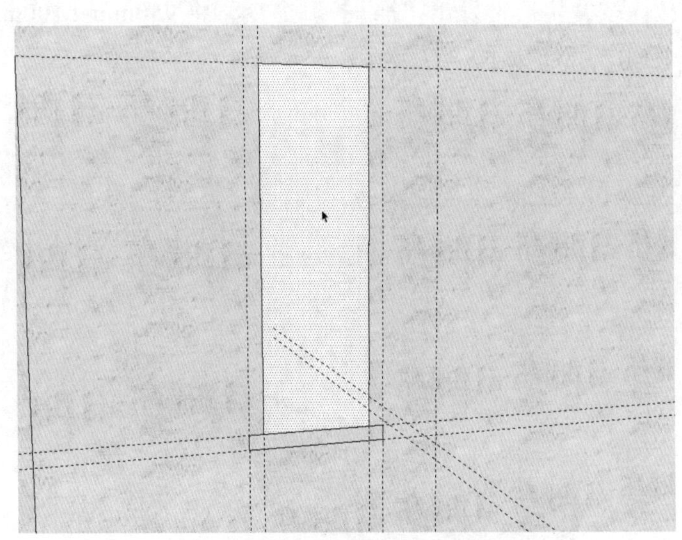

图 4.34　删除多余的面

（18）创建窗台组件。双击绘制好的 950mm × 100mm 的矩形，在保证矩形面及其边界线已被选中的情况下右击对象，在弹出的快捷菜单中选择“创建组件”命令，弹出“创建组件”对话框，在“名称”栏中输入“窗台”字样，取消“总是朝向相机”复选框的勾选，勾选“用组件替换选择内容”复选框，单击“创建”按钮完成组件的创建，如图 4.35 所示。

（19）设置窗台的材质。双击组件进入组件编辑模式，按 B 快捷键发出“材质”命令，在“材料”面板中先选择“选择”选项卡，然后在下拉列表框中选择“石头”材质，再选择“正切灰色石块”材质，单击“创建材质”按钮，在弹出的“创建材质”对话框中输入材质名称为“窗台”，设置颜色为 R=207、G=207、B=207，滑动“不透明”滑块至 100，单击“确定”按钮，如图 4.36 所示。然后将材质赋予窗台组件。

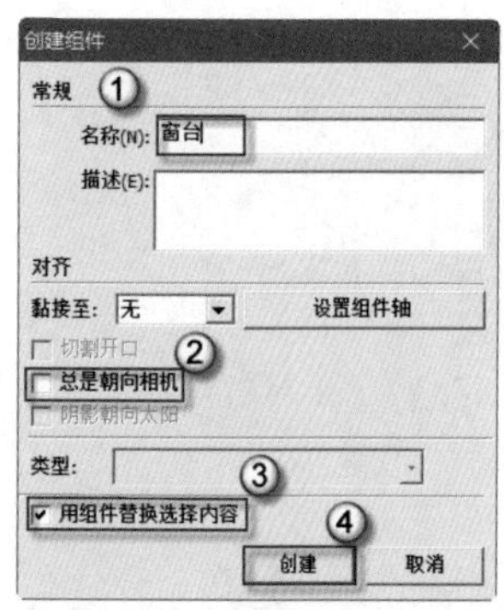

图 4.35　创建窗台组件

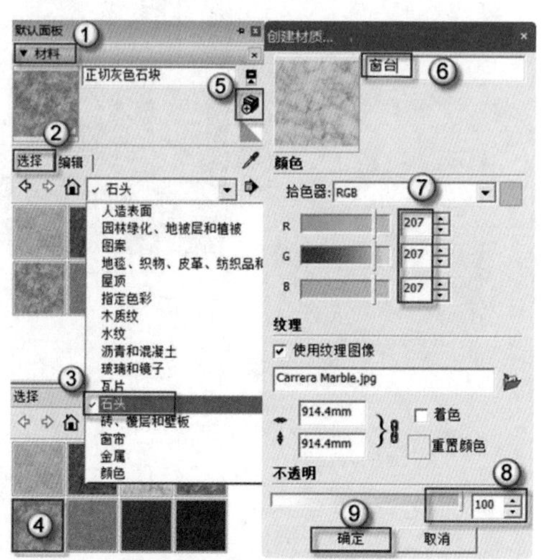

图 4.36　设置窗台的材质

（20）向外推拉。按 P 快捷键发出“推 / 拉”命令，将 950mm × 100mm 的窗台向外拉出 100mm 的距离，如图 4.37 所示。

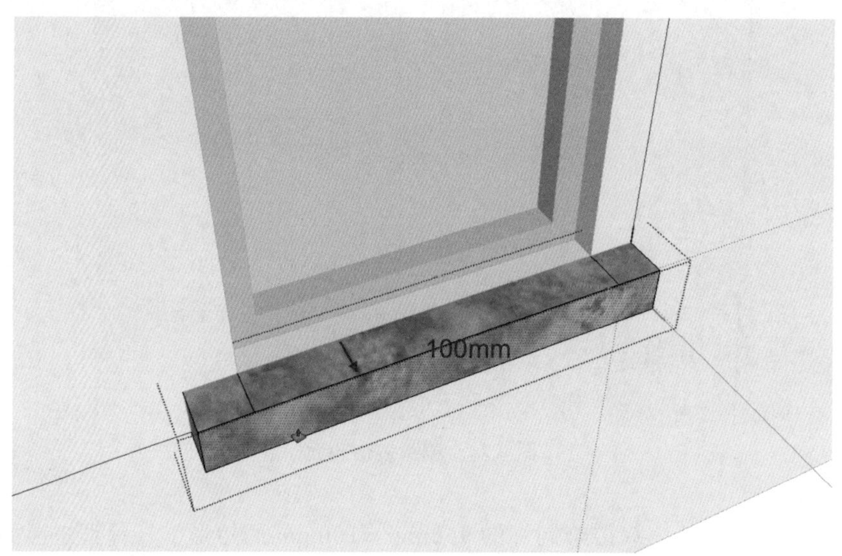

图 4.37　向外推拉

（21）删除多余的线。按 E 快捷键发出“擦除”命令，删除①处和②处多余的两根线，如图 4.38 所示。

（22）绘制参考线。按 T 快捷键发出“卷尺”命令，将窗框最上方①处的直线向上拉出一条间距为 900mm 的参考线②，再将②处的直线向上拉出一条间距为 2400mm 的参考线③，如图 4.39 所示。

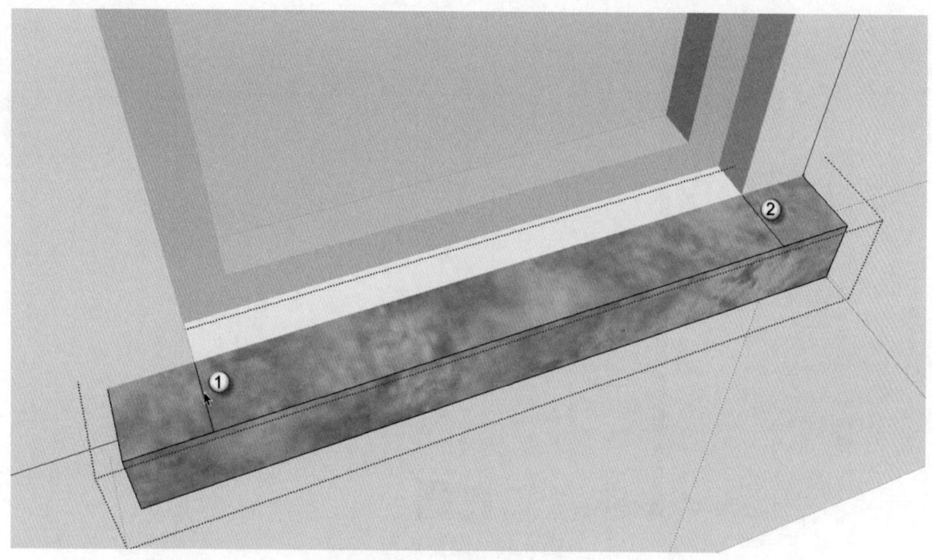

图 4.38　删除多余的线

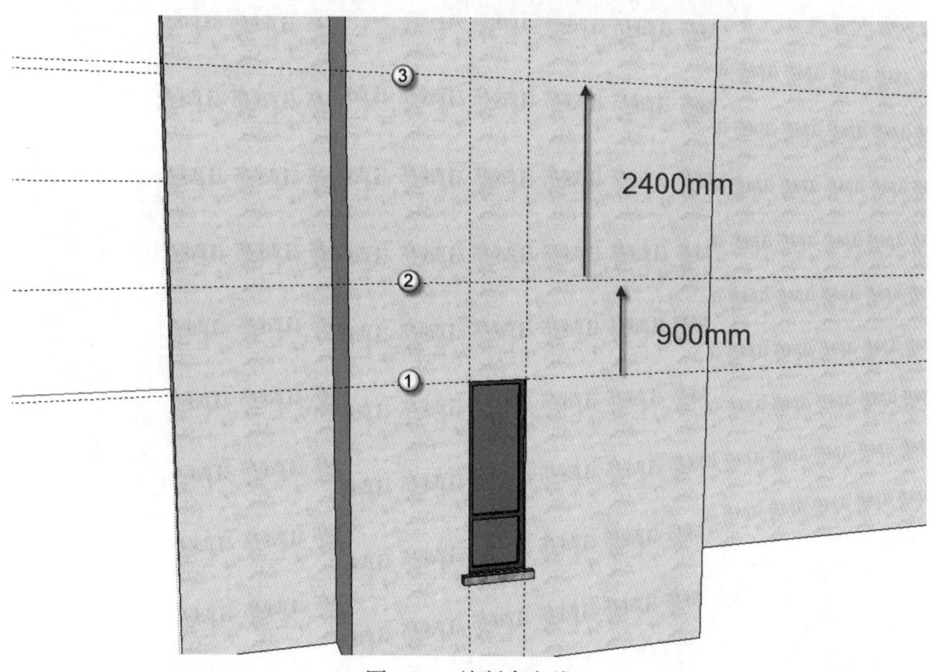

图 4.39　绘制参考线

（23）绘制矩形。按 R 快捷键发出“矩形”命令，依据绘制好的参考线，从①处向②处拉出一个 950mm × 2400mm 的矩形，如图 4.40 所示。

（24）向内推拉。按 P 快捷键发出“推 / 拉”命令，将 950mm × 2400mm 的矩形向内推 60mm，如图 4.41 所示。

（25）删除多余的面。按 E 快捷键发出“擦除”命令，删除①处 950mm × 2400mm 的矩形，如图 4.42 所示。

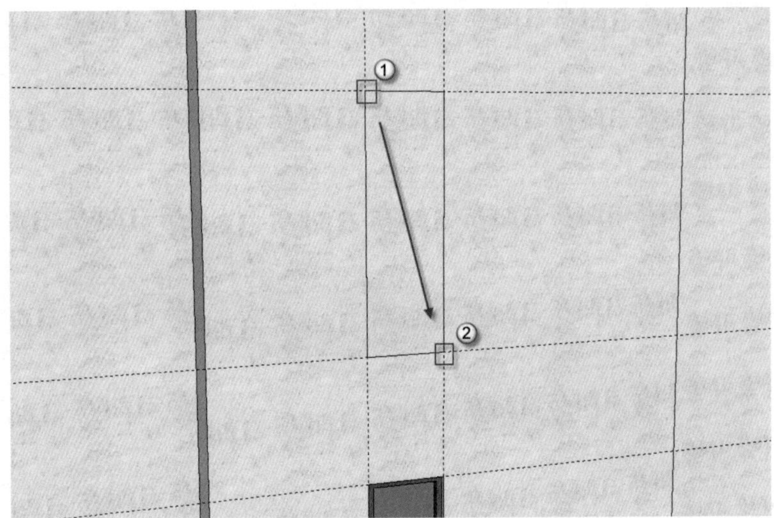
图 4.40　绘制矩形

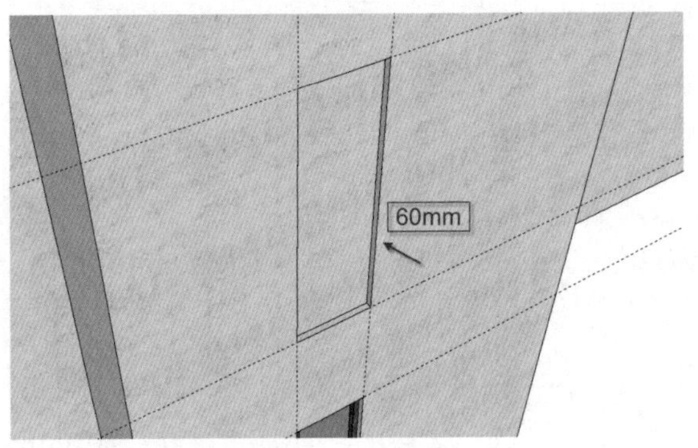

图 4.41　向内推拉

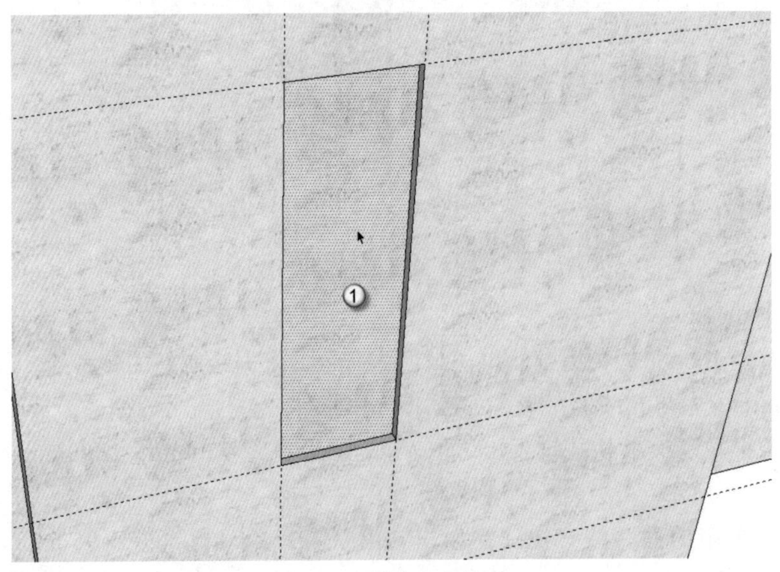
图 4.42　删除多余的面

（26）复制窗户和窗台组件。选中窗户和窗台组件，按M快捷键发出“移动”命令，配合Ctrl键将组件以①处为基点，移动并复制到②处的位置，如图4.43所示。

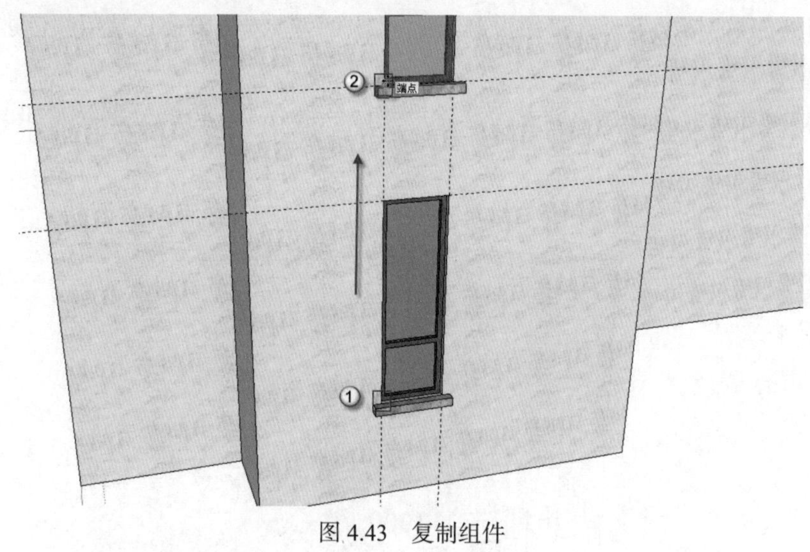

图4.43　复制组件

（27）绘制其他窗户。按照上述（22）～（26）步的操作方法绘制其余4个窗户和窗台，完成后的效果如图4.44所示。

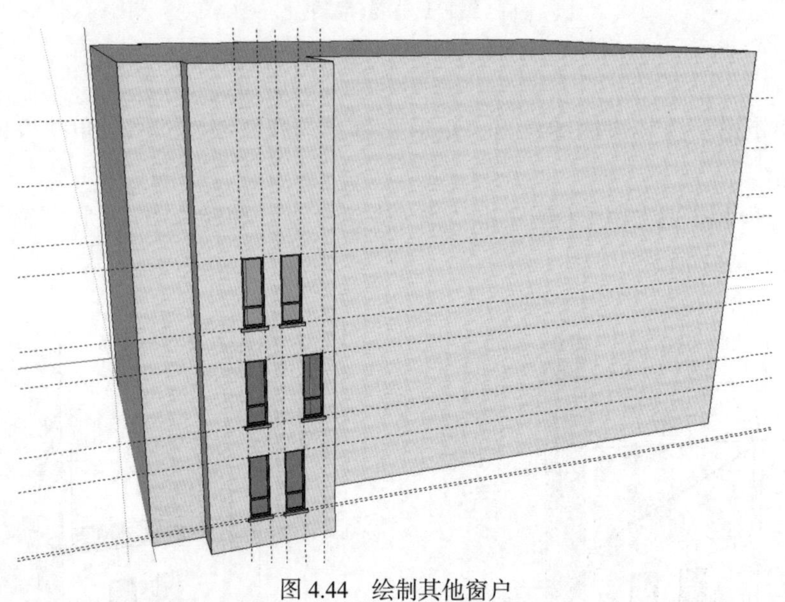

图4.44　绘制其他窗户

注意：

虽然现在有很多插件和组件可以直接拿来用，但是学会创建一些基本构建和组件，能帮助读者熟练掌握SketchUp的绘制方法。

4.2.2　绘制阳台

万科蓝山别墅的阳台与常见住宅的阳台不一样，没有用玻璃栏板，也没有用金属栏杆，在考虑与墙体一致的情况下，直接用混凝土生成造型，墙体与阳台只是用颜色进行了区分。具体操作如下：

（1）绘制参考线。按 T 快捷键发出"卷尺"命令，沿体块边线分别绘制如图 4.45 所示的参考线。

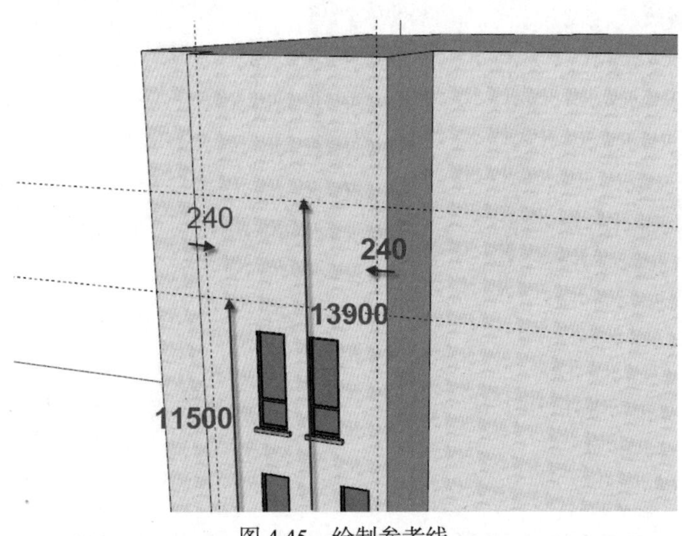

图 4.45　绘制参考线

（2）绘制矩形。按 R 快捷键发出"矩形"命令，沿参考线按照对角线方向绘制矩形，如图 4.46 所示。

（3）向内推拉。按 P 快捷键发出"推 / 拉"命令，将绘制的矩形沿箭头方向推入 3000mm，如图 4.47 所示。

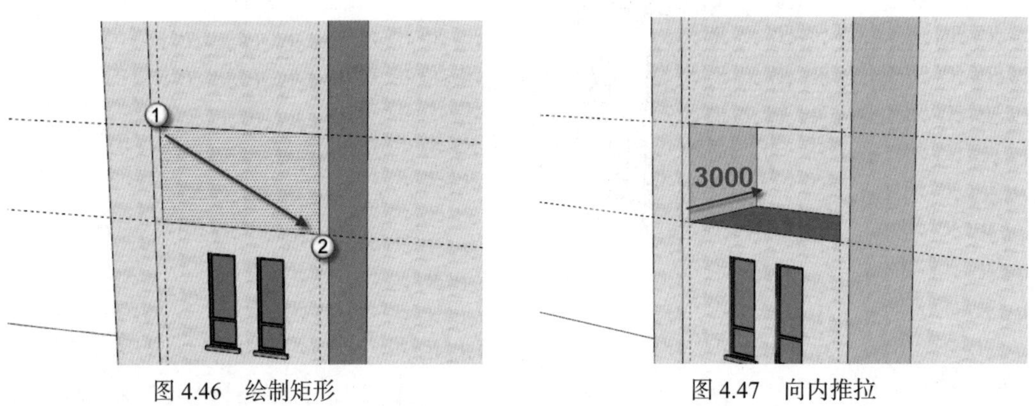

图 4.46　绘制矩形　　　　图 4.47　向内推拉

（4）绘制矩形。按 R 快捷键发出"矩形"命令，绘制一个尺寸为 450mm × 4320mm 的

矩形，如图 4.48 所示。

（5）创建组件。双击上一步绘制的矩形，在保证矩形面及其边界线已被选中的情况下右击对象，在弹出的快捷菜单中选择“创建组件”命令，弹出“创建组件”对话框。在“名称”栏中输入“阳台 1”字样，取消“总是朝向相机”复选框的勾选，勾选“用组件替换选择内容”复选框，单击“创建”按钮完成组件的创建，如图 4.49 所示。

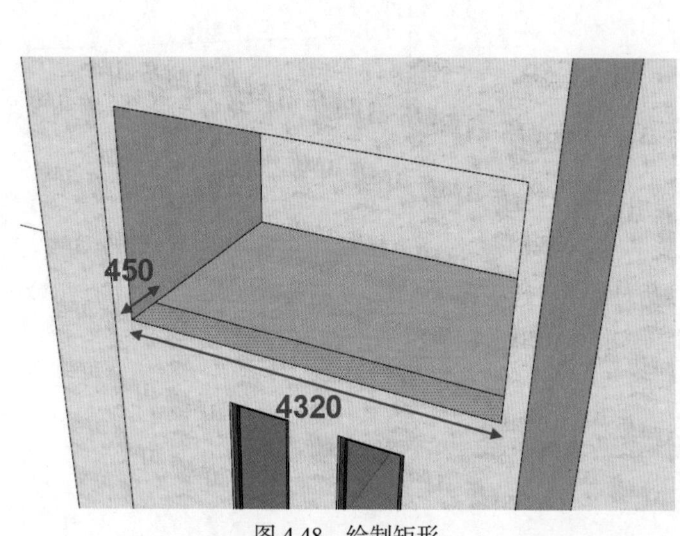

图 4.48　绘制矩形

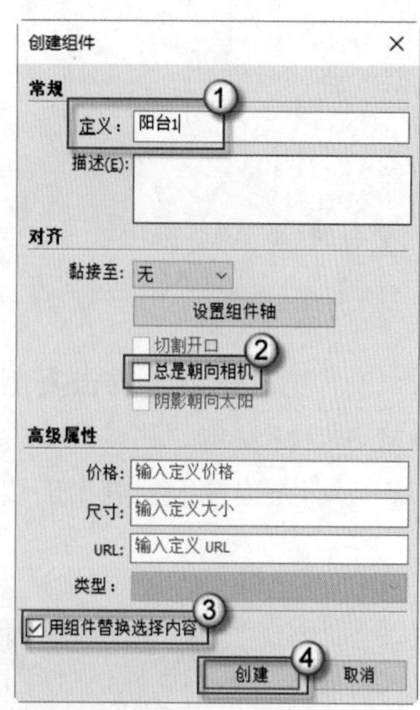

图 4.49　创建组件

（6）向上推拉。双击“阳台 1”组件进入组件编辑模式。按 P 快捷键发出“推 / 拉”命令，将绘制的矩形沿箭头方向向上推拉 600mm，如图 4.50 所示。

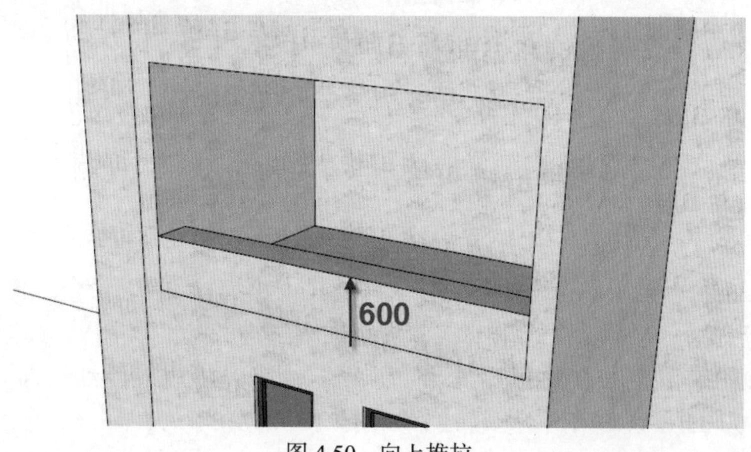

图 4.50　向上推拉

（7）绘制矩形。按 R 快捷键发出“矩形”命令，绘制尺寸为 200mm × 150mm 的矩形，如图 4.51 所示。

（8）复制矩形。双击绘制的矩形，选中面及其边界线，按 M 快捷键发出“移动”命令，配合 Ctrl 键将矩形沿蓝轴向正向复制出一个新矩形，如图 4.52 所示。

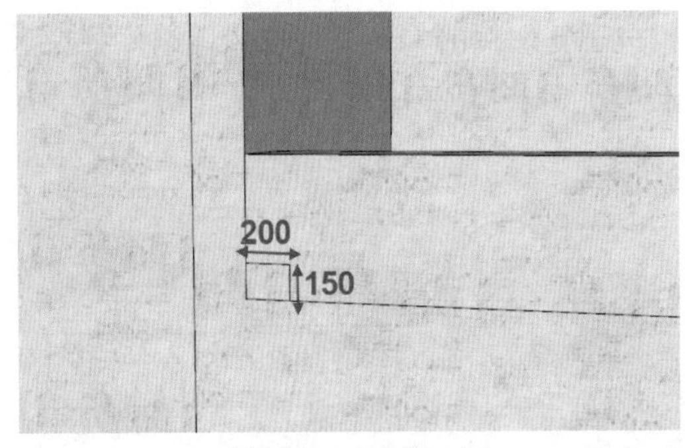

图 4.51　绘制矩形

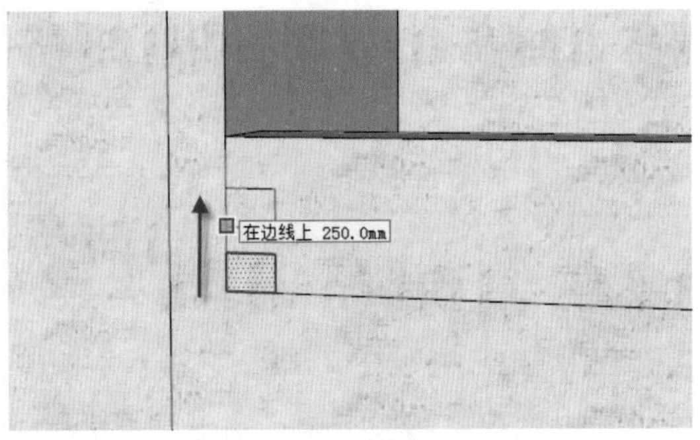

图 4.52　复制矩形

（9）复制矩形。双击复制的第一个矩形，配合 Ctrl 键选中两个矩形的面和其边线，按 M 快捷键发出“移动”命令，配合 Ctrl 键选中点①将其复制至点②处。在数值处输入“/15”，即在边线上复制出连续等距的矩形，如图 4.53 所示。

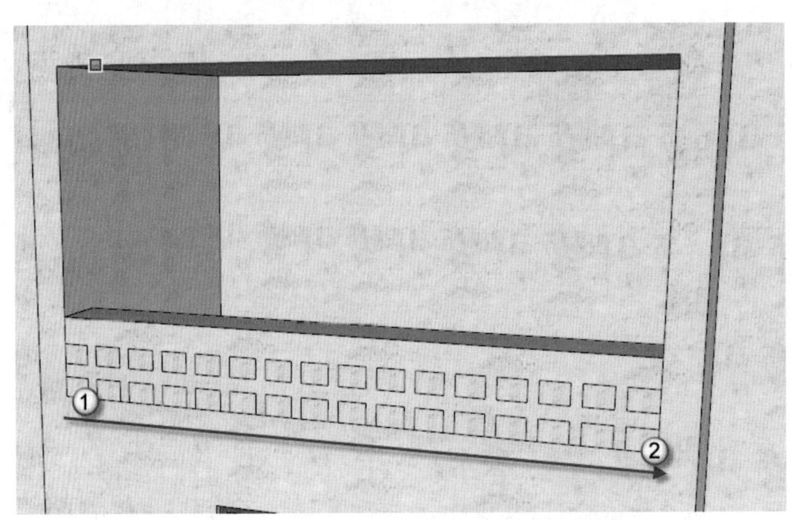

图 4.53　复制矩形

（10）向内推拉。选中左上角矩形，按 P 快捷键发出“推 / 拉”命令，将矩形沿箭头方向推入直至出现提示“在边线上”即可，用同样的方法将所有矩形推入，如图 4.54 所示。

（11）绘制参考线。按 T 快捷键发出“卷尺”命令，将边线沿红轴向正向分别移动 1200mm 和 1500mm，绘制出两条参考线，如图 4.55 所示。

（12）绘制矩形。按 R 快捷键发出“矩形”命令，以参考线与阳台边线交点为对角线，绘制①处矩形，并删除②处多余的面，如图 4.56 所示。

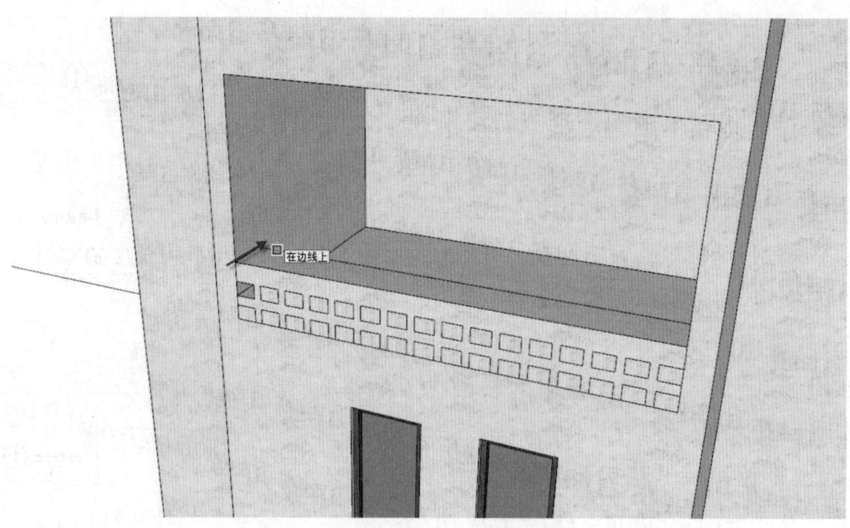

图 4.54　向内推拉

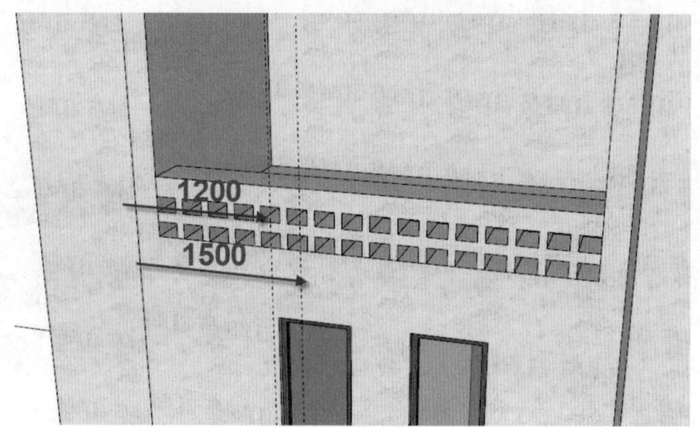

图 4.55　绘制参考线

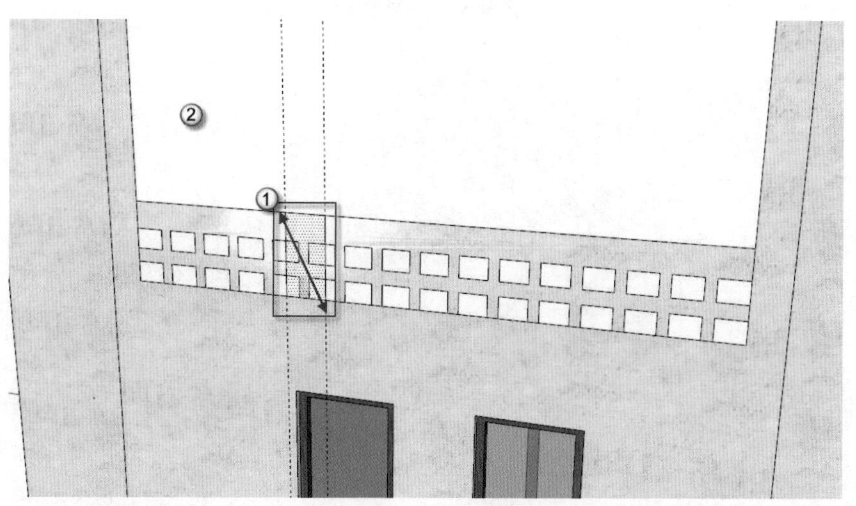

图 4.56　绘制矩形

（13）创建组件。双击绘制好的 1200mm × 1500mm 的矩形，在保证矩形面及其边界线已被选中的情况下右击对象，在弹出的快捷菜单中选择“创建组件”命令，弹出“创建组件”对话框。在“名称”栏中输入“阳台构件 1”字样，取消“总是朝向相机”复选框的勾选，勾选“用组件替换选择内容”复选框，单击“创建”按钮完成组件的创建，如图 4.57 所示。

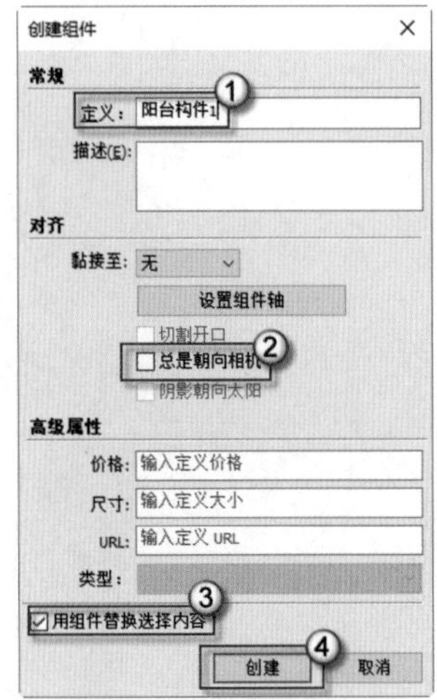

图 4.57　创建组件

（14）向外推拉。双击进入“阳台构件 1”组件，按 P 快捷键发出“推 / 拉”命令，将矩形沿箭头方向推拉 200mm，如图 4.58 所示。

（15）向上推拉。按 P 快捷键发出“推 / 拉”命令，将矩形沿箭头方向推出 150mm，如图 4.59 所示。

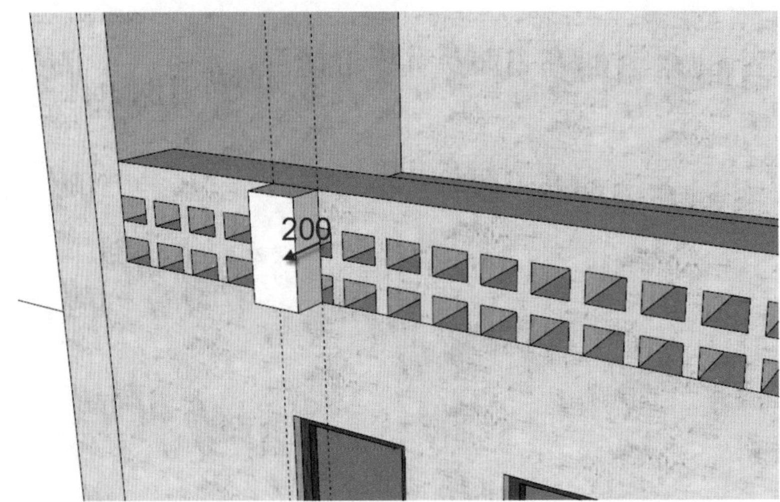

图 4.58　向外推拉

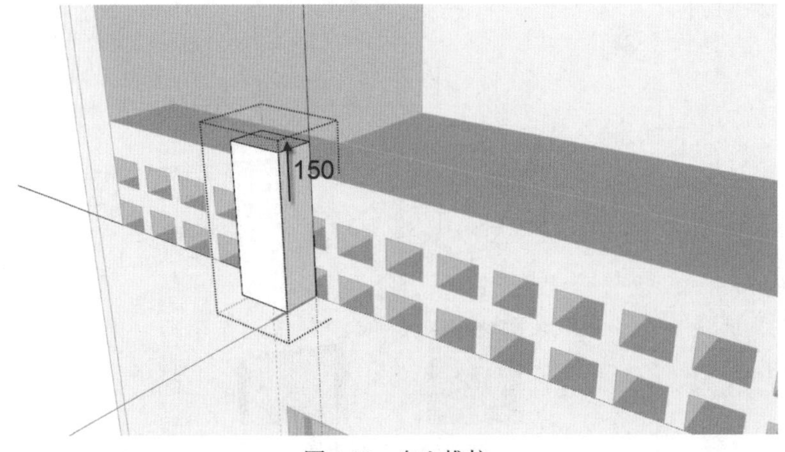

图 4.59　向上推拉

（16）复制组件。选中“阳台构件 1”组件，按 M 快捷键发出“移动”命令，配合 Ctrl 键将组件沿箭头方向移动 1620mm，如图 4.60 所示。

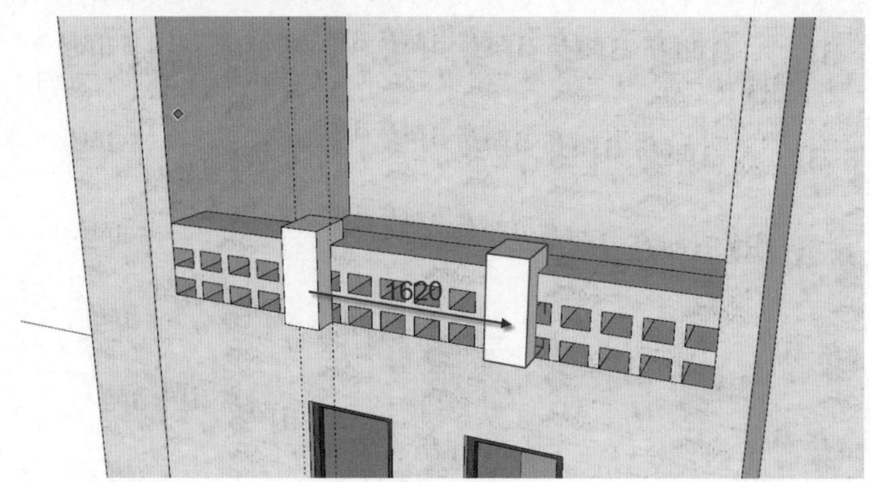

图 4.60　复制组件

（17）复制顶面。双击“阳台 1”组件，进入组件编辑模式，单击选中①处顶面，按 Ctrl+C 快捷键复制顶面。按 Esc 键退出组件编辑，然后按 Ctrl+V 快捷键在②处粘贴平面，如图 4.61 所示。

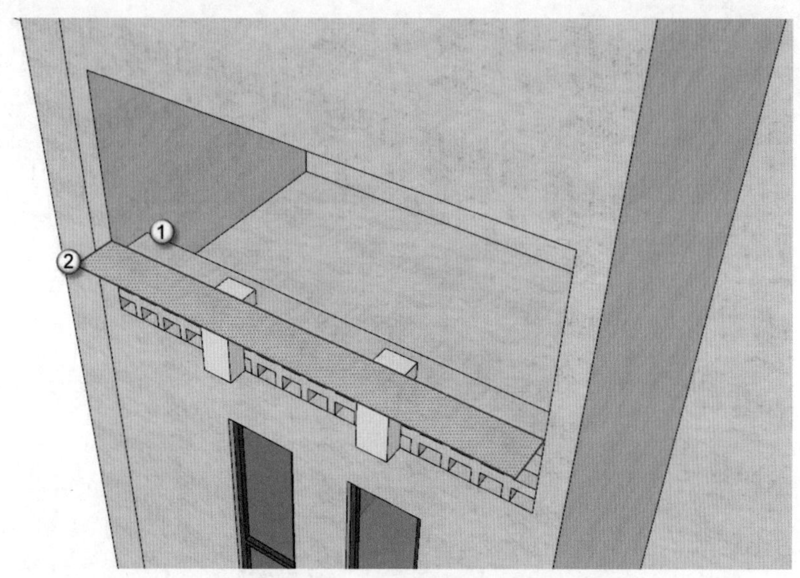

图 4.61　复制顶面

（18）创建组件。双击复制的矩形，在保证矩形面及其边界线被选中的情况下，右击对象，在弹出的快捷菜单中选择“创建组件”命令，弹出“创建组件”对话框。在“名称”栏中输入“阳台构件 2”字样，取消“总是朝向相机”复选框的勾选，勾选“用组件替换选择内容”复选框，单击“创建”按钮完成组件的创建，如图 4.62 所示。

（19）设置阳台构件的材质。按 B 快捷键发出“材质”命令，在“材料”面板中先选择“选择”选项卡，然后在下拉列表框中选择“木质纹”，再选择“原色樱桃木”，单击“创建材质”按钮，弹出“创建材质”对话框。在其中输入材质名称为“阳台构件 2”，设置颜色为 R=152、G=86、B=42，滑动“不透明”滑块至 100，单击“确定”按钮，如图 4.63 所示。然后将材质赋予上述绘制的矩形。

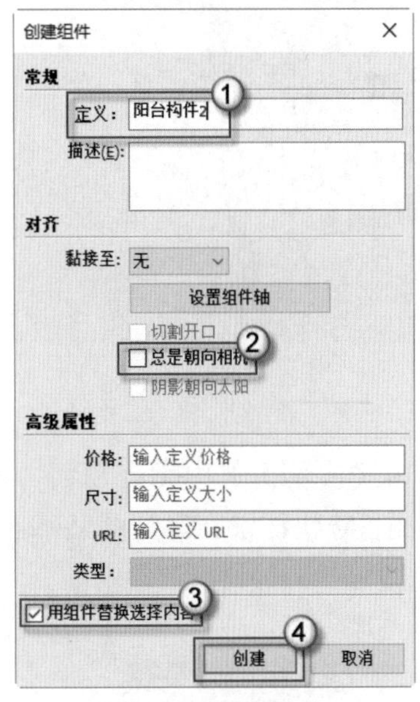

图 4.62　创建组件

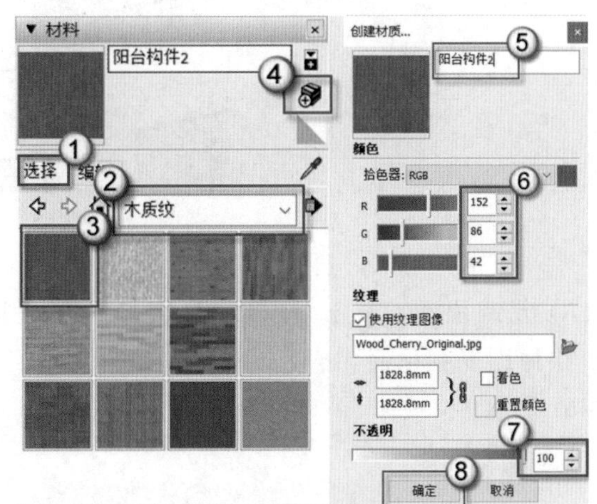

图 4.63　设置阳台构件的材质

（20）向上推拉。双击进入“阳台构件 2”组件，选中矩形，按 P 快捷键发出“推 / 拉”命令，将平面沿箭头方向向上推出 500mm，如图 4.64 所示。

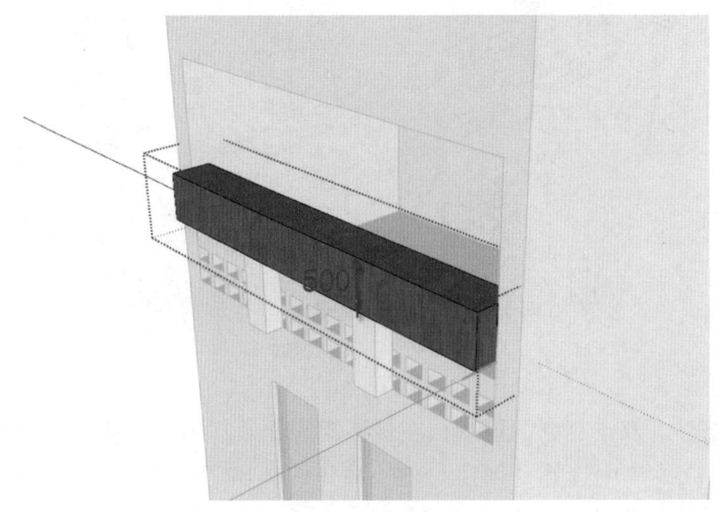

图 4.64　向上推拉

（21）偏移矩形。选中顶部矩形，按 F 快捷键发出“偏移”命令，将顶面矩形向内偏移 75mm，如图 4.65 所示。

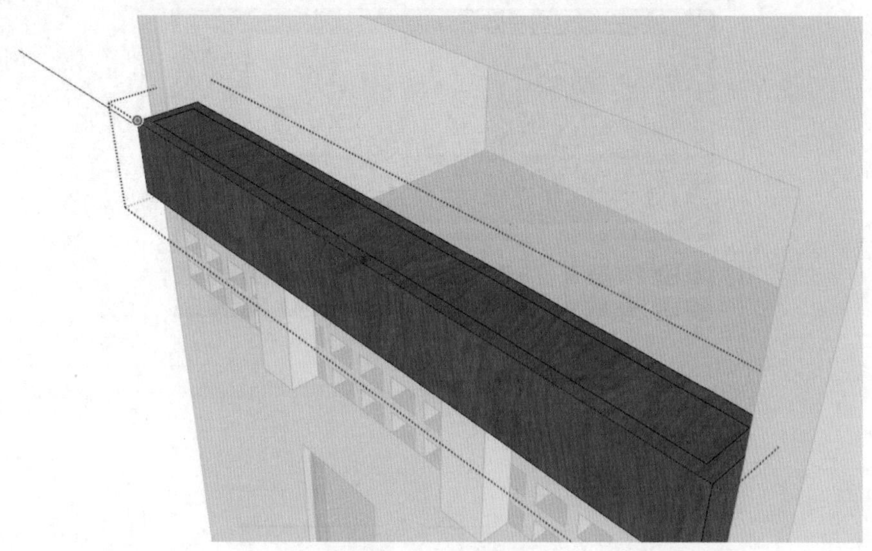

图 4.65　偏移矩形

（22）向下推拉。选中偏移后的矩形，按 P 快捷键发出“推 / 拉”命令，将矩形平面沿箭头方向向下推入 150mm，如图 4.66 所示。

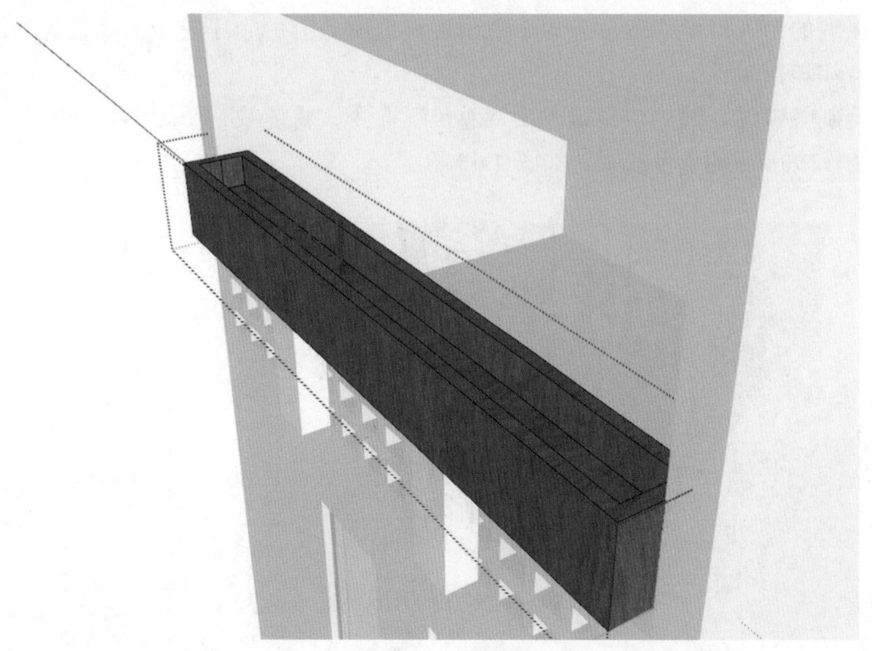

图 4.66　向下推拉

（23）完善细节。在绘制好的阳台组件中加入一些配景，完成后效果如图 4.67 所示。

图 4.67　完善细节

注意：
绘制阳台要时刻记得赋予材质属性，这样有助于区分各个面。是否赋予材质对模型来说可能差别不大，但是对于模型的效果来说影响却很大。

4.2.3　绘制出入口

蓝山住宅的出入口设计理念来源于中国传统庭院，有一个小院子，并且院门的造型比较独特。具体操作如下：

（1）绘制参考线。按 T 快捷键发出“卷尺”命令，将体块最下方①处的直线向右拉出一条间距为 3300mm 的参考线②，如图 4.68 所示。

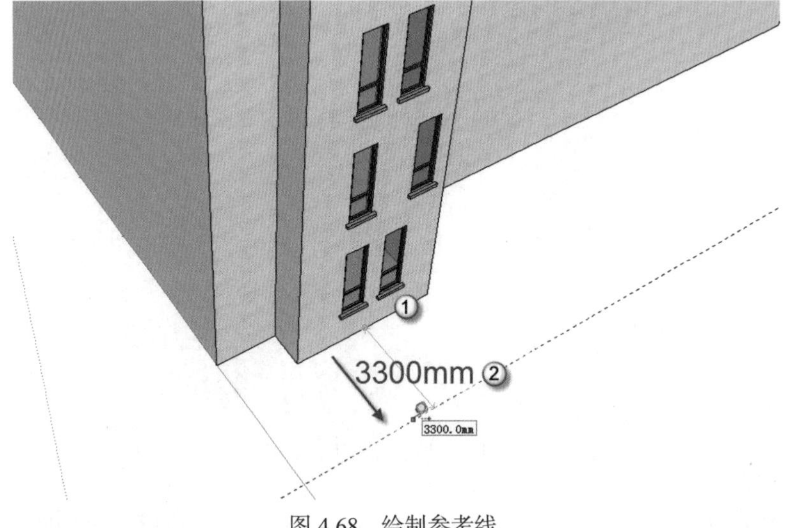

图 4.68　绘制参考线

（2）绘制墙体。按 L 快捷键发出“直线”命令，从①处开始沿绿轴绘制到②处，再从②处沿红轴绘制 4800mm 到③处，如图 4.69 所示。

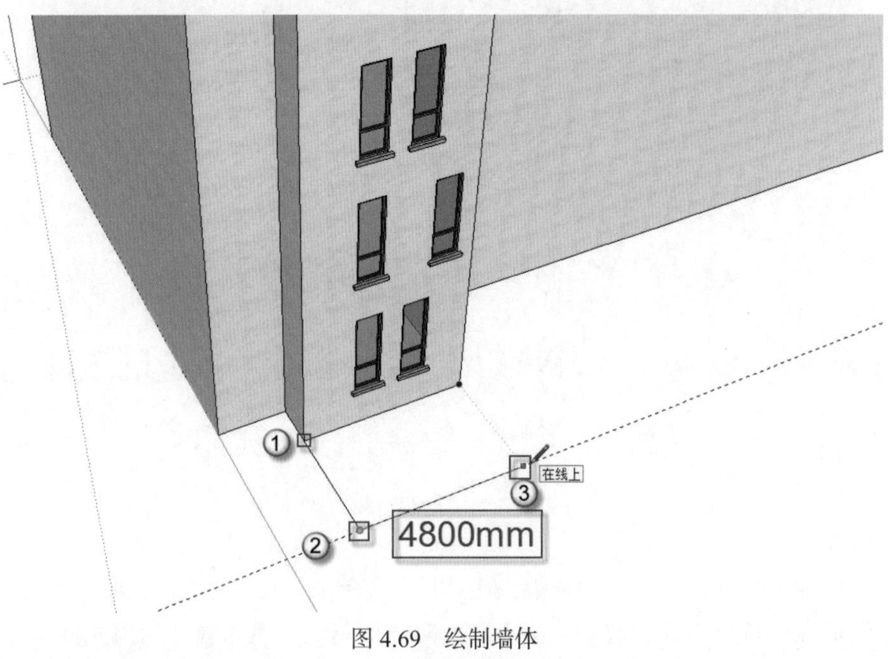

图 4.69　绘制墙体

（3）偏移直线。配合 Ctrl 键选中上步中绘制的①处和②处的两条直线，按 F 快捷键发出“偏移”命令，将选中的直线向内偏移 240mm，如图 4.70 所示。

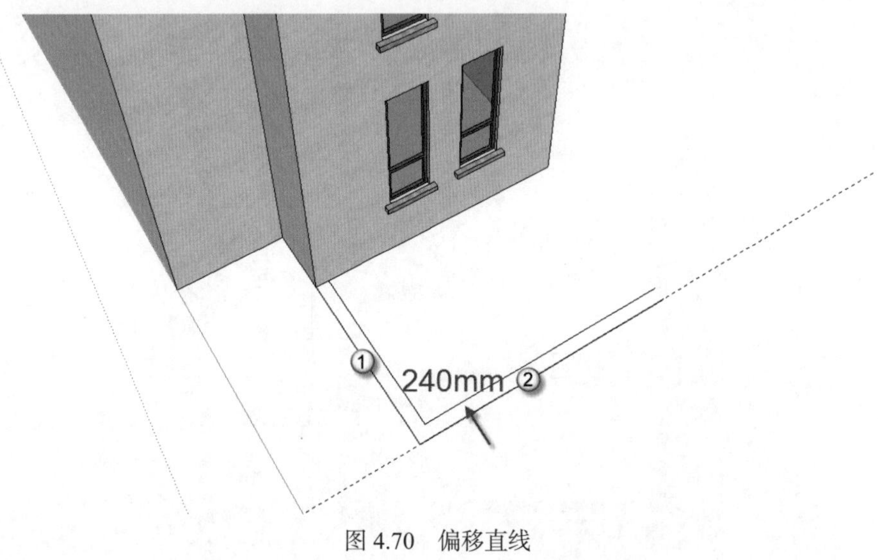

图 4.70　偏移直线

（4）绘制直线。按 L 快捷键发出“直线”命令，从①处绘制一条长为 240mm 的直线到②处，如图 4.71 所示。

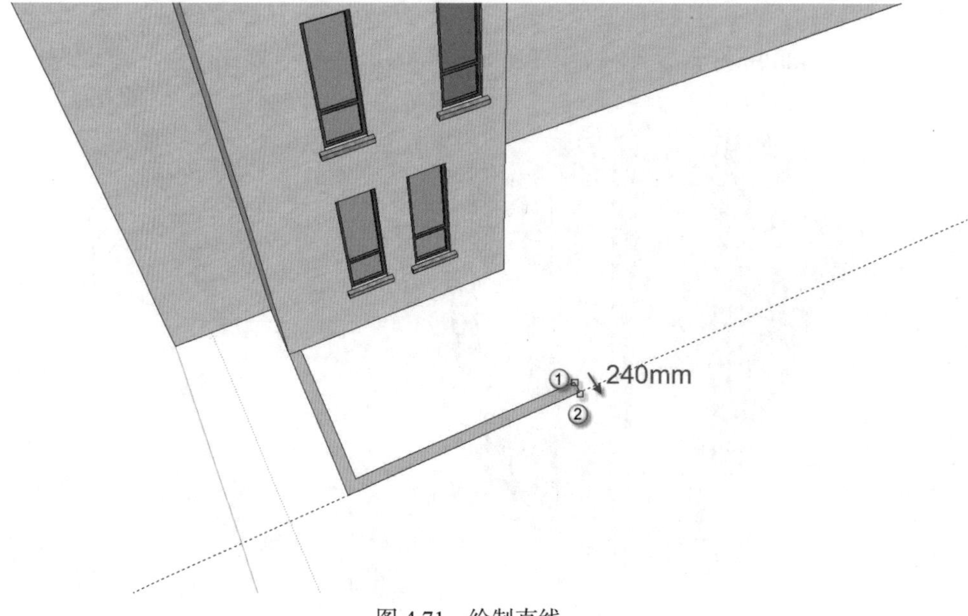

图 4.71　绘制直线

（5）设置墙体的材质。按 B 快捷键发出“材质”命令，在“材料”面板中先选择“选择”选项卡，然后在下拉列表框中选择“沥青和混凝土”材质，再选择“旧抛光混凝土”材质，单击“创建材质”按钮，弹出“创建材质”对话框。在其中输入材质名称为“墙体”，设置颜色为 R=229、G=229、B=229，滑动“不透明”滑块至 100，单击“确定”按钮，如图 4.72 所示。然后将墙体材质赋予上述绘制好的形状。

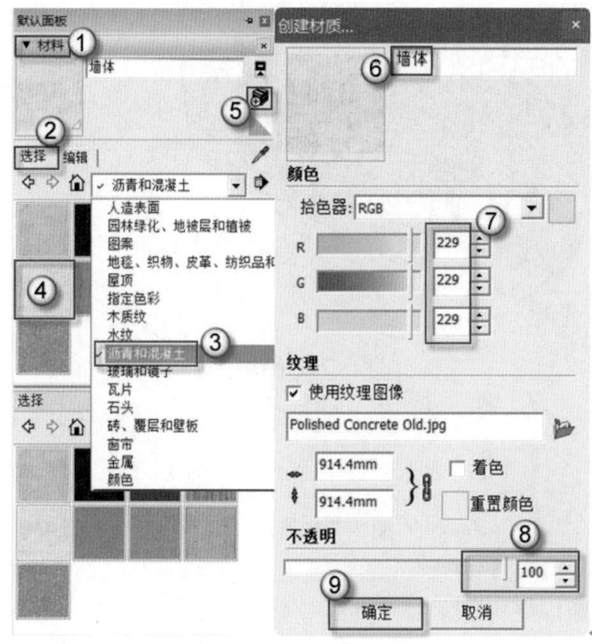

图 4.72　设置墙体的材质

（6）向上推拉。按 P 快捷键发出“推 / 拉”命令，将新生成的面由①处向②处拉出 1800mm 的高度，如图 4.73 所示。

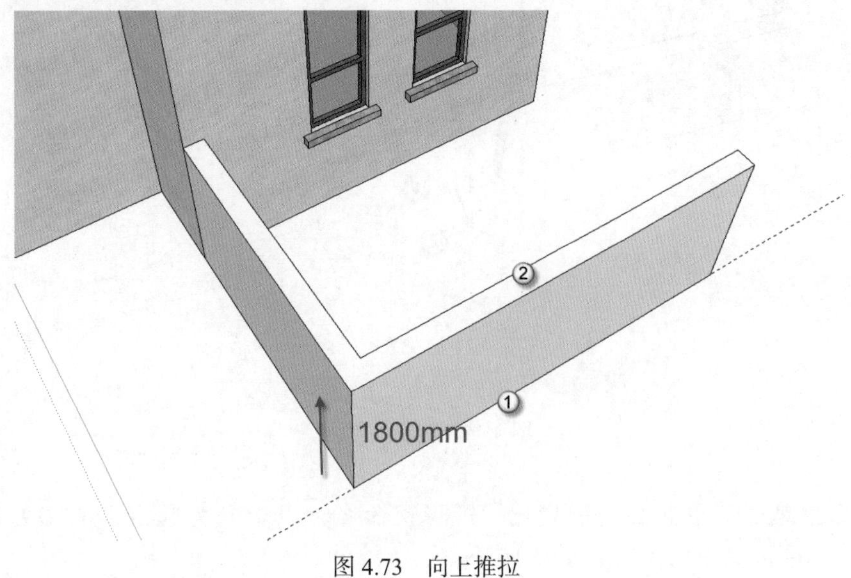

图 4.73　向上推拉

（7）绘制参考线。按 T 快捷键发出“卷尺”命令，将上述操作步骤中绘制好的墙体底部①处的直线向右拉出一条间距为 2400mm 的参考线②，如图 4.74 所示。

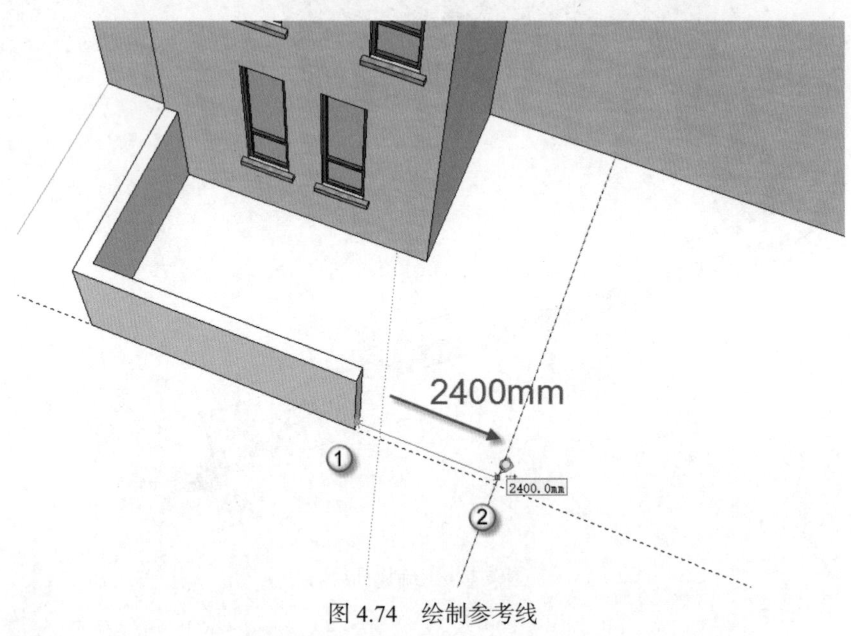

图 4.74　绘制参考线

（8）绘制参考线。按 T 快捷键发出“卷尺”命令，将墙体外侧①处的直线向前方拉出一条间距为 510mm 的参考线②，如图 4.75 所示。

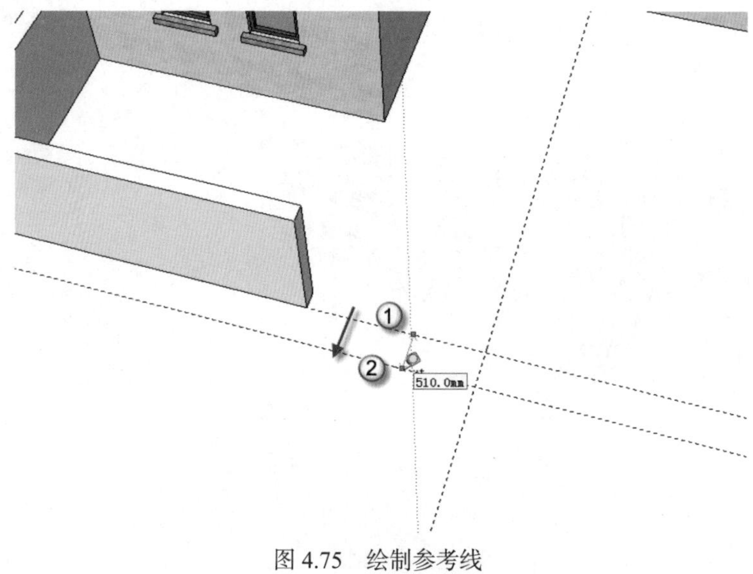

图 4.75　绘制参考线

（9）绘制矩形。按 R 快捷键发出“矩形”命令，以①处为起点，向②处拉出一个 2400mm × 750mm 的矩形，如图 4.76 所示。

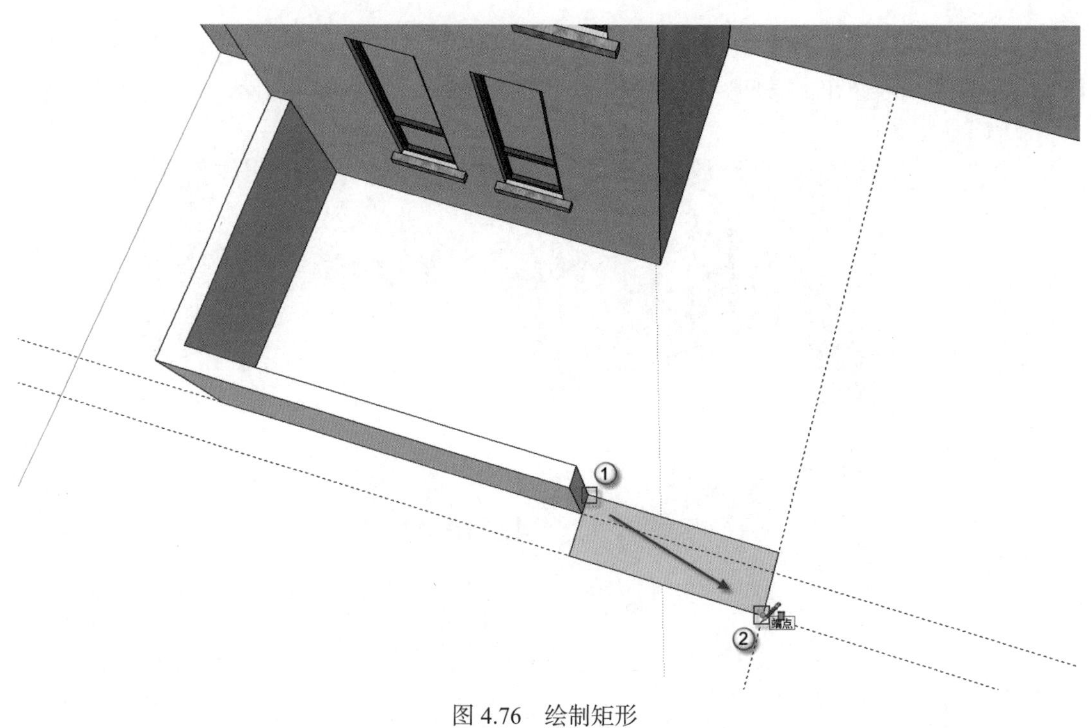

图 4.76　绘制矩形

（10）设置门边的材质。按 B 快捷键发出“材质”命令，在“材料”面板中先选择“选择”选项卡，然后在下拉列表框中选择“颜色”，再选择“ C07 色”，单击“创建材质”按钮，弹出“创建材质”对话框。在其中输入材质名称为“门边材质”，设置颜色为 R=153、

G=76、B=0，滑动“不透明”滑块至100，单击“确定”按钮，如图4.77所示。然后将材质赋予上述绘制好的矩形。

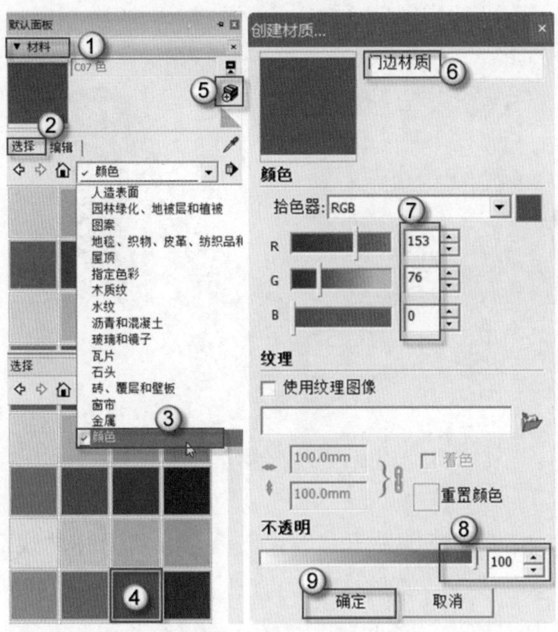

图4.77　设置门边的材质

（11）向上推拉。按P快捷键发出“推/拉”命令，将上步绘制的2400mm×750mm的矩形向上拉出3300mm，如图4.78所示。

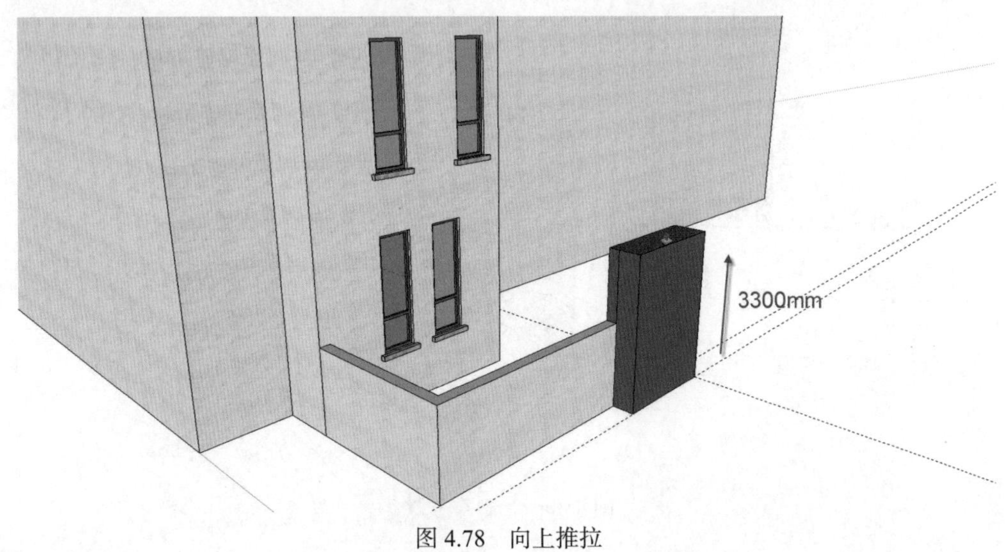

图4.78　向上推拉

（12）删除多余的线。按E快捷键发出“擦除”命令，删除①处多余的一根线，如图4.79所示。

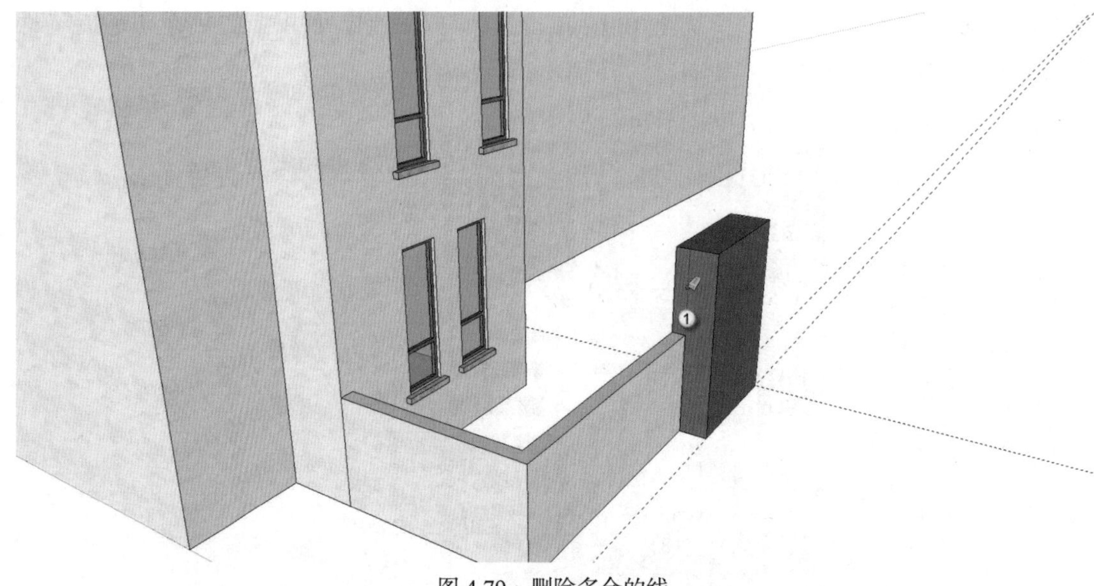

图 4.79　删除多余的线

（13）绘制参考线。按 T 快捷键发出“卷尺”命令，将上述体块最下方的直线向上拉出一条间距为 300mm 的参考线①，再将①处的直线向上拉出一条间距为 2400mm 的参考线②，将体块最左侧的线向右拉出一条间距为 240mm 的参考线③，再将③处的线继续向右拉出一条间距为 1500mm 的参考线④，如图 4.80 所示。

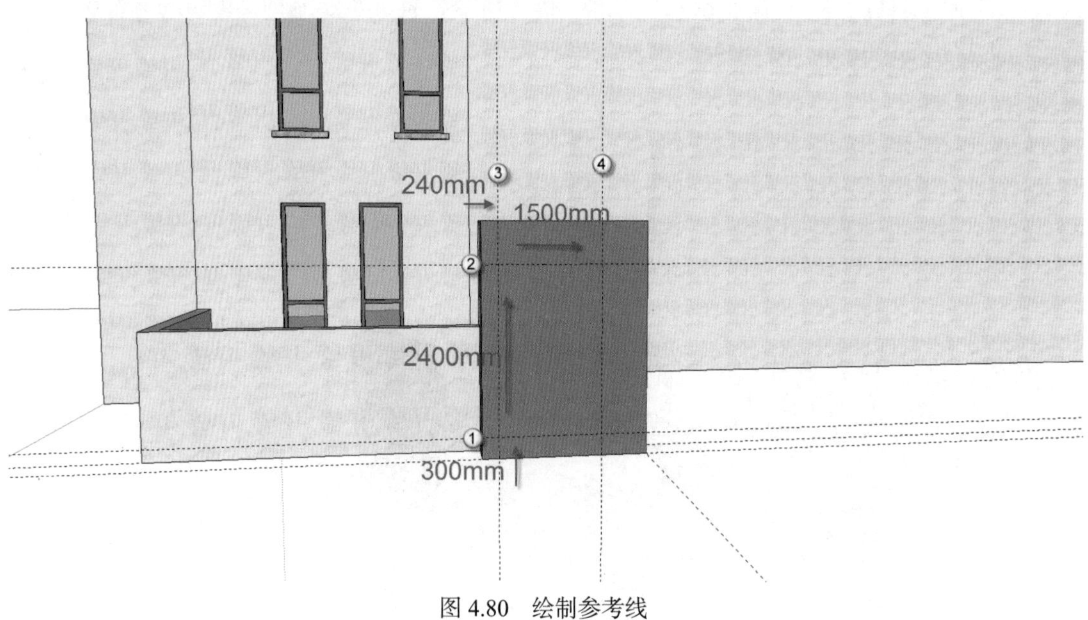

图 4.80　绘制参考线

（14）绘制矩形。按 R 快捷键发出“矩形”命令，以①处为起点，向②处拉出一个 2400mm × 1500mm 的矩形，如图 4.81 所示。

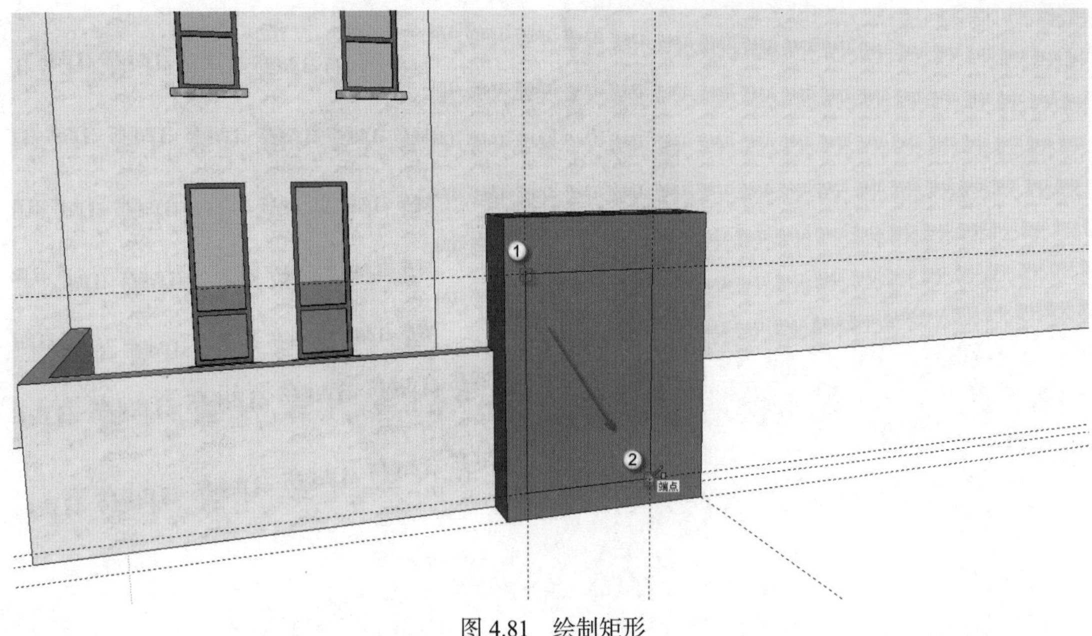

图 4.81　绘制矩形

（15）向内推拉。按 P 快捷键发出“推 / 拉”命令，将 2400mm × 1500mm 的矩形向内推 750mm，如图 4.82 所示。

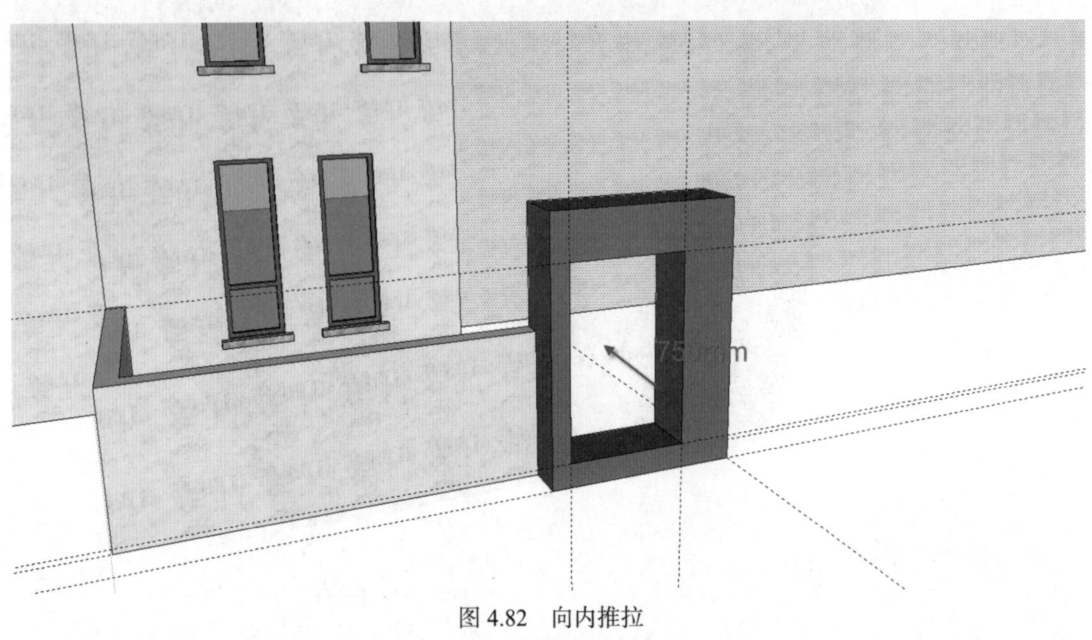

图 4.82　向内推拉

（16）绘制参考线。按 T 快捷键发出“卷尺”命令，将门框①处的直线向②处拉出一条间距为 375mm 的参考线②，再将③处的直线向右拉出一条间距为 750mm 的参考线④，如图 4.83 所示。

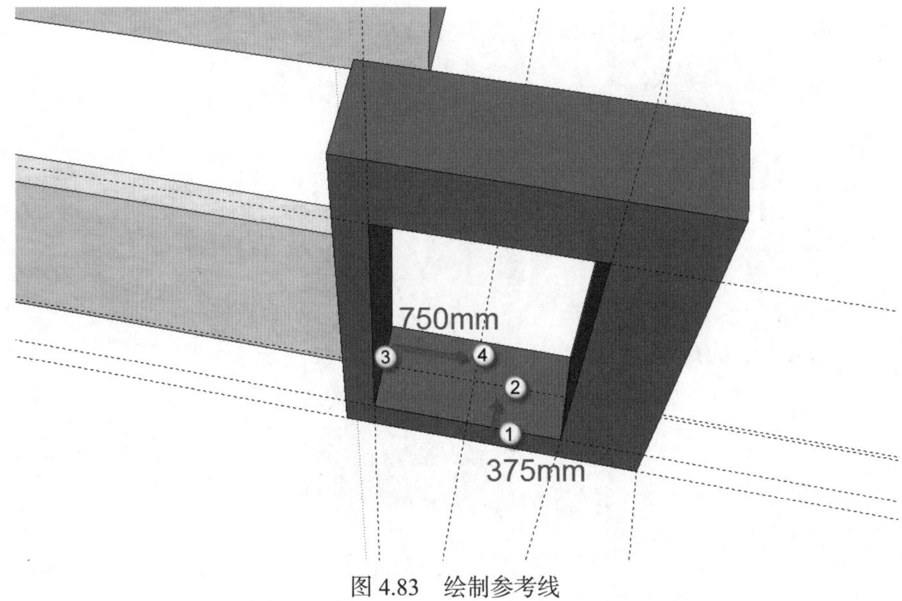

图 4.83 绘制参考线

（17）绘制参考线。按 T 快捷键发出“卷尺”命令，将①处的直线向②处拉出一条间距为 60mm 的参考线②，如图 4.84 所示。

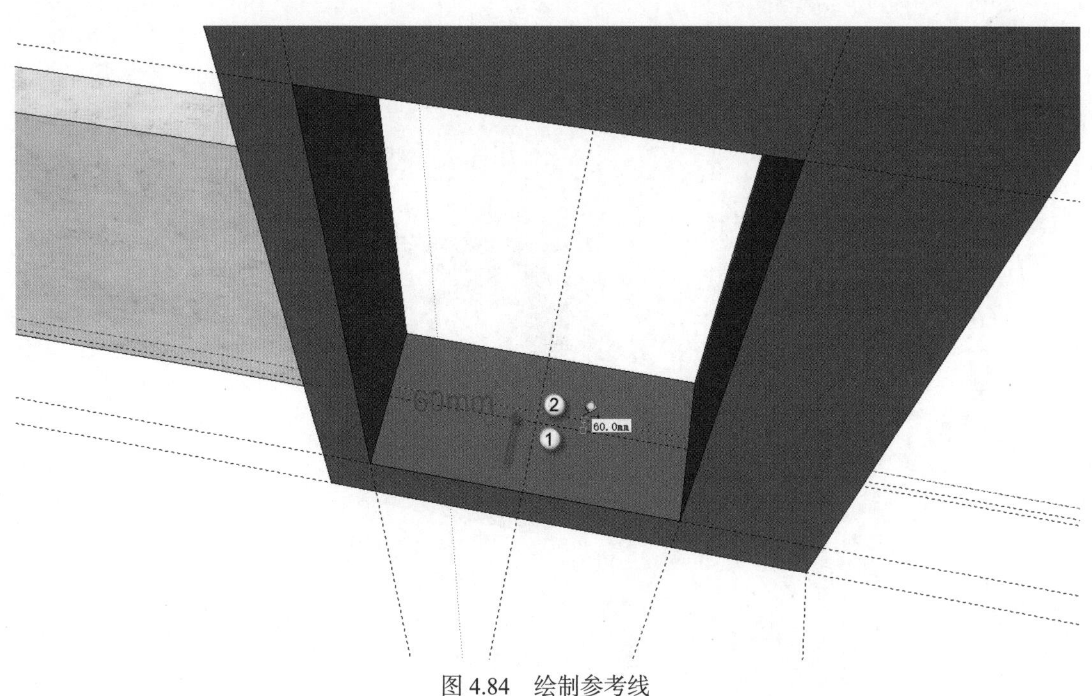

图 4.84 绘制参考线

（18）绘制矩形。按 R 快捷键发出“矩形”命令，以①处为起点，向②处拉出一个 750mm × 60mm 的矩形，再以③处为起点，向④处拉出一个 750mm × 60mm 的矩形，如图 4.85 所示。

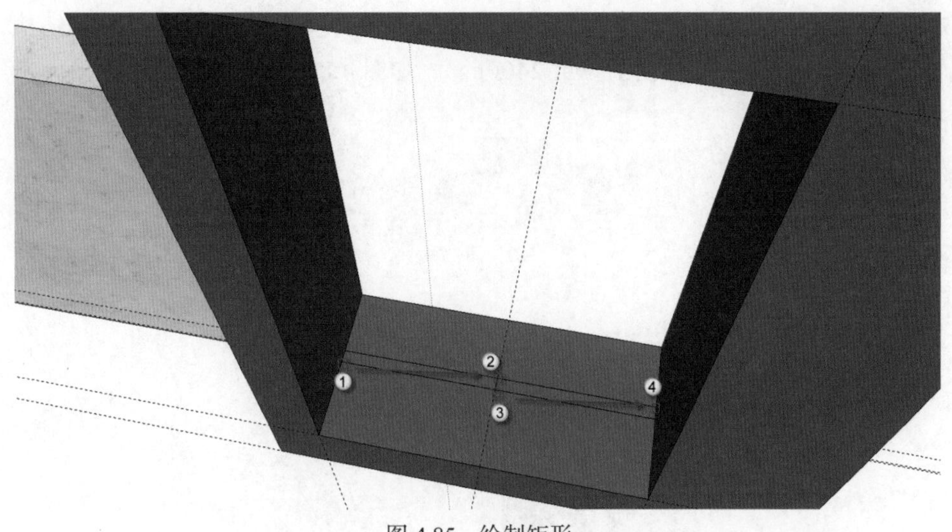

图 4.85　绘制矩形

（19）创建入口门组件。双击上一步绘制的矩形，在保证矩形面及其边界线已被选中的情况下右击对象，在弹出的快捷菜单中选择“创建组件”命令，弹出“创建组件”对话框。在“名称”栏中输入“入口门 1”字样，取消“总是朝向相机”复选框的勾选，勾选“用组件替换选择内容”复选框，单击“创建”按钮完成组件的创建。按此步骤再创建右半边门的组件“入口门 2”，如图 4.86 所示。

（20）设置入口门的材质。按 B 快捷键发出“材质”命令，在“材料”面板中先选择“选择”选项卡，然后在下拉列表框中选择“木制纹”材质，再选择“颜色适中的竹木”材质，单击“创建材质”按钮，弹出“创建材质”对话框。在其中输入材质名称为“入口门”，设置颜色为 R=177、G=105、B=43，滑动“不透明”滑块至 100，单击“确定”按钮，如图 4.87 所示。然后将该材质赋予上述创建好的入口大门。

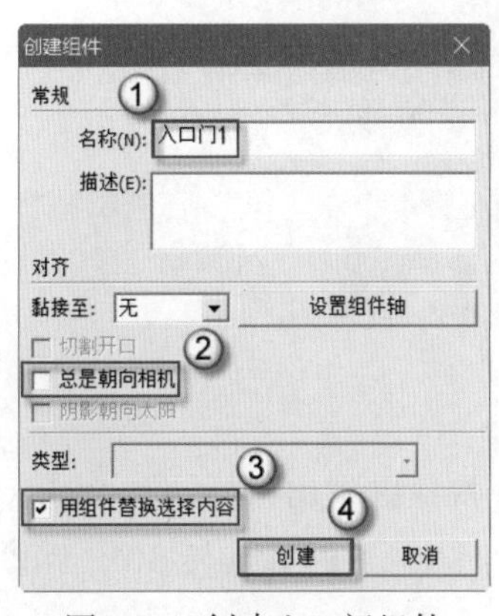

图 4.86　创建入口门组件

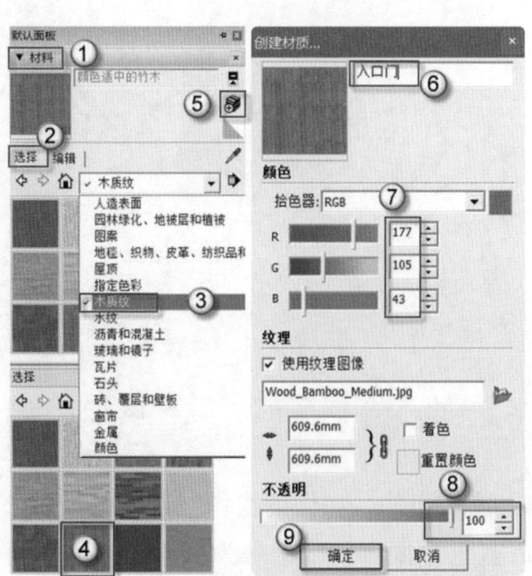

图 4.87　设置入口门的材质

（21）向上推拉。双击“入口门 1”组件进入组件编辑模式，按 P 快捷键发出“推 / 拉”命令，将 750mm × 60mm 矩形向上拉出 2400mm，如图 4.88 所示。

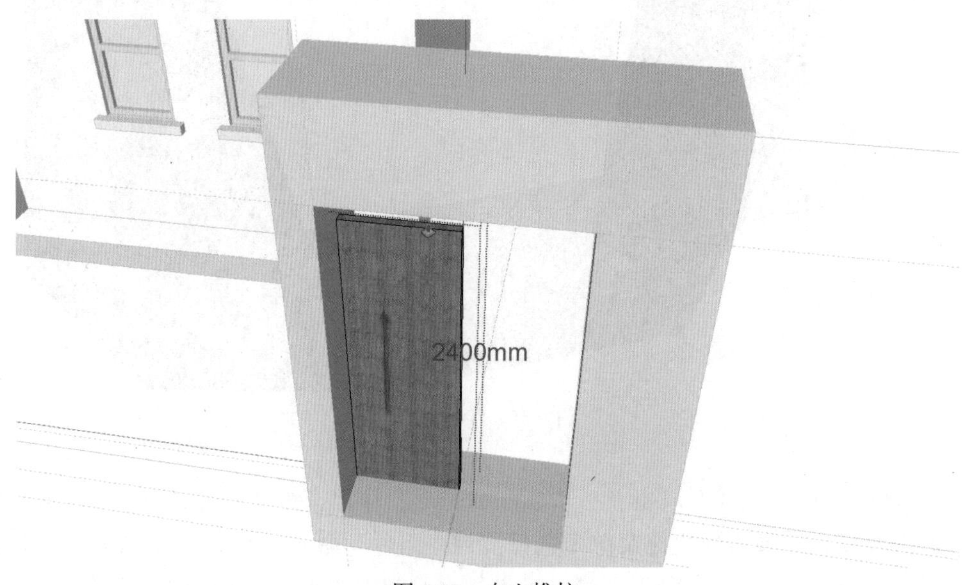

图 4.88　向上推拉

（22）向上推拉。双击“入口门 2”组件，进入组件编辑模式，按 P 快捷键发出“推 / 拉”命令，将 750mm × 60mm 的矩形向上拉出 2400mm，如图 4.89 所示。

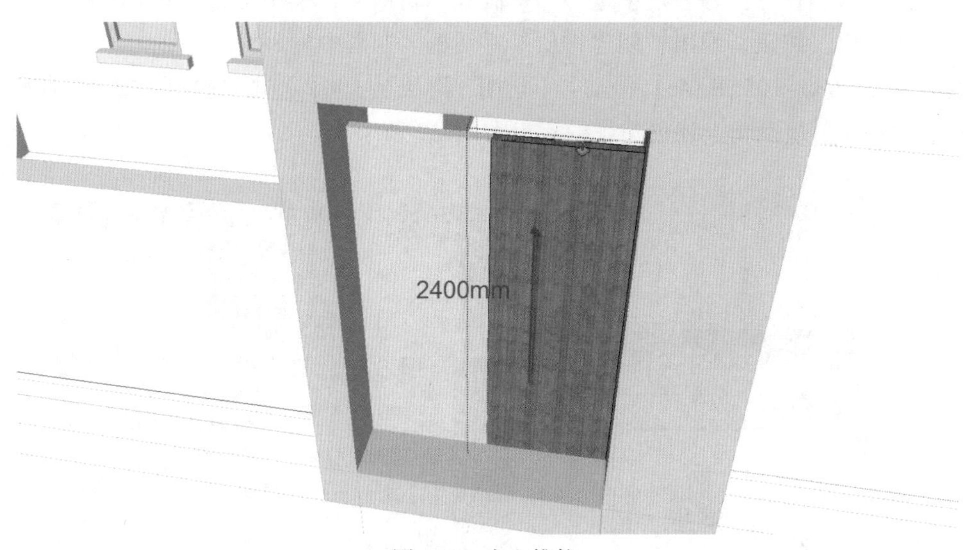

图 4.89　向上推拉

（23）旋转组件。在保证组件被选中的情况下，按 Q 快捷键发出“旋转”命令，使旋转符号调成蓝色角度后，以①处为旋转中心将组件“入口门 1”逆时针旋转 30° 至②处，如图 4.90 所示。

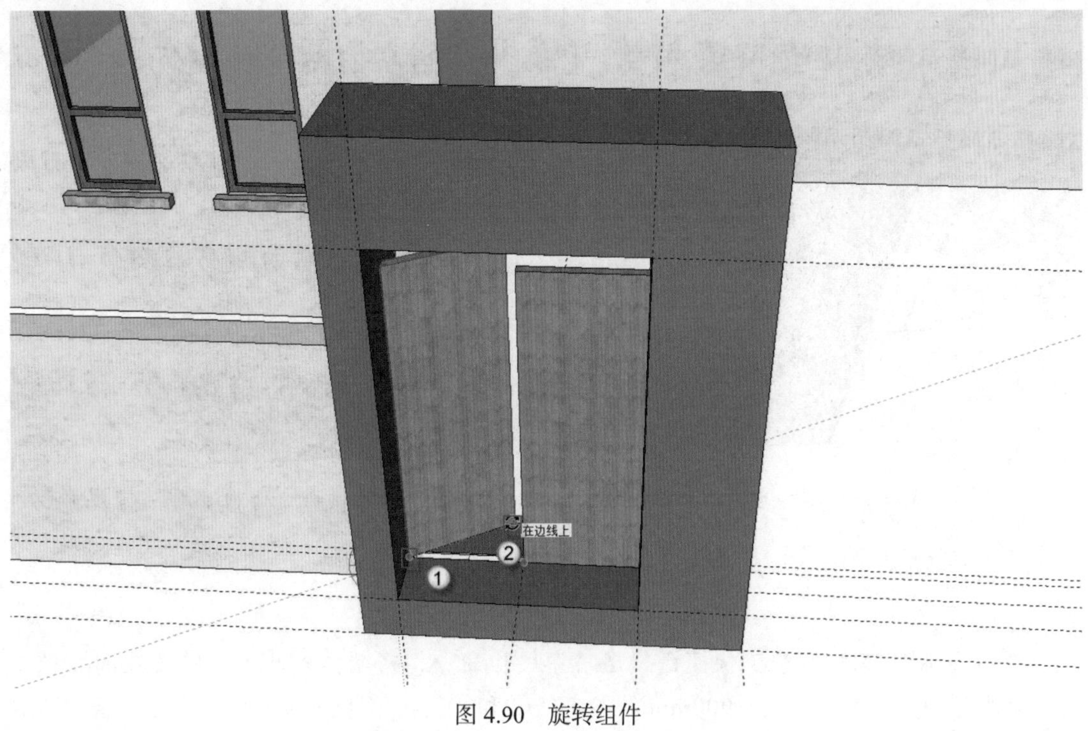

图 4.90　旋转组件

（24）补上缺失的面。按 L 键发出“直线”命令，从①处向②处绘制一条长度为 750mm 的直线，如图 4.91 所示。

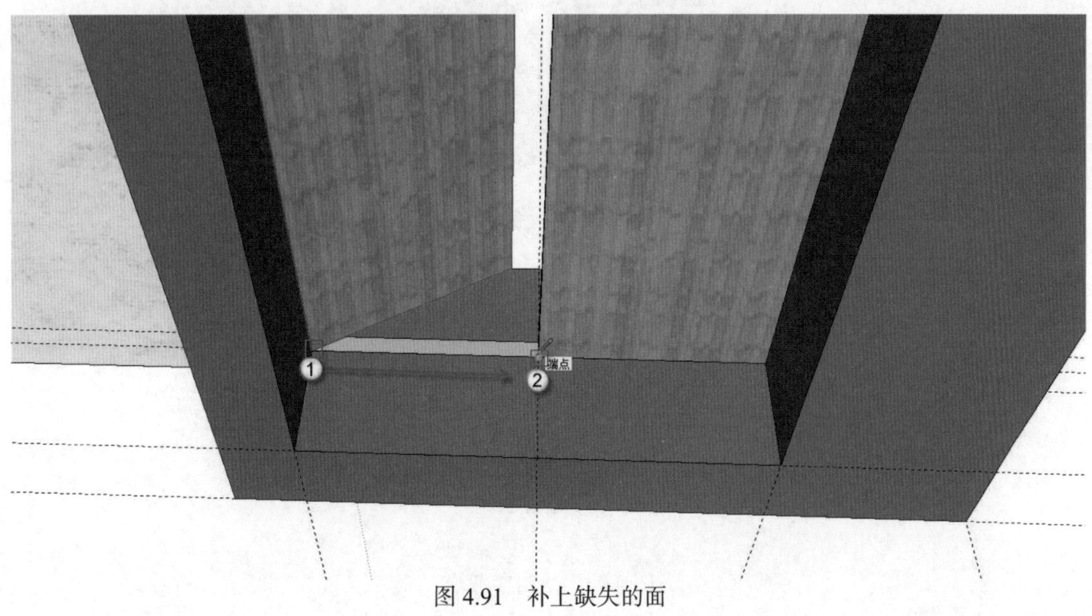

图 4.91　补上缺失的面

（25）删除多余的线。按 E 快捷键发出“擦除”命令，删除①处和②处多余的两根线，如图 4.92 所示。

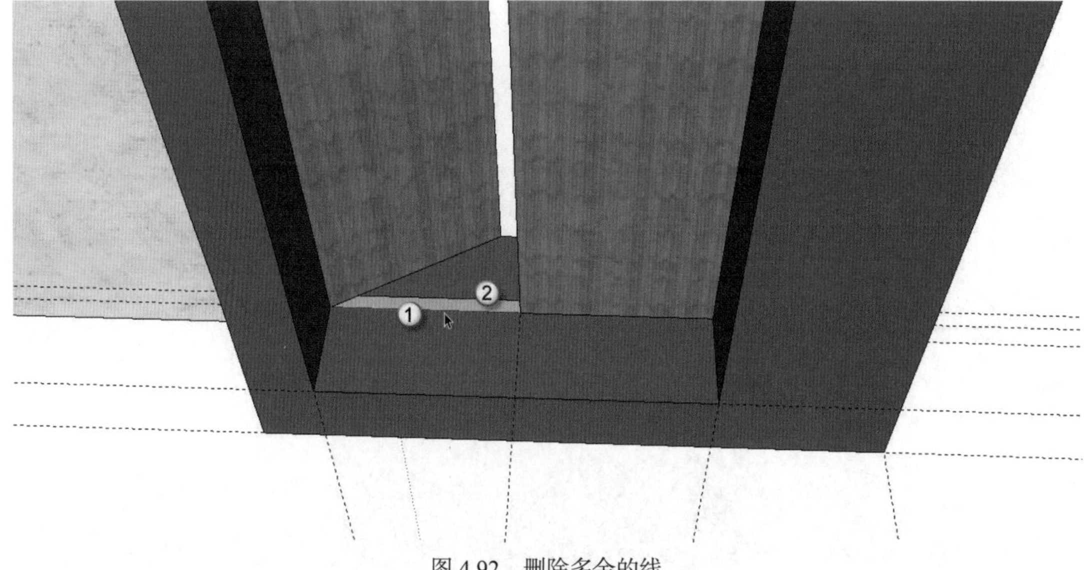

图 4.92　删除多余的线

（26）绘制参考线。按 T 快捷键发出“卷尺”命令，将墙体外侧①处的直线向右拉出两条间距分别为 2100mm 和 3900mm 的参考线②和③，再将①处的线向上拉出一条间距为 2400mm 的参考线④，最后再从⑤向⑥处拉一条 1500mm 的参考线，如图 4.93 所示。

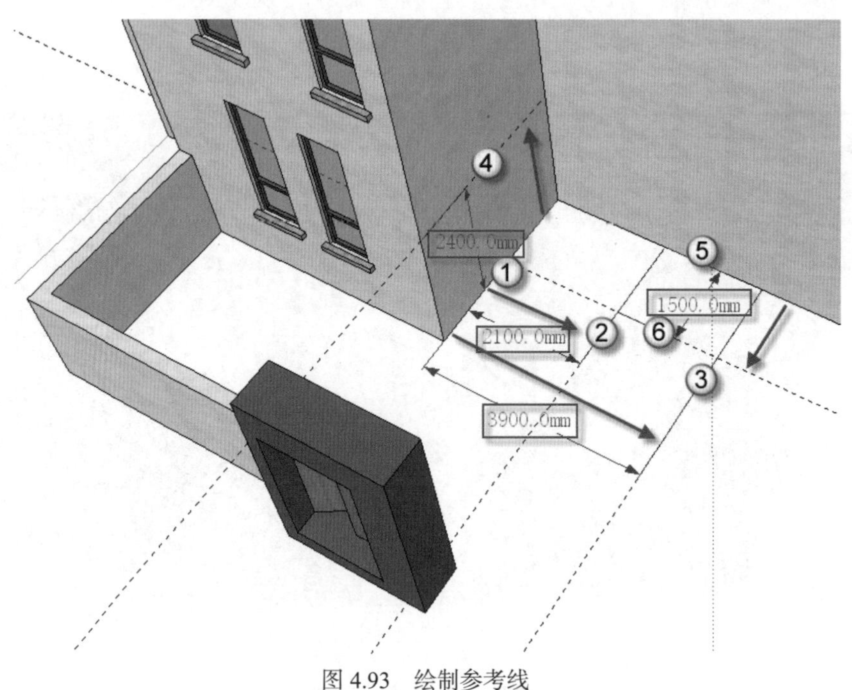

图 4.93　绘制参考线

（27）绘制线。按 L 快捷键发出“直线”命令，沿参考线按箭头方向绘制出如图 4.94 所示的①、②、③处所在的 3 条线段。

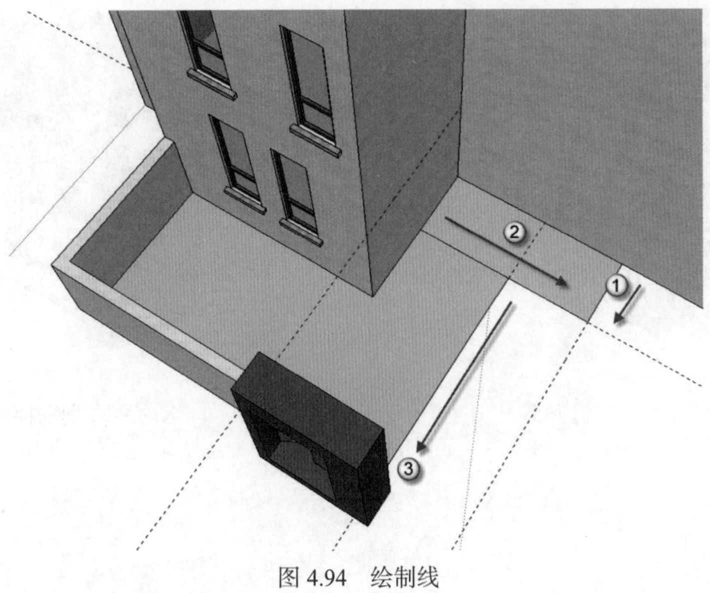

图 4.94　绘制线

（28）向上推拉。按 P 快捷键发出“推 / 拉”命令，将①处的矩形向上拉出 2400mm，如图 4.95 所示。

（29）绘制参考线。按 T 快捷键发出“卷尺”命令，将上一步中拉出体块①处的直线向上拉出一条间距为 600mm 的参考线②，如图 4.96 所示。

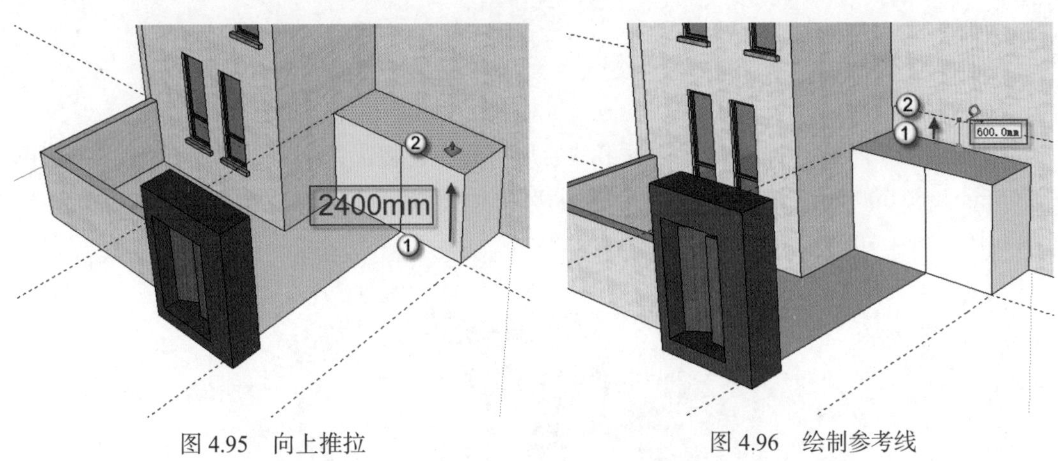

图 4.95　向上推拉　　　　图 4.96　绘制参考线

（30）绘制矩形。按 R 快捷键发出“矩形”命令，以①处为起点，向②处拉出一个 600mm × 3900mm 的矩形，如图 4.97 所示。

（31）向前推拉。按 P 快捷键发出“推 / 拉”命令，将上述绘制的矩形向前拉出 3300mm，如图 4.98 所示。

（32）向前推拉。按 P 快捷键发出“推 / 拉”命令，将矩形向前拉出 1800mm 的距离，如图 4.99 所示。

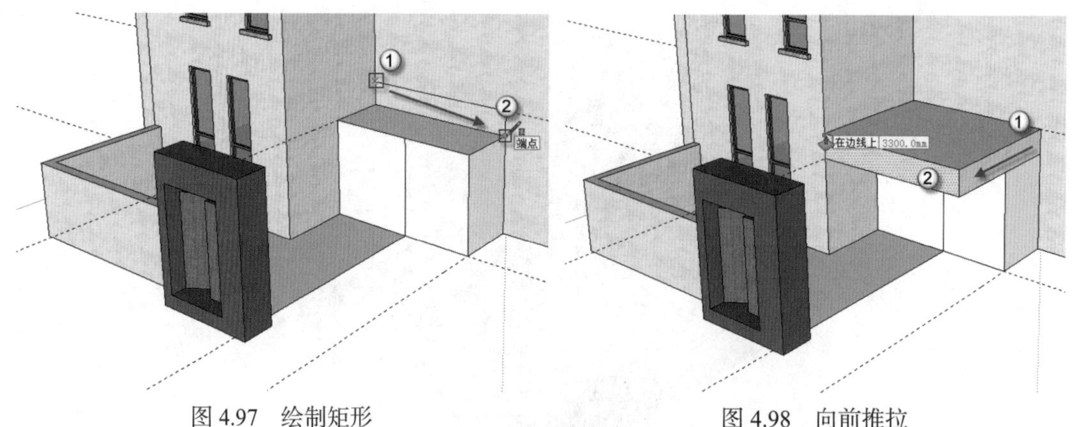

图 4.97　绘制矩形　　　　图 4.98　向前推拉

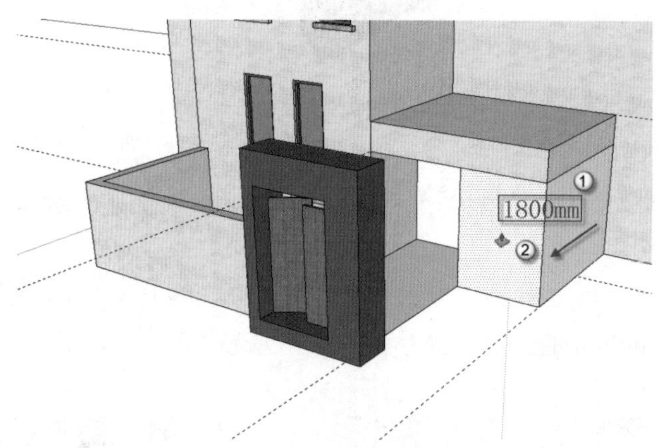

图 4.99　向前推拉

（33）绘制参考线。按 T 快捷键发出“卷尺”命令，将①处的直线向右拉出两条间距均为 300mm（共 600mm）的参考线②和③，将④处的直线向前拉出一条间距为 6000mm 的参考线⑤，如图 4.100 所示。

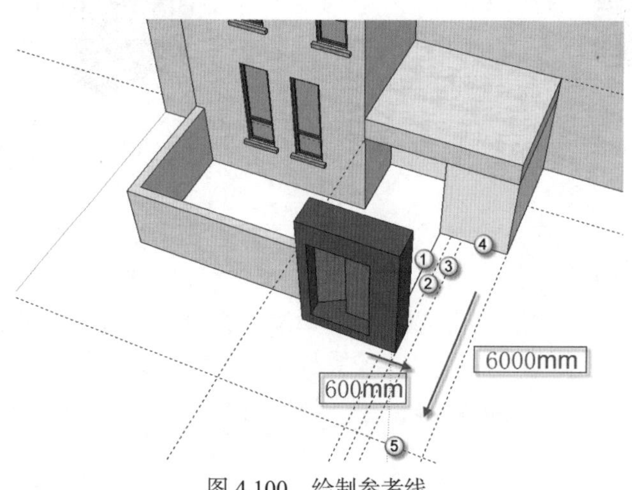

图 4.100　绘制参考线

（34）绘制矩形。按 R 快捷键发出“矩形”命令，以①处为起点，向②处拉出一个 6000mm × 300mm 的矩形，如图 4.101 所示。

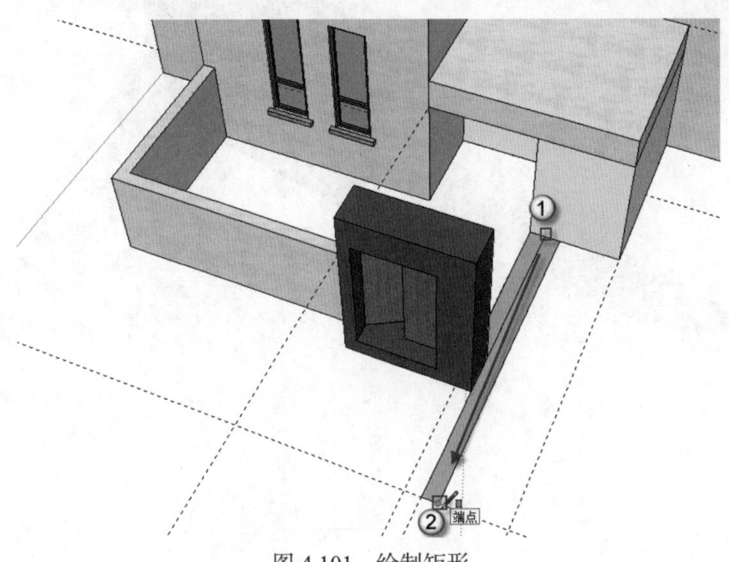

图 4.101　绘制矩形

（35）向上推拉。按 P 快捷键发出“推 / 拉”命令，将上步绘制的矩形向上拉出 2400mm，如图 4.102 所示。

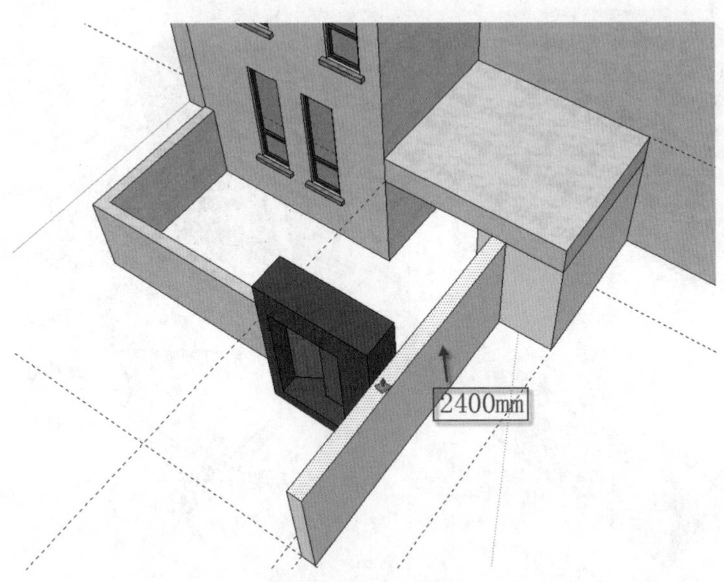

图 4.102　向上推拉

（36）绘制参考线。按 T 快捷键发出“卷尺”命令，将①处的直线向前拉出一条间距为 1800mm 的参考线②，将③处的直线向左拉出一条间距为 300mm 的参考线④，如图 4.103 所示。

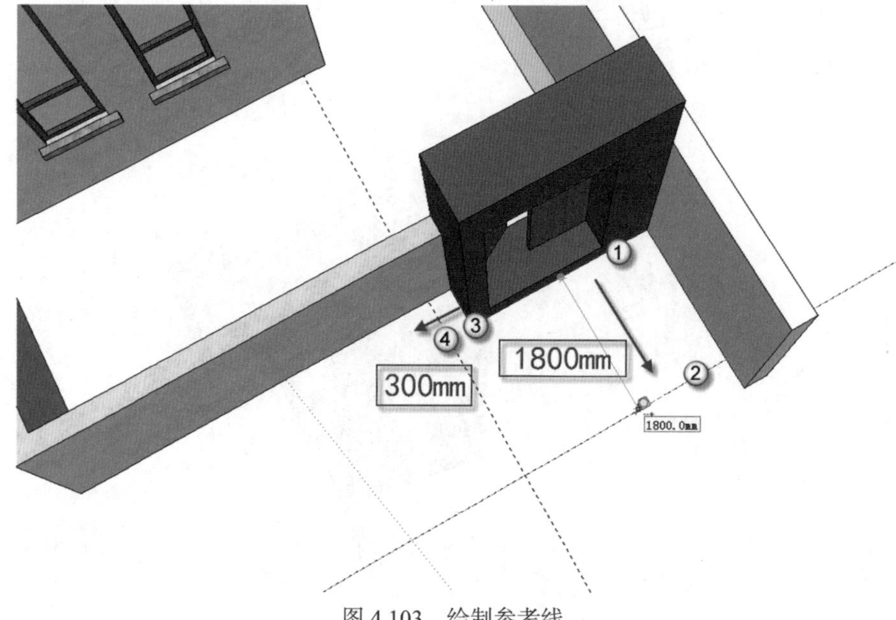

图 4.103　绘制参考线

（37）绘制矩形。按 R 快捷键发出“矩形”命令，以①处为起点，向②处拉出一个 2400mm × 1800mm 的矩形，再以③处为起点，向④处拉出一个 2700mm × 300mm 的矩形，最后以⑤处为起点，向⑥处拉出一个 2400mm × 3900mm 的矩形，如图 4.104 所示。

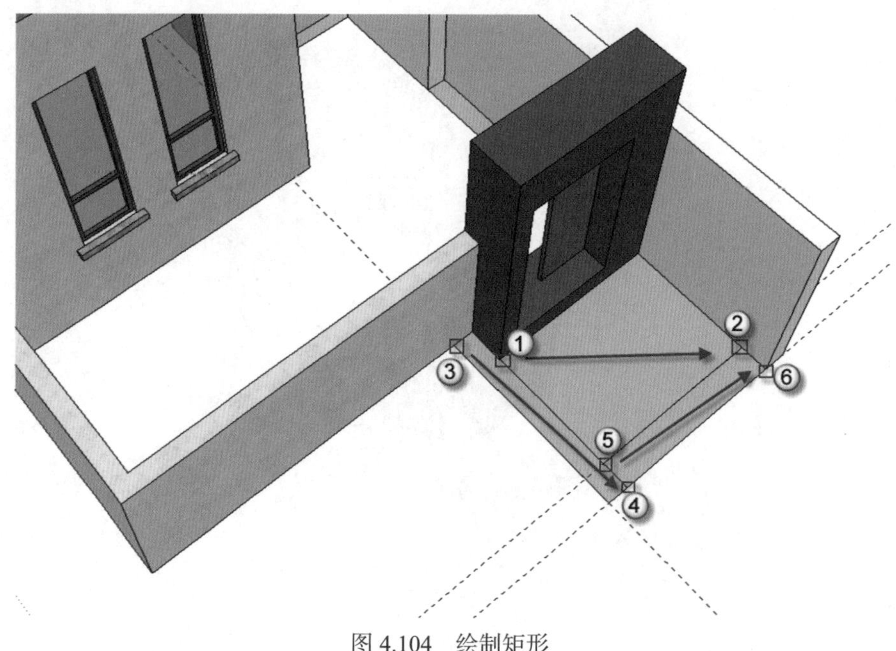

图 4.104　绘制矩形

（38）向上推拉。按 P 快捷键发出“推 / 拉”命令，将上步绘制的矩形向上拉出 300mm，再将 2700mm × 300mm 的矩形向上拉出 600mm，最后将 2400mm × 3900mm 的矩形向上拉出 150mm，如图 4.105 所示。

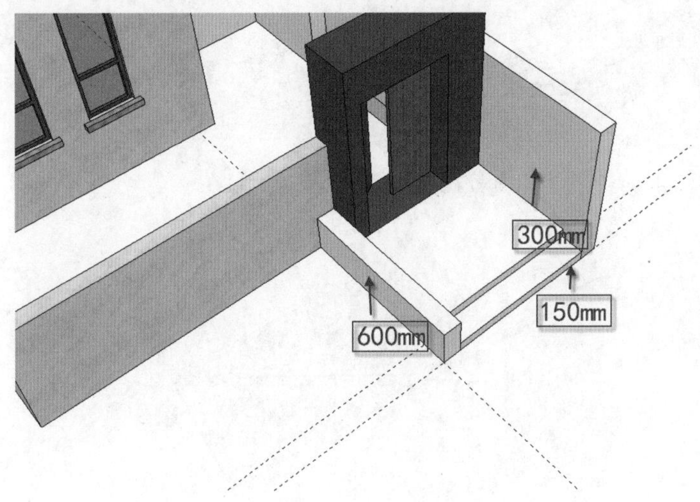

图 4.105　向上推拉

（39）绘制参考线。按 T 快捷键发出“卷尺”命令，将①处的直线向后拉出一条间距为 2100mm 的参考线②和一条间距为 4200mm 的参考线③，将④处的直线向右拉出一条间距为 1200mm 的参考线⑤和一条间距为 3900mm 的参考线⑥，如图 4.106 所示。

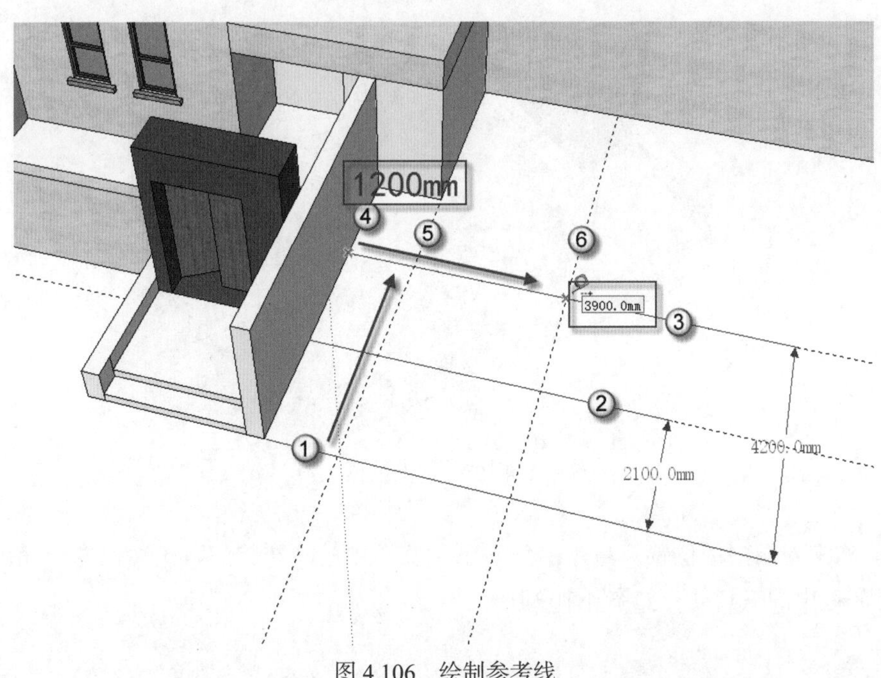

图 4.106　绘制参考线

（40）绘制矩形。按 R 快捷键发出“矩形”命令，以①处为起点，向②处拉出一个 3900mm × 2100mm 的矩形，再以③处为起点，向④处拉出一个 2100mm × 1200mm 的矩形，如图 4.107 所示。

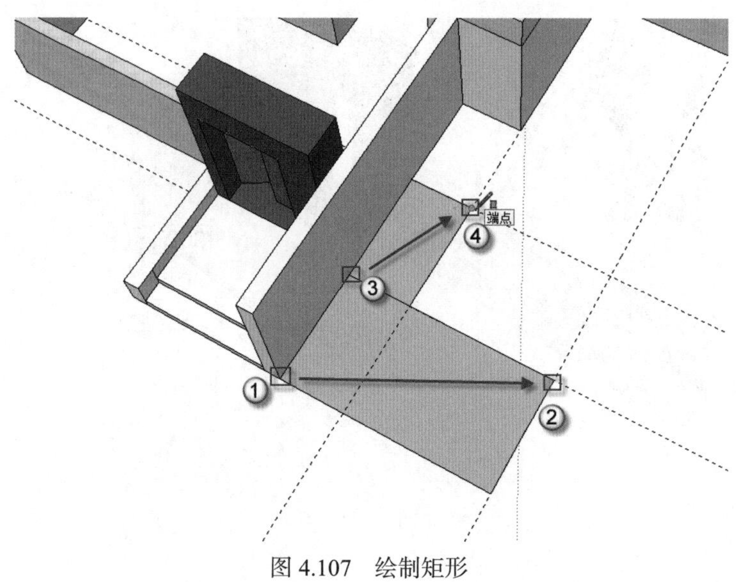

图 4.107　绘制矩形

（41）向上推拉。按 P 快捷键发出“推 / 拉”命令，将上步绘制的 2100mm × 1200mm 的矩形向上拉出 150mm，如图 4.108 所示。

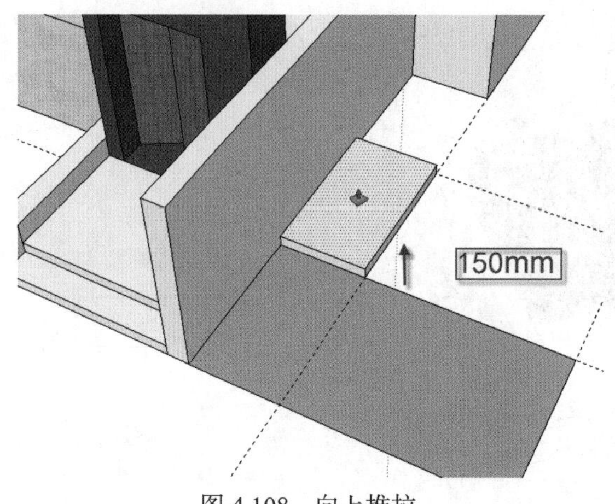

图 4.108　向上推拉

（42）确定花园门的位置。将本书配套下载资源中的“花园门”组件以左下角的点为基点复制到模型中的①点处，如图 4.109 所示。

注意：

绘制出入口的过程中要时刻记住创建组件和赋予材质，良好的建模习惯会节省很多设计和思考的时间。

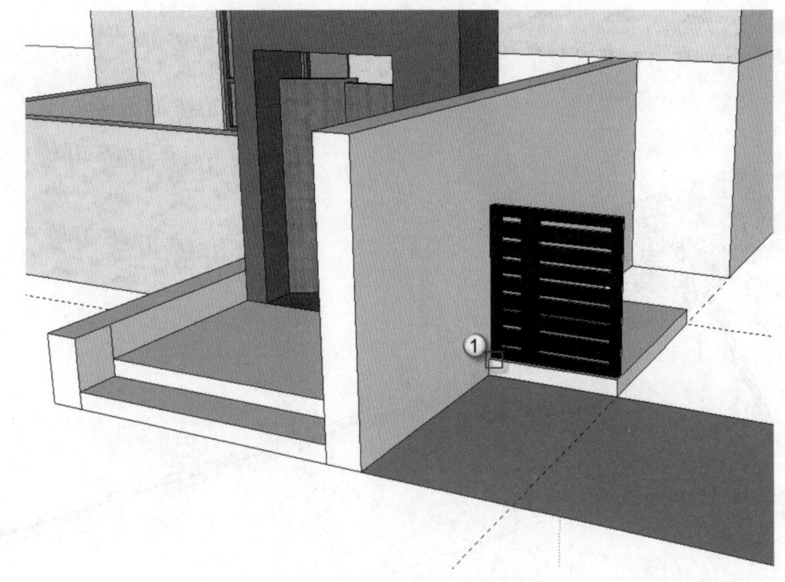

图 4.109　确定花园门的位置

4.2.4　绘制台阶

台阶的制作过程是：绘制辅助线→绘制台阶边界线→生成踏步面→向上拉出台阶的踏步高。具体操作如下：

（1）绘制参考线。按 T 快捷键发出“卷尺”命令，将①处的直线向右拉出一条间距为 240mm 的参考线②，再将③处的直线向右拉出一条间距为 300mm 的参考线④，如图 4.110 所示。

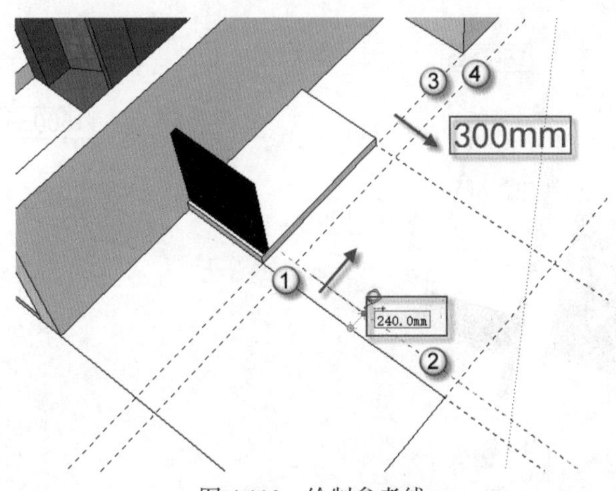

图 4.110　绘制参考线

（2）绘制矩形。按 R 快捷键发出“矩形”命令，以①处为起点，向②处拉出一个 300mm × 2100mm 的矩形，再以③处为起点，向④处拉出一个 240mm × 7140mm 的矩形，并删除⑤处框住的多余的线，如图 4.111 所示。

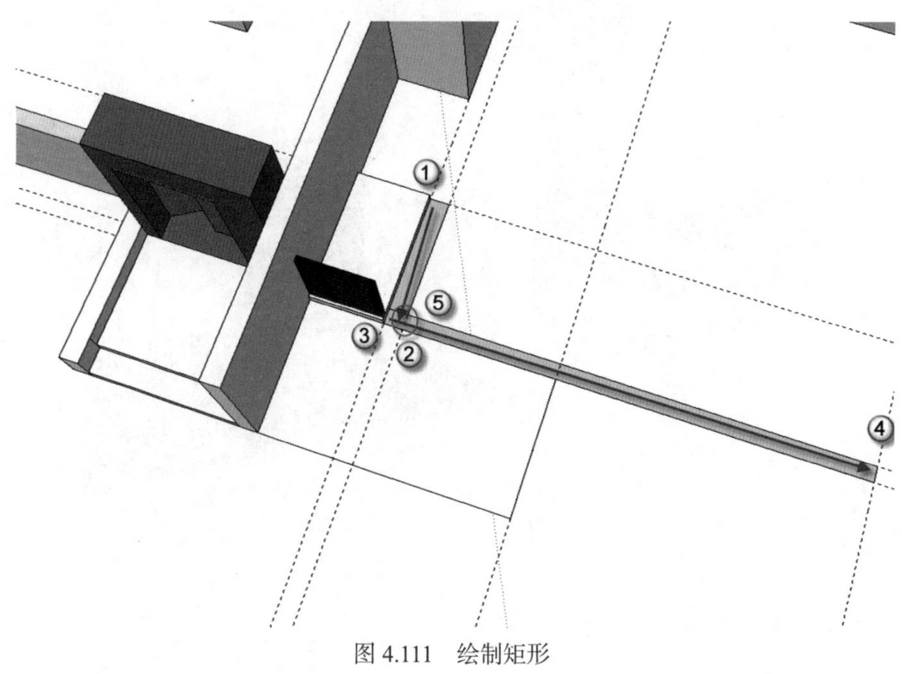

图 4.111　绘制矩形

（3）进行推拉。按 P 快捷键发出“推 / 拉”命令，将上步绘制的 2100mm × 300mm 的矩形向上拉出 150mm，再将 240mm × 7140mm 的矩形反转面后向上拉出 1500mm，最后将①和②处的矩形向前拉出 1800mm，如图 4.112 所示。

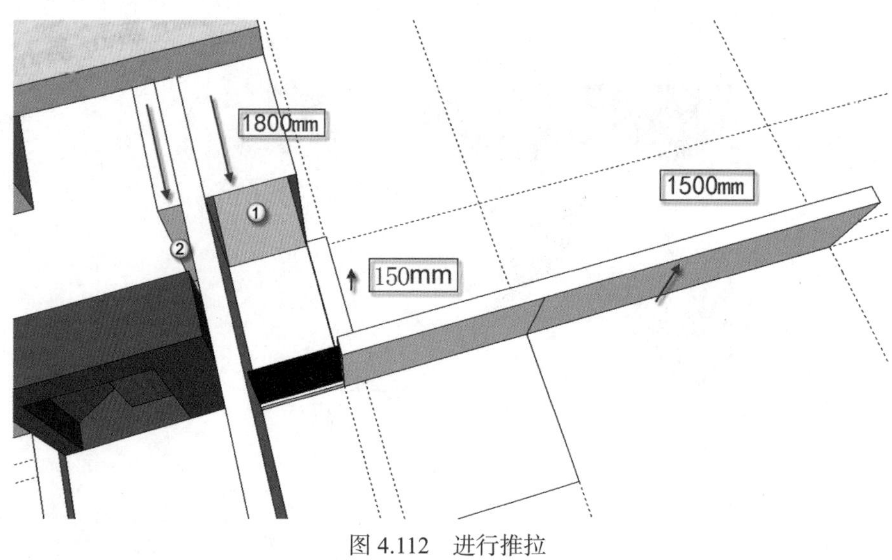

图 4.112　进行推拉

（4）细节调整。绘制矩形，按 R 快捷键发出“矩形”命令，以①处为起点，向②处拉出一个 2250mm × 1200mm 的矩形补上缺失的面，并删除③处多余的线。如图 4.113 所示。

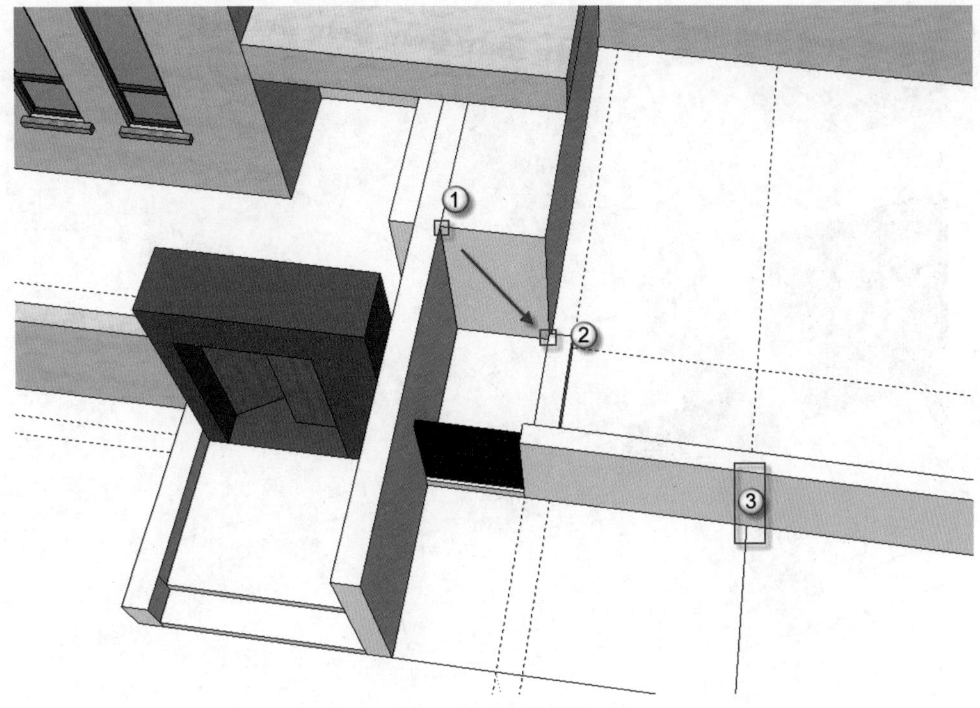

图 4.113 细节调整

（5）绘制参考线。按 T 快捷键发出“卷尺”命令，将①处的直线向右拉出一条间距为 4200mm 的参考线②，再将③处的直线向右拉出一条间距为 300mm 的参考线④，最后将⑤处的直线向右分别拉出 3 条间距为 930mm 的参考线⑥、⑦、⑧，如图 4.114 所示。

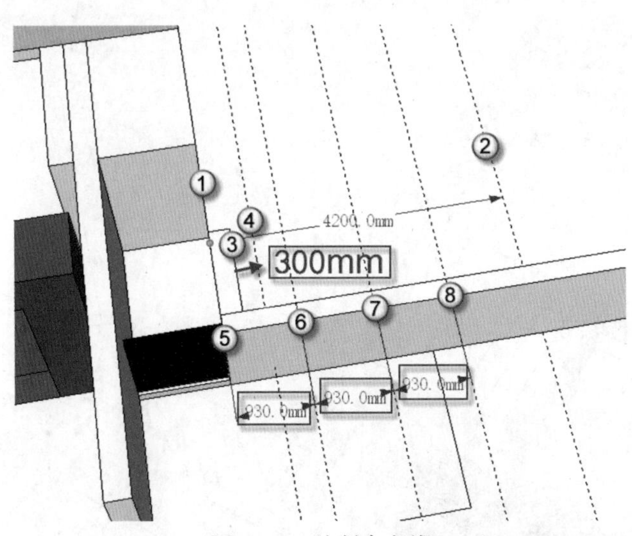

图 4.114 绘制参考线

（6）绘制矩形。按 R 快捷键发出“矩形”命令，按箭头方向沿上一步中的参考线绘制出①、②、③、④、⑤ 5 个矩形（箭头代表的是每个矩形的对角线），完成后如图 4.115 所示。

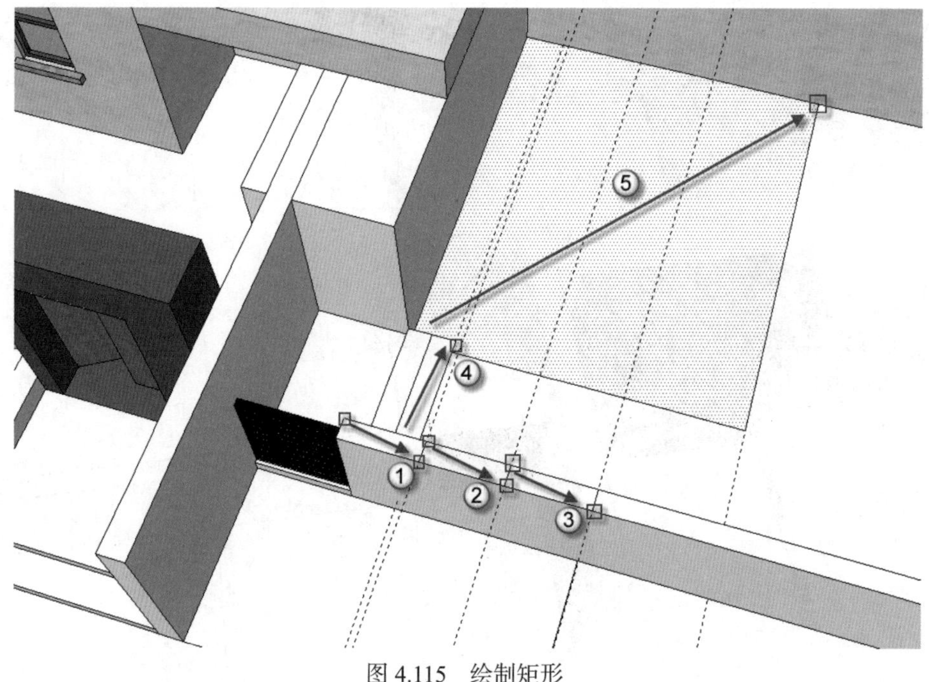

图 4.115　绘制矩形

（7）进行推拉。按 P 快捷键发出“推 / 拉”命令，将①处的矩形向上拉出 450mm，将②处的矩形向上拉出 900mm，将③处的矩形向上拉出 150mm，将④处的矩形向上拉出 4500mm，并删除绿色框中多余的线，如图 4.116 所示。

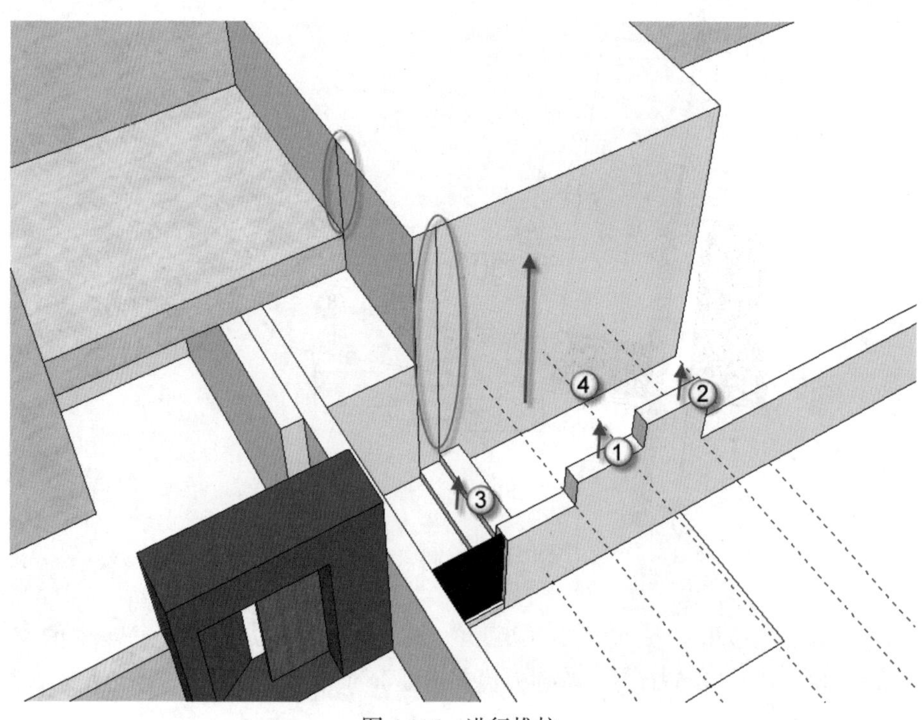

图 4.116　进行推拉

（8）绘制台阶。先按T快捷键发出“卷尺”命令，画出一条300mm长的参考线，再按R快捷键发出“矩形”命令，依据参考线绘制出一个1860mm×300mm的矩形，最后按P快捷键发出“推/拉”命令，将绘制好的矩形向上拉出150mm，并赋予相应的材质。依据上述步骤重复绘制，所有台阶绘制完成后的效果如图4.117所示。

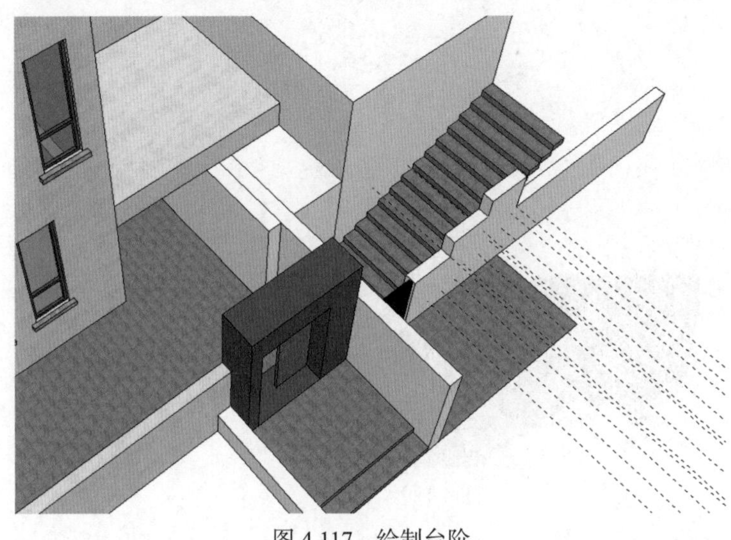

图4.117　绘制台阶

（9）绘制参考线。按T快捷键发出“卷尺”命令，将①处的直线向上拉出一条间距为150mm的参考线②，再将②处的直线向右拉出一条间距为2700mm的参考线③，如图4.118所示。

（10）绘制矩形。按R快捷键发出“矩形”命令，以①处为起点，向②处拉出一个150mm×1860mm的矩形，再以③处为起点，向④处拉出一个2700mm×1980mm的矩形，如图4.119所示。

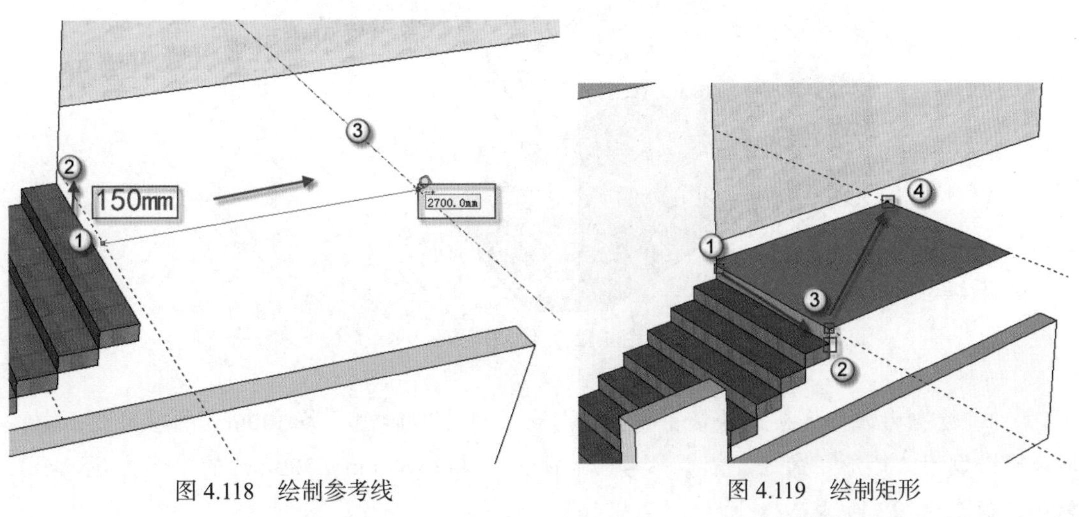

图4.118　绘制参考线　　图4.119　绘制矩形

（11）绘制参考线。按 T 快捷键发出“卷尺”命令，将①处的直线向右拉出一条间距为 1500mm 的参考线②，再将①处的直线向上拉出一条间距为 1800mm 的参考线③，如图 4.120 所示。

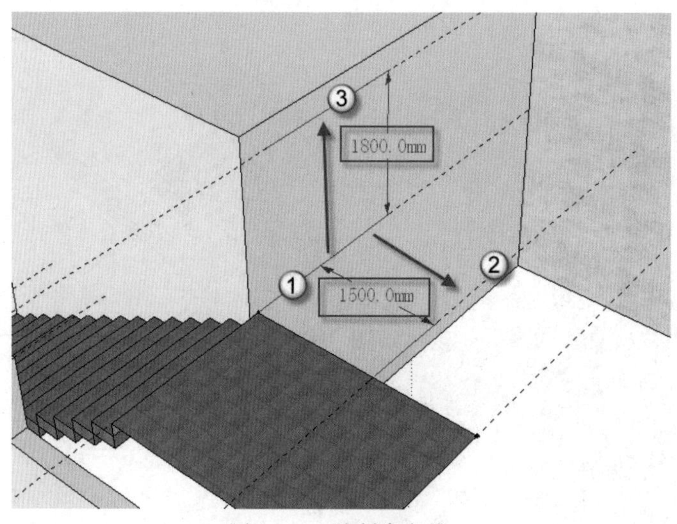

图 4.120　绘制参考线

（12）绘制矩形。按 R 快捷键发出“矩形”命令，依据参考线绘制出一个 1500mm × 4980mm 的矩形，如图 4.121 所示。

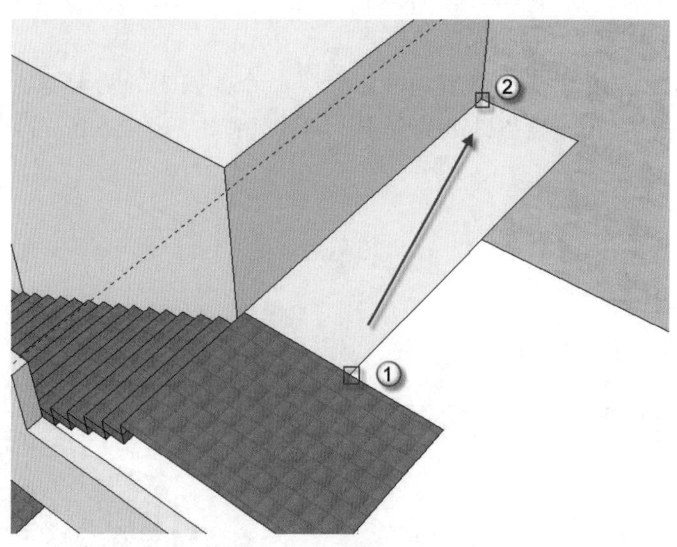

图 4.121　绘制矩形

（13）绘制台阶。先按 T 快捷键发出“卷尺”命令，画出一条 300mm 的参考线，再按 R 快捷键发出“矩形”命令，依据参考线绘制出一个 1860mm × 300mm 的矩形，并赋予其材质，如图 4.122 所示。

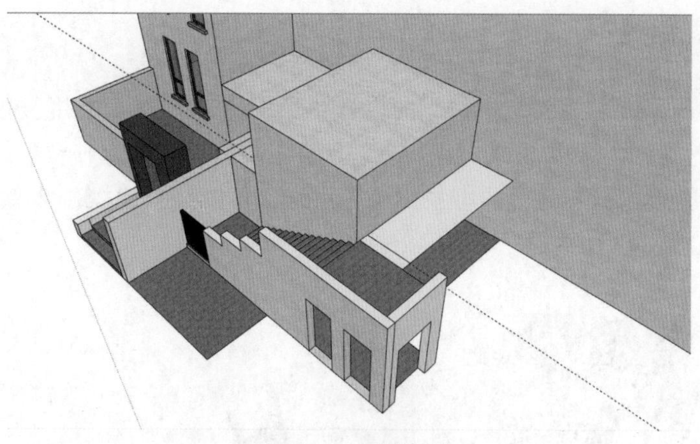

图 4.122　绘制台阶

（14）创建组件。双击绘制的 1860mm × 300mm 的矩形，在保证矩形面及其边界线已被选中的情况下右击对象，在弹出的快捷菜单中选择“创建组件”命令，弹出“创建组件”对话框。在“名称”栏中输入“台阶 2”字样，取消“总是朝向相机”复选框的勾选，勾选“用组件替换选择内容”复选框，单击“创建”按钮完成组件的创建，如图 4.123 所示。

（15）双击进入“台阶 2”组件，赋予其材质，按 P 快捷键发出“推 / 拉”命令，将绘制的矩形向上拉出 150mm。依据上述步骤将台阶组件重复进行复制、粘贴操作，所有台阶绘制完成后的效果如图 4.124 所示。

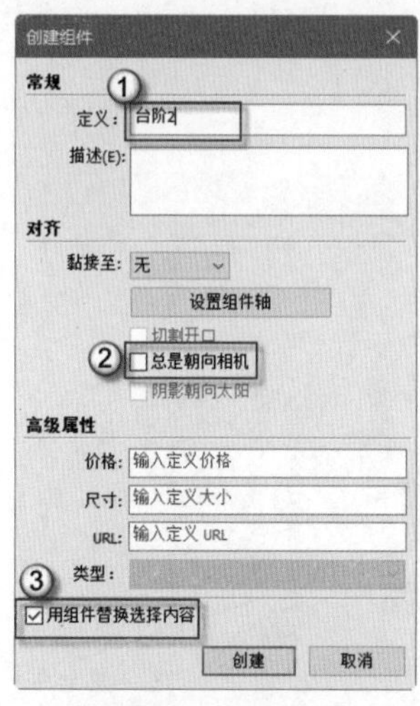

图 4.123　创建组件

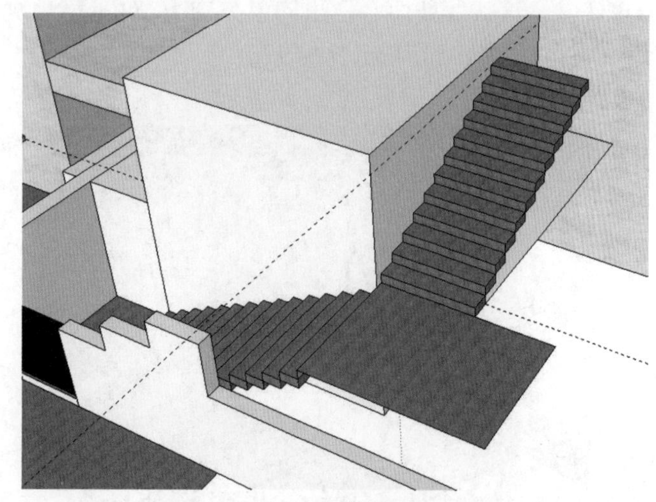

图 4.124　绘制台阶

注意：

绘制台阶时要根据实际情况按照 3 的模数（即 300mm 的倍数）进行绘制并保持模型的干净状态，随时删掉多余的线，或将面翻转过来。

4.2.5 绘制遮挡竖板

万科蓝山别墅采用了“欲扬先抑”的设计手法，因此在立面上用竖板遮掩住了台阶，形成了视觉上的阻断。只有从出入口进入之后才会发现有向上的室外台阶。具体操作如下：

（1）拉出体块。将①处的面向上拉出 1350mm，再按照上述操作步骤，将楼梯右手边的体块也拉出来。完成后的效果如图 4.125 所示。

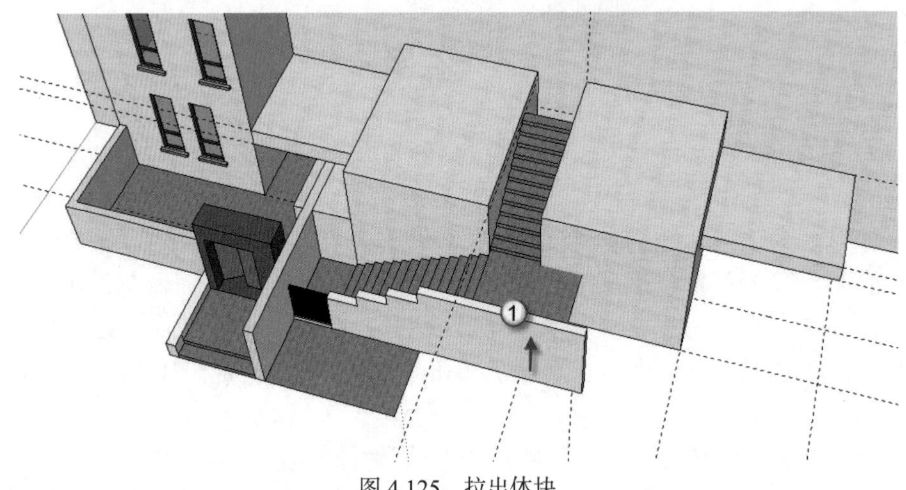

图 4.125 拉出体块

（2）绘制参考线。按 T 快捷键发出“卷尺”命令，将①处向左拉出一条间距为 240mm 的参考线②，再从③处向右拉出间距分别为 300mm、1500mm、300mm、1500mm 的参考线④、⑤、⑥、⑦，如图 4.126 所示。

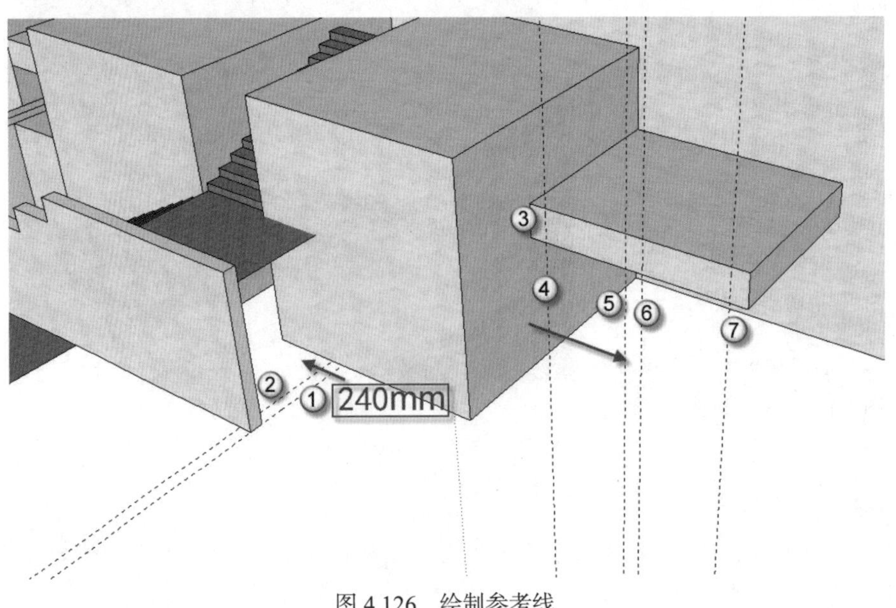

图 4.126 绘制参考线

（3）绘制矩形。按 R 快捷键发出“矩形”命令，依据上步绘制的参考线沿箭头方向绘制出四个矩形（图中①→②、③→④、⑤→⑥、⑦→⑧），如图 4.127 所示。

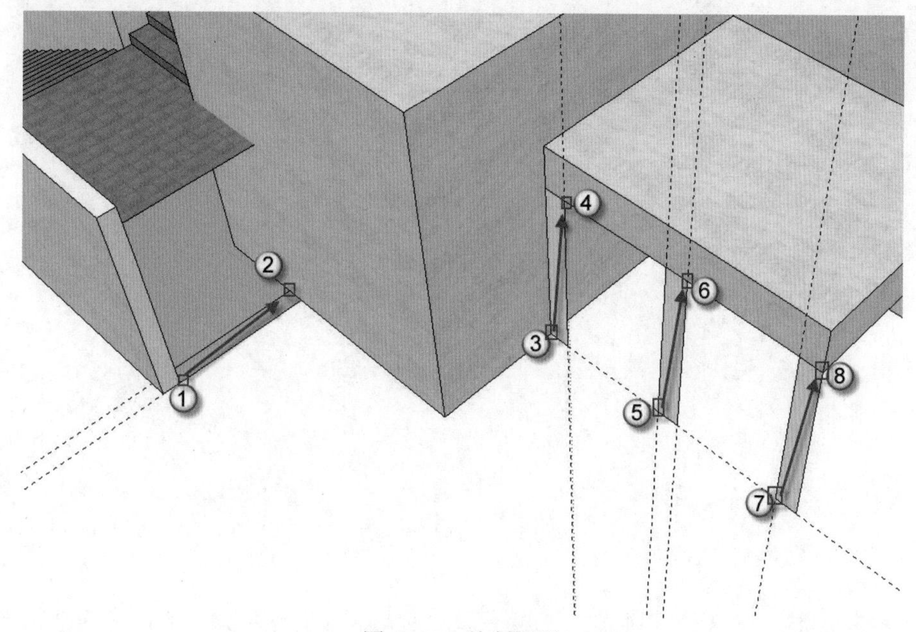

图 4.127　绘制矩形

（4）进行推拉。按 P 快捷键发出“推 / 拉”命令，将上步中绘制的矩形①反转面后向上拉出 2850mm，矩形②和③向后推 240mm，矩形④向后推 3300mm，如图 4.128 所示。

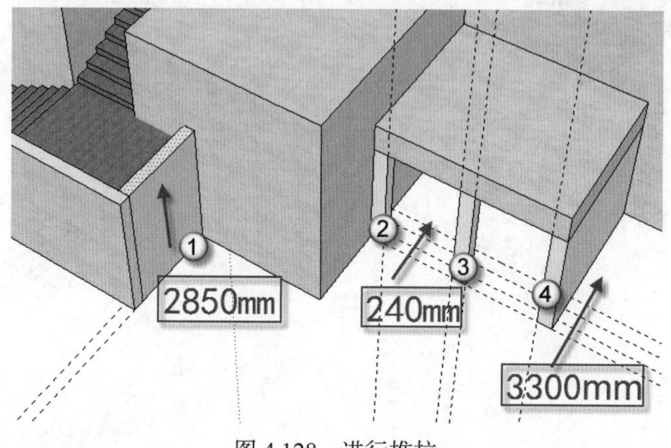

图 4.128　进行推拉

（5）绘制参考线。按 T 快捷键发出“卷尺”命令，根据图 4.129 所示的距离将左侧部分的参考线绘制出来，并删除①和②处多余的两根线，将右侧部分③处的线向右拉出 3 条间距分别为 240mm（图中③、④间）、300mm（图中④、⑤间）和 300mm（图中⑤、⑥间）的参考线。

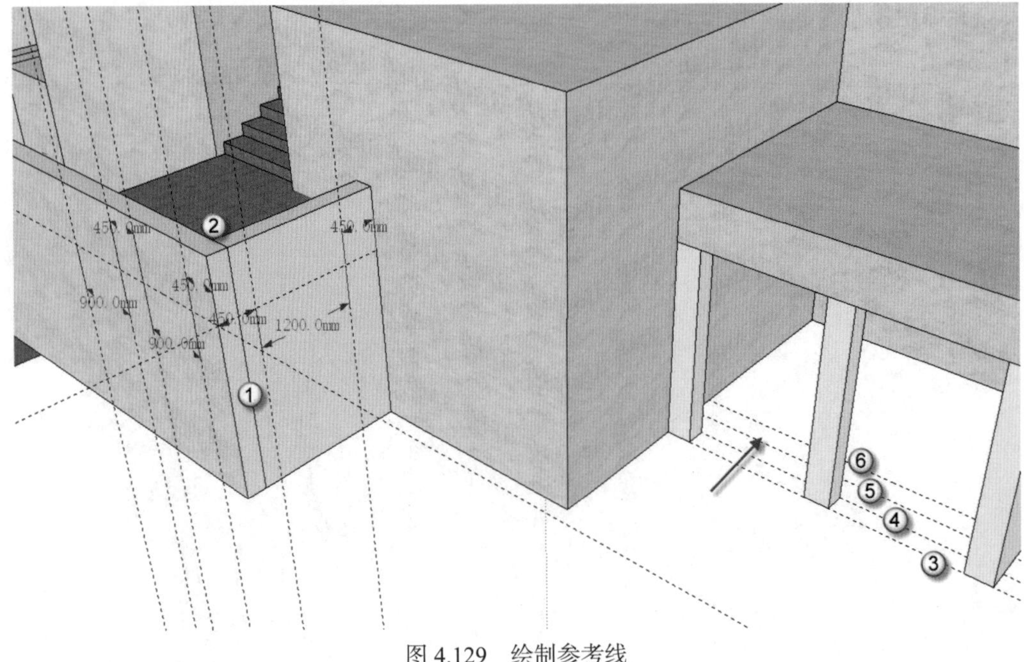

图 4.129　绘制参考线

（6）绘制矩形。按 R 快捷键发出“矩形”命令，依据上述步骤绘制的参考线沿图 4.130 所示的箭头方向绘制出五个矩形（图中①、②、③、④、⑤）。

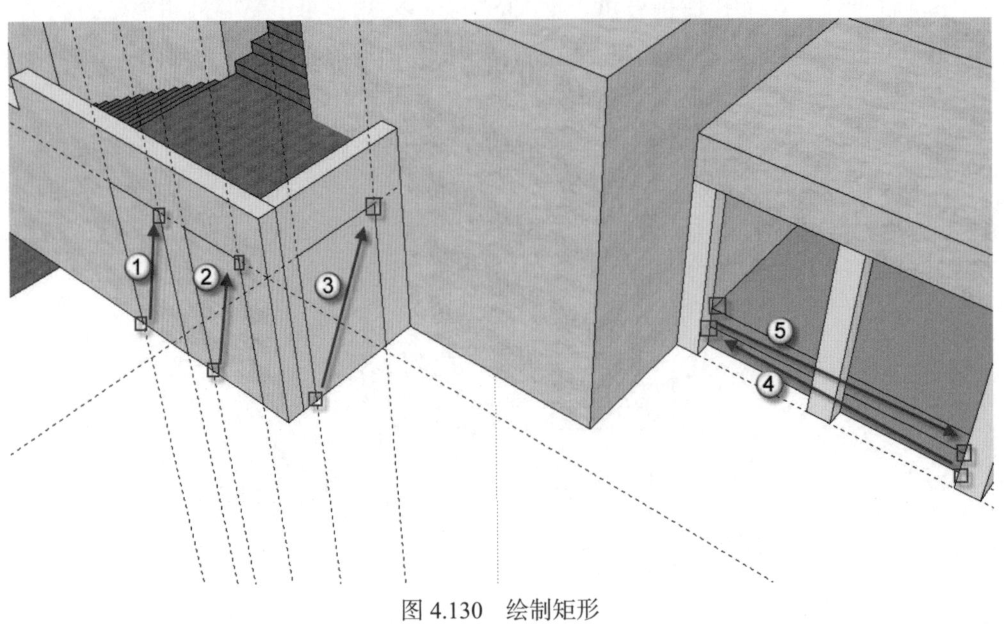

图 4.130　绘制矩形

（7）进行推拉。按 P 快捷键发出“推 / 拉”命令，将上步中绘制的矩形①、②、③均向后推 240mm，将④反转面并赋予材质后向上拉出 150mm，将⑤反转面并赋予材质后向上拉出 300mm，⑥反转面并赋予材质后向上拉出 450mm，如图 4.131 所示。

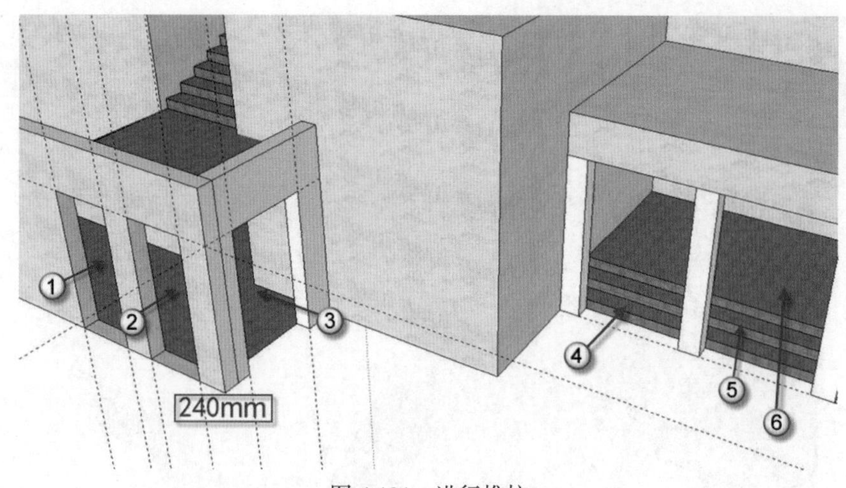

图 4.131　进行推拉

（8）绘制平台。先按 T 快捷键发出“卷尺”命令，画出台阶延长线，再按 R 快捷键发出“矩形”命令，依据参考线绘制一个 1500mm × 1380mm 的矩形并赋予其材质，然后删除多余的参考线①，效果如图 4.132 所示。

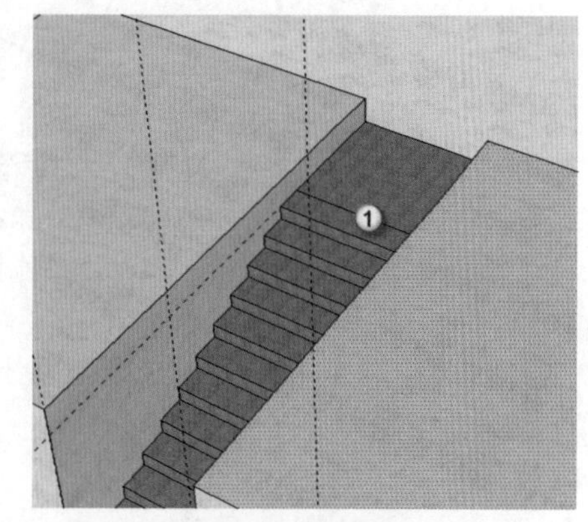

图 4.132　绘制平台

（9）插入组件。按 T 快捷键发出“卷尺”命令，将台阶向上拉出一条间距为 50mm 的参考线①，再复制本书配套下载资源中提供的“门”组件并将其中点与参考线对齐，如图 4.133 所示。

（10）删除多余的面。按 R 快捷键发出“矩形”命令，沿着门组件的轮廓画一个矩形并删除这个面，完成后的效果如图 4.134 所示。

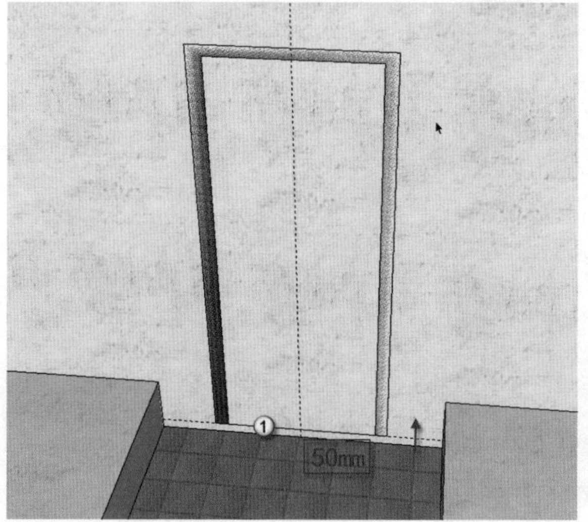

图 4.133　插入组件

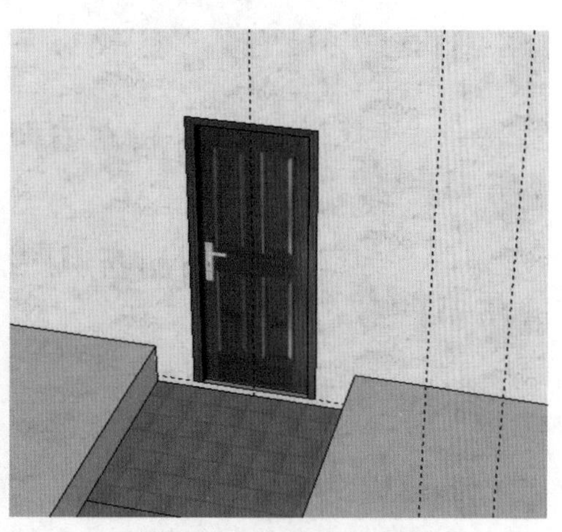
图 4.134　删除多余的面

（11）绘制参考线。按 T 快捷键发出“卷尺”命令，将①处的直线向②处拉出一条 3000mm 的参考线，将③处的直线向右拉出一条间距为 240mm 的参考线④，再将⑤处的直线向左拉出一条间距为 240mm 的参考线⑥，如图 4.135 所示。

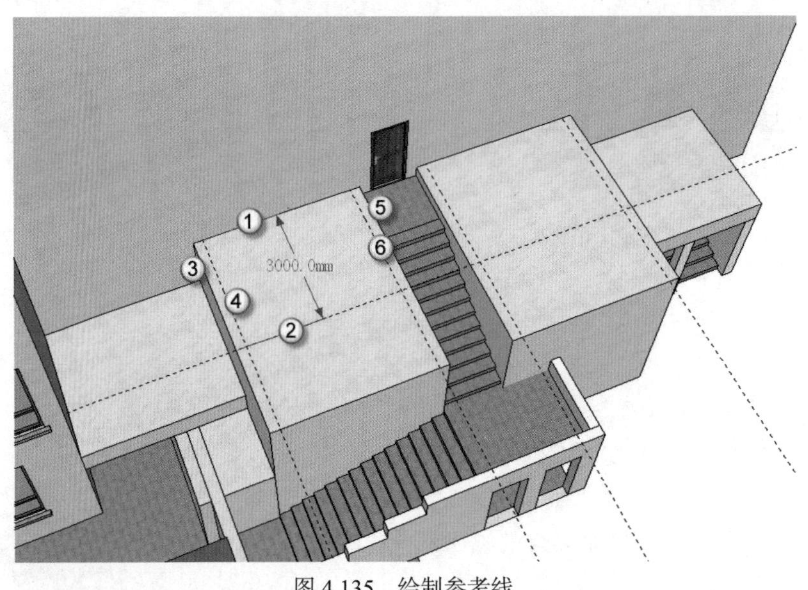

图 4.135　绘制参考线

（12）绘制矩形。按 R 快捷键发出“矩形”命令，以①处为起点向②处绘制一个矩形，再由③处为起点向④处拉一个矩形，最后按 L 快捷键发出“直线”命令，补上⑤、⑥处红框中的两条直线，如图 4.136 所示。

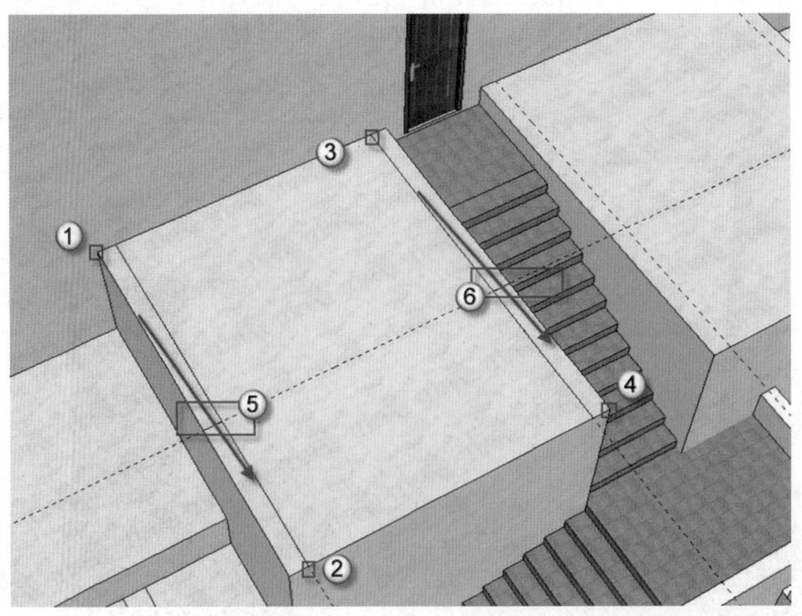
图 4.136　绘制矩形

（13）向上推拉。按 P 快捷键发出“推 / 拉”命令，将上步中绘制的靠墙的矩形向上拉出 5400mm，将靠外边的两个矩形赋予蓝灰色材质后按 P 快捷键，并配合 Ctrl 键将它们向上拉出 2700mm，如图 4.137 所示。

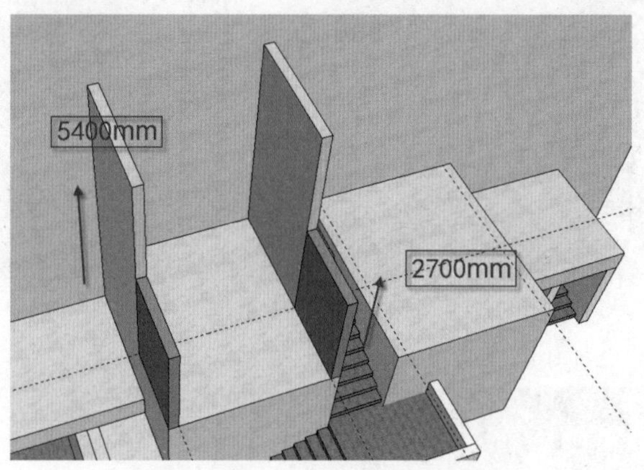

图 4.137　向上推拉

（14）绘制参考线。按 T 快捷键发出“卷尺”命令，将①处的直线向右处拉出两条间距分别为 100mm 的参考线②和 240mm 的参考线③，按 L 快捷键发出“直线”命令，沿着上步绘制的两条参考线将直线绘制出来，如图 4.138 所示。

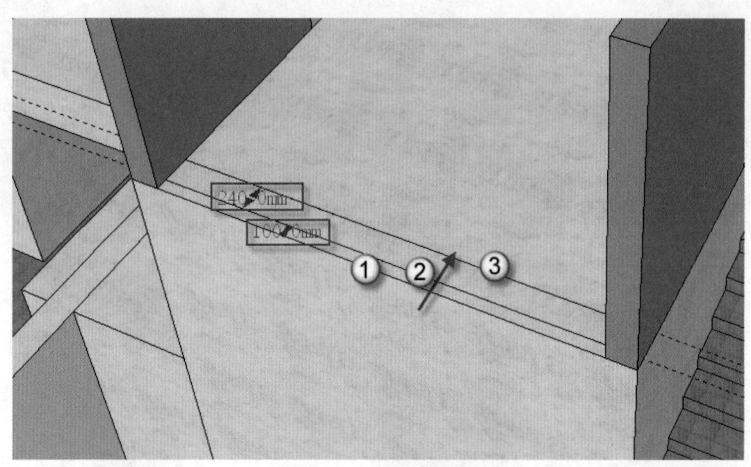

图 4.138　绘制参考线

（15）向上推拉。按 P 快捷键发出“推 / 拉”命令，将上步画好的矩形向上拉出 600mm，如图 4.139 所示。

（16）绘制参考线。按 T 快捷键发出“卷尺”命令，将①处的直线向上拉出一条间距为 600mm 的参考线②，再将该矩形绘制出来，最后删除多余的面③，如图 4.140 所示。

（17）向上推拉。将上面绘制好的矩形赋予两边墙体相同的材质后，按 P 快捷键发出“推 / 拉”命令，将其向上拉出 600mm，如图 4.141 所示。

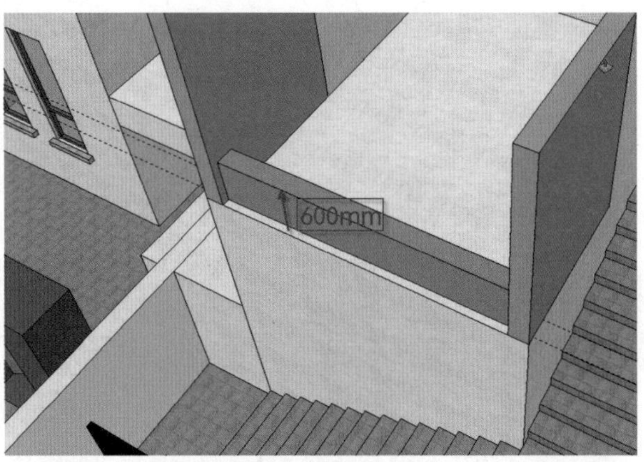

图 4.139　向上推拉

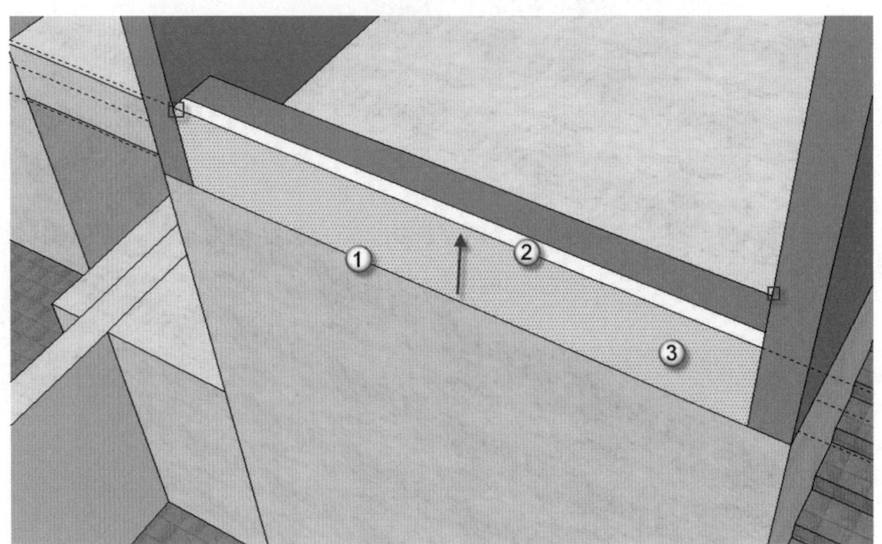

图 4.140　绘制参考线

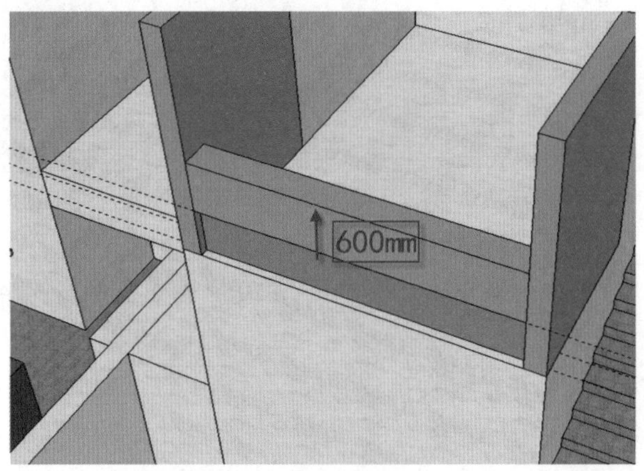

图 4.141　向上推拉

完善材质和细节，增加相应的配景即完成阳台的建模，由于步骤基本一致，此处不再赘述。然后创建阳台组件并将它们复制到右侧，如图 4.142 所示。

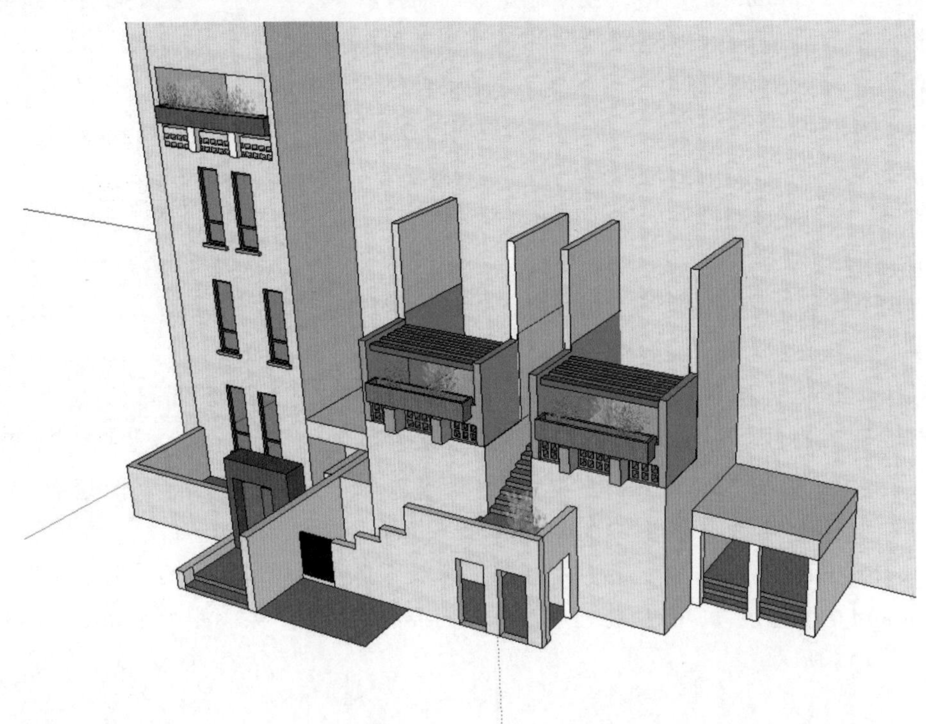

图 4.142　绘制阳台

注意：

在建模时要善于利用参考线，这样便于绘制。在完成工作的条件下尽量让模型看起来简洁一些。在绘制线和移动组件时，可以配合 Shift 键来使用，进行捕捉。

4.3　输出三维效果图

SketchUp 自带环境光与阴影效果，不用渲染器就可以生成一般的带光影与明暗关系的效果图。本节需要加入一些配景与人物，让图面显得更真实。

4.3.1　绘制周围环境

虽然我们一直是在临摹图片，然后根据图片，运用自己的建筑设计知识来建模，但是也应当考虑建筑是处在一种特定的环境中，如道路、停车、地坪等。本节将介绍绘制周围环境的方法。

（1）创建地坪组件。按R快捷键发出“矩形”命令，拉出一个36000mm×36000mm的矩形，双击绘制的36000mm×36000mm的矩形，在保证矩形的面及其边界线被选中的情况下右击对象，在弹出的快捷菜单中选择“创建组件”命令，弹出“创建组件”对话框。在“名称”栏中输入“地坪”字样，取消“总是朝向相机”复选框的勾选，勾选“用组件替换选择内容”复选框，单击“创建”按钮完成组件的创建并赋予其相应的材质，如图4.143所示。

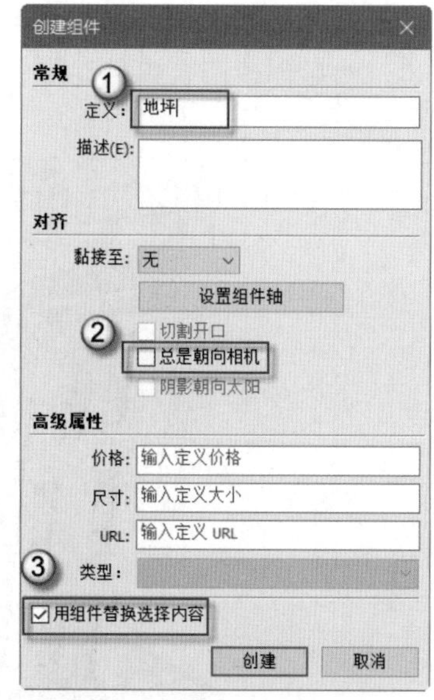

图4.143　创建地坪组件

（2）向下推拉。双击“地坪”组件进入组件编辑模式，按P快捷键发出“推/拉”命令，将上步绘制的矩形向下拉出150mm，如图4.144所示。

（3）绘制参考线。双击“地坪”组件进入组件编辑模式，按T快捷键发出“卷尺”命令，将地坪最左侧的线向右拉出间距分别为3000mm、9300mm、6600mm、15000mm的①、②、③、④ 4条参考线，再将地坪最上方的线向下拉出一条间距为4500mm的参考线⑤，最后将地坪最下方的线向上拉出一条间距为8400mm的参考线⑥，如图4.145所示。

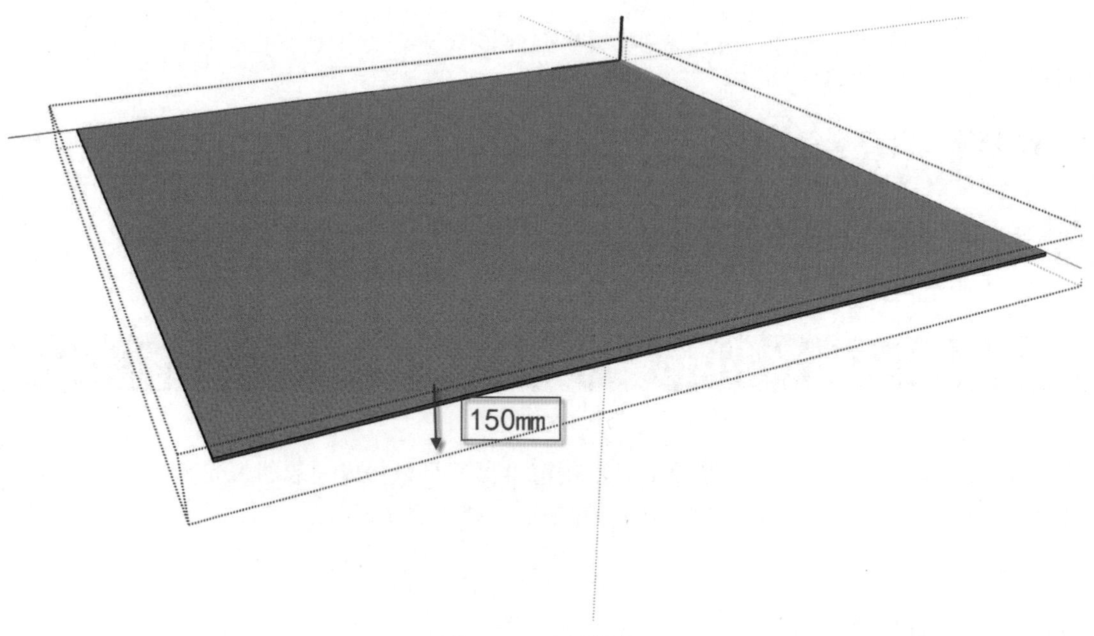

图4.144　向下推拉

（4）绘制矩形。继续在组件编辑模式下按R快捷键发出“矩形”命令，从①处向②处拉出一个矩形，再从③处向④处拉出一个矩形，如图4.146所示。

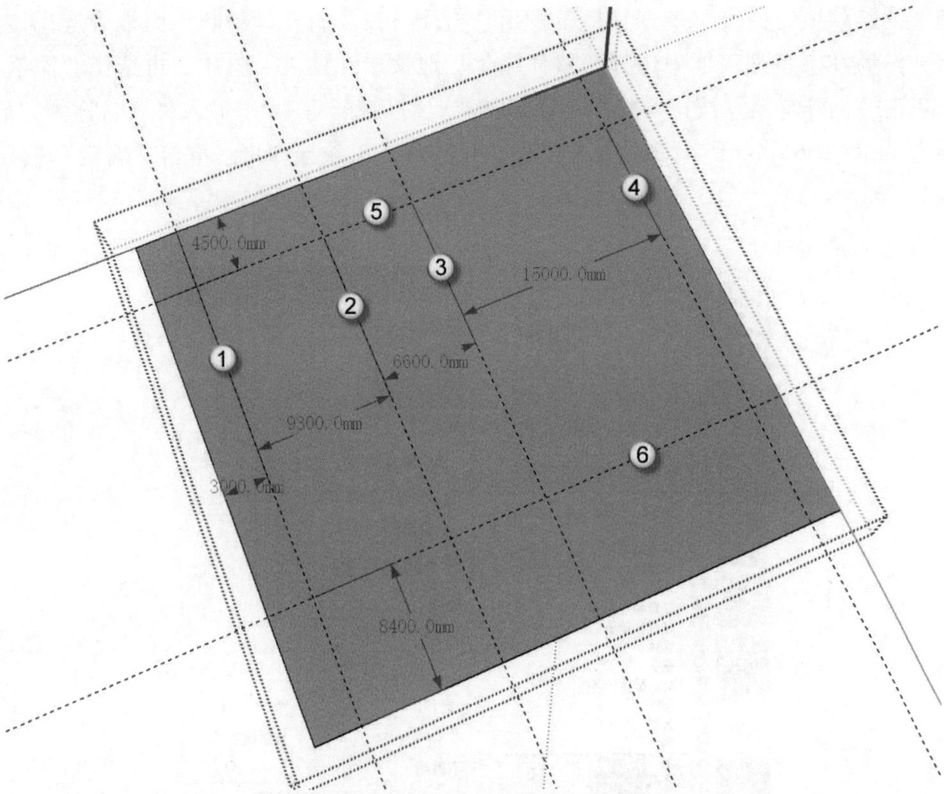

图 4.145　绘制参考线

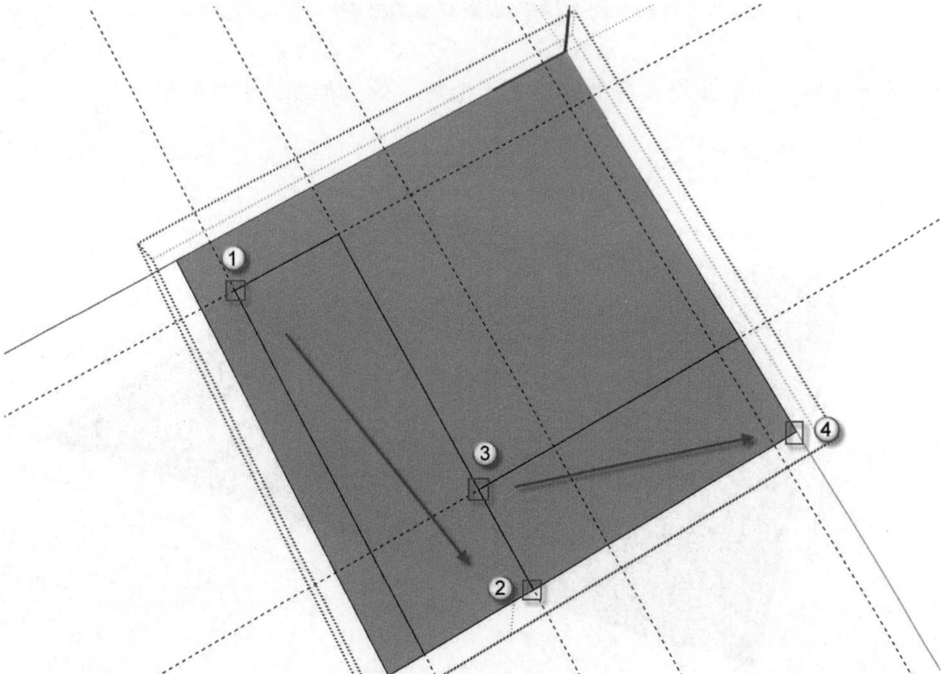

图 4.146　绘制矩形

（5）设置草地的材质。按B快捷键发出“材质”命令，在“材料”面板中选择“选择”选项卡，然后在下拉列表框中选择“园林绿化、地被层和植被”材质，再选择“深草绿色”材质，单击“创建材质”按钮，弹出“创建材质”对话框。在其中输入材质名称为“草地”，设置颜色为R=106、G=157、B=55，滑动“不透明”滑块至100，单击“确定”按钮，如图4.147所示。

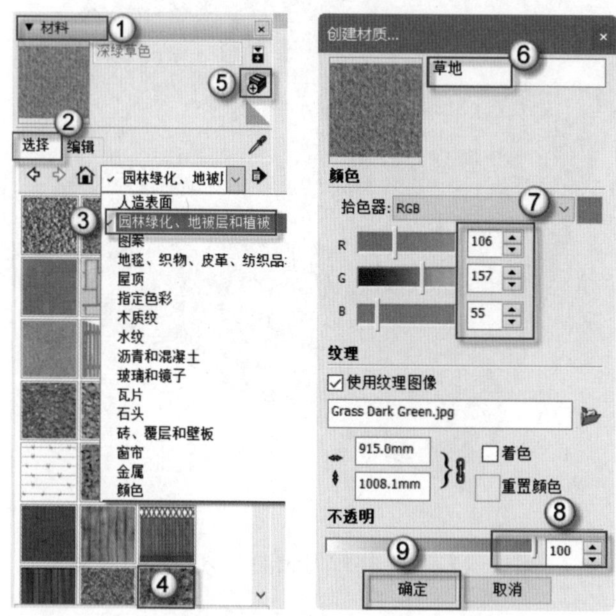

图4.147　设置草地的材质

（6）赋予材质。将上步设置好的材质赋予地坪，效果如图4.148所示。

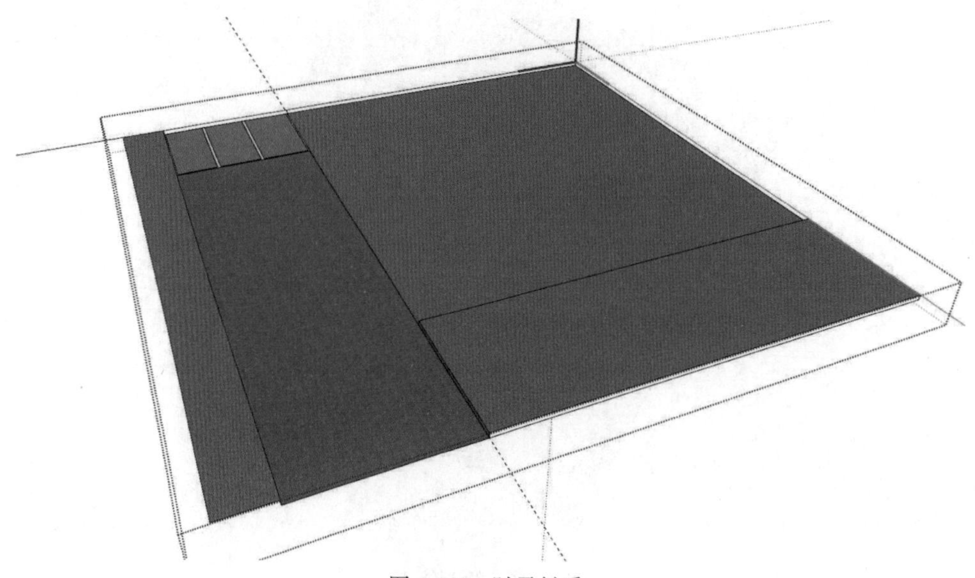
图4.148　赋予材质

（7）插入“花坛”组件。将本书提供的配套下载资源中的“花坛”组件复制到模型中，完成后的效果如图 4.149 所示。

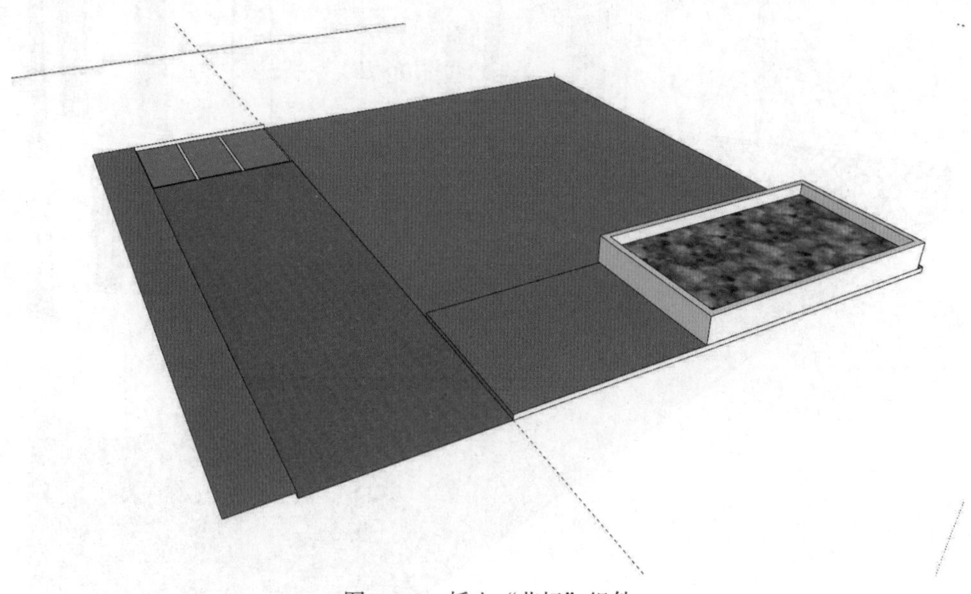

图 4.149　插入“花坛”组件

4.3.2　加入人物和配景组件

SketchUp 的组件功能非常方便，可以共享并及时调用。本节将在场景中加入人物、车组件和树组件等，这些组件可以在本书提供的配套下载资源中找到。

（1）插入“树”组件。将本书配套下载资源中提供的“树”组件复制到模型中，如图 4.150 所示。

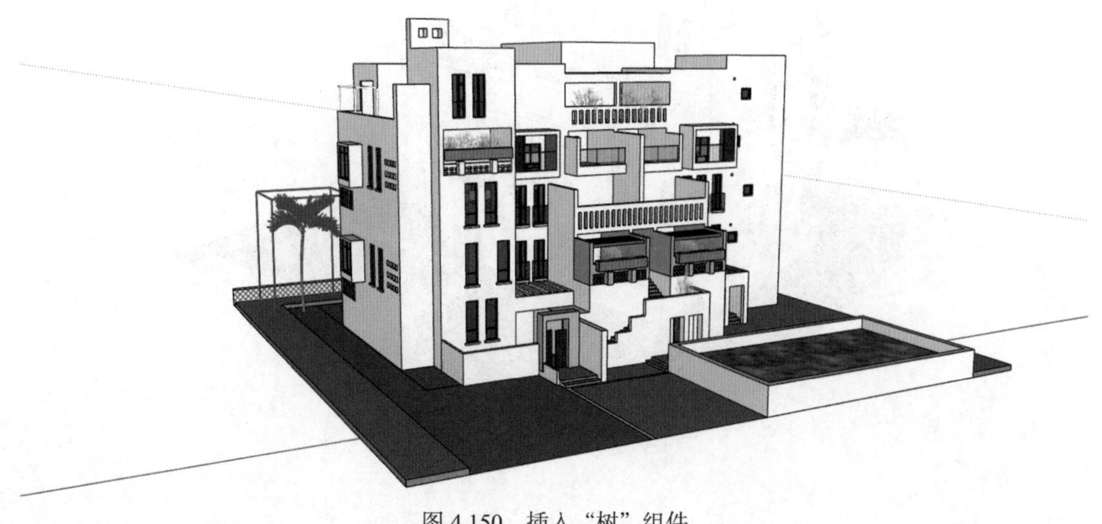

图 4.150　插入“树”组件

（2）插入人物。将本书配套下载资源中提供的人物模型复制到模型中，如图 4.151 所示。

图 4.151　插入人物

（3）插入“围栏”组件。将本书配套下载资源中的“围栏”组件复制到模型中，如图 4.152 所示。

图 4.152　插入“围栏”组件

（4）添加阴影。在“默认面板”中打开“阴影”卷展栏，在其中设定合适的参数，给模型添加阴影，如图 4.153 所示，使模型看起来更生动。

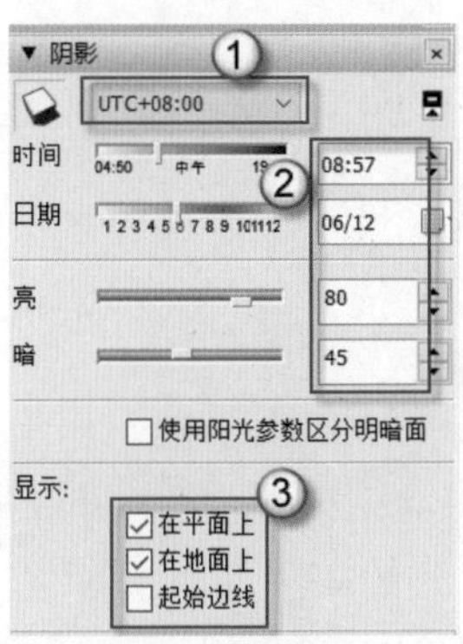

图 4.153　添加阴影

（5）细节完善。按照所给的模型，绘制其他窗、门和阳台等构建和细部，完成后的效果如图 4.154 所示。

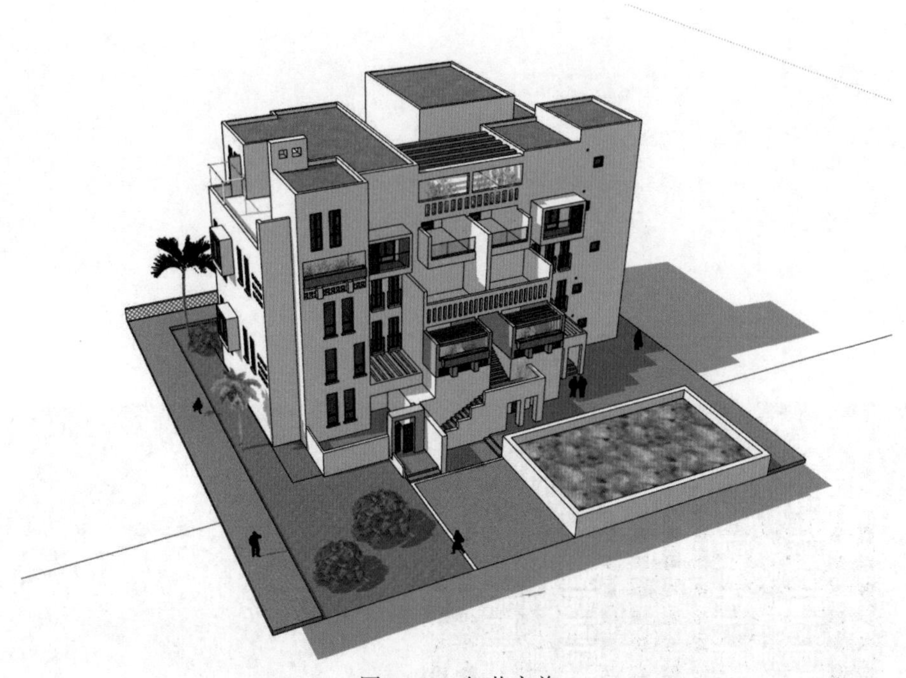

图 4.154　细节完善

注意：

基本模型建好后，可以加一些配景使模型看起来更丰富，还可以用渲染工具进行渲染，使效果图看起来更美观。

第5章 生成彩色立面图

在设计建筑方案时，经常要绘制带光影的彩色立面图。因为有了 SketchUp 的模型，所以生成立面图就比较方便了。本章将介绍在 SketchUp 中分别导出彩色立面图与玻璃通道图、在 Photoshop 中抠出主体建筑与玻璃、绘制透明并反光的玻璃、增加相应的建筑配景、绘制彩色立面图的方法。

5.1 在 SketchUp 中的操作

在 SketchUp 中要导出两种图像，一种是立面光影图，另一种是玻璃的通道图。这两张图需要完全对应，方便在 PhotoShop 中进行抠图处理。

5.1.1 在 SketchUp 中导出二维图像

SketchUp 虽然是一款三维建模软件，但是也可以输出二维图形。本节将介绍如何输出主体建筑的 TIF 图像，注意红色的背景是为了在 Photoshop 中快速将建筑与背景分离而设置的，具体操作如下：

（1）打开文件。在 SketchUp 中打开本书配套下载资源提供的“小高层 .SKP”文件，准备进入后续的操作。

（2）绘制背景。按 R 快捷键发出“矩形”命令，在建筑后面绘制一个与蓝轴和红轴所在平面平行的矩形，如图 5.1 所示。

图 5.1 绘制背景

（3）创建材质。按 B 快捷键发出“材质”命令，在“材料”面板中单击“创建材质”按钮，弹出“创建材质”对话框。在其中输入材质名称为“红色背景”，设置颜色为 R=255、G=0、B=0，滑动“不透明”滑块至 100，单击“确定”按钮，如图 5.2 所示。给背景对象添加“红色背景”材质后的效果如图 5.3 所示。

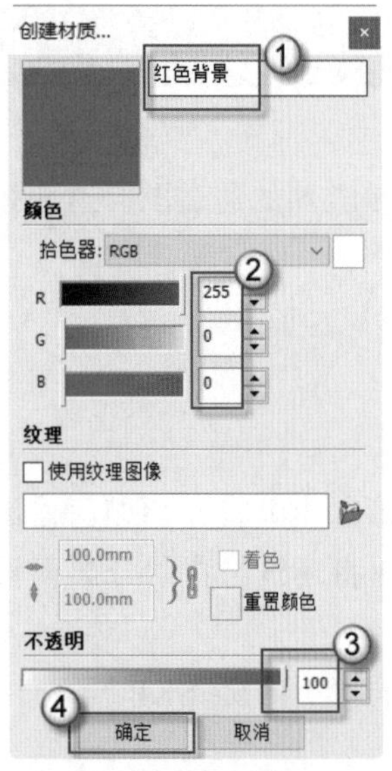

图 5.2　创建材质

图 5.3　赋予背景材质

（4）调出视图工具。选择菜单栏中的“视图”|“工具栏”命令，在弹出的“工具栏”对话框中勾选“视图”复选框，单击“关闭”按钮，如图 5.4 所示。

（5）相机设置。选择菜单栏的“相机”|“平行投影”命令，得到一个平行视图，再单击视图工具栏的“前视图”按钮，得到一个主视图，如图 5.5 所示。

（6）阴影设置。进入“阴影”面板，单击“显示 / 隐藏阴影”按钮，将“亮”滑块滑动至 86 左右，将“暗”滑块滑动至 53 左右，勾选“使用阳光参数区分明暗面”复选框，若模型阴影过长，可将“时间”滑块滑至“中午”，如图 5.6 所示。阴影设置好之后的效果如图 5.7 所示。

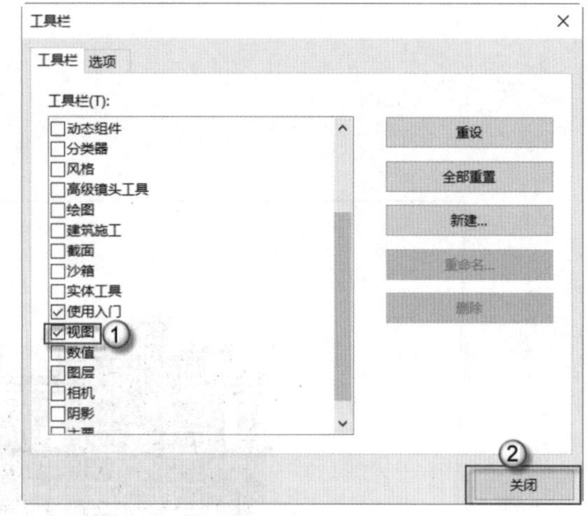

图 5.4　调出视图工具

（7）调整背景。若阴影投射到红色背景之上，可将红色背景向后移动。若背景太小，可三击选中背景，按 S 快捷键发出“缩放”命令，将背景调整到合适的大小。然后将红色背景垂直向下移动至足以让整个建筑覆盖上去，如图 5.8 所示。背景调整效果如图 5.9 所示。

注意：

红色背景功能是为了后期在 Photoshop 中可以方便地把建筑与背景进行分离，因此不能让主体建筑的阴影投影上去。

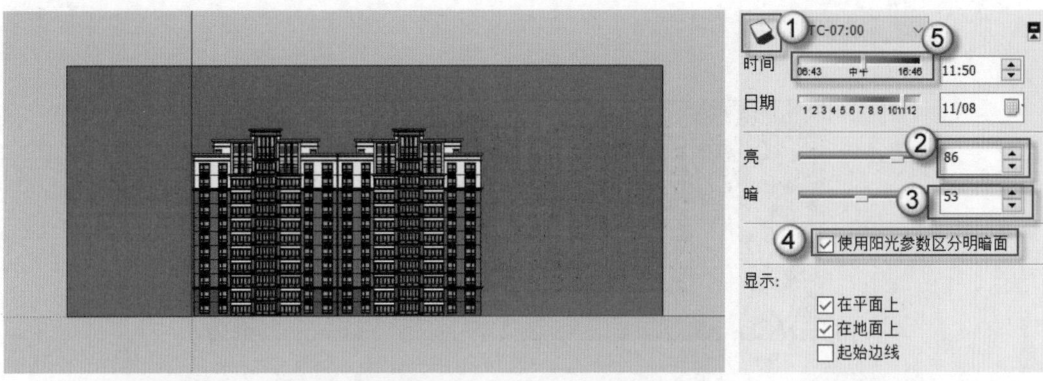

图 5.5　相机设置　　　　图 5.6　阴影设置

图 5.7　阴影设置效果

图 5.8　调整背景

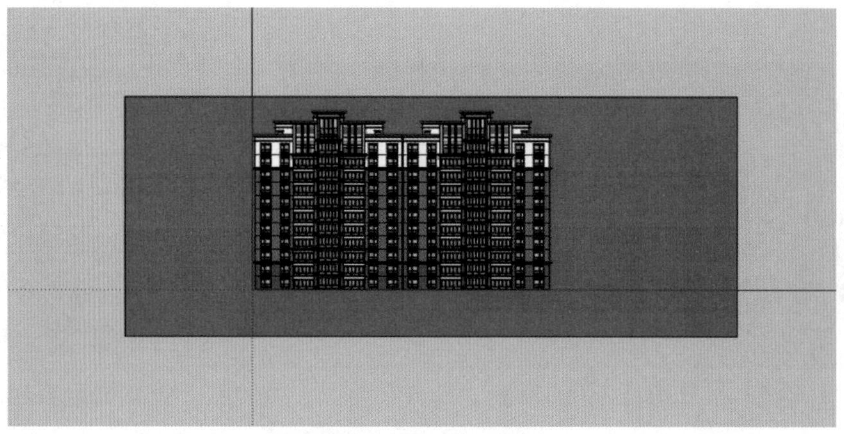

图 5.9　背景调整效果

（8）导出文件。选择菜单栏中的“文件”|“导出”|“二维图形”命令，在弹出的“输出二维图形”对话框中设置文件需要输出保存的路径，切换“保存类型”为“标签图像文件 (*.tif)”选项，单击“选项”按钮，弹出“扩展导出图像选项”对话框，取消勾选“使用视图大小”复选框，在“宽度”数值输入框中输入 2000 像素，单击“确定”按钮，在“文件名”栏中输入“小高层 1”字样，单击“导出”按钮，如图 5.10 所示。这样会导出“小高层 1.tif”图像。

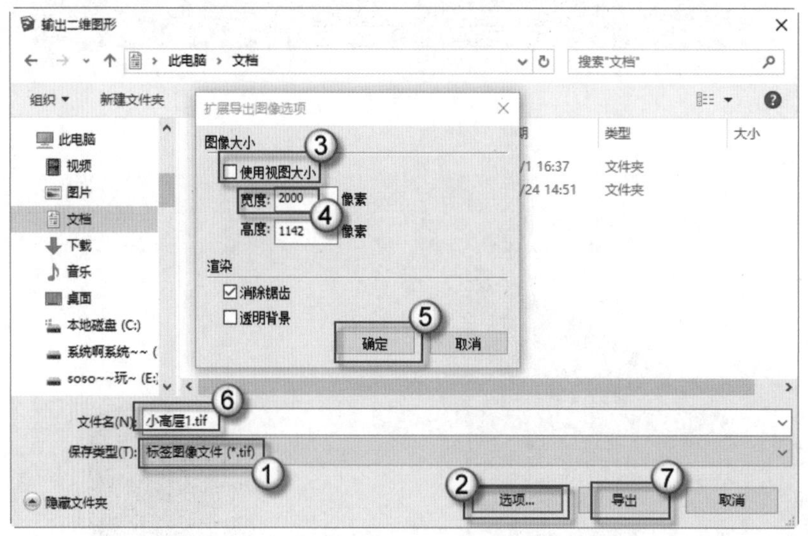

图 5.10　导出文件

注意：

在“扩展导出图像选项”对话框中，“宽度”“长度”的数值是受比例约束的，即当调整“宽度”数值时，“长度”数值是按比例变化的。

5.1.2　导出玻璃通道

本节将介绍如何导出玻璃通道图，用纯绿色（R=0、G=255、B=0）代表玻璃，这样图像导入 Photoshop 之后可以快速生成玻璃的选区。具体操作如下：

（1）生成玻璃材质。按 B 快捷键发出“材质”命令，在“材料”面板中选择“在模型中的样式”选项，用右侧的“吸管”工具吸取模型中的两种玻璃，分别为 Translucent_Glass_Gray 材质和 Translucent_Glass_Safety 材质，如图 5.11 和图 5.12 所示。

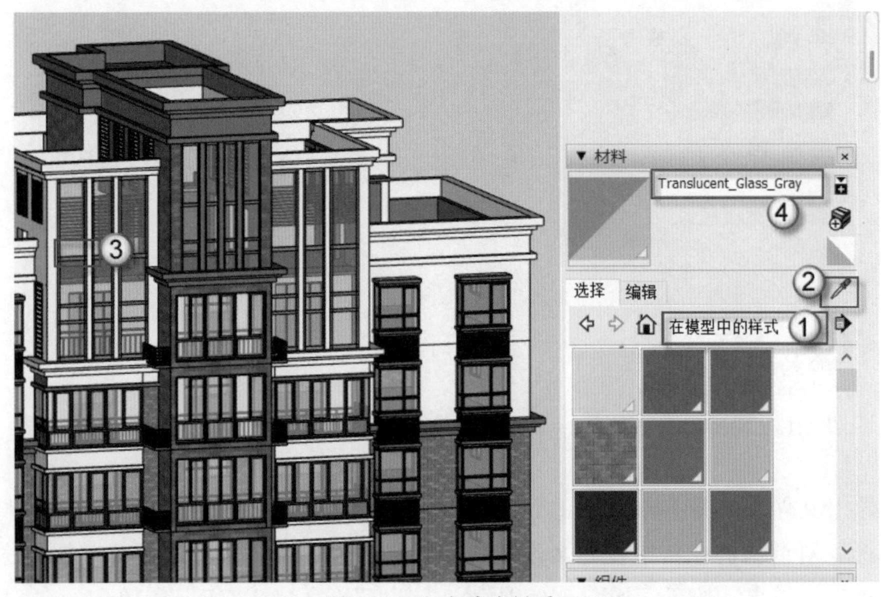

图 5.11　生成玻璃材质 1

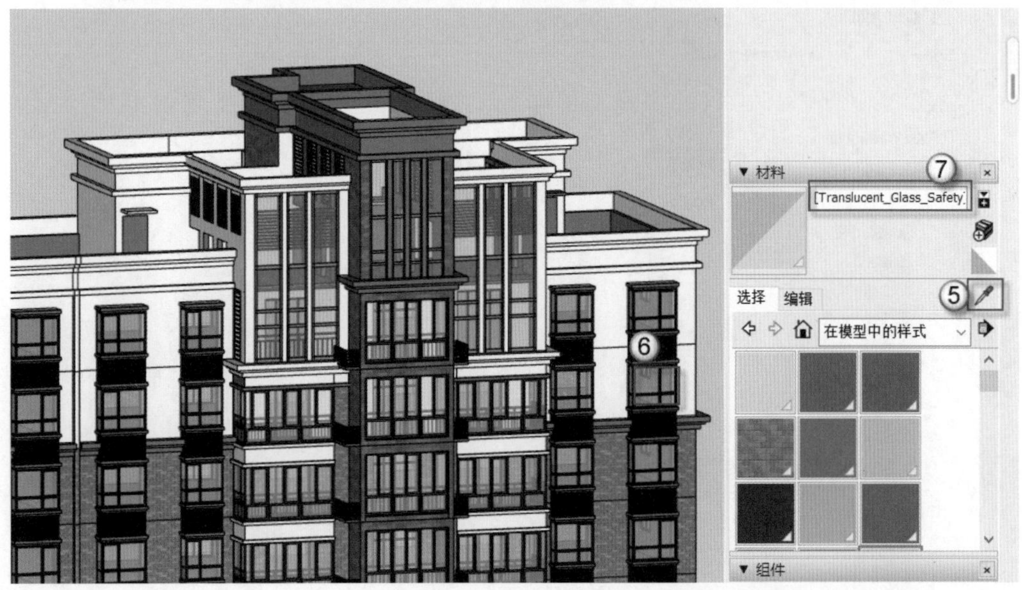

图 5.12　生成玻璃材质 2

（2）导出玻璃通道。按B快捷键发出“材质”命令，在“材料”面板中将Translucent_Glass_Safety颜色设置为R=0、G=255、B=0，滑动“不透明”滑块至100，如图5.13所示。再选择Translucent_Glass_Gray材质进行相同的操作，如图5.14所示。

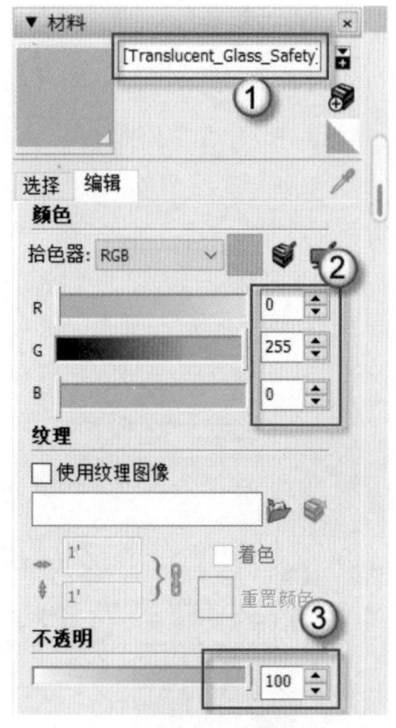

图5.13 导出玻璃通道1

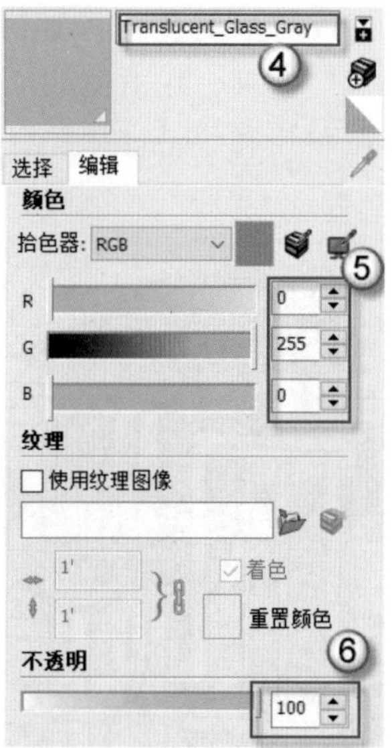

图5.14 导出玻璃通道2

（3）导出文件。选择菜单栏中的“文件” | “导出” | “二维图形”命令，弹出“输出二维图形”对话框，在其中设置文件需要保存的路径，保存类型设置为“标签图像文件(*.tif)”，单击“导出”按钮，如图5.15所示，导出“小高层2.TIF”图像。

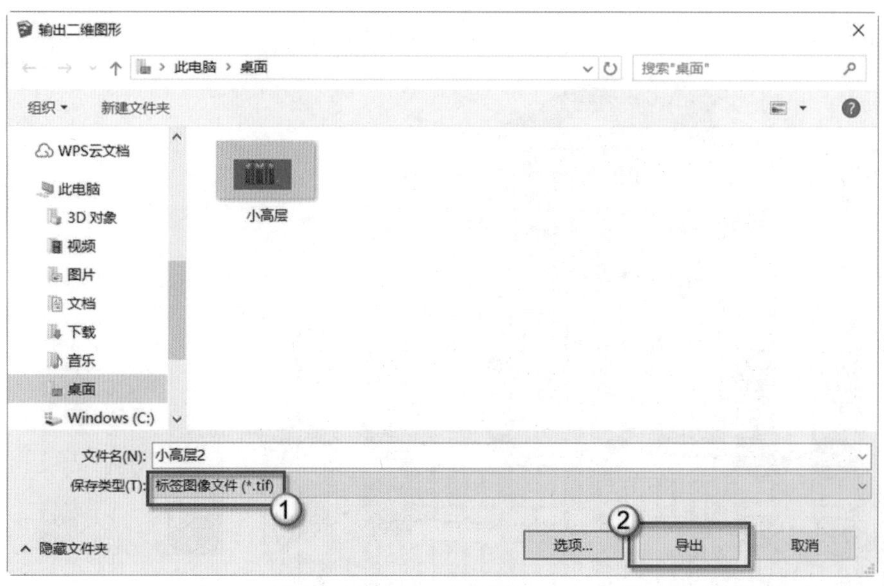

图5.15 导出文件

注意：

在导出二维图形时切记不可对图形进行放大、缩小、移动和旋转等操作，否则可能会出现错位情况。导出的图形"小高层 1"是有阴影的，如图 5.16 所示；导出的图形"小高层 2"是无阴影的，如图 5.17 所示。

图 5.16　小高层 1

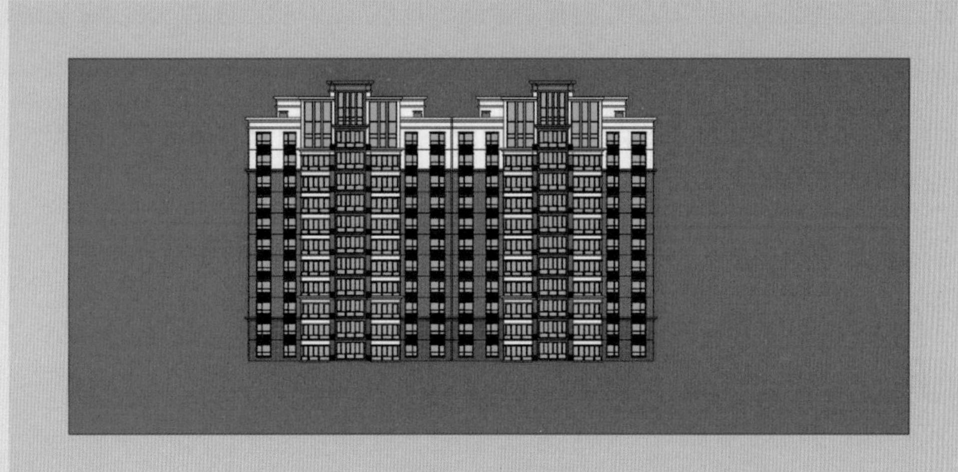

图 5.17　小高层 2

5.2　在 Photoshop 中的操作

导出"小高层 1""小高层 2"两个 TIF 图像文件后，就可以在 Photoshop 中绘制效果图了。主要操作为：生成图层，增加玻璃效果，使用立面模板生成彩色立面图。

5.2.1 分离图层

Photoshop 图层就像是一张张透明薄膜，相互叠加，覆盖在原始图像上，并且有上下顺序。本节主要介绍生成“主体建筑”“窗子”两个图层的方法，具体操作如下：

（1）打开二维图形。在 Photoshop 中打开两个导出的二维图形，配合 Shift 键将“小高层 2”拖入“小高层 1”中，可以关掉“图层 1”看两个图层是否完全对位，然后将“图层 1”放在“图层 0”下面，如图 5.18 所示。

图 5.18　打开二维图形

（2）修改图层名称。将“图层 0”名称改为“主体建筑”，将“图层 1”名称改为“通道图”，如图 5.19 所示。

图 5.19　修改图层名称

（3）建立选区。关闭“主体建筑”图层，将“通道图”图层设为当前图层，按W快捷键发出“魔棒”命令，在属性栏将“容差”设为10，取消勾选“连续”复选框，单击绿色窗子区域，如图5.20所示。

图5.20　建立选区

（4）存储选区。选择菜单栏中的“选择”|“存储选区”命令，弹出“存储选区”对话框，在“名称”栏中输入“窗子”，单击“确定”按钮，如图5.21所示。这样会保存一个名为“窗子”的选区。然后关闭“通道图”图层，将“主体建筑”图层设为当前图层，如图5.22所示。

图5.21　存储选区

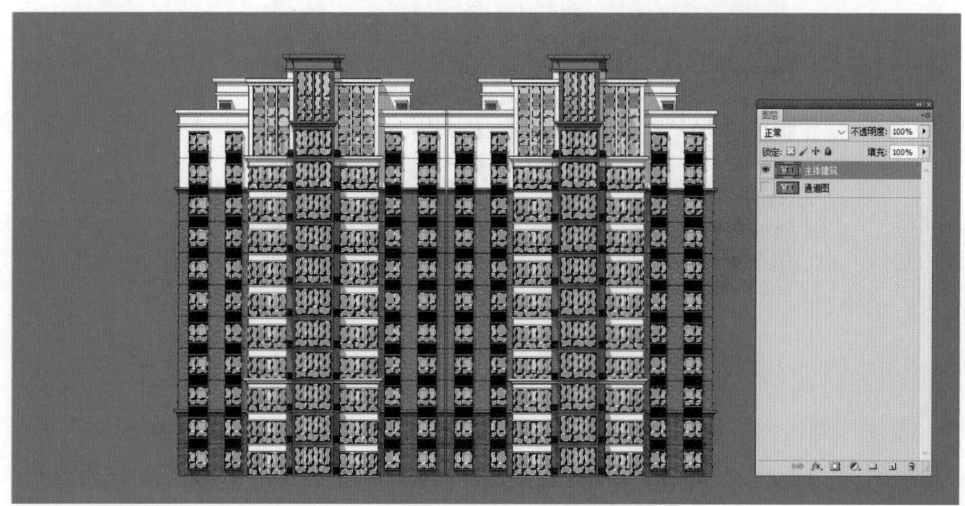

图5.22　存储选区

（5）生成“窗子”图层。选择菜单栏中的“图层”|“新建”|“通过拷贝的图层”命令，右侧“图层”工具栏便会生成一个“图层 1”图层，将“图层 1”名称改为“窗子”，如图 5.23 所示。

图 5.23　生成“窗子”图层

（6）去掉红色背景。将“主体建筑”图层设为当前图层，按 W 快捷键发出“魔棒”命令，勾选“连续”复选框，单击红色背景区域，建立选区，然后按 Delete 键删除红色背景，如图 5.24 所示。

图 5.24　去掉红色背景

（7）删除“通道图”图层。在右侧“图层”工具栏中将“通道图”图层拖至面板右下角的“删除图层”标志处，删除“通道图”图层，如图 5.25 所示。然后按 C 快捷键发出“裁剪工具”命令，在屏幕中拉框选取需要保留的区域，然后按 Enter 键，这样会裁剪掉未被选取的区域，如图 5.26 所示。

图 5.25　删除“通道图”图层

图 5.26　裁剪图像

5.2.2　玻璃反射

玻璃的反射效果是很难在 SketchUp 中完成的，因此考虑在 Photoshop 中，在“窗子”图层上加入反射的图片效果，具体操作如下：

（1）打开玻璃素材。在 Photoshop 中打开本书配套下载资源中提供的玻璃素材，然后将“玻璃素材”拖入当前操作的文档中，如图 5.27 所示。这个玻璃素材就是具体反射效果的图片。

图 5.27　打开玻璃素材

（2）调整玻璃素材。按 Ctrl+T 快捷键发出“自由变换”命令，调整玻璃素材大小，使玻璃素材盖住建筑物，然后将“图层 1”的名称改为“玻璃反射”，并将它移至“窗子”图层上面，如图 5.28 所示。

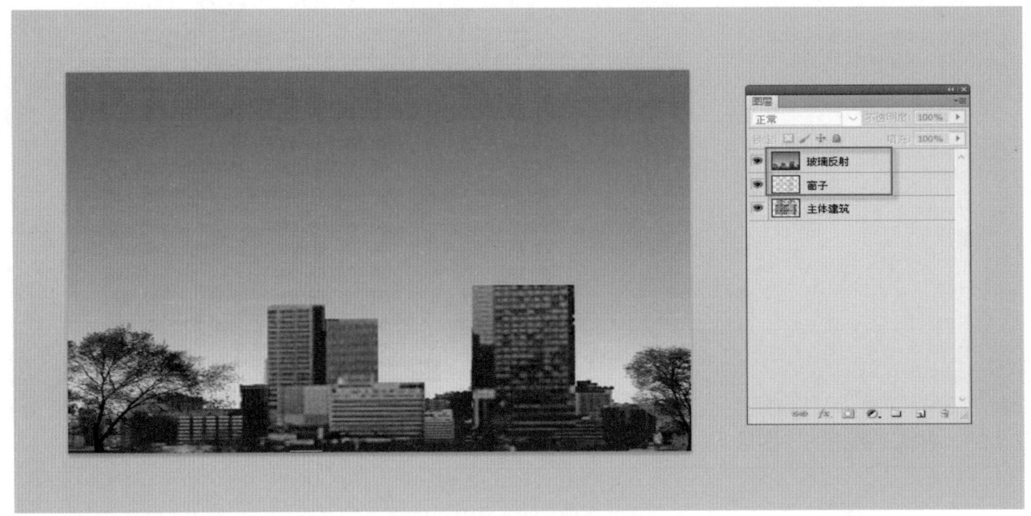

图 5.28　调整玻璃素材

（3）创建剪贴蒙版。右击“玻璃反射”图层，在弹出的“图层”面板中单击下方的“创建剪贴蒙版”按钮，然后按 Ctrl+T 快捷键调整玻璃的大小及位置，如图 5.29 所示。

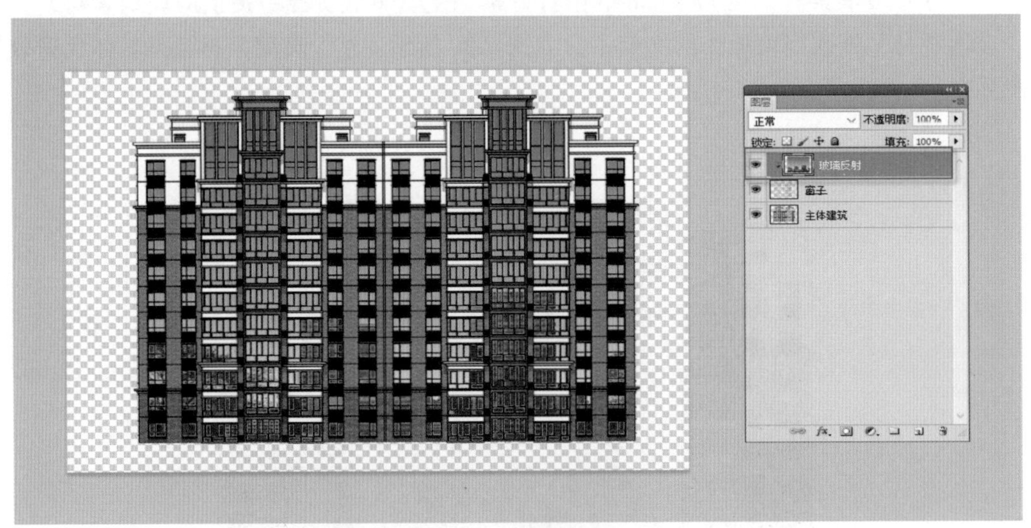

图 5.29　创建剪贴蒙版

（4）调整“玻璃反射”图层的不透明度。右击“玻璃反射”图层，在弹出的快捷菜单中选择“混合选项”命令，弹出“图层样式”对话框，在其中将“常规混合”选项中的“不透明度”滑块滑动至 65 左右，单击“确定”按钮，如图 5.30 所示。

（5）制作玻璃反射效果。选择菜单栏的“滤镜”|“模糊”|“高斯模糊”命令，弹出“高斯模糊”对话框，在①处设置“大小”为 50% 左右，在②处设置“半径”为 7.4 像素左右，单击“确定”按钮，如图 5.31 所示。

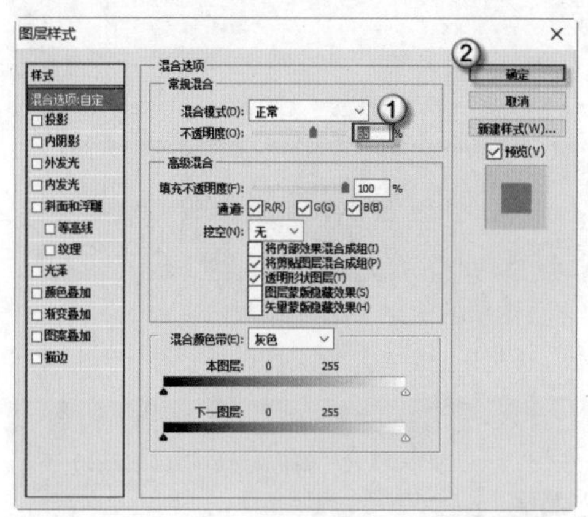

图 5.30　调整“玻璃反射”图层不透明度

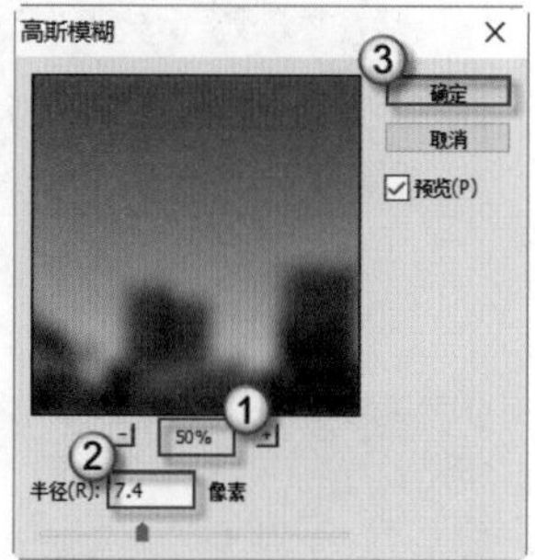

图 5.31　制作玻璃反射效果

注意：

玻璃的反射效果很难在 SketchUp 中表现出来，因此要在 Photoshop 中制作。为了保证最终的效果图的逼真性，玻璃的反射一定要有模糊效果。

5.2.3　使用立面模板

本书的配套下载资源中提供了“立面模板 .PSD”文件，里面是分图层的，有“树”“天空”“地面”“汽车”“飞鸟”等图层。读者可以直接使用，但要注意图层的顺序。具体操作如下：

（1）删掉多余的图层。打开“立面模板”素材，删掉文字图层、“加深”图层、“正立面”图层、“左立面”图层、“右立面”图层、“右立面倒影”图层、“正立面倒影”图层和“左立面倒影”图层，如图 5.32 所示，删掉多余图层后的效果如图 5.33 所示。

（2）链接图层。选中“玻璃反射”图层、“窗子”图层和“主体建筑”图层，单击“图层”面板下方的“链接图层”按钮，将这 3 个图层链接在一起，如图 5.34 所示。

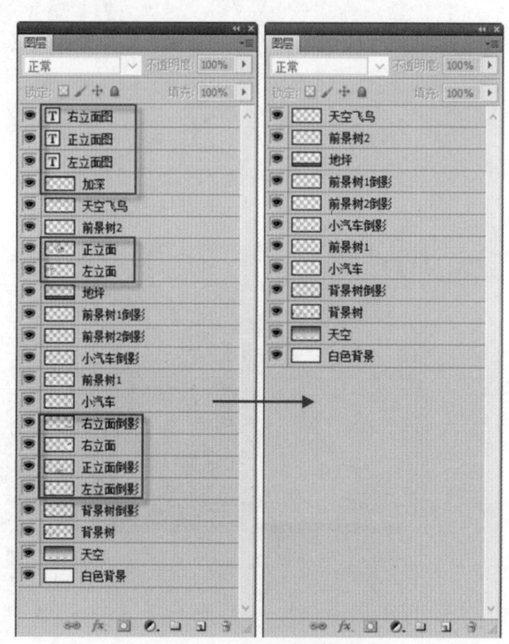

图 5.32　删掉多余的图层

图 5.33　删掉多余图层的效果

图 5.34　链接图层

（3）使用立面蒙版。将 3 个图层链接好后，将“小高层”三个图层（玻璃反射、窗子和主体建筑图层）整体拖入“立面模板”中，如图 5.35 所示。

图 5.35　使用立面蒙版

（4）调整建筑位置。选中“主体建筑”图层、“玻璃反射”图层和“窗子”图层，将它们向下移动至地坪上，如图 5.36 所示。

图 5.36　调整建筑位置

（5）适当调整画面比例。因为将“小高层”拖入“立面模板”后会存在比例不当的问题，所以要调整画面比例。按 Ctrl+T 快捷键发出“自由变换”命令，分别调整小轿车和小轿车的影子大小，以及树和树的影子的大小，使画面比例变得协调，如图 5.37 所示。

图 5.37　适当调整画面比例

（6）复制建筑。选中“玻璃反射”图层、“窗子”图层和“主体建筑”图层，打开链接，然后选中“窗子”图层和“主体建筑”图层，按 V 快捷键发出“移动”命令，配合 Alt 键复制一个“窗子副本”图层和“主体建筑副本”图层，并将它们重命名为“窗子倒影”和“主体建筑倒影”，如图 5.38 所示。

（7）调整倒影。按 Ctrl+T 快捷键发出“自由变换”命令，右击对象，在弹出的快捷菜单中选择“垂直翻转”命令，然后将倒影下移至合适位置，如图 5.39 所示。然后单击“图层”面板下的“创建新的填充或调整图层”按钮，在弹出的“调整”面板中将“亮度”调至 –16 左右，“对比度”调至 –4 左右，还可以适当调整曝光度，如图 5.40 所示。

图 5.38　复制建筑

注意：

在制作建筑立面效果图时，立面的倒影不是非要设置的（因为真实情况下地面是没有倒影的），但是设置了倒影后，立面会显得更有层次感。

图 5.39　调整倒影 1

图 5.40　调整倒影 2

5.2.4 绘制月亮

Photoshop 里带蒙版字眼的有好几个，如图层蒙版、剪贴蒙版、快速蒙版等。通常说的蒙版指的是图层蒙版，图层蒙版也是最常用的操作，其他几个很少用到，本节用到的就是图层蒙版。简单地说，图层蒙版就是一个不仅可以擦掉图像，还可把擦掉的地方还原的橡皮擦工具。

（1）绘制圆形选框。单击“图层”面板下的“创建新图层”按钮，新建一个图层，命名为“月亮”。按 M 快捷键发出“椭圆选框工具”命令，在建筑右上方拖出一个椭圆，配合 Shift 键，建立一个圆形选框。按 V 快捷键发出“移动”命令，将圆形选框移动至合适的位置，如图 5.41 所示。

图 5.41 绘制圆形选框

（2）填充颜色。将“月亮”图层设为当前图层，前景色设为白色，按 Alt+Delete 快捷键发出“使用前景色填充”命令，在圆形选框中填充白色，如图 5.42 所示。

图 5.42 填充颜色

（3）添加蒙版。单击“图层”面板下的“添加矢量蒙版”按钮，给“月亮”图层添加一个蒙版，如图 5.43 所示。

（4）制作褪晕效果。将“月亮图层”蒙版设为当前图层，按 G 快捷键发出“渐变工具”命令，在弹出的“渐变编辑器”对话框中，将颜色渐变调为从白到黑，单击“确定”按钮，如图 5.44 所示。然后配合 Shift 键从上向下拉出一个渐变区域，形成褪晕的效果，如图 5.45 所示。

注意：

在蒙版中，黑色表示“隐藏”当前图层的内容，白色表示“显示”当前图层的内容。

图 5.43　添加蒙版

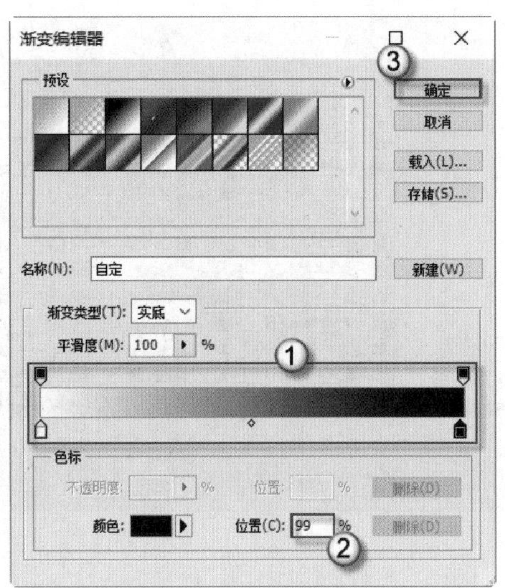

图 5.44　设置褪晕效果

图 5.45　制作褪晕效果

附录A SketchUp中的常用快捷键

在使用SketchUp绘图时，需要使用快捷键进行操作，从而提高设计、建模、绘图和修改的效率。读者应养成使用快捷键操作SketchUp的习惯。下面的表A.1中给出了SketchUp中常见的快捷键使用方式，以方便读者经常查阅。

表A.1 SketchUp中的常用快捷键

命令名称	快捷键
新建	【Ctrl】+【N】
打开	【Ctrl】+【O】
保存	【Ctrl】+【S】
打印	【Ctrl】+【P】
撤销	【Ctrl】+【Z】
剪切	【Ctrl】+【X】或【Shift】+【Delete】
复制	【Ctrl】+【C】
粘贴	【Ctrl】+【V】
删除	【Delete】或【E】
重复	【Ctrl】+【Y】
全选	【Ctrl】+【A】
取消选择	【Ctrl】+【T】
转动	【O】或【鼠标中键】
平移	【H】或【Shift】+【鼠标中键】
实时缩放	【Z】或【鼠标滚轮】
缩放窗口	【Ctrl】+【Shift】+【W】
缩放范围	【Ctrl】+【Shift】+【E】或双击【鼠标中键】
预览匹配照片	【I】
后边线	【K】
直线	【L】
圆弧	【A】

续表

命 令 名 称	快 捷 键
矩形	【R】
圆形	【C】
选择	【Space】
增加选择	【Ctrl】+【鼠标左键】
减少选择	【Ctrl】+【Shift】+【鼠标左键】
增加 / 减少选择	【Shift】+【鼠标左键】
材质	【B】
移动	【M】
旋转	【Q】
缩放	【S】
推拉	【P】
偏移	【F】
卷尺	【T】
组件	【G】

自定义快捷键的方法是：选择菜单栏中的“窗口”|“系统信息”命令，在弹出的“SketchUp系统设置”对话框中选择“快捷方式”选项卡，在“功能”栏中找到需要自定义快捷键的命令，在“添加快捷方式”栏中输入需要定义的快捷键，单击+按钮，单击“确定”按钮，如图A.1所示。

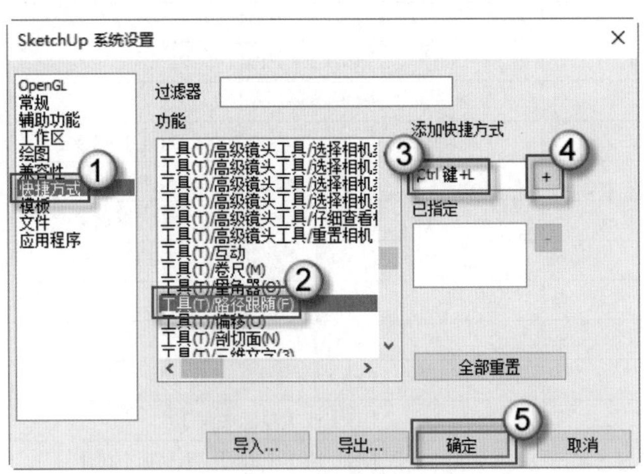

图 A.1　自定义快捷键

附录B

万科蓝山别墅建筑手绘图纸

参照万科蓝山别墅的图片来建 SketchUp 的模型并不是最终目的，其实笔者是要求读者根据自己掌握的建筑设计的相关知识，手绘整个万科蓝山别墅住宅的方案图，包括平面图、立面图、剖面图、三维透视图等。看一看自己创建的外观模型与建筑内部的功能是否能对应上，如果有出入，还需要修改 SketchUp 中的模型。只有完成这样的流程，读者才会理解抄改方案的真谛。这里收录了 6 位同学手绘的万科蓝山别墅方案图，表现方式是色纸加马克笔，供读者参考。这 6 位同学依次是韦鑫、章雨琴、段冬、杜慧妍、杨慧君、陈丽。

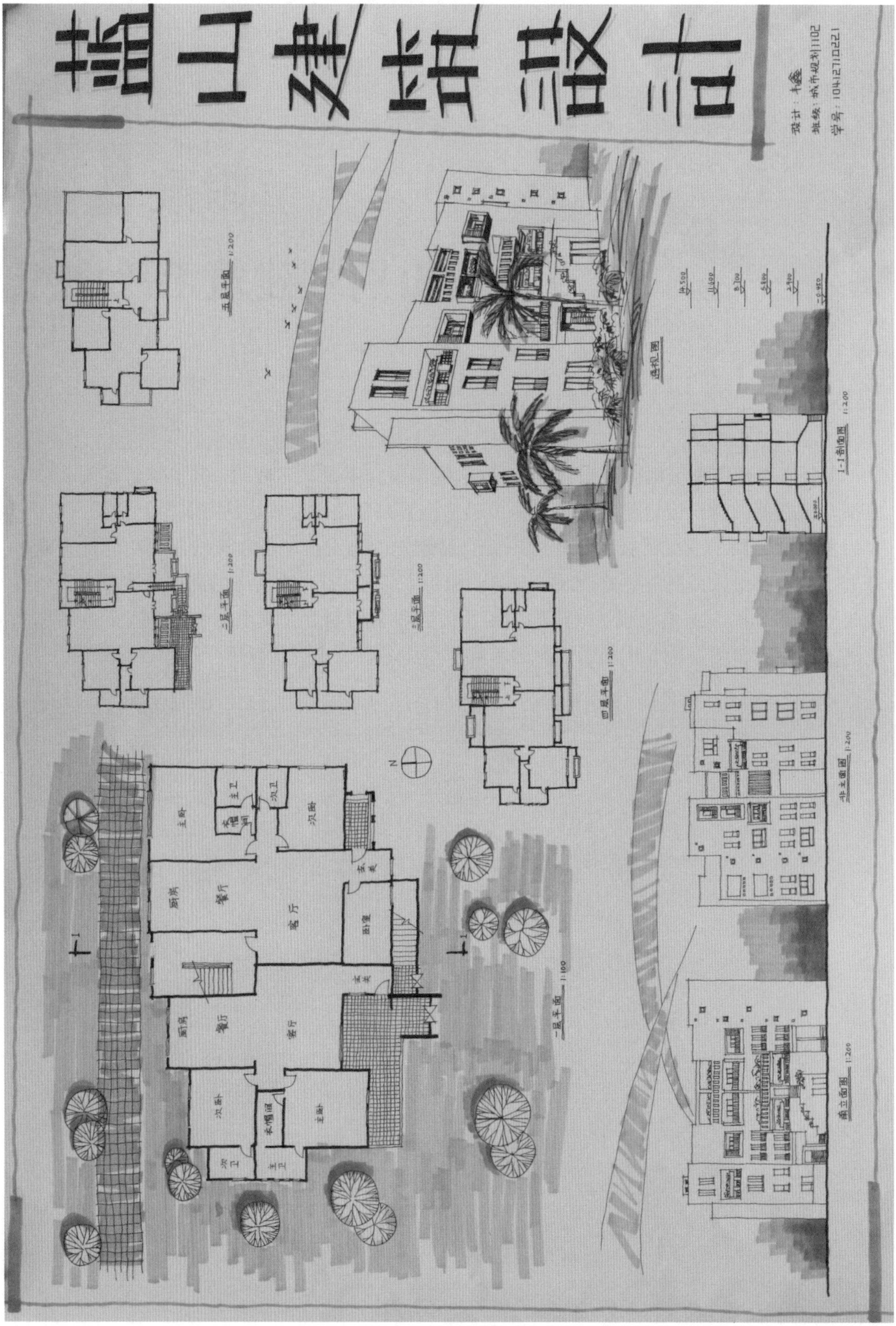

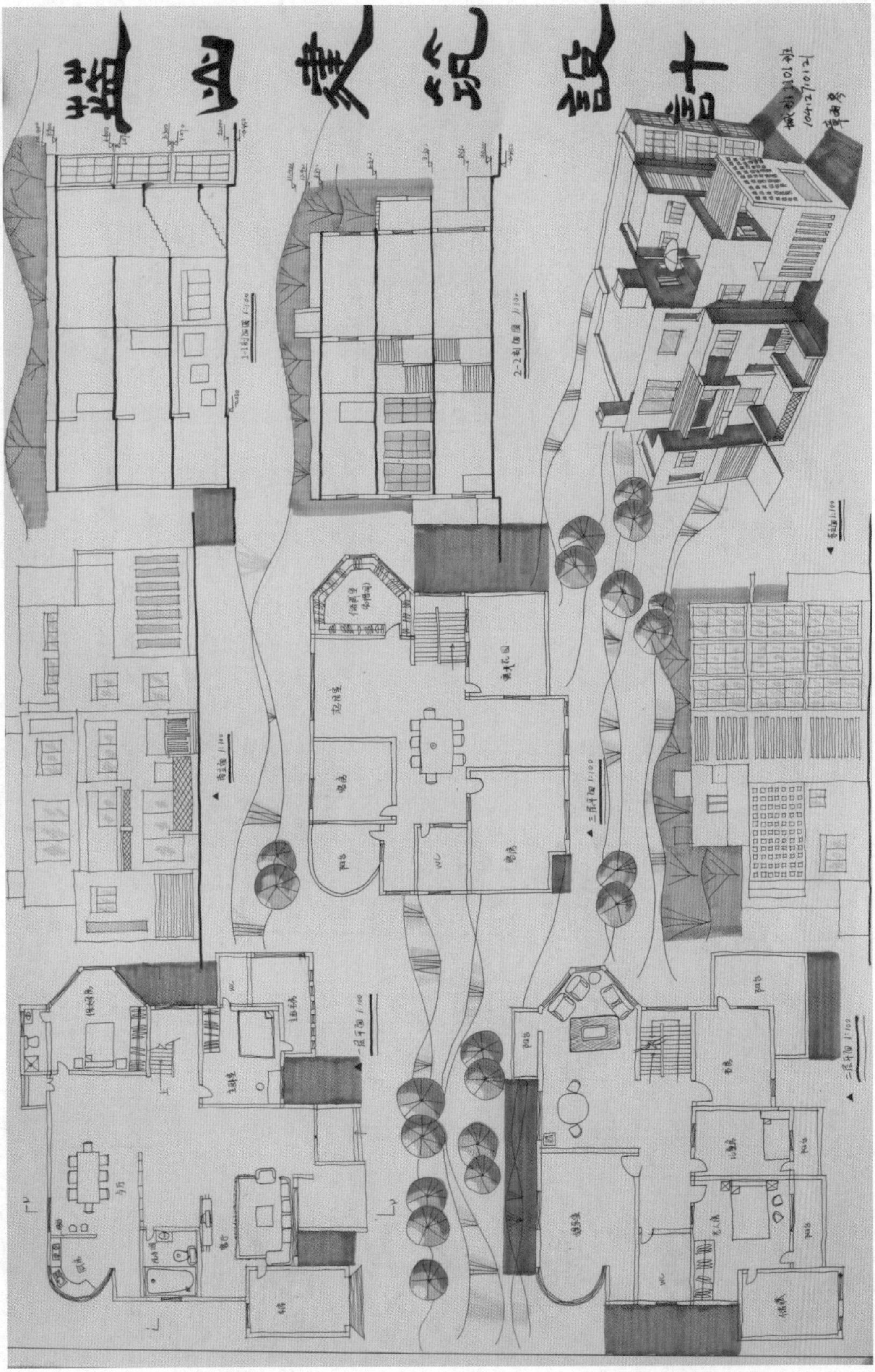

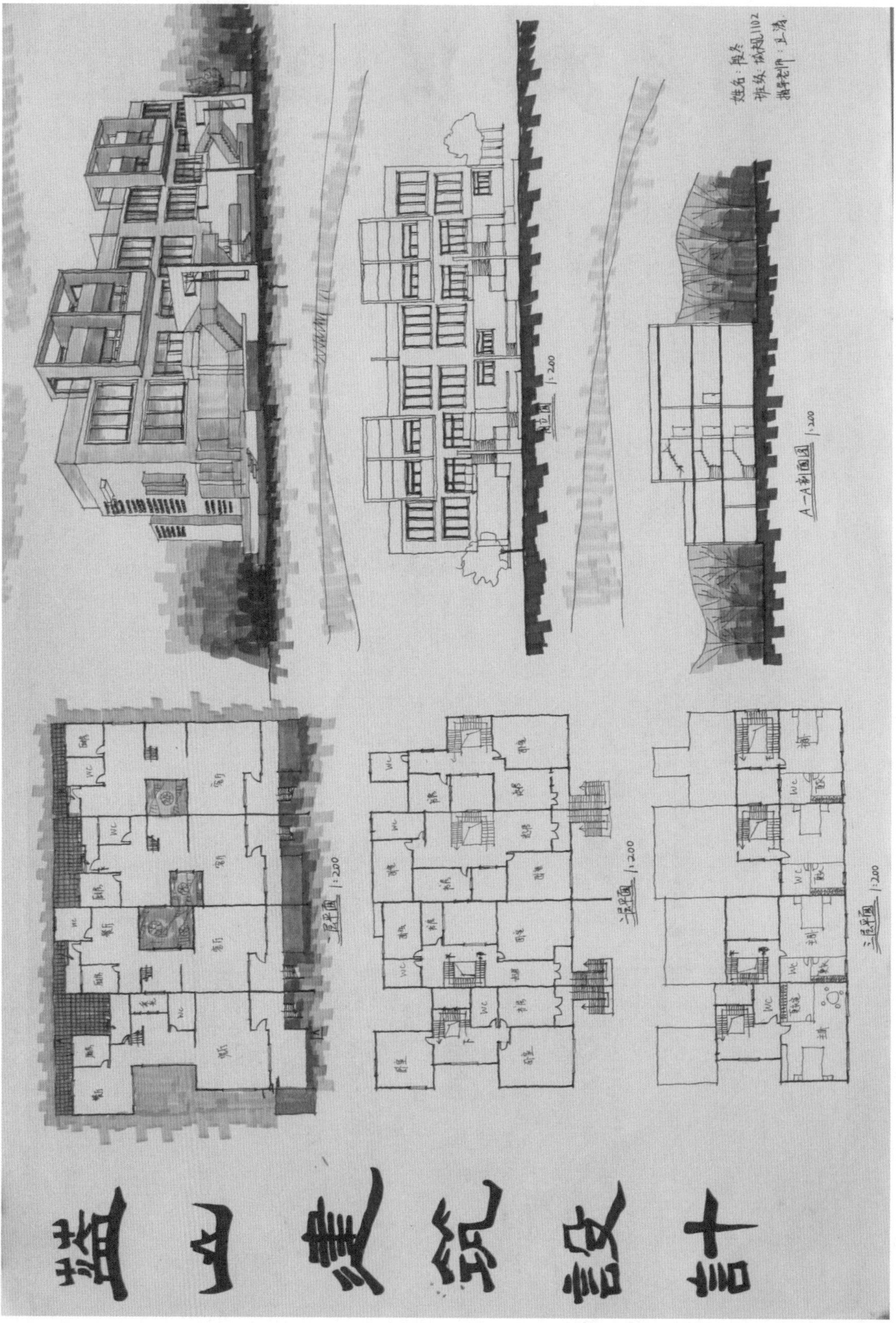

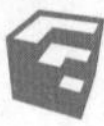

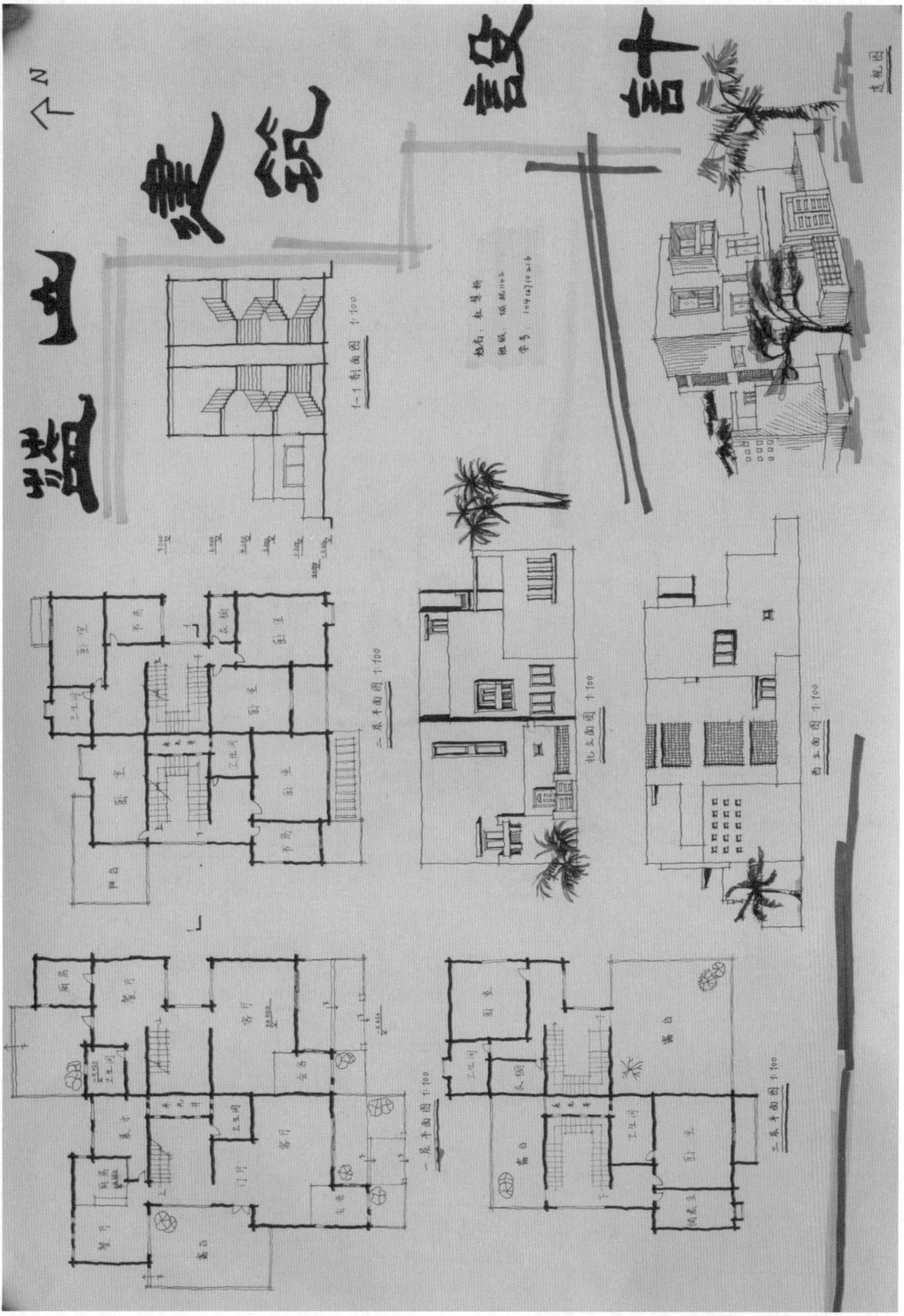
蓝山建筑设计
1-1剖面图 1:100
二层平面图 1:100
北立面图 1:100
西立面图 1:100
一层平面图 1:100
三层平面图 1:100
透视图

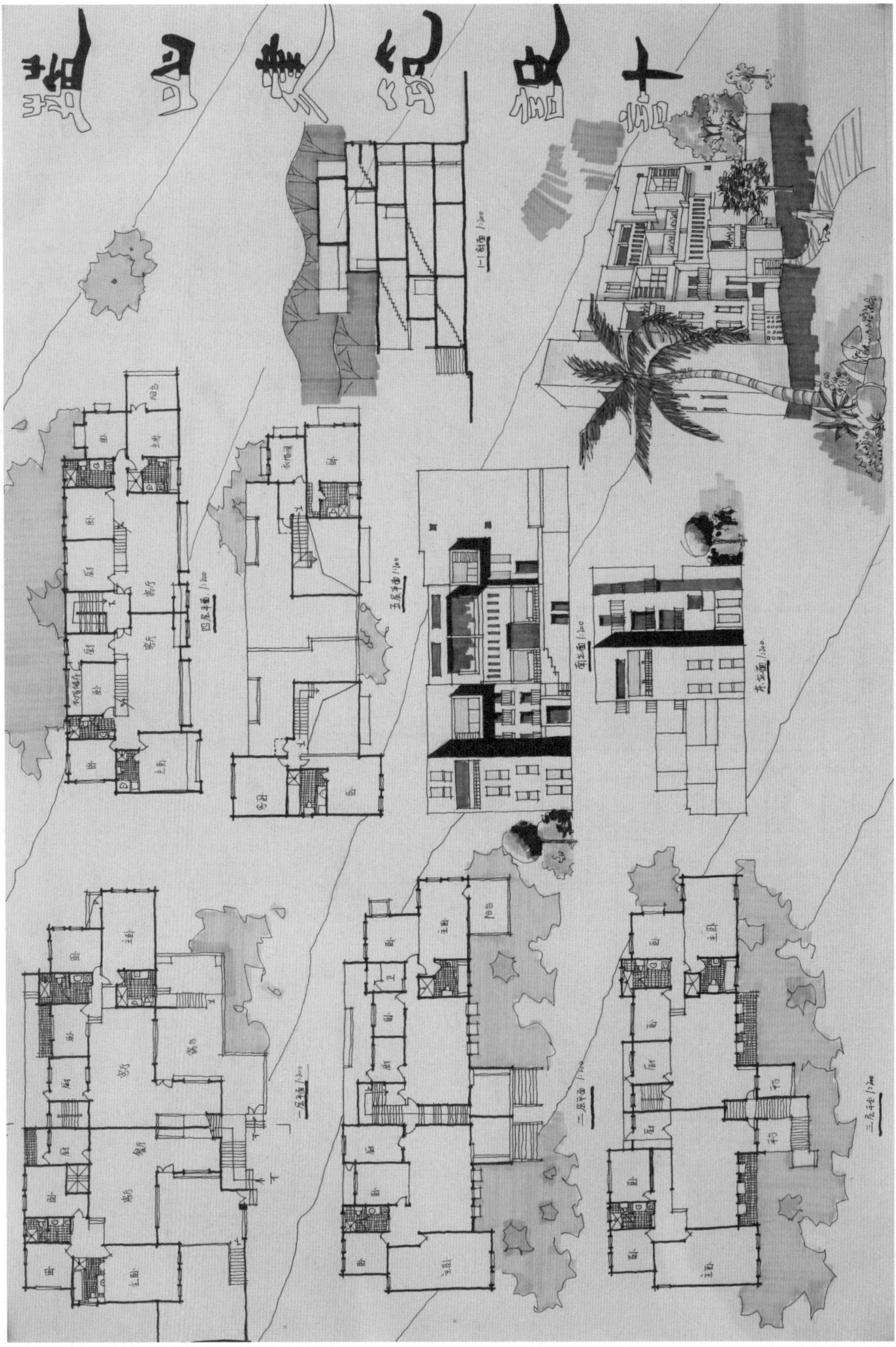

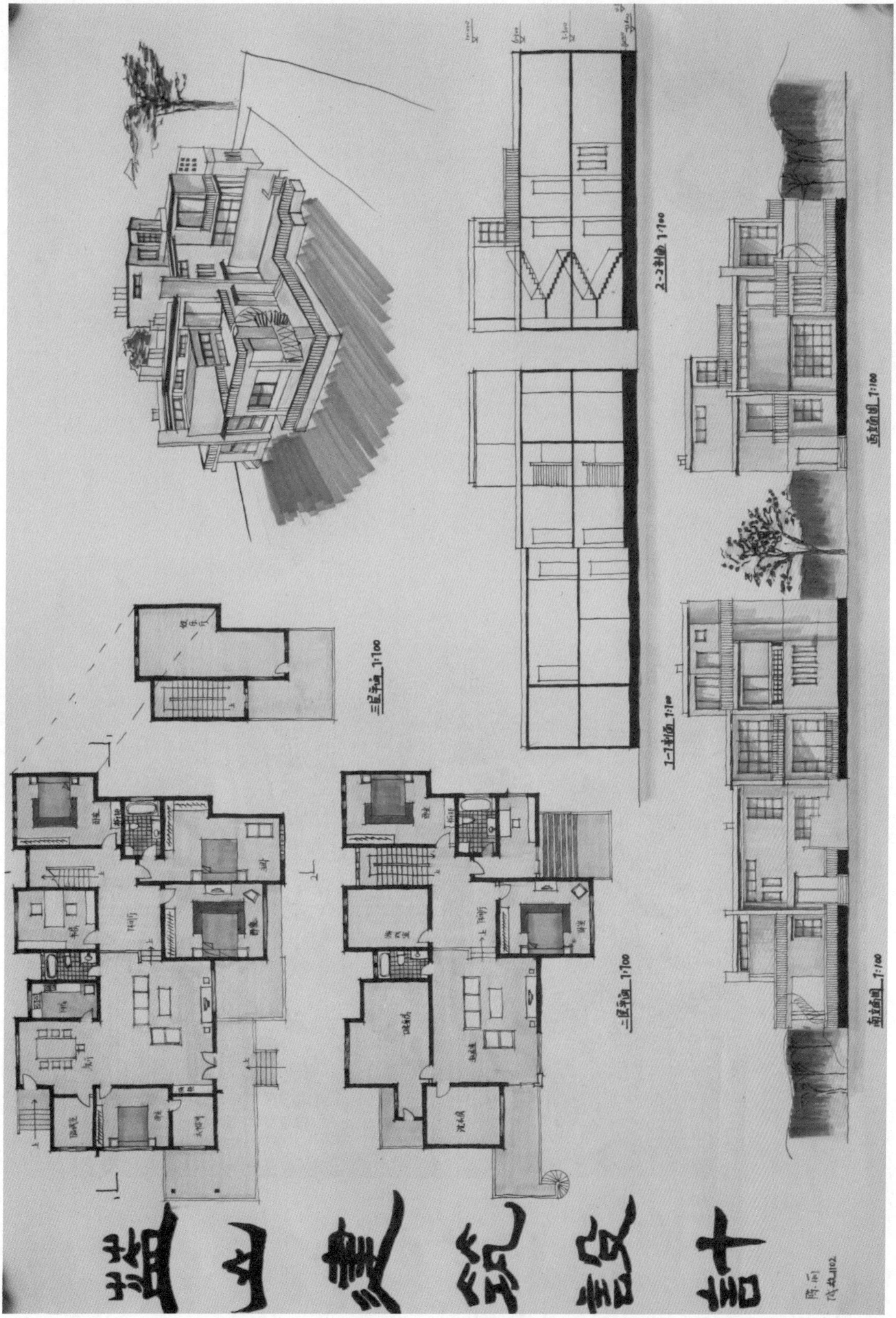

附录C

本书案例抄改参照图

左左艺术中心

某会所（1）

某会所（2）

吉普牧马人

江汉关大楼

大智门火车站

南京中央饭店

万科蓝山别墅（1）

万科蓝山别墅（2）